Web 开发视频点播大系

jQuery 实战从入门到精通

未来科技　编著

中国水利水电出版社
www.waterpub.com.cn
·北京·

内 容 提 要

《jQuery 实战从入门到精通》一书以理论与实践相结合的方式详尽讲述了 jQuery 基础、jQuery UI、jQuery Mobile 相关知识和实战开发技术，并通过大量案例讲述了如何轻松地进行组合开发。全书分为 5 大部分，共 24 章。第 1 部分为 jQuery，介绍了 jQuery 基础知识、jQuery Ajax 等；第 2 部分为 jQuery UI，介绍了 UI 开发、UI 交互开发、UI 部件开发、UI 特效开发；第 3 部分为应用开发，介绍了浏览器开发、导航开发、表格开发、表单开发；第 4 部分为 jQuery Mobile，介绍了 jQuery Mobile 基础知识、jQuery Mobile 组件使用和高级应用；第 5 部分为大型案例，主要通过两个大型案例讲解了 jQuery Mobile 开发网站的全过程。

《jQuery 实战从入门到精通》配备了极为丰富的学习资源，其中配套资源有：**289 节教学视频（可二维码扫描）、素材源程序**；附赠的拓展学习资源有：**习题及面试题库、案例库、工具库、网页模板库、网页配色库、网页素材库、网页案例欣赏库等。**

《jQuery 实战从入门到精通》适合作为 jQuery 入门、jQuery Ajax 、jQuery UI、jQuery Mobile 开发及案例方面的自学用书，也可作为高等院校网页设计、网页制作、网站建设、Web 前端开发等专业的教学参考书或相关机构的培训教材。

图书在版编目（C I P）数据

jQuery实战从入门到精通 / 未来科技编著. -- 北京：
中国水利水电出版社，2017.8（2020.8重印）
　（Web开发视频点播大系）
　ISBN 978-7-5170-5411-5

Ⅰ．①j… Ⅱ．①未… Ⅲ．①JAVA语言—程序设计
Ⅳ．①TP312.8

中国版本图书馆CIP数据核字(2017)第115037号

书　　名	jQuery 实战从入门到精通　jQuery SHIZHAN CONG RUMEN DAO JINGTONG
作　　者	未来科技　编著
出版发行	中国水利水电出版社
	（北京市海淀区玉渊潭南路 1 号 D 座　100038）
	网址：www.waterpub.com.cn
	E-mail：zhiboshangshu@163.com
	电话：(010) 62572966-2205/2266/2201（营销中心）
经　　售	北京科水图书销售中心（零售）
	电话：(010) 88383994、63202643、68545874
	全国各地新华书店和相关出版物销售网点
排　　版	北京智博尚书文化传媒有限公司
印　　刷	三河市龙大印装有限公司
规　　格	203mm×260mm　16 开本　35 印张　983 千字
版　　次	2017 年 8 月第 1 版　2020 年 8 月第 7 次印刷
印　　数	17001—19000 册
定　　价	79.80 元

前　言

Preface

jQuery 是 JavaScript 代码库，其设计理念是让用户写最少的代码，做最多的事情（write less, do more），目的是帮助用户降低 JavaScript 编程门槛，增强 JavaScript 编程能力。

jQuery UI 是 jQuery 官网封装的 Web 应用组件库和效果库，jQuery Mobile 是 jQuery 官网专门为移动设备打造的 UI 库。

本书通过理论与实践相结合的方式，由浅入深、循序渐进地介绍 jQuery 库的使用，同时又辅以大量开发案例，可以让用户很轻松地完成 jQuery+jQuery UI+jQuery Mobile 组合开发。

本书内容

本书分为 5 大部分，共 24 章，具体结构划分及内容如下。

第 1 部分：jQuery，包括第 1 章～第 9 章，主要介绍了 jQuery 的相关基础知识。

第 2 部分：jQuery UI，包括第 10 章～第 13 章，主要介绍了 UI 开发、UI 交互开发、UI 部件开发和 UI 特效开发。

第 3 部分：应用开发，包括第 14 章～第 16 章，主要介绍了浏览器开发、导航开发、表格开发和表单开发。

第 4 部分：jQuery Mobile，包括第 17 章～第 22 章，主要介绍 jQuery Mobile 相关基础知识、jQuery Mobile 组件的使用和高级应用。

第 5 部分：大型案例，包括第 23 章～第 24 章，主要通过两个大型案例介绍使用 jQuery Mobile 开发网站的过程。

目前，主流移动平台上浏览器的功能都赶上了桌面浏览器，因此 jQuery 团队引入了 jQuery Mobile。jQuery Mobile 是 jQuery 框架的一个组件，它不仅给主流移动平台带来 jQuery 核心库，而且会发布一个完整统一的 jQuery 移动 UI 框架，帮助开发人员开发出真正的移动 Web 网站。作者结合自己的开发经验，在本书中全面介绍 jQuery Mobile 的使用，以及 jQuery Mobile 开发和发布应用的方法。本书力求通过实战让读者在练习中熟练掌握 jQuery Mobile 快速开发的方法，并能够真正地将技术转化为实战技能。

本书编写特点

📖　**由浅入深，循序渐进**

阅读本书不需要读者对 jQuery 有所了解，甚至对 JavaScript 也不需要有很深的了解。为了方便读者学习，本书系统地讲解了 jQuery、jQuery UI 和 jQuery Mobile 技术在网页设计中各个方面的知识和使用。

📖　**案例丰富，实战性强**

书中设置大量应用实例，重点强调具体技术的灵活应用，并且全书结合了作者长期的网页设计制作和教学经验，使读者真正做到学以致用。读者可以通过这些实例对 jQuery、jQuery UI 和 jQuery Mobile 的理论知识有更加深刻的理解，同时，对这些实例稍作修改，就可以用在读者正在开发的项目中，达到各种精美的效果。

📖　**内容全面，讲述详尽**

本书是一本关于 jQuery、jQuery UI 和 jQuery Mobile 的初级入门读物，对每个模块均有很翔实的实例讲解，以期读者对 jQuery、jQuery UI 和 jQuery Mobile 有一个很好的整体把握，以后需要用到一些特性的时候，可以进行查阅。另外，本书还介绍了 Web 开发的基础知识，如 Web 开发中比较常用的工具等，可以使读者从一个完全的门外汉很快变成业内人士。

📖 图文结合，理解深刻

讲解技术类的知识，最好的方式就是面对面讲授，但是图书却不太容易做到这一点。为了弥补这个缺憾，本书在讲解具体实例的时候，除了大量的注释、讲解之外，还辅以一些简洁明了的图片，以期读者对实例及 jQuery 效果有更直观的理解。

📖 配套资源，方便学习

为了让初学者快速入门，本书配套附赠了书中的所有源代码、多媒体视频演示、拓展案例和素材等。读者可以参考阅读。但是，编者依然强烈建议，在学习本书的时候应该边学边练，即便能不看书直接写代码，最好也要对着书上的代码手工录入一遍，以加深印象及自己对知识本身的理解。

本书显著特色

📖 体验好

二维码扫一扫，随时随地看视频。书中几乎每个章节都提供了二维码，读者朋友可以通过手机微信扫一扫，随时随地看相关的教学视频（若个别手机不能播放，请参考前言中的"本书学习资源列表及获取方式"下载后在计算机上可以一样观看）。

📖 资源多

从配套到拓展，资源库一应俱全。本书不仅提供了几乎覆盖全书的配套视频和素材源文件，还提供了拓展的学习资源，如习题及面试题库、案例库、工具库、网页模板库、网页配色库、网页素材库、网页案例欣赏库等，拓展视野、贴近实战，学习资源一网打尽！

📖 案例多

案例丰富详尽，边做边学更快捷。跟着大量的案例去学习，边学边做，从做中学，使学习更深入、更高效。

📖 入门易

遵循学习规律，入门与实战相结合。本书编写模式采用"基础知识+中小实例+实战案例"的形式，内容由浅入深、循序渐进，从入门中学习实战应用，从实战应用中激发学习兴趣。

📖 服务快

提供在线服务，随时随地可交流。提供 QQ 群、网站下载等多渠道贴心服务。

本书学习资源列表及获取方式

本书的学习资源十分丰富，全部资源分布如下：

📖 配套资源

（1）本书的配套同步视频，共计 289 节（可用二维码扫描观看或从下述的网站下载）。

（2）本书的素材及源程序，共计 419 项。

📖 拓展学习资源

（1）习题及面试题库（共计 1 000 题）。

（2）案例库（各类案例 4 396 个）。

（3）工具库（HTML 参考手册 11 部、CSS 参考手册 10 部、JavaScript 参考手册 26 部）。

（4）网页模板库（各类模板 1 636 个）。

（5）网页素材库（17 大类）。

（6）网页配色库（623 项）。

（7）网页案例欣赏库（共计 508 例）。

📖 **以上资源的获取及联系方式**

（1）读者朋友可以加入本书微信公众号咨询关于本书的所有问题。

（2）登录网站 xue.bookln.cn，输入书名，搜索到本书后下载。

（3）加入本书学习交流专业解答 QQ 群：621135618，获取网盘下载地址和密码。

（4）读者朋友还可通过电子邮件 weilaitushu@126.com、945694286@qq.com 与我们联系。

（5）登录中国水利水电出版社的官方网站：www.waterpub.com.cn/softdown/，找到本书后，根据相关提示下载。

本书约定

本书代码都以灰色背景进行显示，以方便读者阅读。考虑到版面的限制，部分展示出来的代码仅包含 JavaScript 脚本和必要的结构代码。读者在学习测试时，应该把这些代码输入到网页中。

在默认情况下，jQuery、jQuery UI 和 jQuery Mobile 库文件都会自动导入文档，如果没有特别说明，我们会在示例中省略这些代码。读者在练习时，应该参考本书实例源代码，或者手动加入。

在默认情况下，使用 jQuery 的别名$来表示 jQuery 名字空间，同时直接把调用的函数放在$()函数中，该函数实际上是$("document").ready()的简写，相当于 JavaScript 中的 window.onload =function·(){}事件处理函数。

由于 jQuery 与 JavaScript 变量之间存在区别，默认情况下当定义 jQuery 对象变量时，建议在变量前面附加一个$前缀，以便与 JavaScript 变量进行区分。当然，不附加$前缀，也不会引发异常。

本书适用对象

本书适用于从事网页设计、网页制作、网站建设、Web 前端开发和后台设计人员，也可以作为高等院校相关专业的教学参考书，或相关机构的培训教材。

关于作者

未来科技是由一群热爱 Web 开发的青年骨干教师组成的一个松散组织，主要从事 Web 开发、教学培训、教材开发等业务。该群体编写的同类图书在很多网店上的销量名列前茅，让数十万的读者轻松跨进了 Web 开发的大门，为 Web 开发的普及和应用做出了积极贡献。

参与本书编写的人员有：吴云、赵德志、马林、刘金、邹仲、谢党华、刘望、彭方强、雷海兰、郭靖、张卫其、李德光、刘坤、杨艳、顾克明、班琦、蔡霞英、曾德剑、曾锦华、曾兰香、曾世宏、曾旺新、曾伟、常星、陈娣、陈凤娟、陈凤仪、陈福妹、陈国锋、陈海兰、陈华娟、陈金清、陈马路、陈石明、陈世超、陈世敏、陈文广等。

编　者

目 录

Contents

第 1 章　jQuery　基　础

jQuery 是一个轻量级的 JavaScript 框架，是继 Prototype 之后出现的非常优秀的 JavaScript 核心库。jQuery 的设计宗旨是"Write Less，Do More"，即倡导写更少的代码，做更多的事情。本章简单介绍 jQuery 基础知识和概念，帮助用户掌握如何正确使用 jQuery。

【学习重点】
- 正确安装 jQuery。
- 正确使用 jQuery。
- 区分 jQuery 和 JavaScript 的基本用法。

1.1　认　识　jQuery

jQuery 诞生于 2005 年，由 John Resign 开发，该作者近照如图 1.1 所示。jQuery 经历了 10 多年的发展，如今该框架底层代码经过不断优化变得非常简洁、高效，成为全球最受欢迎的 JavaScript 代码框架。

图 1.1　jQuery 框架的作者 John Resign

jQuery 封装常用的 JavaScript 代码，提供一种简便的 JavaScript 设计模式，优化 HTML 文档操作、事件处理、CSS 设计和 Ajax 交互。可以说，jQuery 改变了用户编写 JavaScript 代码的方式。

由于 jQuery 最早支持 CSS 3 选择器，兼容所有主流浏览器，如 IE 6.0+、Firefox 1.5+、Safari 2.0+、Opera 9.0+等，因此它也被越来越多的开发人员喜爱和选用。

jQuery 功能很强大，它能够帮助用户方便、快速地完成下面任务。

（1）精确选择页面对象。

jQuery 提供了可靠而富有效率的选择器，只需要一个 CSS 选择器字符串，即可准确获取需要检查或操纵的文档元素。

（2）进行可靠的 CSS 样式控制。

使用 JavaScript 控制 CSS 受限于浏览器的兼容性，而 jQuery 可以弥补这一不足，它提供了跨浏览器的标准解决方案。

（3）使 DOM 操作规范化。

jQuery 使用少量的代码就能够完成复杂的 DOM 操作，对 HTML 文档的整个结构都能重写或者扩展。使用起来远比 JavaScript 直接控制便捷。

（4）标准化事件控制。

jQuery 提供了丰富的页面事件，这些事件使用简单、易用、易记，不需要考虑浏览器兼容性问题，但是如果使用 JavaScript 直接控制用户行为，需要考虑的问题就很多，既要考虑 HTML 文档结构与事件处理函数的合成，还要考虑浏览器的不一致性。

（5）支持网页特效。

jQuery 内置了一批淡入、擦除和移动之类的效果，以及制作新效果的工具包，用户只需要简单地调用动画函数，就可以快速设计出高级动画页面。如果直接使用 JavaScript 实现，需要考虑 CSS 动态控制，还要顾虑浏览器解析差异，模拟的动画效果或许很生硬，或者很粗糙等。

（6）快速通信。

jQuery 对 Ajax 技术的支持很缜密，它通过消除这一过程中的浏览器特定的复杂性，使用户得以专注于服务器端的功能设计。

（7）扩展 JavaScript 内核。

jQuery 提供了对 JavaScript 核心功能的扩展，如迭代和数组操作等，增加对客户端、数据存储和 JavaScript 扩展的支持。

1.2　使　用　jQuery

jQuery 项目主要包括 jQuery Core（核心库）、jQuery UI（界面库）、Sizzle（CSS 选择器）、jQuery Mobile（jQuery 移动版）和 QUnit（测试套件）5 个部分，参考网址如表 1.1 所示。

表 1.1　jQuery 参考网址

类　　型	网　　址
jQuery 框架官网	http://jquery.com/
jQuery 项目组官网	http://jquery.org/
jQuery UI 项目主页	http://jqueryui.com/
jQueryMobile 项目主页	http://jquerymobile.com/
Sizzle 选择器引擎官网	http://sizzlejs.com/
QUnit 官网	http://qunitjs.com/
John Resign 个人网站（jQuery 原创作者）	http://ejohn.org/

扫一扫，看视频

1.2.1　下载 jQuery

访问 jQuery 官方网站（http://jquery.com/），下载最新版本的 jQuery 库文件，在网站首页单击"Download jQuery v3.3.1"图标，进入下载页面，如图 1.2 所示。目前最新版本是 3.1.1，本书主要根据 3.1.1 版本进行讲解。

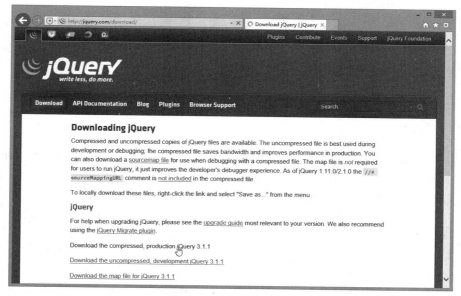

图 1.2　下载 jQuery 最新版本

如果选择"Download the compressed, production jQuery 3.1.1"选项，则可以下载代码压缩版本，此时 jQuery 框架源代码被压缩到了 85KB，下载的文件为 jquery-3.1.1.min.js。

如果选择"Download the uncompressed, development jQuery 3.1.1"选项，则可以下载包含注释的未被压缩的版本，大小为 261KB，下载的文件为 jquery-3.1.1.js。

也可以访问下面网址进行下载：

➥　　http://github.com/jquery/jquery；

➥　　https://code.jquery.com/

◀))注意：

> 为了创造一个瘦身的 **jQuery**，jQuery 团队在 2013 年发布了两个版本：第一个版本保持 1.x 的编号，目前最新版为 1.12，其保持了最大数量的浏览器兼容；第二个版本从 2.0.0 到现在的 2.1.1，为精简代码去除了对 IE8 及以下浏览器的支持。无论是 **jQuery** 的 1.x 和 2.x 版本都具有相同的公开 API，然而它们的内部实现是有所不同的。

jQuery 2.1.1 版本之后，全部升级为 jQuery 3.0。第三个版本兼容更广泛的浏览器，提供更优化的代码。虽然 jQuery 3 将是 jQuery 的未来，但是与 jQuery UI 和 jQuery Mobile 还存在兼容性问题。如果需要支持 IE6-8 浏览器，或者兼容已经开发的项目，建议继续使用最新版本 1.12。

1.2.2　安装 jQuery

jQuery 库不需要复杂的安装，只需要把下载的库文件放到站点中，然后导入到页面中即可。

【示例 1】　导入 jQuery 库文件可以使用相对路径，也可以使用绝对路径，具体情况根据存放 jQuery 库文件的位置而定。

```
<!doctype html>
<html>
<head>
<meta charset="utf-8">
<script src="jquery/jquery-3.1.1.js" type="text/javascript"></script>
<script type="text/javascript">
    //在这里用户就可以使用jQuery编程了！！
```

扫一扫，看视频

```
</script>
<title></title>
</head>
<body>
</body>
</html>
```

1.2.3 测试 jQuery

引入 jQuery 库文件之后，就可以在页面中进行 jQuery 开发了。开发的步骤很简单，在导入 jQuery 库文件的<script>标签行下面，重新使用<script>标签定义一个 JavaScript 代码段，然后就可以在<script>标签内调用 jQuery 方法，编写 JavaScript 脚本。

【示例2】　本示例设计在页面初始化完毕后，调用 JavaScript 的 alert()方法与浏览者打个招呼。

```
<!doctype html>
<html>
<head>
<meta charset="utf-8">
<script src="jquery/jquery-3.1.1.js" type="text/javascript"></script>
<script type="text/javascript">
$(function(){
    alert("Hi,您好!");
})
</script>
<title></title>
</head>
<body>
</body>
</html>
```

在浏览器中预览该网页文件，则可以看到在当前窗口中会弹出一个提示对话框，如图 1.3 所示。

图 1.3　测试 jQuery 代码

在 jQuery 代码中，$是 jQuery 的别名，如$()等效于 jQuery()。jQuery()函数是 jQuery 库文件的接口函数，所有 jQuery 操作都必须从该接口函数切入。jQuery()函数相当于页面初始化事件处理函数，当页面加载完毕，会执行 jQuery()函数包含的函数，所以当浏览该页面时，会执行 alert("Hi,您好!");代码，看到弹出的信息提示对话框。

📢 注意：

> 如果使用 jQuery 操作 DOM 文档，则必须确保在 DOM 载入完毕后开始执行，应该使用 ready 事件作为处理 HTML 文档的开始。

```
$(document).ready(function() {
    //JavaScript 或者 jQuery 代码
```

```
});
```

上面代码的语义是匹配文档中的 document 节点，然后为该节点绑定 ready 事件处理函数。它类似于 JavaScript 的 window.onload 事件处理函数，不过 jQuery 的 ready 事件要先于 onload 事件被激活。

```
window.onload = function(){
    //JavaScript 或者 jQuery 代码
};
```

为了方便开发，jQuery 框架进一步简化了$(document).ready()方法的写法，直接使用$()方法来表示。

```
$( function() {
    //JavaScript 或者 jQuery 代码
});
```

考虑到页面加载需要一个过程，所有 jQuery 代码建议都包含在$()函数中，当然也可以不被包含在$()函数中，这与 JavaScript 代码应该放在 window.onload 事件处理函数中的道理是一样的。

1.3 实 战 案 例

扫一扫，看视频

jQuery 是在 JavaScript 基础上进行封装的，因此 jQuery 代码本质上也是 JavaScript 代码。自然 jQuery 代码与 JavaScript 代码可以相互混合使用。用户不需要去区分每一行代码到底是 jQuery 代码，还是 JavaScript 代码。但是，jQuery 与 JavaScript 是两个不同的概念，在用法上存在差异。

jQuery 对象和 DOM 对象是可以相互转换的，因为它们所操作的对象都是 DOM 元素，只不过 jQuery 对象包含了多个 DOM 元素，而 DOM 对象本身就是一个 DOM 元素。简单地说，jQuery 对象是 DOM 元素的集合，也称为伪类数组，而 DOM 对象就是一个 DOM 元素。

1. 把 jQuery 对象转换为 DOM 对象

jQuery 对象不能使用 DOM 对象的方法，如果需要就应该先把 jQuery 对象转换为 DOM 对象。转换的方法有两种。

（1）借助数组下标来读取 jQuery 对象集合中的某个 DOM 元素对象。

【示例3】 在本示例中，使用 jQuery 匹配文档中所有的 li 元素，返回一个 jQuery 对象，然后通过数组下标的方式读取 jQuery 集合中第一个 DOM 元素。此时返回的是 DOM 对象，然后调用 DOM 属性 innerHTML，读取该元素包含的文本信息。

```
<!doctype html>
<html>
<head>
<meta charset="utf-8">
<script src="jquery/jquery-3.1.1.js" type="text/javascript"></script>
<script type="text/javascript">
$(function(){
    var $li = $("li");              //返回 jQuery 对象
    var li =$li[0];                 //返回 DOM 对象
    alert(li.innerHTML);
})
</script>
<title></title>
</head>
<body>
<ul>
    <li>故人西辞黄鹤楼，</li>
```

```
    <li>烟花三月下扬州。</li>
    <li>孤帆远影碧空尽，</li>
    <li>唯见长江天际流。</li>
</ul>
</body>
</html>
```

（2）借助 jQuery 对象方法，如 get()方法，为 get()方法传递一个下标值，即可从 jQuery 对象中取出一个 DOM 对象元素。

【示例4】 在本示例中，使用 jQuery 匹配文档中所有的 li 元素，返回一个 jQuery 对象，然后通过 jQuery 的 get()方法读取 jQuery 集合中第一个 DOM 元素。此时返回的是 DOM 对象，然后调用 DOM 属性 innerHTML，读取该元素包含的文本信息。

```
<!doctype html>
<html>
<head>
<meta charset="utf-8">
<script src="jquery/jquery-3.1.1.js" type="text/javascript"></script>
<script type="text/javascript">
$(function(){
    var $li = $("li");              //返回 jQuery 对象
    var li =$li.get(0);             //返回 DOM 对象
    alert(li.innerHTML);
})
</script>
<title></title>
</head>
<body>
<ul>
    <li>故人西辞黄鹤楼，</li>
    <li>烟花三月下扬州。</li>
    <li>孤帆远影碧空尽，</li>
    <li>唯见长江天际流。</li>
</ul>
</body>
</html>
```

2. 把 DOM 对象转换为 jQuery 对象

对于 DOM 对象来说，直接把它传递给$()函数即可，jQuery 会自动把它包装为 jQuery 对象。然后就可以自由调用 jQuery 定义的方法。

【示例5】 针对示例4，可以这样来设计：使用 DOM 的方法获取所有 li 元素，然后使用 jQuery()构造函数把它封装为 jQuery 对象，这样就可以方便调用 jQuery 的方法。

```
<!doctype html>
<html>
<head>
<meta charset="utf-8">
<script src="jquery/jquery-3.1.1.js" type="text/javascript"></script>
<script type="text/javascript">
$(function(){
    var li = document.getElementsByTagName("li");//获取所有 li 元素
    var $li = $(li[0]);                          //把第一个 li 元素封装为 jQuery 对象
```

```
    alert($li.html());                              //调用 jQuery 对象的方法
})
</script>
<title></title>
</head>
<body>
<ul>
    <li>故人西辞黄鹤楼，</li>
    <li>烟花三月下扬州。</li>
    <li>孤帆远影碧空尽，</li>
    <li>唯见长江天际流。</li>
</ul>
</body>
</html>
```

实际上，读者也可以把 DOM 元素数组传递给$()函数，jQuery 对象会自动把所有 DOM 元素包装在一个 jQuery 对象中。

【示例6】 针对示例 5，还可以进行如下的设计。

```
<script type="text/javascript" >
$(function(){
    var li = document.getElementsByTagName("li");   //获取所有 li 元素
    var $li = $(li);                                //把所有 li 元素封装为 jQuery 对象
    alert($li.html());                              //调用 jQuery 对象的方法
})
</script>
```

第 2 章　使用选择器

选择器是 jQuery 的根基。在 jQuery 中，遍历 DOM、事件处理、CSS 控制、动画设计和 Ajax 操作都依赖于选择器。如果熟练使用选择器，不仅能简化代码，而且可以达到事半功倍的效果。

【学习重点】
- 使用基本选择器。
- 使用结构选择器。
- 使用过滤选择器。
- 使用属性选择器

2.1　jQuery 选择器基础

jQuery 选择器采用 CSS 和 Xpath 选择器语法规范，能够满足用户在 DOM 中快速匹配元素或元素集合。jQuery 选择器解决了两个难题：

第一，支持 CSS 1、CSS 2、CSS 3 不同版本的所有选择器，而很多早期浏览器并没有完全支持 CSS 3 版本的选择器。

第二，支持不同类型的主流浏览器，因此使用 jQuery 选择文档对象时，就不用考虑浏览器的兼容性问题。

简单地说，jQuery 选择器具有如下优势：

- 简化代码书写。
- 完善的支持。支持 CSS 不同版本选择器，同时也支持不同类型浏览器。
- 完善的处理机制。jQuery 选择器的核心依然依靠 JavaScript 的原生方法，如 getElementById() 和 getElementsByTagName()等方法，但是它封装了原生方法的使用，简化了代码书写又避免了易错问题。

jQuery 选择器返回值均是一个伪数组对象，如果没有匹配元素，则会返回一个空的伪数组对象。因此，判断一个 jQuery 对象是否存在，不能够使用如下语句：

```
if($("tr")){
    //处理代码
}
```

而应该使用数组长度来判断，例如：

```
if($("tr").length > 0){
    //处理代码
}
```

jQuery 选择器分为基本选择器、结构选择器、过滤选择器、属性选择器以及表单选择器等，下面分别讲解每类选择器的使用。

2.2　基本选择器

基本选择器主要包括 5 种类型：ID 选择器、类型选择器、类选择器、通配选择器、分组选择器，这与 CSS 基本选择器类型相一致，详细说明如表 2.1 所示。

表 2.1　jQuery 基本选择器类型

选择器	说明	返回值
#id（ID 选择器）	根据给定的 ID 匹配一个元素 如果选择器中包含特殊字符，可以用两个斜杠转义	包含单个元素的 jQuery 对象
element（类型选择器）	根据指定的元素类型名称选择该类型所有元素	包含同类型元素的 jQuery 对象
.class（类选择器）	根据指定的类名选择所有同类元素	包含同类元素的 jQuery 对象
*（通配选择器）	在限定范围内选择所有元素	包含所有元素的 jQuery 对象
selector1,selector2,selectorN （分组选择器）	分别选择选择器组中每个选择器匹配的元素，然后合并返回所有元素	包含多组匹配元素的 jQuery 对象

扫一扫，看视频

2.2.1　ID 选择器

JavaScript 提供了原生的方法 getElementById()，实现在 DOM 中选择指定 ID 值的元素。用法如下：

```
var element = document.getElementById("id");
```

该方法返回值为所匹配元素的对象，参数值为字符串型 ID 值，该值在 HTML 标签中通过 id 特性设置。

jQuery 简化了 JavaScript 原生方法的操作，通过一个简单的 "#" 标识前缀快速匹配指定 ID 的元素对象。用法如下：

```
jQuery("#id") ;
```

参数 id 为字符串，表示标签的 id 属性值。返回值为包含匹配 id 的元素的 jQuery 对象。

【示例 1】　在本示例中，使用 jQuery 匹配文档中 ID 值为 "div1" 的元素，并设置其背景色为红色。

```
<!doctype html>
<html>
<head>
<meta charset="utf-8">
<script src="jquery/jquery-3.1.1.js" type="text/javascript"></script>
<script type="text/javascript">
$(function(){                          //页面初始化函数
    $("#div1").css("background","red"); //匹配 ID 值为 div1 的元素，并设置其背景色为红色
})
</script>
</head>
<body>
<div id="div1">测试盒子</div>
</body>
</html>
```

在上面代码中，$("#div1")函数包含的"#div1"参数就表示 ID 选择器，jQuery 构造器能够根据这个选择器，准确定位到 DOM 中该元素的位置，并返回包含该元素引用的 jQuery 对象。

从本质上分析，JavaScript 与 jQuery 在选择 ID 元素时是异曲同工，jQuery 只不过是包装了 getElementById()方法。但是，从执行效率来分析，两者的差距还是很大的。由于 jQuery 需要对参数字符串进行解析，并匹配出所传递的参数值是 ID 值，然后再调用 getElementById()方法获取该 ID 元素，所以所花费的时间一定会成倍地增长。因此，在不是很必须的前提下，可以考虑直接使用 Document 对象的 getElementById()方法获取 ID 元素。

在 ID 选择器中，如果选择器中包含特殊字符，可以在 jQuery 中使用两个斜杠对特殊字符进行转义。

【示例 2】 在本示例中，页面包含 3 个<div>标签，它们的 id 属性值都包含了特殊的字符。如果不进行处理，jQuery 在解析时会误解而不能够达到目的。此时，可以使用如下方法来实现准确选择，即为这些 ID 选择器字符串添加双斜杠前缀，以便对这些特殊的字符进行转义。

```
<script src="jquery/jquery-3.1.1.js" type="text/javascript"></script>
<script type="text/javascript">
$(function(){
    $("#a\\.b").css("color","red");
    $("#a\\:b").css("color","red");
    $("#\\[div\\]").css("color","red");
})
</script>

<div id="a.b">div1</div>
<div id="a:b">div2</div>
<div id="[div]">div3</div>
```

在执行 jQuery()函数时，jQuery 使用正则表达式来匹配参数值，并判断当前参数是否为 ID 值。

```
ID: /#((?:[\w\u00c0-\uFFFF_-]|\\.)+)/
```

而正则表达式对于特殊字符是敏感的，要避免正则表达式被误解，就考虑进行字符转义，在正则表达式字符串中一般都通过双斜杠来转义特殊字符。如果直接使用 JavaScript 的原生方法 getElementById()就不用顾虑这个问题。

【示例 3】 示例 2 代码可以改写为如下写法。

```
<script type="text/javascript" >
$(function(){
    document.getElementById("a.b").style.color = "red";
    document.getElementById("a:b").style.color = "red";
    document.getElementById("[div]").style.color = "red";
})
</script>
```

2.2.2 类型选择器

扫一扫，看视频

JavaScript 提供了一个原生方法 getElementsByTagName()，用来在 DOM 中选择指定类型的元素。用法如下：

```
var elements = document.getElementsByTagName("tagName");
```

该方法返回值为所选择类型元素的集合，参数值为字符串型 HTML 标签名称。

jQuery 匹配指定标签的方法比较简单，直接在 jQuery()构造函数中指定标签名称即可。用法如下：

```
jQuery("element") ;
```

参数 element 为字符串，表示标签的名称。返回值为包含匹配标签的 jQuery 对象。与 ID 选择器不同，类型选择器的字符串不需要附加标识前缀（#）。

【示例 4】 在本示例中，使用 jQuery 构造器匹配文档中所有的<div>标签，并定义它们的字体颜色为红色。

```
<script src="jquery/jquery-3.1.1.js" type="text/javascript"></script>
<script type="text/javascript">
$(function(){
    $("div").css("color","red");
})
</script>
```

```
<div>[标题栏]</div>
<div>[内容框]</div>
<div>[页脚栏]</div>
```

$("div")构造函数表示匹配文档中所有的<div>标签，返回 jQuery 对象，然后调用 jQuery 的 css()方法，为所有匹配的<div>标签定义红色字体。

【示例 5】　如果直接使用 JavaScript 原生方法 getElementsByTagName()方法匹配文档中的<div>标签，并设置它们的前景色为红色，则需要使用循环语句遍历返回的元素集合，并逐一设置每个元素的字体样式。实现代码如下：

```
<script type="text/javascript" >
window.onload = function(){      //页面初始化函数
    var divs = document.getElementsByTagName("div");    //返回 div 元素集合
    for(var i=0;i<divs.length;i++){        //遍历 div 元素集合
        divs[i].style.color = "red";        //设置 div 元素的前景色为红色
    }
}
</script>
```

此时$("div")与 document.getElementsByTagName("div")的运行结果是一样的，都返回一个元素集合对象。

【示例 6】　用户还可以混合使用 jQuery 代码和 JavaScript 代码。

```
<script type="text/javascript">
window.onload = function(){             //以 JavaScript 方法初始化页面处理函数
    var divs = $("div");                //以 jQuery 方法选择所有 div 元素
    for(var i=0;i<divs.length;i++){     //以 JavaScript 方法遍历返回的 jQuery 结果对象
        divs[i].style.color = "red";
    }
}
</script>
```

与 ID 选择器一样，jQuery 的类型选择器也存在效率低下的问题。这不仅仅是因为 jQuery 需要使用正则表达式匹配选择器类型，过滤出参数值为标签名字符串，另外，由于 jQuery()函数需要对第一个参数执行多路判断（即多分支条件判断），而对于标签字符串的判断位于队列的后面，不像 ID 选择器第一个就被匹配判断（即第一条件分支），所以这就耗费掉一点时间。

从执行效率的角度考虑，应多使用 JavaScript 原生的 getElementsByTagName()方法来选择同类型的元素。即使在复杂的 jQuery 编程环境中，嵌入使用 getElementsByTagName()方法也要比直接使用$()方法高效。

2.2.3　类选择器

扫一扫，看视频

HTML5 新增了 getElementsByClassName()方法，使用该方法可以选择指定类名的元素。该方法可以接收一个字符串参数，包含一个或多个类名，类名通过空格分隔，不分先后顺序，返回带有指定类的所有元素的集合。支持的浏览器包括 IE 9+、Firefox 3.0+、Safari 3+、Chrome 和 Opera 9.5+。

【示例 7】　本示例使用 document.getElementsByClassName("red")方法选择文档中所有包含 red 类的元素。

```
<script src="jquery/jquery-3.1.1.js" type="text/javascript"></script>
<script type="text/javascript">
$(function(){
    var divs = document.getElementsByClassName("red");
    for(var i=0; i<divs.length;i++){
```

```
        console.log(divs[i].innerHTML);
    }
})
</script>

<div class="red">红盒子</div>
<div class="blue red">蓝盒子</div>
<div class="green red">绿盒子</div>
```

【示例8】 本示例使用 document.getElementById("box")方法先获取<div id="box">，然后在它下面使用 getElementsByClassName("blue red")选择同时包含 red 和 blue 类的元素。

```
<script src="jquery/jquery-3.1.1.js" type="text/javascript"></script>
<script type="text/javascript">
$(function(){
    var divs = document.getElementById("box").getElementsByClassName("blue red");
    for(var i=0; i<divs.length;i++){
        console.log(divs[i].innerHTML);
    }
})
</script>

<div id="box">
    <div class="blue red green">blue red green</div>
</div>
```

在 document 对象上调用 getElementsByClassName()会返回与类名匹配的所有元素，在元素上调用该方法就只会返回后代元素中匹配的元素。

【示例9】 如果要支持早期浏览器，用户可以扩展 getElementsByClassName()方法。实现代码如下：

```
document.getElementsByClassName = function(className) {
    var el = [],
        _el = document.getElementsByTagName('*');      //获取所有元素
    for (var i=0; i<_el.length; i++ ) {                 //遍历元素集合
        if (_el[i].className == className ) {            //获取相同类名的元素
            el[el.length] = _el[i];
        }
    }
    return el;
}
```

然后使用自定义类选择器方法 getElementsByClassName()选择文档中类名为 red 的所有元素，并设置它们的前景色为红色。

```
window.onload = function(){                             //页面初始化函数
    var red = document.getElementsByClassName("red");   //返回 div 元素集合
    for(var i=0, l=red.length; i< l; i++){              //遍历 div 元素集合
        red[i].style.color = "red";                     //设置 div 元素的前景色为红色
    }
}
```

在 jQuery 中，类选择器的字符串需要附加标识前缀（.）。用法如下：

```
jQuery(".className") ;
```

参数 className 为字符串，表示标签的 class 属性值，前缀符号"."表示该选择器为类选择器。返回值为包含匹配 className 的元素的 jQuery 对象。

【示例 10】 在本示例中，使用 jQuery 构造器匹配文档中所有类名为 red 的标签，并定义它们的字体颜色为红色。

```
<script src="jquery/jquery-3.1.1.js" type="text/javascript"></script>
<script type="text/javascript">
$(function(){
    $(".red").css("color","red");
})
</script>

<div class="red">红盒子</div>
<div class="blue red">蓝盒子</div>
<div class="green red">绿盒子</div>
```

2.2.4 通配选择器

在 JavaScript 中，如果把特殊字符串"*"传递给 getElementsByTagName()方法，它将返回文档中所有元素的列表，元素排列的顺序就是它们在文档中的顺序。用法如下：

```
var elements = document.getElementsByTagName("*");
```

jQuery 定义了通配选择器，该选择器能够匹配指定上下文中所有元素。用法如下：

```
jQuery("*");
```

参数*为字符串，表示将匹配指定范围内所有的标签元素。

【示例 11】 在本示例中，将匹配文档中<body>标签下包含的所有标签，然后定义所有标签包含的字体显示为红色。

```
<script src="jquery/jquery-3.1.1.js" type="text/javascript"></script>
<script type="text/javascript">
$(function(){
    $("body *").css("color","red");
})
</script>

<div>[标题栏]</div>
<div>[内容框]</div>
<div>[页脚栏]</div>
```

【示例 12】 针对示例 11，可以使用如下 JavaScript 原生方法实现相同的设计效果。

```
$(function(){
    var all = document.getElementsByTagName("*");
    for(var i=0; i<all.length; i++){
        all[i].style.color = "red";
    }
})
```

更高效的方法是把 JavaScript 原生方法和 jQuery 迭代操作相结合，这样可以提高代码执行效率，也不会多写很多代码。

【示例 13】 本示例代码使用 JavaScript 原生方法获取页面中所有元素，然后把这个 DOM 元素集合传递给 jQuery()函数，把 JavaScript 数组集合封装为 jQuery 对象的类数组集合，然后借助 jQuery 的 css()方法可以快速定义样式。从而提高整个程序的执行速度。

```
$(function(){
    var all = document.getElementsByTagName("*");
    $(all).css("color","red");
})
```

扫一扫，看视频

2.2.5 分组选择器

jQuery 支持 CSS 的分组选择器，通过这种方式可以扩大选择器的选择范围，同时增强 jQuery 选择器引擎的应用能力。

选择多组元素可以通过逗号分隔符来分隔多个不同的选择器，这些选择器可以是任意类型的，也可以是复合选择器。用法如下：

```
jQuery("selector1,selector2,selectorN") ;
```

参数 selector1、selector2、selectorN 为字符串，表示多个选择器，这些选择器没有数量限制，它们通过逗号进行分隔。当执行组选择器之后，返回的 jQuery 对象将包含每一个选择器匹配到的元素。jQuery 在执行组选择器匹配时，先是逐一匹配每个选择器，然后将匹配到的元素合并到一个 jQuery 对象中返回。

【示例14】 在本示例中，将利用组选择器，匹配文档中包含的不同标签，然后定义所有标签包含的字体显示为红色。

```
<script src="jquery/jquery-3.1.1.js" type="text/javascript"></script>
<script type="text/javascript">
$(function(){
    $("h2, #wrap, span.red, [title='text'").css("color","red");
})
</script>


<h2>H2</h2>
<div id="wrap">DIV</div>
<span class="red">SPAN</span>
<p title="text">P</p>
```

分组选择器的实现思路是这样的。首先，在 Sizzle()构造器函数中，获取选择器字符串，并通过下面正则表达式模式进行匹配。

```
var chunker = /((?:\((?:\([^()]+\)|[^()]+)+\)|\[(?:\[[^[\]]*\]|['"][^'"]*['"]|
[^[\]'"]+)+\]|\\.|[^ >+~,(\[\\]+)+|[>+~])(\s*,\s*)?/g,
```

然后把该正则表达式的下标位置恢复到初始化位置。根据选择器字符串中的逗号作为分隔符，把选择器字符串劈开，然后分别推入到 parts 数组中。

最后，通过条件语句分别判断 parts 数组的长度，如果长度大于 1，则重复调用 Sizzle()函数，并分析第一个逗号后面的选择器字符串，依此类推。

2.3 结构选择器

结构选择器就是根据 HTML 文档结构中节点之间的包含或并列关系决定匹配元素的一种方法。jQuery 模仿 CSS 的关系过滤模式定义了 4 个关系选择器，同时还根据包含关系，自定义了 4 个子元素选择器。

2.3.1 层级选择器

层级选择器能够根据元素之间的结构关系进行匹配操作，主要包括包含选择器、子选择器、相邻选择器和兄弟选择器，详细说明如表 2.2 所示。

表 2.2　层级选择器

选　择　器	说　　明
ancestor descendant （包含选择器）	在给定的祖先元素下匹配所有的后代元素。ancestor 表示任何有效的选择器，descendant 表示用以匹配元素的选择器，并且它是第一个选择器的后代元素。例如，$("form input")可以匹配表单下所有的 input 元素
parent > child （子选择器）	在给定的父元素下匹配所有的子元素。parent 表示任何有效的选择器，child 表示用以匹配元素的选择器，并且它是第一个选择器的子元素。例如，$("form > input")可以匹配表单下所有的子级 input 元素
prev + next （相邻选择器）	匹配所有紧接在 prev 元素后的 next 元素。prev 表示任何有效的选择器，next 表示一个有效选择器并且紧接着第一个选择器。例如，$("label + input")可以匹配所有跟在 label 后面的 input 元素
prev ~ siblings （兄弟选择器）	匹配 prev 元素之后的所有 siblings 元素。prev 表示任何有效的选择器，siblings 表示一个选择器，并且它作为第一个选择器的同辈。例如，$("form ~ input")可以匹配到所有与表单同辈的 input 元素

【示例 15】　在本示例中，文档中插入了 3 个文本框，它们分别位于<form>标签内和外，其中第一个和第二个位于<form>标签内，而第三个位于<form>标签外。而第一和第二个文本框分别处于不同的 DOM 层级中。然后使用包含选择器匹配<form>标签包含的所有<input>标签，并定义被包含的文本框边框显示为红色，背景色为蓝色，预览效果如图 2.1 所示。

```javascript
<script type="text/javascript" >
$(function(){
    $("form input").css({"border":"solid 1px red","background":"blue"});
})
</script>

<form>
    <fieldset>
        <label>包含的子文本框
            <input />
        </label>
        <fieldset>
            <label>包含的孙文本框
                <input />
            </label>
        </fieldset>
    </fieldset>
</form>
<label>非包含的文本框
    <input />
</label>
```

图 2.1　包含选择器的应用

🔊 注意：

包含选择器不受包含结构的层级限制，只要被包含在第一个选择器中的所有匹配第二个选择器的元素都将被返回。

【示例 16】　在本示例中，文档中插入了 3 张图片，它们分别位于<div>标签内和外，其中第一张和第二张位于\<div\>标签内，而第三张位于\<div\>标签外。第一和第二个文本框分别处于不同的 DOM 层级中。然后使用子选择器匹配\<div\>标签包含的\<img\>子标签，并定义匹配的子标签显示为红色粗边框，预览效果如图 2.2 所示。

```
<style type="text/css">
img{ height:200px;}
</style>
<script type="text/javascript" >
$(function(){
    $("div > img").css("border","solid 5px red");
})
</script>

<div>
    <span><img src="images/bg.jpg" /></span>
    <img src="images/bg.jpg" />
</div>
<img src="images/bg.jpg" />
```

图 2.2　子选择器的应用

注意，虽然子选择器与包含选择器在匹配结果集中有重合的部分，但是包含选择器能够匹配更多的元素，除了子元素，还包括所有嵌套的元素。

【示例 17】　在本示例中，文档中插入了 4 张图片，它们分别位于\<div\>标签内和外，其中第一张和第二张位于\<div\>标签内，而第三张和第四张位于\<div\>标签外。第一和第二个文本框分别处于不同的 DOM 层级中。然后使用相邻选择器匹配\<div\>标签后相邻的\<img\>同级标签，并定义匹配的\<img\>标签显示为红色粗边框，预览效果如图 2.3 所示。

```
<style type="text/css">
img{ height:200px;}
</style>
<script type="text/javascript" >
$(function(){
    $("div + img").css("border","solid 5px red");
})
</script>
```

```
<div>
    <span><img src="images/bg.jpg" /></span>
    <img src="images/bg.jpg" />
</div>
<img src="images/bg.jpg" />
<img src="images/bg.jpg" />
```

图 2.3　相邻选择器的应用

注意，与子选择器和包含选择器不同，从结构上分析相邻选择器是在同级结构上进行匹配和过滤元素，而子选择器和包含选择器是在包含的内部结构中过滤元素。

【**示例 18**】　在本示例中，文档中插入了 4 张图片，它们分别位于\<div\>标签内和外，其中第一张和第二张位于\<div\>标签内，而第三张和第四张位于\<div\>标签外。第一和第二个文本框分别处于不同的 DOM 层级中。然后使用兄弟选择器匹配\<div\>标签后同级的\<img\>标签，并定义匹配的\<img\>标签显示为红色粗边框，预览效果如图 2.4 所示。

```
<style type="text/css">
img{ height:200px;}
</style>
<script type="text/javascript" >
$(function(){
    $("div ~ img").css("border","solid 5px red");
})
</script>

<div>
    <span><img src="images/bg.jpg" /></span>
    <img src="images/bg.jpg" />
</div>
<img src="images/bg.jpg" />
<img src="images/bg.jpg" />
```

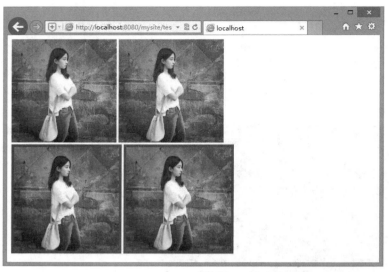

图 2.4　兄弟选择器的应用

注意：

> 与子选择器和包含选择器不同，从结构上分析兄弟选择器是在同级结构上进行匹配和过滤元素，而子选择器和包含选择器是在包含的内部结构中过滤元素。从这点分析，它与相邻选择器类似，但是兄弟选择器能够匹配更多的元素，除了相邻的同级元素外，还包括所有不相邻的同级元素。

【示例 19】　　在本示例中，利用 jQuery 定义的层级选择器可以方便地控制 HTML 文档各级元素的样式。虽然这些结构没有定义 id 或 class 属性，但是并不影响用户方便、精确地控制文档样式。本示例的演示效果如图 2.5 所示。

```
<script type="text/javascript">
$(function(){
    $("div").css("border", "solid 1px red");         //控制文档中所有div元素
    $("div > div").css("margin", "2em");             //控制div元素包含的div子元素，实
                                                     //际上它与div包含选择器所匹配的元
                                                     //素是相同的
    $("div div").css("background", "#ff0");          //控制最外层div元素包含的所有div
                                                     //元素
    $("div div div").css("background", "#f0f");      //控制第三层及其以内的div元素
    $("div + p").css("margin", "2em");               //控制div相邻的p元素
    $("div:eq(1) ~ p").css("background", "blue");    //控制div后面并列的所有p元素
})
</script>

<div>一级div元素
    <div>二级div元素
        <div>
            三级div元素
        </div>
        <p>段落文本11</p>
        <p>段落文本12</p>
    </div>
    <p>段落文本21</p>
    <p>段落文本22</p>
</div>
```

```
<p>段落文本 31</p>
<p>段落文本 32</p>
```

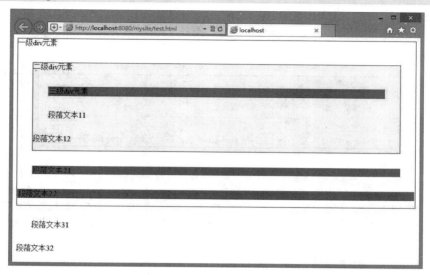

图 2.5 层级选择器演示效果

在层级选择器中，左右两个子选择器可以为任何形式的选择器，可以是基本选择器，也可以是复合选择器，甚至是层级选择器。例如，$("div div div")中可以有两种理解："div div"表示子包含选择器，位于左侧，作为父包含选择器的包含对象，而第三个"div"表示被包含的对象，它是一个基本选择器；或者"div"表示基本选择器，位于左侧，作为父包含选择器的包含对象，而"div div"表示被包含的对象，它是一个子包含选择器。再如，$("div:eq(1) ~ p")中的("div:eq(1)"是一个伪类选择器，它属于复合选择器，在这里表示兄弟选择器中相邻的前一个选择器。

📖 **拓展：**

jQuery 在 Expr. relative 对象中定义了 4 个层级选择器函数，然后在 Sizzle()接口函数中直接调用这些函数来匹配对应的选择器类型，并根据这些选择器表达式调用 Sizzle.filter()过滤函数，筛选指定关系的元素，并把这些匹配元素封装到 jQuery 对象中返回。

```
var Expr = Sizzle.selectors = {
    relative: {
        //匹配 prev + next 选择器
        "+": function(checkSet, part, isXML){
        },
        //匹配 parent > child 选择器
        ">": function(checkSet, part, isXML){
        },
        //匹配 ancestor descendant 选择器
        "": function(checkSet, part, isXML){
        },
        //匹配 prev ~ siblings 选择器
        "~": function(checkSet, part, isXML){
        }
    }
}
```

扫一扫，看视频

2.3.2 子元素选择器

子元素选择器就是通过当前匹配元素选择该元素包含的特定子元素。子元素选择器主要包括 4 种类型，说明如表 2.3 所示。

表 2.3 子元素选择器

选　择　器	说　　明
:nth-child	匹配其父元素下的第 N 个子或奇偶元素
:first-child	匹配第一个子元素 :first 选择器只匹配一个元素，而:first-child 选择符将为每个父元素匹配一个子元素
:last-child	匹配最后一个子元素 :last 只匹配一个元素，而:last-child 选择符将为每个父元素匹配一个子元素
:only-child	如果某个元素是父元素中唯一的子元素，那么将会被匹配，如果父元素中含有其他元素，那将不会被匹配

:eq(index)选择器只能够匹配一个元素，而:nth-child 能够为每一个父元素匹配子元素。:nth-child 是从 1 开始的，而:eq()是从 0 算起的。

下面表达式都是可以使用的。

```
nth-child(even)          //匹配偶数位元素
:nth-child(odd)          //匹配奇数位元素
:nth-child(3n)           //匹配第 3 个及其后面间隔 3 的每个元素
:nth-child(2)            //匹配第 2 个元素
:nth-child(3n+1)         //匹配第 1 个及其后面间隔 3 的每个元素
:nth-child(3n+2)         //匹配第 2 个及其后面间隔 3 的每个元素
```

【示例 20】　本示例分别利用子元素选择器匹配不同位置上的 li 元素，并为其设计不同的样式，演示效果如图 2.6 所示。

```
<script type="text/javascript">
$(function(){
    $("li:first-child").css("color", "red");
    $("li:last-child").css("color", "blue");
    $("li:nth-child(1)").css("background", "#ff6");
    $("li:nth-child(2n)").css("background", "#6ff");
})
</script>

<ul>
    <li>己所不欲，勿施于人。——《论语》</li>
    <li>天行健，君子以自强不息。——《周易》</li>
    <li>勿以恶小而为之，勿以善小而不为。——《三国志》</li>
    <li>君子成人之美，不成人之恶。小人反是。——《论语》</li>
</ul>
```

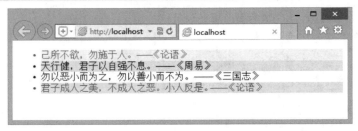

图 2.6　子元素选择器的应用

jQuery 在 Expr.match 对象中定义了 CHILD 正则表达式匹配模式/:(only|nth|last|first)-child(?:\\((even|odd|[\dn+-]*)\))?/，利用该模式寻找选择器表达式中的子元素类型。

```
var Expr = Sizzle.selectors = {
    order: [ "ID", "NAME", "TAG" ],
    match: {
        ID: /#((?:[\w\u00c0-\uFFFF_-]|\\.)+)/,
        CLASS: /\.((?:[\w\u00c0-\uFFFF_-]|\\.)+)/,
        NAME: /\[name=['"]*((?:[\w\u00c0-\uFFFF_-]|\\.)+)['"]*\]/,
        ATTR: /\[\s*((?:[\w\u00c0-\uFFFF_-]|\\.)+)\s*(?:(\S?=)\s*(['"]*)(.*?)\3|)
\s*\]/,
        TAG: /^((?:[\w\u00c0-\uFFFF\*_-]|\\.)+)/,
        CHILD: /:(only|nth|last|first)-child(?:\((even|odd|[\dn+-]*)\))?/,
        POS: /:(nth|eq|gt|lt|first|last|even|odd)(?:\((\d*)\))?(?=[^-]|$)/,
        PSEUDO:  /:((?:[\w\u00c0-\uFFFF_-]|\\.)+)(?:\((['"]*)((?:\([^\)]+\)|[^\2\
(\)]*)+)\2\))?/
    }
}
```

在 Sizzle.filter()过滤器函数中调用该正则表达式匹配到子元素选择器特征字符，并调用 Expr.preFilter 对象中包含的 CHILD 方法，代码如下所示。最后把处理所得的匹配元素封装到 jQuery 对象中返回。

```
if ( Expr.preFilter[ type ] ) {
    match = Expr.preFilter[ type ]( match, curLoop, inplace, result, not, isXMLFilter );
    if ( !match ) {
        anyFound = found = true;
    } else if ( match === true ) {
        continue;
    }
}
```

CHILD()方法位于 Expr.preFilter 对象中。

```
var Expr = Sizzle.selectors = {
    preFilter: {
        CHILD: function(match){
        },
    }
}
```

2.4　过滤选择器

过滤选择器主要通过特定的过滤表达式来筛选特殊需求的 DOM 元素，过滤选择器的语法形式与 CSS 的伪类选择器的语法格式相同，即以冒号作为前缀标识符。根据需求的不同，过滤选择器又可以分为定位过滤器、内容过滤器和可见过滤器。

2.4.1　定位过滤器

定位过滤器主要是根据编号和排位筛选特定位置上的元素，或者过滤掉特定元素。定位过滤器详细说明如表 2.4 所示。

扫一扫，看视频

表 2.4　定位过滤器

选　择　器	说　　　明
:first	匹配找到的第一个元素。例如，$("tr:first")表示匹配表格的第一行
:last	匹配找到的最后一个元素。例如，$("tr:last")表示匹配表格的最后一行
:not	去除所有与给定选择器匹配的元素。注意，在 jQuery 1.3 中，已经支持复杂选择器了，如:not(div a)和:not(div,a)。例如，$("input:not(:checked)")可以匹配所有未选中的 input 元素
:even	匹配所有索引值为偶数的元素，从 0 开始计数。例如，$("tr:even")可以匹配表格的 1、3、5 行（即索引值为 0、2、4、…）
:odd	匹配所有索引值为奇数的元素，从 0 开始计数。例如，$("tr:odd")可以匹配表格的 2、4、6 行（即索引值 1、3、5、…）
:eq	匹配一个给定索引值的元素，从 0 开始计数。例如，$("tr:eq(0)")可以匹配第 1 行表格行
:gt	匹配所有大于给定索引值的元素，从 0 开始计数。例如，$("tr:gt(0)")可以匹配第 2 行及其后面行
:lt	匹配所有小于给定索引值的元素。例如，$("tr:lt(1)")可以匹配第 1 行
:header	匹配如 h1、h2、h3 之类的标题元素
:animated	匹配所有正在执行动画效果的元素

【示例 21】　在本示例中，分别借助定位过滤器，为表格中不同行设置不同的显示样式，演示效果如图 2.7 所示。

```
<script type="text/javascript" >
$(function(){
    $("tr:first").css("color", "red");              //设置第 1 行字体为红色
    $("tr:eq(0)").css("font-size", "20px");          //设置第 1 行字体大小为 20 像素
    $("tr:last").css("color", "blue");               //设置最后一行字体为蓝色
    $("tr:even").css("background", "#ffd");          //设置偶数行背景色
    $("tr:odd").css("background", "#dff");           //设置奇数行背景色
    $("tr:gt(3)").css("font-size", "12px");          //设置从第 5 行开始所有行的字体大小
    $("tr:lt(4)").css("font-size", "14px");          //设置从第 1～4 行字体大小
})
</script>

<table>
    <tr>
        <th>选择器</th><th>说明</th>
    </tr>
    <tr>
        <td>:first</td><td>匹配找到的第一个元素。例如，$(&quot;tr:first&quot;)表示匹配表
格的第一行 </td>
    </tr>
    <tr>
        <td>:last</td><td>匹配找到的最后一个元素。例如，$(&quot;tr:last&quot;)表示匹配表
格的最后一行 </td>
    </tr>
    <tr>
        <td>:not</td><td>去除所有与给定选择器匹配的元素。注意，在 jQuery 1.3 中，已经支持复
杂选择器了，如:not(diva)和:not(div,a)。例如，$(&quot;input:not(:checked)&quot;)可以匹
配所有未选中的 input 元素 </td>
    </tr>
    <tr>
        <td>:even</td><td>匹配所有索引值为偶数的元素，从 0 开始计数。例如，$(&quot;tr:
```

```
even&quot;)可以匹配表格的 1、3、5 行（即索引值为 0、2、4…） </td>
    </tr>
    <tr>
        <td>:odd</td><td>匹配所有索引值为奇数的元素，从 0 开始计数。例如，$(&quot;tr:
odd&quot;)可以匹配表格的 2、4、6 行（即索引值为 1、3、5…） </td>
    </tr>
    <tr>
        <td>:eq</td><td>匹配一个给定索引值的元素，从 0 开始计数。例如，$(&quot;tr:eq(0)
&quot;)可以匹配第 1 行表格行 </td>
    </tr>
    <tr>
        <td>:gt</td><td>匹配所有大于给定索引值的元素，从 0 开始计数。例如，$(&quot;tr:gt(0)
&quot;)可以匹配第 2 行及其后面行 </td>
    </tr>
    <tr>
        <td>:lt</td><td>匹配所有小于给定索引值的元素。例如，$(&quot;tr:lt(1)&quot;)可以
匹配第 1 行</td>
    </tr>
    <tr>
        <td>:header</td><td>匹配如 h1、h2、h3 之类的标题元素 </td>
    </tr>
    <tr>
        <td>:animated</td><td>匹配所有正在执行动画效果的元素 </td>
    </tr>
</table>
```

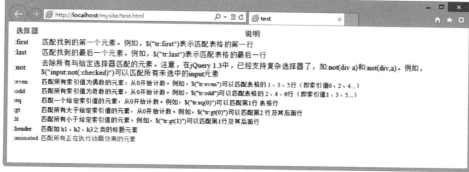

图 2.7 定位过滤器演示效果

2.4.2 内容过滤器

内容过滤器主要根据匹配元素所包含的子元素或者文本内容进行过滤。主要包括 4 种内容过滤器，说明如表 2.5 所示。

扫一扫，看视频

表 2.5 内容过滤器

选 择 器	说 明
:contains	匹配包含给定文本的元素。例如，$("div:contains('图片')")匹配所有包含"图片"的 div 元素
:empty	匹配所有不包含子元素或者文本的空元素
:has	匹配含有选择器所匹配的元素的元素。例如，$("div:has(p)")匹配所有包含 p 元素的 div 元素
:parent	匹配含有子元素或者文本的元素

【示例 22】 　在本示例中，分别借助内容过滤器选择文档中特定内容元素，然后对其进行控制。演示效果如图 2.8 所示。

```html
<script type="text/javascript" >
$(function(){
    $("li:empty").text("空内容");                        //匹配空 li 元素
    $("div ul:parent").css("background", "#ff1");        //匹配 div 包含 ul 元素中包含子元素
                                                         //或者文本元素
    $("h2:contains('标题')").css("color", "red");        //标题元素中包含"标题"文本内容的
    $("p:has(span)").css("color", "blue");               //包含 span 元素的 p 元素
})
</script>

<div>
    <h2>标题</h2>
    <p>段落文本 1</p>
    <p><span>段落文本 2</span></p>
    <ul>
        <li></li>
        <li></li>
    </ul>
</div>
```

图 2.8　内容过滤器演示效果

jQuery 在 Expr.filters 对象中收集了各种内容过滤器的表达式算法。

```javascript
var Expr = Sizzle.selectors = {
    filters: {
        parent: function(elem){    //:parent 选择器，如果存在第一个子元素，则返回 true
            return !!elem.firstChild;
        },
        empty: function(elem){     //:empty 选择器，如果不存在第一个子元素，则返回 true
            return !elem.firstChild;
        },
        has: function(elem, i, match){ //:has 选择器，调用 Sizzle()函数检测指定的表达式
所匹配的元素是否存在，如果存在，则返回 true
            return !!Sizzle( match[3], elem ).length;
        }
    }
}
```

其中当!elem.firstChild（即 elem 元素）不包含子节点或者文本元素时，empty 返回真；当!!elem.firstChild（即 elem 元素）包含子节点或者文本元素时，parent 返回真；在:has 选择器中，match[3]为 has 紧跟在后面含有的元素，如$("div:has(p)")中的 p，!!Sizzle(match[3], elem).length 获

得 match[3]元素中包含在 elem 元素中的个数，如果个数大于 1，则 has 返回真。

　　然后在 Expr.filter 对象的 PSEUDO ()函数调用该对象集合，根据所设置的定位过滤器表达式，调用 filter()函数匹配对应的元素，并返回 jQuery 对象。

```
var Expr = Sizzle.selectors = {
    filter: {
        PSEUDO: function(elem, match, i, array){
            var name = match[1], filter = Expr.filters[ name ];
            if ( filter ) {
                //匹配:parent、:empty 和:has 选择器
            } else if ( name === "contains" ) {
                //匹配: contains 选择器
            } else if ( name === "not" ) {
            }
        }
    }
}
```

2.4.3　可见过滤器

扫一扫，看视频

　　可见过滤器就是根据元素的可见或者隐藏来进行匹配的，详细说明如表 2.6 所示。

表 2.6　可见过滤器

选　择　器	说　　明
:hidden	匹配所有不可见元素，或者 type 为 hidden 的元素
:visible	匹配所有的可见元素

　　【示例 23】　在本示例中分别设置奇数位 p 和偶数位 p 的字体颜色，如果奇数位 p 元素被隐藏，则通过 p:hidden 过滤器匹配它们，并把它们显示出来。

```
<script type="text/javascript" >
$(function(){
    $("p:odd").hide();                            //隐藏奇数位 p 元素
    $("p:odd").css("color", "red");               //设置奇数位 p 元素的字体颜色为红色
    $("p:visible").css("color", "blue");          //设置偶数位 p 元素的字体颜色为蓝色
    $("p:hidden").show();                         //显示奇数位 p 元素
})
</script>

<p>独在异乡为异客，</p>
<p>每逢佳节倍思亲。</p>
<p>遥知兄弟登高处，</p>
<p>遍插茱萸少一人。</p>
```

2.5　属性选择器

扫一扫，看视频

　　属性选择器主要根据元素的属性及其属性值作为过滤的条件，来匹配对应的 DOM 元素。属性选择器都是以中括号作为起止分界符，如[attribute]，与伪类选择器特征都比较明显。jQuery 定义了 7 类属性选择器，说明如表 2.7 所示。

表 2.7　属性选择器

选　择　器	说　　明
[attribute]	匹配包含给定属性的元素 注意，在 jQuery 1.3 版本中，前导的@符号已经被废除，如果想要兼容最新版本，只需要简单去掉@符号即可。例如，$("div[id]")表示查找所有含有 id 属性的 div 元素
[attribute=value]	匹配属性等于特定值的元素。属性值的引号在大多数情况下是可选的，如果属性值中包含"]"时，需要加引号以避免冲突 例如，$("input[name='text']").表示查找所有 name 属性值是'text'的 input 元素
[attribute!=value]	匹配所有不含有指定的属性，或者属性不等于特定值的元素。该选择器等价于:not([attr=value]) 要匹配含有特定属性但不等于特定值的元素，可以使用[attr]:not([attr=value]) 例如，$("input[name!='text']") 表示查找所有 name 属性值不是'text'的 input 元素
[attribute^=value]	匹配给定的属性是以某些值开始的元素 例如，$("input[name^='text']") 表示所有 name 属性值是以'text'开始的 input 元素
[attribute$=value]	匹配给定的属性是以某些值结尾的元素 例如，$("input[name$='text']")表示所有 name 属性值是以'text'结束的 input 元素
[attribute*=value]	匹配给定的属性是包含某些值的元素 例如，$("input[name*='text']")表示所有 name 属性值是包含'text'字符串的 input 元素
[selector1][selector2][selectorN]	复合属性选择器，需要同时满足多个条件时使用 例如，$("input[name*='text'] [id]")表示所有 name 属性值包含'text'字符串，且包含了 id 属性的 input 元素

【示例24】　在本示例中，使用 jQuery 属性选择器根据超链接文件的类型，分别为不同类型的文件添加类型文件图标。页面初始化前的效果如图 2.9 所示，执行脚本之后，则显示效果如图 2.10 所示。

```
<style type="text/css">
a img { border:none;}
</style>
<script type="text/javascript" >
$(function(){
    var a1 = $("a[href$='.pdf']");
    a1.html(function(){
        return "<img src='images/pdf.gif' />  " + $(this).attr("href");
    });
    var a2 = $("a[href$='.rar']");
    a2.html(function(){
        return "<img src='images/rar.gif' />  " + $(this).attr("href");
    });
    var a3 = $("a[href$='.jpg'],a[href$='.bmp'],a[href$='.gif'],a[href$='.png']");
    a3.html(function(){
        return "<img src='images/jpg.gif' />  " + $(this).attr("href") ;
    });
    var a4 = $("a[href^='http:']");
    a4.html(function(){
        return "<img src='images/html.gif' />  " + $(this).attr("href") ;
    });
})
</script>

<a href="1.pdf">参考手册.pdf</a><br />
<a href="2.pdf">权威指南.pdf</a><br />
<a href="3.rar">压缩包.rar</a><br />
<a href="4.jpg">图片文件 1</a><br />
```

```
<a href="5.bmp">图片文件2</a><br />
<a href="6.gif">图片文件3</a><br />
<a href="7.png">图片文件4</a><br />
<a href="http://www.baidu.com/">百度</a><br />
<a href="http://www.sohu.com/">搜狐</a><br />
```

图 2.9　处理前超链接效果

图 2.10　处理后超链接效果

2.6　表单选择器

　　表单是页面中使用频率较高的元素之一，为了方便用户灵活操作表单，jQuery 专门定义了表单选择器，使用表单选择器可以方便地获取表单中某类表单域对象。

2.6.1　基本表单选择器

　　jQuery 定义了一组伪类选择器，利用它们可以获取页面中的表单类型元素，说明如表 2.8 所示。

扫一扫，看视频

表 2.8　基本表单选择器

选 择 器	说　　明
:input	匹配所有 input、textarea、select 和 button 元素
:text	匹配所有单行文本框
:password	匹配所有密码框
:radio	匹配所有单选按钮
:checkbox	匹配所有复选框
:submit	匹配所有提交按钮
:image	匹配所有图像域
:reset	匹配所有重置按钮
:button	匹配所有按钮
:file	匹配所有文件域
:hidden	匹配所有不可见元素，或者 type 为 hidden 的元素

　　【示例 25】　下面是一个表单页面，本例演示如何使用表单选择器控制实现交互操作。表单的 HTML 结构代码如下。根据该 HTML 结构代码，则生成的页面效果如图 2.11 所示。

```
<form id="test" action="" method="get">
    <input name="" type="text" value="文本域"><br />
    <input name="" type="password" value="密码域"><br />
    <input name="" type="checkbox" value="复选框">复选框<br />
```

```
    <input name="" type="radio" value="单选按钮">单选按钮<br />
    <input name="" type="image" value="图像域" src="images/btn.png"S><br />
    <input name="" type="file" value="文件域"><br />
    <input name="" type="hidden" value="隐藏域"><br />
    <input name="" type="button" value="普通按钮"><br />
    <input name="" type="submit" value="提交按钮"><br />
    <input name="" type="reset" value="重置按钮"><br />
</form>
```

然后，使用表单选择器快速选择这些表单域，并修改它们的 value 属性值，显示效果如图 2.12 所示。

```
<script type="text/javascript" >
$(function(){
    $("#test :text").val("修改后的文本域");
    $("#test :password").val("修改后的密码域");
    $("#test :checkbox").val("修改后的复选框");
    $("#test :radio").val("修改后的单选按钮");
    $("#test :image").val("修改后的图像域");
    $("#test :file").val("修改后的文件域");
    $("#test :hidden").val("修改后的隐藏域");
    $("#test :button").val("修改后的普通按钮");
    $("#test :submit").val("修改后的提交按钮");
    $("#test :reset").val("修改后的重置按钮");
})
</script>
```

图 2.11　设计初的表单效果 1　　　　　　图 2.12　修改后的表单效果 1

扫一扫，看视频

2.6.2　高级表单选择器

　　jQuery 根据表单域特有的特性定义了 4 个表单属性选择器，这些选择器与基本表单选择器不同，它们可以选择任何类型的表单域，因为它主要根据表单属性来进行选择，说明如表 2.9 所示。

表 2.9　高级表单选择器

选 择 器	说　　明
:enabled	匹配所有可用元素
:disabled	匹配所有不可用元素
:checked	匹配所有被选中的元素（复选框、单选按钮等，不包括 select 中的 option）
:selected	匹配所有选中的 option 元素

【示例 26】　本示例演示如何使用表单的属性选择器实现交互操作。表单的 HTML 结构代码如下。根据该 HTML 结构代码，则生成的页面效果如图 2.13 所示。

```html
<form id="test" action="" method="get">
    <input name="" type="text" disabled="disabled" value="文本域"><br />
    <input name="" type="text" disabled="disabled"  value="文本域"><br />
    <input name="" type="text"  value="文本域"><br />
    <input name="" type="checkbox" checked="checked" value="复选框">复选框<br />
    <input name="" type="radio" value="单选按钮">单选按钮<br />
    <select name="">
        <option value="1">1</option>
        <option value="1">2</option>
        <option value="1" selected="selected">3</option>
    </select>
</form>
```

然后，使用表单属性选择器快速选择这些表单域，并对表单域实施控制，显示效果如图 2.14 所示。

```html
<script type="text/javascript" >
$(function(){
    $("#test :disabled").val("不可用");
    $("#test :enabled").val("可用");
    $("#test :checked").removeAttr("checked");
    $("#test :selected").removeAttr("selected");
})
</script>
```

图 2.13　设计初的表单效果 2

图 2.14　修改后的表单效果 2

2.7　jQuery 选择器优化

正确使用选择器引擎对于页面性能起了至关重要的作用。使用合适的选择器表达式可以提高性能、增强语义并简化逻辑。在传统用法中，最常用的简单选择器包括 ID 选择器、类（Class）选择器和类型选择器，其中速度最快的是 ID 选择器，这主要是因为 JavaScript 内置函数 getElementById()。其次是类型选择器，因为使用 JavaScript 内置函数 getElementsByTag()，速度最慢的是 Class 选择器，其需要通过解析 HTML 文档树，并且需要在浏览器内核外递归，这种递归遍历是无法被优化的。

就需求分析，CSS 的选择器是为了通过语义来渲染样式，而 jQuery 的选择器只是为了选出一类 DOMElement，执行逻辑操作。但是，在实际开发中，Class 选择器是使用频率较高的类型之一，如表 2.10 所示。

表 2.10　jQuery 选择器使用频率列表

选　择　器	统　计　频　率
#id	51.290%
.class	13.082%
tag	6.416%
tag.class	3.978%
#id tag	18.151%
tag#id	1.935%
#id:visible	1.577%
#id .class	1.434%
.class .class	1.183%
*	0.968%
#id tag.class	0.932%
#id:hidden	0.789%
tag[name=value]	0.645%
.class tag	0.573%
[name=value]	0.538%
tag tag	0.502%
#id #id	0.430%
#id tag tag	0.358%

　　Class 选择器在文档中使用频率靠前，这无疑会增加系统的负担，因为每一次使用 Class 选择器，整个文档就会被解析一遍，并遍历每个节点。因此，建议读者在使用 jQuery 选择器时，应该注意几个问题。

　　第一，多用 ID 选择器。

　　多用 ID 选择器，这是一个明智的选择，即使不存在 ID 选择器，也可以从父级元素中添加一个 ID 选择器，这样就会缩短节点访问的路程。

　　第二，少直接使用 Class 选择器。

　　可以使用复合选择器，例如，使用 tag.class 代替.class。虽然文档的标签是有限的，但是类可以拓展标签的语义，那么大部分情况下，使用同一个类的标签也是相同的。

　　当然，应该摒除表达式中的冗余部分，对于不必要的复合表达式就应该进行简化，例如，#id2 #id1 或者 tag#id1 表达式，直接使用#id1 即可，因为 ID 选择器是唯一的，执行速度最快。使用复合选择器，反而会增加负担。

　　第三，多用父子关系，少用嵌套关系。

　　例如，使用 parent>child 代替 parent child。因为">"是 child 选择器，只从子节点里匹配，不递归。而" "是后代选择器，递归匹配所有子节点及子节点的子节点，即后代节点。

　　第四，缓存 jQuery 对象。

　　如果选出结果不发生变化的话，不妨缓存 jQuery 对象，这样就可以提高系统性能，养成缓存 jQuery 对象的习惯可以让用户在不经意间就能够完成主要的性能优化。

　　【示例 27】　下面的用法是低效的。

```
for (i = 0 ; i < 100 ; i ++ ) ... {
    var myList = $ ( ' .myList ' );
    myList.append(i);
}
```

如果使用下面的方法先缓存 jQuery 对象，则执行效率就会大大提高。

```
var myList = $( ' .myList ' );
for (i = 0 ; i < 100 ; i ++ ) ... {
    myList.append(i);
}
```

2.8　使用原生选择器

　　Selectors API 是由 W3C 发起制定的一个标准，致力于让浏览器原生支持 CSS 查询。DOM API 模块的核心是两个方法：querySelector() 和 querySelectorAll()，这两个方法能够根据 CSS 选择器规范，便捷定位文档中指定元素。其支持的浏览器包括 IE8+、Firefox、Chrome、Safari 和 Opera。

　　Document、DocumentFragment、Element 都实现了 NodeSelector 接口，即这三种类型的节点都拥有 querySelector() 和 querySelectorAll() 方法。

　　querySelector() 和 querySelectorAll() 方法的参数必须是符合 CSS 选择器规范的字符串，不同的是 querySelector()方法返回的是一个元素对象，querySelectorAll() 方法返回的是一个元素集合。

　　【示例28】　新建网页文档，输入下面 HTML 结构代码。

```
<div class="content">
    <ul>
        <li>首页</li>
        <li class="red">财经</li>
        <li class="blue">娱乐</li>
        <li class="red">时尚</li>
        <li class="blue">互联网</li>
    </ul>
</div>
```

如果要获得第一个 li 元素，可以使用如下方法：

```
document.querySelector(".content ul li");
```

如果要获得所有 li 元素，可以使用如下方法：

```
document.querySelectorAll(".content ul li");
```

如果要获得所有 class 为 red 的 li 元素，可以使用如下方法：

```
document.querySelectorAll("li.red");
```

📢 提示：

　　DOM API 模块也包含 getElementsByClassName()方法，使用该方法可以获取指定类名的元素。例如：

```
document.getElementsByClassName("red");
```

　　注意，getElementsByClassName()方法只能够接收字符串，且为类名，而不需要加点号前缀，如果没有匹配到任何元素则返回空数组。

　　CSS 选择器是一个便捷的确定元素的方法，这是因为大家已经对 CSS 很熟悉了。当需要联合查询时，使用 querySelectorAll()更加便利。

　　【示例29】　在文档中一些 li 元素的 class 名称是 red，另一些 class 名称是 blue，可以用 querySelectorAll()方法一次性获得这两类节点。

```
var lis = document.querySelectorAll("li.red, li.blue");
```

　　如果不使用 querySelectorAll()方法，那么要获得同样列表，需要做更多工作。一个方法是选择所有的 li 元素，然后通过迭代操作过滤出那些不需要的列表项目。

```
var result = [], lis1 = document.getElementsByTagName('li'), classname = '';
```

```
for(var i = 0, len = lis1.length; i < len; i++) {
    classname = lis1[i].className;
    if(classname === 'red' || classname === 'blue') {
        result.push(lis1[i]);
    }
}
```

比较上面两种不同的用法，使用选择器 querySelectorAll()方法比使用 getElementsByTagName()方法要快很多。因此，如果浏览器支持 document.querySelectorAll()，那么最好使用它。

在 Selectors API 2 版本规范中，为 Element 类型新增了一个方法 matchesSelector()。这个方法接收一个参数，即 CSS 选择符，如果调用元素与该选择符匹配，则返回 true；否则，则返回 false。目前浏览器对其支持不是很好。

第 3 章　使用过滤器

jQuery 选择器能够模仿 CSS 和 XPath 语法，提供高效、准确匹配元素的方法，jQuery 过滤器是一系列简单、实用的 jQuery 对象方法，建立在选择器基础上对 jQuery 对象进行二次过滤。在 jQuery 框架中，过滤器通过 Sizzle.filter 子类实现，包含过滤、查找和串联三类操作行为。

【学习重点】
- 使用过滤方法。
- 使用查找方法。
- 使用串联方法。

3.1　过　　滤

过滤是对 jQuery 对象所包含元素进行再筛选的操作，jQuery 过滤方法主要包括 8 种，详细说明如表 3.1 所示。

表 3.1　jQuery 过滤方法

过滤方法	说　　明
eq(index)	获取第 N 个元素
hasClass(class)	检查当前的元素是否含有某个特定的类，如果有，则返回 true
filter(expr)	筛选出与指定表达式匹配的元素集合
filter(fn)	筛选出与指定函数返回值匹配的元素集合
is(expr)	用一个表达式来检查当前选择的元素集合，如果其中至少有一个元素符合这个给定的表达式就返回 true
map(callback)	将一组元素转换成其他数组（不论是否是元素数组）
has(expr)	保留包含特定后代的元素，去掉那些不含有指定后代的元素
not(expr)	删除与指定表达式匹配的元素
slice(start,[end])	选取一个匹配的子集

3.1.1　类过滤

类过滤就是根据元素的类特性进行过滤操作，jQuery 使用 hasClass()方法来实现类过滤，用法如下。

```
hasClass(className)
```

参数 className 是一个字符串，表示类名。该方法适合条件检测，判断 jQuery 对象中的每个元素是否包含了指定类名，如果包含则返回 true，否则返回 false。

【示例1】　在本示例中，在 click 事件处理函数中使用 hasClass()方法，对 jQuery 对象包含的每个元素进行类过滤，设置当<div>标签包含 class 属性值为 red 的元素时，为其绑定一组动画，实现当鼠标单击类名为 red 的<div>标签时，让它左右摆动两下，演示效果如图 3.1 所示。

```
<!doctype html>
<html>
```

扫一扫，看视频

```
<head>
<meta charset="utf-8">
<script src="jquery/jquery-3.1.1.js" type="text/javascript"></script>
<script type="text/javascript">
$(function(){
  $("div").click(function(){            //为所有div元素绑定单击事件
    if ( $(this).hasClass("red") )      //只有类名为red的div元素才绑定系列动画
      $(this)
        .animate({ left: 120 })
        .animate({ left: 240 })
        .animate({ left: 0 })
        .animate({ left: 240 })
        .animate({ left: 120 });
  });
})
</script>
<style type="text/css">
div{ position:absolute; width:100px; height:100px;}
.blue { background:blue; left:0px;}
.red { background:red; left:120px; z-index:2;}
.green { background:green; left:240px;}
.pos { top:120px;}
</style>
</head>
<body>
<div class="blue"></div>
<div class="red"> </div>
<div class="green"></div>
<div class="red pos"> </div>
</body>
</html>
```

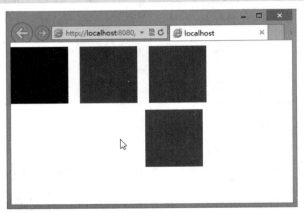

图 3.1　过滤指定类元素并为其绑定动画

　　在上面代码中，文档包含 4 个<div>标签，其中有两个<div>标签设置了 red 类名，在设置 red 类名的<div>标签中，有一个是复合类，包含 red 和 pos 类。在页面初始化构造函数中，使用 jQuery()函数匹配文档中所有的 div 元素，然后为它们绑定 click 事件。在事件处理函数中检测每个元素是否包含 red 类。如果包含，则为它绑定系列动画，实现当用户单击红色盒子时，它能够左右摇摆显示。

3.1.2 下标过滤

类过滤仅是一个条件检测，无法真正过滤出符合指定类名的元素，使用下标过滤可以精确找出 jQuery 对象中指定下标位置的元素。eq()方法用法如下：

```
eq(index)
```

参数 index 是一个整数值，从 0 开始，用来指定元素在 jQuery 对象中的下标位置。

【示例 2】 针对示例 1，下面借助 eq()方法精确选取出第 2 个<div>标签，并为其绑定一组动画，此时第 4 个<div>标签（第 2 个红色盒子）就没有拥有该动画的行为。

```
$(function(){
  $("div").eq(1).click(function(){        //为第 2 个 div 元素绑定系列动画
      $(this)
        .animate({ left: 120 })
        .animate({ left: 240 })
        .animate({ left: 0 })
        .animate({ left: 240 })
        .animate({ left: 120 });
  });
})
```

3.1.3 表达式过滤

表达式过滤是最强大的过滤工具，因为表达式具有较大的灵活性，只要表达式符合 jQuery 选择器语法形式，可以是简单的选择符，也可以是复合型选择器。

1. filter()

filter()方法是功能最为强大的表达式过滤器，同时也可以接收函数参数，并根据函数的返回值来确定要过滤的元素。用法如下：

```
filter(expr)
filter(fn)
```

参数 expr 表示 jQuery 选择器表达式字符串，fn 表示函数。

【示例 3】 在本示例中，使用 filter()方法从$("div")所匹配的 div 元素集合中过滤出包含 red 类的元素，然后为这些元素定义红色背景，演示效果如图 3.2 所示。

```
<script type="text/javascript">
$(function(){
    $("div").filter(".red").css("background-color","red");
})
</script>
<style type="text/css">
div{ height:20px;}
</style>

<div class="blue">class="blue"</div>
<div class="red">class="red"</div>
<div class="green">ass="green"</div>
<div class="red pos">class="red pos"</div>
```

图 3.2　使用 filter()方法过滤元素 1

🔊 提示：

> 该方法还可以带多个表达式，表达式之间通过逗号进行分隔，这样可以过滤更多的符合不同条件的元素。例如，在上面示例中， filter()方法可写成如下样式：

```
$(function(){
$("div").filter(".red,.blue").css("background-color","red");
})
```

上面代码将匹配到文档中\<div class="blue"\>、\<div class="red"\>和\<div class="red pos"\>三个标签，并设置它们的背景色为红色。

【示例 4】　在本示例中，使用 filter()方法从$("p")所匹配的 p 元素集合中过滤出包含两个 span 子元素的标签，然后为这些元素定义红色背景，演示效果如图 3.3 所示。

```
<script type="text/javascript">
$(function(){
    $("p").filter(function(index) {
        return $("span", this).length == 2;
    }).css("background-color","red");
})
</script>

<p><span class="red">床前明月光，疑是地上霜。</span></p>
<p><span>举头望明月，</span><span>低头思故乡。</span></p>
<p>独在异乡为异客，每逢佳节倍思亲。</p>
<p>遥知兄弟登高处，遍插茱萸少一人。</p>
```

图 3.3　使用 filter()方法过滤元素 2

filter()方法包含的参数函数能够返回一个布尔值，在这个函数内部将对每个元素计算一次，工作原理类似$.each()方法，如果调用的这个参数函数返回 false，则这个元素被删除，否则就会保留。

在上面示例中，$("span", this)将匹配当前元素内部的所有 span 元素，然后计算它的长度，检测如果当前元素包含了 2 个 sapn 元素，则返回 true，否则返回 false。filter()方法将根据参数返回值决定是否保留每个匹配元素。

在这个参数函数中包含一个 index 参数（默认的），该参数存储当前对象在 jQuery 对象中的下标位置，在函数体内，this 关键字指向当前元素对象，而不是 jQuery 对象。

由于参数函数可以实现各种复杂的计算和处理，所以使用 filter(fn)比 filter(expr)更为灵活，用户可以在参数函数中完成各种额外的任务，或者为每个元素执行添加附加行为和操作。

2. has()

has()是一个轻便的过滤方法，用法没有 filter()方法复杂，它保留包含特定后代的元素，去掉那些不含有指定后代的元素。has()方法将会从给定的 jQuery 对象中重新创建一组匹配的对象。用法如下：

```
has(expr)
```

参数 expr 可以是一个 jQuery 选择器表达式，也可以是一个元素或者一组元素。提供的选择器会一一测试每个元素的后代，如果元素包含了与 expr 表达式相匹配的子元素，则保留该元素，否则就会删除该元素。

【示例 5】　以示例 4 为基础，在本示例中，使用 has()方法从$("p")所匹配的 p 元素集合中过滤出包含类名为 red 的 span 子元素的标签，然后为这些元素定义红色背景，演示效果如图 3.4 所示。

```
$(function(){
    $("p").has("span.red").css("background-color","red");
})
```

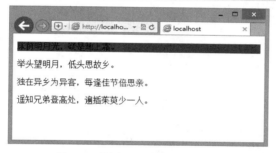

图 3.4　使用 has()方法过滤元素

扫一扫，看视频

3.1.4　判断

is()方法不直接过滤元素，仅作为一个检测工具判断 jQuery 对象是否包含特定条件的元素。用法如下：

```
is(expr)
```

参数 expr 为一个 jQuery 选择器表达式，用来筛选符合特定条件的元素。

该方法的工作原理：用一个表达式来检查当前选择的元素集合，如果其中至少有一个元素符合这个给定的表达式就返回 true。如果没有元素符合，或者表达式无效，都返回 false。实际上，filter()方法内部实际也是在调用这个函数，所以，filter()方法原有的规则在这里也适用。

【示例 6】　在本示例中，使用 has()方法检测$("p")所匹配的 p 元素集合中是否包含 span 元素，如果包含则进行提示，否则就忽略。当然该方法不管 jQuery 对象中哪个元素包含了 span 子元素，或者是否包含多个 span 子元素。

```
<script type="text/javascript">
$(function(){
    if($("p").has("span").length>0)
        alert("当前 jQuery 对象中包含有 span 子元素");
})
</script>
```

```
<p><span class="red">床前明月光，疑是地上霜。</span></p>
<p><span>举头望明月，</span><span>低头思故乡。</span></p>
<p>独在异乡为异客，每逢佳节倍思亲。</p>
<p>遥知兄弟登高处，遍插茱萸少一人。</p>
```

3.1.5 映射

map()方法能够把 jQuery 对象中每个元素映射到一个新 jQuery 对象中，用法如下：

```
map(callback)
```

参数 callback 表示回调函数，将在每个元素上调用，根据每次回调函数的返回值新建一个 jQuery 并返回。返回的 jQuery 对象可以包含元素，也可以是其他值，主要根据回调函数返回值确定。

【示例 7】 在本示例中，通过 map()方法把所有匹配的 input 元素的 value 属性值映射为一个新 jQuery 对象，然后调用 get()方法把 jQuery 对象包含值转换为数组，再调用数组的 join()方法把集合元素连接为字符串，最后调用 jQuery 的 append()方法把这个字符串附加到<p>标签中的末尾，演示效果如图 3.5 所示。

```
<script type="text/javascript">
$(function(){
    $("#submit").click(function(){
        $("p").html("<h2>提交信息<h2>").append( $("input").map(function(){
            return $(this).val();
        }).get().join("、 ") );
        return false;
    })
})
</script>

<form action="#">
    用户名<input type="text" name="name" value="zhangsan"/><br><br>
    密码<input type="password" name="password" value="12345678"/><br><br>
    网址<input type="text" name="url" value="http://www.baidu.com/"/><br><br>
    <button id="submit">提交</button>
</form>
<p></p>
```

图 3.5 映射的应用效果

3.1.6 清除

not()方法能从 jQuery 对象中删除符合条件的元素，并返回清除后的 jQuery 对象，用法如下：

```
not(expr)
```

参数 expr 表示一个 jQuery 选择器表达式字符串，当然也可以是一个元素或者多个元素。

【示例 8】　在本示例中，通过 not()方法排除首页导航菜单，然后为其他菜单项定义统一的样式，演示效果如图 3.6 所示。

```
<script type="text/javascript">
$(function(){
    $("#menu li").not(".home").css("color","red");      //清除 home 类菜单项
})
</script>

<ul id="menu">
    <li class="home">首页</li>
    <li>论坛</li>
    <li>微博</li>
    <li>团购</li>
    <li>博客</li>
</ul>
```

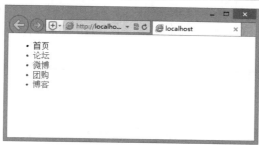

图 3.6　映射的值

3.1.7　截取

slice()方法能够从 jQuery 对象中截取部分元素，并把这个被截取的元素集合装在一个新的 jQuery 对象中返回，用法如下：

```
slice(start,[end])
```

参数 start 和 end 都是一个整数，其中 start 表示开始选取子集的位置，第一个元素是 0，如果该参数为负数，则表示从集合的尾部开始选起。end 是一个可选参数，表示结束选取的位置，如果不指定，则表示到集合的结尾，但是被截取的元素中不包含 end 所指定位置的元素。

【示例 9】　在本示例中，通过 slice()方法截取第 3、4 个菜单项，然后为其定义样式，演示效果如图 3.7 所示。

```
<script type="text/javascript">
$(function(){
    $("#menu li").slice(2,4).css("color","red");     //截取第 3、4 个菜单项
})
</script>

<ul id="menu">
    <li class="home">首页</li>
    <li>论坛</li>
    <li>微博</li>
    <li>团购</li>
    <li>博客</li>
</ul>
```

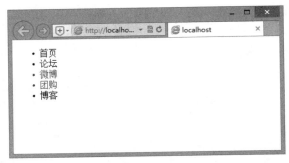

图 3.7   片段截取

3.2   查   找

查找操作主要是以 jQuery 对象为基础，查找父级、同级或者下级相关元素，以便实现延伸筛选，增强对文档的控制能力。jQuery 查找方法主要包括 16 种，详细说明如表 3.2 所示。

表 3.2   jQuery 查找方法

查 找 方 法	说 明
add(expr,[context])	把与表达式匹配的元素添加到 jQuery 对象中
children([expr])	取得一个包含匹配的元素集合中每一个元素的所有子元素的元素集合
closest(expr,[context])	从元素本身开始，逐级向上级元素匹配，并返回最先匹配的元素
contents()	查找匹配元素内部所有的子节点（包括文本节点）
find(expr)	搜索所有与指定表达式匹配的元素
next([expr])	取得一个包含匹配的元素集合中每一个元素紧邻的后面同辈元素的元素集合
nextAll([expr])	查找当前元素之后所有的同辈元素
nextUntil([selector])	查找当前元素之后所有的同辈元素，直到遇到匹配的那个元素为止
offsetParent()	返回第一个匹配元素用于定位的父节点
parent([expr])	取得一个包含着所有匹配元素的唯一父元素的元素集合
parents([expr])	取得一个包含着所有匹配元素的祖先元素的元素集合（不包含根元素）
parentsUntil([selector])	查找当前元素的所有的父辈元素，直到遇到匹配的那个元素为止
prev([expr])	取得一个包含匹配的元素集合中每一个元素紧邻的前一个同辈元素的元素集合
prevAll([expr])	查找当前元素之前所有的同辈元素
prevUntil([selector])	查找当前元素之前所有的同辈元素，直到遇到匹配的那个元素为止
siblings([expr])	取得一个包含匹配的元素集合中每一个元素的唯一同辈元素的元素集合

3.2.1   向下查找

扫一扫，看视频

DOM 提供了三种访问后代节点的方法。

➤   使用 childNodes 属性，通过该属性可以遍历所有子节点。

➤   使用 firstChild 和 lastChild 属性，可以找到第一个和最后一个子节点。

➤   使用 getElementsByTagName()和 getElementByID()方法获取后代元素。

HTML5 新添加了以下属性。

↪ childElementCount：返回子元素的个数，不包括文本节点和注释。

↪ firstElementChild：指向第一个子元素。

↪ lastElementChild：指向最后一个子元素。

jQuery 在这些方法的基础上封装了多个操作方法，简单介绍如下。

1. children()

children()方法能够查找当前元素的所有或者部分子元素，用法如下：

```
children([expr])
```

参数 expr 表示 jQuery 选择器表达式字符串，用以过滤子元素。该参数为可选，如果省略，则匹配所有的子元素。

【示例 10】　在本示例中，为当前列表框中所有列表项定义一个下划线样式，演示效果如图 3.8所示。

```
<script type="text/javascript">
$(function(){
    $("#menu").children().css("text-decoration","underline");
})
</script>

<ul id="menu">
    <li class="home">首页</li>
    <li>论坛</li>
    <li>微博</li>
    <li>团购</li>
    <li>博客</li>
</ul>
```

图 3.8　查找所有子元素

【示例 11】　在示例 10 中，如果为 children()方法传递一个表达式，仅获取包含 home 类的子元素。代码实现如下：

```
$(function(){
    $("#menu").children(".home").css("text-decoration","underline");
})
```

2. contents()

contents()方法不仅可以获取子元素，还可以获取文本节点和注释节点等，用法如下：

```
contents()
```

该方法没有参数，功能等同于 DOM 的 childNodes。

3. find()

find()方法能够查找所有后代元素，而 children()方法仅能够查找子元素。

【示例 12】 在本示例中，使用 jQuery()函数获取页面中 body 的子元素 div，然后分别调用 children()和 find()方法获取其包含的所有 div 元素，同时使用 contents()获取其包含的节点。在浏览器中预览，则可以看到 children("div")包含 3 个元素，find("div")返回 5 个元素。而 contents()返回 7 个元素，其中包含两个文本节点。

```
<script type="text/javascript">
$(function(){
    var j = $("body > div");
    alert(j.children("div").length);        //返回 3 个 div 元素
    alert(j.find("div").length);            //返回 5 个 div 元素
    alert(j.contents().length);             //返回 7 个元素，包括 5 个 div 元素，2 个文
                                            //本节点（空格）
})
</script>


<div>
    <div>
        <div></div>
        <div>  </div>
    </div>
    <div></div>
    <div></div>
</div>
```

扫一扫，看视频

3.2.2 向上查找

DOM 使用 parentNode 属性可以访问父元素。不过 jQuery 提供了更多方法，方便用户访问不同层级的祖先元素。

1. parents()

parents ()方法能够查找所有匹配元素的祖先元素。用法如下：

```
parents([expr])
```

参数 expr 表示 jQuery 选择器表达式字符串，用以过滤祖先元素。该参数为可选，如果省略，则将匹配所有元素的祖先元素。

【示例 13】 在本示例中，查找所有匹配 img 元素的祖先元素，并为它们定义统一的边框样式，演示效果如图 3.9 所示。

```
<script type="text/javascript">
$(function(){
    $("img").parents().css({"border":"solid 1px red","margin":"10px"}) ;
    alert($("img").parents().length);          //返回 4，分别是 span、div、body 和 html
})
</script>


<div>
    <span>
        <img src="images/bg.jpg" />
    </span>
    <img src="images/bg.jpg" />
</div>
```

图 3.9 查找所有祖先元素

🔊 提示：

> parents()方法将查找所有匹配元素的祖先元素，如果存在重合的祖先元素，则仅记录一次。可以在 parents()参数中定义一个过滤表达式，过滤出符合条件的祖先元素。

2. parent()

parent()方法是对 parents()方法的延伸，它可以取得一个包含着所有匹配元素的唯一父元素的元素集合。具体用法如下：

```
parent([expr])
```

参数 expr 表示 jQuery 选择器表达式字符串，用以过滤父元素。该参数为可选，如果省略，则将匹配所有元素的唯一父元素。

【示例 14】 针对示例 13，将 parents()方法替换为 parent()方法，将查找所有匹配的 img 元素的父元素，并为它们定义统一的边框样式，演示效果如图 3.10 所示。

```
$(function(){
    $("img").parent().css({"border":"solid 1px red","margin":"10px"}) ;
    $("img").parent().each(function(){alert(this.nodeName)});//提示 SPAN 和 DIV 元素
})
```

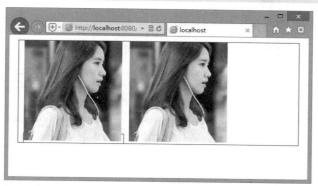

图 3.10 查找所有父元素

3. parentsUntil ()

parentsUntil()方法可以查找指定范围的所有祖先元素，相当于在 parents()方法返回集合中截取部分祖先元素。用法如下：

```
parentsUntil([selector])
```

参数 selector 表示 jQuery 选择器表达式字符串，用以确定范围的祖先元素。该参数为可选，如果省略，则将匹配所有祖先元素。

【示例 15】 在本示例中，$('li.l31')将匹配三级菜单下的第一个列表项，然后使用 parentsUntil('.u1')
方法获取它的所有祖先元素，但是只包含<ul class="u1">标签范围内的元素，最后为查找的祖先元
素定义边框样式，演示效果如图 3.11 所示。

```html
<script type="text/javascript">
$(function(){
    $('li.l31').parentsUntil('.u1').css({"border":"solid 1px red","margin":"10px"}) ;
})
</script>

<ul class="u1">一级菜单
    <li class="l1">1</li>
    <li class="l2">2
        <ul class="u2">二级菜单
            <li class="l21">21</li>
            <li class="l22">22
                <ul class="u3">三级菜单
                    <li class="l31">31</li>
                    <li class="l32">32</li>
                    <li class="l33">33</li>
                </ul>
            </li>
            <li class="item-c">C</li>
        </ul>
    </li>
    <li class="l3">3</li>
</ul>
```

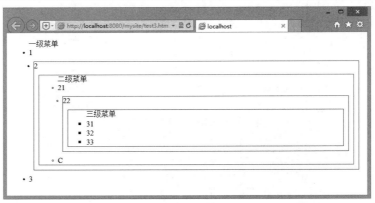

图 3.11　查找指定范围的祖先元素

📢 提示：

如果 parentsUntil()方法没有包含参数，则查找所有的祖先元素，此时 parentsUntil()方法与 parents()方法查找的
结果是相同的。

4. offsetParent()

offsetParent()方法能查找到当前元素最近的定位包含框，用法如下：

```
offsetParent()
```

该方法没有参数。offsetParent()方法仅对可见元素有效。

提示：

> 定位包含框就是设置 position 属性值为 relative 或 absolute 的祖先元素。

5. closest()

closest()方法可以查找指定的父元素。它主要为事件处理而设计，对处理事件委派非常有用。用法如下：

```
closest(expr,[context] )
```

参数 expr 可以是字符串，也可以是数组，用以过滤元素的表达式，也可以传递一个字符串数组，用于查找多个元素。context 是一个可选参数，表示一个元素，用来设置待查找的 DOM 元素集、文档或 jQuery 对象，如果省略，则表示待查找所有祖先元素。

closest()方法被解析时，首先检查当前元素是否匹配，如果匹配则直接返回元素本身。如果不匹配则向上查找父元素，一层一层往上，直到找到匹配选择器的元素。如果什么都没找到则返回一个空的 jQuery 对象。与 parents()方法不同，主要区分如下：

- ↘ closest()方法从当前元素开始匹配寻找，而 parents()方法从父元素开始匹配寻找。
- ↘ closest()方法逐级向上查找，直到发现匹配的元素后就停止，而 parents()方法一直向上查找直到根元素。
- ↘ closest()方法返回 0 或 1 个元素，而 parents()方法可能包含多个元素。

【示例 16】 以示例 15 为基础，在本示例中$('li.l31')将匹配三级菜单下的第一个列表项，然后使用 closest("ul")方法获取祖先元素中最靠近当前元素的父元素，最后为这个元素定义边框样式，演示效果如图 3.12 所示。

```
$(function(){
    $('li.l31').closest("ul").css({"border":"solid 1px red","margin":"10px"});
})
```

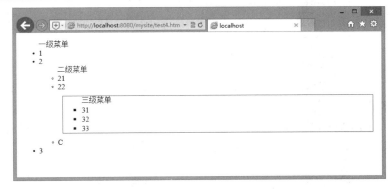

图 3.12　查找指定的父元素

3.2.3　向前查找

DOM 使用 previousSibling 属性访问前一个兄弟节点，HTML5 新增 previousElementSibling 属性访问前一个相邻兄弟元素。 jQuery 提供多个方法向前访问不同类型的兄弟元素。

1. prev()

虽然 prev()与 previousSibling 属性功能相同，但仅能够匹配前一个相邻的元素。用法如下：

```
prev([expr])
```

参数 expr 表示 jQuery 选择器表达式字符串，用以过滤匹配元素。该参数为可选，如果省略，则将匹

扫一扫，看视频

配所有上一个相邻的元素。

【**示例 17**】 在本示例中，先查找类名为 red 的 p 元素，然后使用 prev()方法查找前一个相邻的 p 元素，并为它定义边框样式，演示效果如图 3.13 所示。

```html
<script type="text/javascript">
$(function(){
    $(".red").prev().css("border","solid 1px red");
})
</script>

<h1>回乡偶书</h1>
<h2>贺知章 </h2>
<p class="blue">少小离家老大回，</p>
<p>乡音无改鬓毛衰。</p>
<p class="red">儿童相见不相识，</p>
<p>笑问客从何处来。</p>
```

图 3.13 查找相邻的前一个元素

2. prevAll()

prevAll()方法能够向前选取所有相邻的同辈元素。用法如下：

```
prevAll [expr])
```

参数 expr 表示 jQuery 选择器表达式字符串，用以过滤匹配元素。该参数为可选，如果省略，则将匹配所有上面同辈元素。

【**示例 18**】 以示例 17 为基础，在本示例中，先查找类名为 red 的 p 元素，然后使用 prevAll()方法查找它的上面同辈的所有 p 元素，并为它定义边框样式，演示效果如图 3.14 所示。

```javascript
$(function(){
    $(".red").prevAll("p").css("border","solid 1px red");
})
```

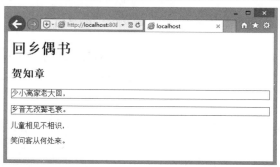

图 3.14 向前查找所有同辈元素

3. prevUntil()

prevUntil()方法能够向前选取指定范围的相邻元素。用法如下：

```
prevUntil([selector])
```

参数 selector 表示 jQuery 选择器表达式字符串，用以过滤匹配元素。该参数为可选，如果省略，则将匹配所有上面同辈元素。

【示例19】　以示例 17 为基础,在本示例中，先查找类名为 red 的 p 元素，然后使用 prevUntil("h1"). 方法查找 h1 元素前面的所有同辈元素，并为它定义边框样式，演示效果如图 3.15 所示。

```
$(function(){
    $(".red").prevUntil("h1").css("border","solid 1px red");
})
```

图 3.15　向前查找指定范围的同辈元素

3.2.4　向后查找

扫一扫，看视频

DOM 使用 nextSibling 属性访问后一个兄弟节点，HTML5 新增 nextElementSibling 属性访问后一个相邻兄弟元素。jQuery 提供 3 个向后查找的方法，实现查找后一个、所有和指定范围的同辈元素。

1. next ()

next ()与 nextSibling 属性功能相同，但是 next ()方法仅能够匹配后一个相邻的元素。用法如下：

```
next([expr])
```

参数 expr 表示 jQuery 选择器表达式字符串，用以过滤匹配元素。该参数为可选，如果省略，则将匹配所有下一个相邻的元素。

【示例20】　在本示例中，将查找类名为 red 的 p 元素，然后使用 next()方法查找它的下一个相邻的 p 元素，并为它定义边框样式，演示效果如图 3.16 所示。

```
<script type="text/javascript">
$(function(){
    $(".red").next("p").css("border","solid 1px red");
})
</script>

<h1>回乡偶书</h1>
<h2>贺知章 </h2>
<p class="blue">少小离家老大回, </p>
<p>乡音无改鬓毛衰。</p>
<p class="red">儿童相见不相识, </p>
<p>笑问客从何处来。</p>
```

图 3.16 查找相邻的后面一个元素

2. nextAll()

nextAll()方法能够向后查找所有同辈元素。用法如下：

```
nextAll [expr])
```

参数 expr 表示 jQuery 选择器表达式字符串，用以过滤匹配元素。该参数为可选，如果省略，则将匹配所有下面的同辈元素。

【示例 21】   以示例 20 为基础，在本示例中，先查找类名为 blue 的 p 元素，然后使用 nextAll()方法查找它的下面同辈的所有 p 元素，并为它们定义边框样式，演示效果如图 3.17 所示。

```
$(function(){
    $(".blue").nextAll("p").css("border","solid 1px red");
})
```

图 3.17 查找下面所有同辈的 p 元素

3. nextUntil()

nextUntil()方法能够向后查找指定范围的相邻同辈元素。用法如下：

```
nextUntil([selector])
```

参数 selector 表示 jQuery 选择器表达式字符串，用以过滤匹配元素。该参数为可选，如果省略，则将匹配所有下面同辈元素。

【示例 22】   继续以示例 20 为基础，在本示例中，先查找类名为 blue 的 p 元素，然后使用 nextUntil(".red")方法查找类名为 red 的元素前面的所有同辈元素，并为它定义边框样式，演示效果如图 3.18 所示。

```
$(function(){
    $(".blue").nextUntil(".red").css("border","solid 1px red");
})
```

图 3.18　向后查找指定范围的同辈元素

3.2.5　查找同辈元素

使用 siblings()方法可以查找所有兄弟元素，不管其位置在前还是在后。用法如下：

```
siblings([expr])
```

参数 expr 表示 jQuery 选择器表达式字符串，用以过滤匹配元素。该参数为可选，如果省略，则将匹配所有同辈兄弟元素。

【示例 23】　在本示例中，先查找类名为 red 的 p 元素，然后使用 siblings("p")方法查找所有同辈的 p 元素，并为它定义边框样式，演示效果如图 3.19 所示。

```
<script type="text/javascript">
$(function(){
    $(".red").siblings("p").css("border","solid 1px red");
})
</script>

<h1>回乡偶书</h1>
<h2>贺知章 </h2>
<p class="blue">少小离家老大回，</p>
<p>乡音无改鬓毛衰。</p>
<p class="red">儿童相见不相识，</p>
<p>笑问客从何处来。</p>
```

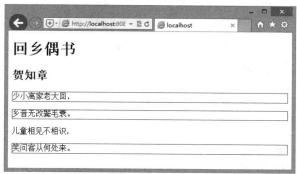

图 3.19　查找所有同辈的 p 元素

3.2.6　添加查找

使用 add()方法可以为查找的结果集添加新的查找内容。用法如下：

```
add(expr,[context])
```

参数 expr 表示 jQuery 选择器表达式字符串，用于匹配元素并添加的表达式字符串，或者用于动态生成的 HTML 代码，如果是一个字符串数组则返回多个元素。context 为可选参数，可以是待查找的 DOM 元素集、文档或 jQuery 对象。

【示例24】 在本示例中，先查找类名为 red 的 p 元素，然后使用 siblings("p")方法查找所有同辈的 p 元素，再使用 add("h1,h2")方法，把一级标题和二级标题也添加到当前 jQuery 对象中，最后为新的 jQuery 内所有元素定义边框样式，演示效果如图 3.20 所示。

```html
<script type="text/javascript">
$(function(){
    $(".red").siblings("p").add("h1,h2").css("border","solid 1px red");
})
</script>

<h1>回乡偶书</h1>
<h2>贺知章 </h2>
<p class="blue">少小离家老大回, </p>
<p>乡音无改鬓毛衰。</p>
<p class="red">儿童相见不相识, </p>
<p>笑问客从何处来。</p>
```

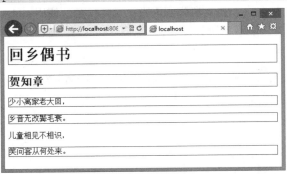

图 3.20　为 jQuery 对象添加新元素

3.3　串　联

jQuery 链式语法能够实现在一行代码中完成各种复杂的任务。但是在很多情况下用户希望 jQuery 方法能够操作不同的 jQuery 对象，或者前后方法能够相互影响，为此 jQuery 提供了两个串联方法：addBack()和 end()。

3.3.1　合并 jQuery 对象

【示例25】 先看一个简单示例。

```html
<script type="text/javascript">
$(function(){
    $("div").find("p").css({"border":"solid 1px red","margin":"4px"});
})
</script>

<div>
```

扫一扫，看视频

```
    <p>少小离家老大回，乡音无改鬓毛衰。</p>
    <p>儿童相见不相识，笑问客从何处来。</p>
</div>
```

在上面代码中，$("div")匹配文档中<div>标签，然后调用jQuery 对象的 find()方法获取<div>标签包含的两个<p>标签，此时$("div")和$("div").find("p")属于两个不同的 jQuery 对象。此时在浏览器中预览，可以看到仅<p>标签显示边框样式，如图 3.21所示。

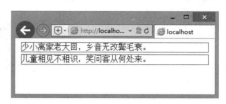

图 3.21　匹配 p 元素的 jQuery

如果希望同时为外围的<div>标签也定义相同的样式，则最简单的方法是重新书写一行代码，单独为 div 元素定义样式。显然这种做法是与 jQuery 的链式语法设计原则相违背的。为此 jQuery 定义了 addBack()方法帮助用户把前后 jQuery 对象合并在一起，形成一个新的 jQuery 对象。

【示例 26】　针对示例 25，在 find("p")后面添加 addBack()方法，把$("div")和 find("p")两个不同 jQuery 对象链接在一起，最后为它们定义统一的样式。

```
$(function(){
    $("div").find("p").addBack().css({"border":"solid 1px red","margin":"4px"});
})
```

此时在浏览器中预览，则显示效果如图 3.22 所示。

图 3.22　addBack()方法应用

对于筛选或查找后的元素，要加入先前所选元素时，使用 addBack()方法会很有用。

🔊 注意：

在 jQuery1.8 版本之前应该使用 andSelf()方法，用法和效果相同。

3.3.2　返回 jQuery 对象

【示例 27】　继续以示例 25 为例进行说明，如果希望先为<p>标签定义边框样式，再为<div>标签定义背景色，那么简单的做法就是重新换一行为<div>标签定义样式。不过现在利用 jQuery 定义的 end()方法，可以保持在一行内完成两行任务，即当调用 find("p").css()后，再调用 end()方法返回$("div")方法匹配的 jQuery 对象，而不是 find()方法所查找的 jQuery。

```
<script type="text/javascript">
$(function(){
    $("div").find("p").css({"border":"solid 1px #fff","margin":"4px"})
    .end().css({"background":"blue","color":"white","padding":"4px"});
})
</script>

<div>
    <p>少小离家老大回，乡音无改鬓毛衰。</p>
    <p>儿童相见不相识，笑问客从何处来。</p>
</div>
```

扫一扫，看视频

在上面代码中，首先为$("div").find("p")定义的 jQuery 所包含的元素定义边框样式，然后调用 end() 方法，返回上一次匹配的 jQuery 对象，即$("div")定义的 jQuery 对象，再为该对象调用 css()方法定义背景样式，最后显示效果如图 3.23 所示。

图 3.23　end()方法应用

第 4 章　操　作　DOM

DOM 操作可分为 3 个方面：DOM Core（核心）、HTML DOM 和 CSS DOM。

（1）DOM Core 不属于 JavaScript 语言范畴，任何一种支持 DOM 的程序设计语言都可以操作它，它的用途不限于处理网页，也可以用来处理任何一种使用标记语言编写出来的文档，如 XML。JavaScript 中的 createElement()、getElementById() 和 removeAttribute() 等方法都是 DOM Core 的组成部分。

（2）HTML DOM 的出现比 DOM Core 要早，它提供了一些更简明的记号来描述各种 HTML 元素的属性，如访问表单 document.forms 等。

（3）CSS DOM 主要操作 CSS。在 JavaScript 中，CSS DOM 主要作用是获取和设置 style 对象的各种属性。通过改变 style 对象的各种属性，可以使网页呈现出不同的效果。

jQuery 作为一种 JavaScript 库，继承并优化了 JavaScript 访问 DOM 对象的特性，使开发人员更加方便地操作 DOM 对象。

【学习重点】
- 操作节点。
- 插入、编辑和删除文本字符串。
- 操作属性和类。
- 读写文本和值。
- 操作 CSS 样式表。

4.1　创　建　节　点

在 Web 开发中，要创建动态网页内容，主要操作的节点包括元素、属性和文本，下面分别进行说明。

4.1.1　创建元素

使用 DOM 的 createElement() 方法能够根据参数指定的标签名称创建一个新的元素，并返回新建元素的引用。用法如下。

扫一扫，看视频

```
var element = document.createElement("tagName");
```

其中 element 表示新建元素的引用，createElement() 是 document 对象的一个方法，该方法只有一个参数，用来指定创建元素的标签名称。

如果要把创建的元素添加到文档中，还需要调用 appendChild() 方法来实现。

【示例 1】　本示例创建 div 元素对象，然后添加到文档中。

```
window.onload = function(){                              //页面初始化函数
    var div = document.createElement("div");  //创建 div 元素
    document.body.appendChild(div);                //把创建的 div 元素添加到 DOM 文档树中
}
```

jQuery 简化 DOM 操作，直接使用 jQuery 构造函数 $() 创建元素对象。用法如下：

```
$(html)
```

该函数能够根据参数 html 所传递的 HTML 字符串，创建一个 DOM 对象，并将该对象包装为 jQuery 对象返回。

注意：

参数字符串必须符合严谨型 XHTML 结构要求，标记应该包含起始标签和结束标签。如果没有结束标签，则应该添加闭合标记，即在起始标签中添加斜线。例如，下面字符串参数都是合法的：

```
"<h1></h1>"                              //合法的参数字符串
"<h1 />"                                 //合法的参数字符串
```

而下面的字符串参数都是非法的：

```
"<h1>"                                   //非法的参数字符串
"</h1>"                                  //非法的参数字符串
```

【示例 2】　　动态创建的元素不会自动添加到文档中，需要使用其他方法把它添加到文档中。可以使用 jQuery 的 append()方法把创建的 div 元素添加到文档 body 元素节点下。

```
$(function(){                            //页面初始化函数
    var $div = $("<div></div>");        //创建 div 对象
    $("body").append($div);             //把创建的 div 对象添加到文档中
})
```

在浏览器中运行代码后，新创建的 div 元素被添加到文档中，由于该元素没有包含任何文本，所以看不到任何显示效果。

提示：

虽然 jQuery 和 JavaScript 都可以快速创建元素，但 jQuery 的用法稍显简便。从执行效率角度分析，两者差距明显，JavaScript 要比 jQuery 快 10 倍以上，在 IE 8 中差距会拉大到 30 倍以上，其他主流浏览器的执行效率差距就更大。

4.1.2　创建文本

使用 DOM 的 createTextNode()方法可以创建文本节点。用法如下：

```
document.createTextNode(data)
```

参数 data 表示字符串。参数中不能够包含任何 HTML 标签，否则 JavaScript 会把这些标签作为字符串进行显示。最后返回新创建的文本节点。

新创建的文本节点不会自动增加到 DOM 文档树中，需要使用 appendChild()方法实现。

【示例 3】　　下面代码为 div 元素创建一行文本，并在文档中显示。

```
window.onload = function(){
    var div = document.createElement("div");
    var txt = document.createTextNode("DOM");
    div.appendChild(txt);
    document.body.appendChild(div);
}
```

jQuery 创建文本节点比较简单，直接把文本字符串添加到元素标记字符串之中，然后使用 append()等方法把它们添加到 DOM 文档树中。

【示例 4】　　本示例在文档中插入一个 div 元素，并在<div>标签中包含 "DOM" 的文本信息。

```
$(function(){
    var $div = $("<div>DOM</div>");
    $("body").append($div);
})
```

从代码输入的角度分析，JavaScript 实现相对麻烦，用户需要分别创建元素节点和文本节点，然后把文本节点添加到元素节点中，再把元素添加到 DOM 树中。而 jQuery 经过包装之后，与 jQuery 创建元素节点操作相同，仅需要 2 步操作即可快速实现。

从执行效率角度分析，JavaScript 直接实现要比 jQuery 实现快 8 倍以上，在执行速度最慢的 IE 浏览器中，两者差距也在 10 倍以上。

4.1.3 创建属性

扫一扫，看视频

使用 DOM 的 setAttribute()方法可以创建属性节点，并设置属性节点包含的值。用法如下：
```
setAttribute(name,value)
```
参数 name 和 value 参数分别表示属性名称和属性值。属性名称和属性值必须以字符串的形式进行传递。如果元素中存在指定的属性，它的值将被刷新；如果不存在，则 setAttribute()方法将为元素创建该属性并赋值。

【示例5】 以示例 3 为例，调用 setAttribute()方法为 div 元素设置一个 title 属性，实现代码如下。
```
window.onload = function(){
    var div = document.createElement("div");
    var txt = document.createTextNode("DOM");
    div.appendChild(txt);
    document.body.appendChild(div);
    div.setAttribute("title","盒子");          //为div元素定义title属性
}
```
jQuery 创建属性节点与创建文本节点类似，简单而又方便。

【示例6】 针对示例 5，在 jQuery 构造函数中以字符串形式简单设置。使用 jQuery 实现的代码如下。
```
$(function(){
    var $div = $("<div  title='盒子' >DOM</div>");
    $("body").append($div);
})
```
从代码编写的角度分析，直接使用 JavaScript 实现需要单独为元素设置属性，而 jQuery 能够直接把元素、文本和属性混在一起以 HTML 字符串的形式进行传递。

从执行效率角度分析，JavaScript 实现与 jQuery 实现的效率差距很大。在 JavaScript 执行速度最快的 Safari 浏览器中循环执行 1 000 次，则 JavaScript 实现耗时为十几毫秒，而 jQuery 实现耗时为 500 多毫秒。不同环境、版本和每次执行时间可能略有误差，但是差距基本保持在几十倍。在执行速度最慢的 IE 浏览器中进行同比测试，则 JavaScript 实现耗时为 300~400 毫秒，而 jQuery 实现耗时为 3 500 多毫秒，可见两者差距也在 10 倍左右。

由此可见，jQuery 以一种简易的方法代替繁琐的操作，简化了 Web 开发的难度和门槛，但是由于 jQuery 是对 JavaScript 进行封装，所以执行速度并没有得到优化，相反却影响了代码的执行效率。因此，在可能的情况下，建议混合使用 JavaScript 和 jQuery 方法，以提高代码执行效率。

4.2 插 入 节 点

jQuery 提供了众多在文档中插入节点的方法，极大地方便了用户操作。

4.2.1 内部插入

扫一扫，看视频

在 DOM 中，使用 appendChild()和 insertBefore()可以在元素内插入节点内容。
appendChild()方法能够把参数指定的元素插入到指定节点内的尾部。用法如下：
```
nodeObject.appendChild(newchild)
```

其中 nodeObject 表示节点对象，参数 newchild 表示要添加的子节点。插入成功之后，返回插入节点。

【示例 7】 本示例演示了如何把一个 h1 元素添加到 div 元素的后面，动态插入的结构如图 4.1 所示。

```
<script type="text/javascript" >
window.onload = function(){
    var div = document.getElementsByTagName("div")[0];
    var h1 = document.createElement("h1");
    div.appendChild(h1);
}
</script>

<div>
    <p>段落文本</p>
</div>
```

insertBefore()方法可以在指定子节点前面插入元素。用法如下：

```
insertBefore(newchild,refchild)
```

其中参数 newchild 表示插入新的节点，refchild 表示在此节点前插入新节点，返回新的子节点。

【示例 8】 下面示例在 div 元素的第一个子元素前面插入一个 h1 元素，动态插入的结构如图 4.2 所示。

```
<script type="text/javascript" >
window.onload = function(){
    var div = document.getElementsByTagName("div")[0];
    var h1 = document.createElement("h1");
    var o = div.insertBefore(h1,div.firstChild);
}
</script>

<div>
    <p>段落文本</p>
</div>
```

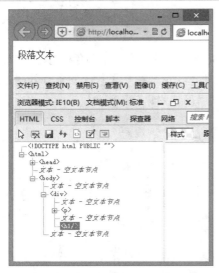

图 4.1 appendChild()方法应用

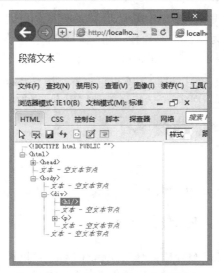

图 4.2 insertBefore()方法应用

jQuery 定义了 4 个方法用来在元素内部插入内容，说明如表 4.1 所示。

表 4.1 在节点内部插入内容的方法

方 法	说 明
append()	向每个匹配的元素内部追加内容
appendTo()	把所有匹配的元素追加到另一个指定的元素集合中。实际上，该方法颠倒了 append()的用法。例如，$(A).append(B)与$(B).appendTo(A)是等价的
prepend()	向每个匹配的元素内部前置内容
prependTo()	把所有匹配的元素前置到另一个指定的元素集合中。实际上，该方法颠倒了 prepend()的用法。例如，$(A).prepend (B)与$(B). prependTo (A)是等价的

1. append()

append()方法能够把参数指定的内容插入到指定的节点中，并返回一个 jQuery 对象。指定的内容被插入到每个匹配元素里面的最后面，作为它的最后一个子元素（last child）。用法如下：

```
append(content)
append(function(index,html))
```

参数 content 可以是一个元素、HTML 字符串，或者 jQuery 对象，用来插在每个匹配元素里面的末尾。参数 function(index, html)是一个返回 HTML 字符串的函数，该字符串用来插入到匹配元素的末尾。

【示例 9】 在本示例中调用 jQuery 的 append()方法把一个列表项字符串添加到当前列表的末尾，演示效果如图 4.3 所示。

```
<script type="text/javascript" >
$(function(){
    $(".container").append('<li><img src="images/3.png" /></li>');
})
</script>


<h2>浏览器图标</h2>
<ul class="container">
    <li><img src="images/1.png" /></li>
    <li><img src="images/2.png" /></li>
</ul>
```

图 4.3 在列表项末尾添加新项

append()方法不仅接收 HTML 字符串，还可以是 jQuery 对象，或者是 DOM 对象。如果把 jQuery 对象追加到当前元素尾部，则将删除原来位置的 jQuery 匹配对象，此操作相当于移动，而不是复制。

【示例 10】 下面用法将把标题移动列表结构的尾部，显示效果如图 4.4 所示。

```
$(function(){
    $(".container").append($("h2"));
})
```

图 4.4 在文档中移动元素位置

2. appendTo()

appendTo()方法将匹配的元素插入到目标元素的最后面。用法如下：

```
appendTo( target)
```

参数 target 表示一个选择符、元素、HTML 字符串或者 jQuery 对象，符合的元素会被插入到由参数指定目标的末尾。例如，对于下面一行语句：

```
$(".container").append($("h2"));
```

可以改写为：

```
$("h2").appendTo($(".container"));
```

appendTo()与 append()方法操作相反，但是实现效果相同。

3. prepend()

prepend()方法能够把参数指定的内容插入到指定的节点中，并返回一个 jQuery 对象。指定的内容被插入到每个匹配元素里面的最前面，作为它的第一个子元素（first child）。用法如下：

```
prepend(content)
prepend(function(index,html))
```

参数 content 可以是一个元素、HTML 字符串，或者 jQuery 对象，用来插入在每个匹配元素里面的末尾。参数 function(index, html)是一个返回 HTML 字符串的函数，该字符串用来插入到匹配元素的末尾。

【示例 11】 以示例 10 为基础，在本示例中，调用 jQuery 的 prepend()方法把一个列表项字符串添加到当前列表的首位，演示效果如图 4.5 所示。

```
$(function(){
    $(".container").prepend('<li><img src="images/3.png" /></li>');
})
```

另外，jQuery 定义了 prependTo()方法，该方法与 appendTo()方法相对应，即把指定的 jQuery 对象包含的内容插入到参数匹配的元素中。

图 4.5　在列表项首位添加新项

4.2.2　外部插入

　　DOM 没有提供外部插入的一般方法，如果要实现在匹配元素外面插入或者包裹元素，则需要用间接的方式实现。jQuery 提供了多个外部插入内容的方法，详细说明如表 4.2 所示。

表 4.2　在节点外部插入内容

方　　法	说　　明
after()	在每个匹配的元素之后插入内容
before()	在每个匹配的元素之前插入内容
insertAfter()	把所有匹配的元素插入到另一个指定的元素集合的后面
insertBefore()	把所有匹配的元素插入到另一个指定的元素集合的前面

1. after()

after()方法能够根据设置参数在每一个匹配的元素之后插入内容。用法如下：

```
after( content)
after( function(index))
```

参数 content 表示一个元素、HTML 字符串，或者 jQuery 对象，用来插入在每个匹配元素的后面。参数 function(index)表示一个返回 HTML 字符串的函数，这个字符串会被插入到每个匹配元素的后面。

　　【示例 12】　在本示例中，调用 jQuery 的 after()方法在每个列表项后面添加一行字符串，该字符串是通过$("li img").attr("src")方法从列表结构中获取图片中的 src 属性值，演示效果如图 4.6 所示。

```
<script type="text/javascript" >
$(function(){
    $("li img").after($("li img").attr("src"));
})
</script>
<style type="text/css">
li{ float:left;}
li img { height:200px;}
</style>

<ul class="container">
```

```
    <li><img src="images/1.jpg" /></li>
    <li><img src="images/2.jpg" /></li>
</ul>
```

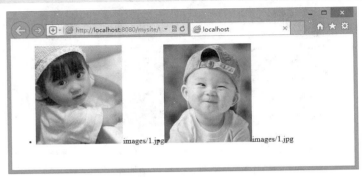

图 4.6   在列表项后面添加注释行文本

2. insertAfter()方法

insertAfter()与 after()方法功能同的，但用法相反。用法如下：

```
insertAfter(target )
```

参数 target 表示一个选择器、元素、THML 字符串或者 jQuery 对象，匹配的元素将会被插入在由参数指定的目标后面。例如，针对下面这行代码：

```
$("li img").after($("<span>注释文本</span>"));
```

则可以改写为：

```
$("<span>注释文本</span>").insertAfter($("li img"));
```

3 before()

before()方法为每个匹配的元素之前插入内容。用法如下：

```
before ( content)
before ( function(index))
```

参数 content 表示一个元素、HTML 字符串，或者 jQuery 对象，用来插入在每个匹配元素的后面。参数 function(index)表示一个返回 HTML 字符串的函数，这个字符串会被插入到每个匹配元素的后面。

【示例 13】   以示例 12 为基础，在本示例中，调用 jQuery 的 before()方法在每个列表项前面添加图片中的 src 字符串信息，演示效果如图 4.7 所示。

```
$(function(){
    $("li img").before($("li img").attr("src"));
})
```

图 4.7   在列表项前面添加注释行文本

4. insertBefore()方法

insertBefore()与 before()方法功能相同，操作相反。用法如下：

```
insertBefore(target )
```

参数 target 表示一个选择器、元素、THML 字符串或者 jQuery 对象，匹配的元素将会被插入在由参数指定的目标后面。例如，针对下面这行代码：

```
$("li img").brfore($("<span>注释文本</span>"));
```

则可以改写为：

```
$("<span>注释文本</span>").beforetAfter($("li img"));
```

🔊 **提示：**

appendTo()、prependTo()、insertBefore()和 insertAfter()方法具有破坏性操作特性。也就是说，如果选择已存在的内容，并把它们插入到指定对象中时，则原位置的内容将被删除。

4.3　删　除　节　点

使用 DOM 的 removeChild()方法可以删除指定的节点及其包含的所有子节点，并返回这些删除的内容。用法如下：

```
nodeObject.removeChild(node)
```

其中 nodeObject 表示父节点对象，参数 node 表示要删除的子节点。

【示例 14】　在本示例中，先使用 document.getElementsByTagName()方法获取页面中的 div 和 p 元素，然后移出 p 元素，把移出的 p 元素附加到 div 元素后面。

```
<script type="text/javascript" >
window.onload = function(){
    var div = document.getElementsByTagName("div")[0];
    var p = document.getElementsByTagName("p")[0];
    var p1 = div.removeChild(p);
    div.parentNode.insertBefore(p1,div.nextSibling);
}
</script>

<div>
    <p>段落文本</p>
</div>
```

由于 DOM 的 insertBefore()与 appendChild()方法都具有破坏性，当使用文档中现有元素进行操作时，会先删除原位置上的元素。因此对于下面两行代码：

```
var p1 = div.removeChild(p);                        //移出 p 元素
div.parentNode.insertBefore(p1,div.nextSibling);//把移出的 p 元素附加到 div 元素后面
```

可以合并为：

```
div.parentNode.insertBefore(p,div.nextSibling);//直接使用 insertBefore()移动 p 元素
```

jQuery 定义了 3 个删除内容的方法：remove()、empty()和 detach()。其中 remove()方法对应 DOM 的 removeChild()方法。详细说明如表 4.3 所示。

表 4.3　jQuery 删除内容的方法

方　　法	说　　明
remove()	从 DOM 中删除所有匹配的元素
empty()	删除匹配的元素集合中所有的子节点
detach()	从 DOM 中删除所有匹配的元素

扫一扫，看视频

4.3.1　移出

remove()方法能够将匹配元素从 DOM 中删除。用法如下：

```
remove( [ selector ] )
```

参数 selector 表示一个选择表达式用来过滤匹配的将被移除的元素。该方法还将同时移除元素内部的一切，包括绑定的事件及与该元素相关的 jQuery 数据。

【示例 15】　在本示例中为<button>标签绑定 click 事件，当用户单击按钮时将调用 jQuery 的 remove()方法移出所有的段落文本，演示效果如图 4.8 所示。

```
<script type="text/javascript" >
$(function(){
    $("button").click(function () {
        $("p").remove();
    });
})
</script>

<p>段落文本 1</p>
<div>布局文本</div>
<p>段落文本 2</p>
<button>清除段落文本</button>
```

图 4.8　单击移出段落文本

📣 提示：

由于 remove()方法能够删除匹配的元素，并返回这个被删除的元素，因此在特定条件下该方法的功能可以使用 jQuery 的 appendTo()、prependTo()、insertBefore()或 insertAfter()方法进行模拟。

【示例 16】　本示例将父元素 div 的子元素 p 移出，然后插入到父元素 div 的后面，执行之后的 HTML 结构如图 4.9 所示。

```
<script type="text/javascript" >
$(function(){
    var $p = $("p").remove();
    $p.insertAfter("div");
})
```

```
</script>

<div>
    <p>段落文本</p>
</div>
```

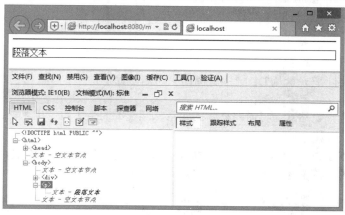

图 4.9　使用 jQuery 移动 HTML 结构

如果使用 insertAfter()方法，则可以把上面的两步操作合并为一步，代码如下：

```
<script type="text/javascript" >
$(function(){
    $("p").insertAfter("div");              //直接把段落文本移动到 div 元素
})
</script>
```

不过 remove()方法的主要功能是删除指定节点以及包含的子节点。

4.3.2　清空

empty()方法可以清空元素包含的内容。在用法上，empty()和 remove()方法相似，但是执行结果略有区别。用法如下：

```
empty()
```

该方法没有参数，表示将直接删除匹配元素包含的所有内容。

【示例 17】　在本示例中为<button>标签绑定 click 事件，当用户单击按钮时将调用 jQuery 的 empty()方法移出段落文本内所有的内容，但没有删除 p 元素。

```
<script type="text/javascript" >
$(function(){
    $("button").click(function () {
        $("p").empty();
    });
})
</script>

<p>段落文本 1</p>
<div>布局文本</div>
<p>段落文本 2</p>
<button>清除段落文本</button>
```

扫一扫，看视频

📢 **提示：**

> 移出和清空是两个不同的操作概念，移出将删除指定的 jQuery 对象所匹配的所有元素，以及其包含的所有内容，而清空仅删除指定的 jQuery 对象所匹配的所有元素包含的内容，不删除当前匹配元素。

另外，remove()方法能够根据传递的参数进行有选择的移出操作，而 empty()方法将对所有匹配的元素执行清空操作，没有可以选择的参数。

4.3.3 分离

detach()方法能够将匹配元素从 DOM 中分离出来。用法如下：

```
detach([expr])
```

参数 expr 是一个选择表达式，将需要移除的元素从匹配的元素中过滤出来。该参数可以省略，如果省略将移出所有匹配的元素。

【示例 18】   在本示例中为<button>标签绑定 click 事件，当用户单击该按钮时将调用 jQuery 的 detch()方法移出所有的段落文本，演示效果如图 4.10 所示。

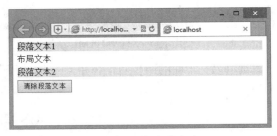

图 4.10   分离段落文本

```javascript
<script type="text/javascript" >
$(function(){
    $("p").click(function(){
        $(this).toggleClass("off");
    });
    var p;
    $("button").click(function(){
        if ( p ) {
            p.appendTo("body");
            p = null;
        } else {
            p = $("p").detach();
        }
    });
})
</script>
<style>
p {
    background:yellow;
    margin:6px 0;
    cursor:pointer;
}
p.off {background: white;}
```

```
</style>

<p>段落文本 1</p>
<div>布局文本</div>
<p>段落文本 2</p>
<button>清除段落文本</button>
```

在上面示例中，文档中包含 2 段文本，通过$("p").click()方法为段落文本绑定一个单击事件，即单击段落文本时，将设置或者移出样式类 off，这样 p 元素就拥有了一个事件属性，单击段落文本可以切换 off 样式类。在内部样式表中，定义段落文本默认背景色为浅黄色，单击后应用 off 样式类，恢复默认的白色背景，通过 toggleClass()类切换方法实现再次单击段落文本后将再次显示浅黄色背景。

然后在按钮的 click 事件处理函数中，将根据一个临时变量 p 的值来判断是否分离文档中的段落文本，或者把分离的段落文本重新附加到文档尾部。此时，会发现当再次恢复被删除的段落文本后，它依然保留着上面定义的事件属性。

📢 注意：

> detach()方法与 remove()方法一样。但是与 remove()方法不同的是，detach()方法能够保存所有 jQuery 数据与被移走的元素相关联，所有绑定在元素上的事件、附加的数据等都会保留下来。当需要移走一个元素，不久又将该元素插入 DOM 时，这种方法很有用。

【示例 19】　以示例 18 为例，如果使用 remove()方法代替 detach()方法，主要代码如下。则当再次恢复被删除的段落文本后，段落文本的 click 事件属性将失效。

```
$(function(){
    $("p").click(function(){
        $(this).toggleClass("off");
    });
    var p;
    $("button").click(function(){
        if ( p ) {
            p.appendTo("body");
            p = null;
        } else {
            p = $("p").remove();
        }
    });
})
```

4.4　复 制 节 点

扫一扫，看视频

使用 DOM 的 cloneNode()方法可以复制节点，用法如下：
```
nodeObject.cloneNode(include_all)
```
参数 include_all 为布尔值，如果为 true，那么将会复制原节点，以及所有子节点；为 false 时，仅复制节点本身。复制后返回的节点副本属于文档所有，但并没有为它指定父节点，需要通过 appendChild()、insertBefore()或 replaceChild()方法将它添加到文档中。

【示例 20】　本示例将使用 cloneNode()方法复制 div 元素及其所有属性和子节点，然后当单击段落文本时，将复制段落文本，并追加到文档的尾部。

```
<script type="text/javascript" >
window.onload = function(){
    var div = document.getElementsByTagName("div")[0];
    div.onclick = function(){
        var div1 = div.cloneNode(true);
        div.parentNode.insertBefore(div1,div.nextSibling);
    }
}
</script>

<div class="red" title="no" ondblclick="alert('ok')">
    <p>段落文本</p>
</div>
```

🔊 **注意:**

复制的 div 元素不拥有事件处理函数，但是拥有 div 标签包含的事件属性。如果为 clone()方法传递 true 参数，则可以使复制的 div 元素也拥有单击事件，也就是说当单击复制的 div 元素时，会继续进行复制操作，连续单击会使复制的 div 元素成倍增加。

jQuery 使用 clone()方法复制节点，用法如下:
```
clone( [ withDataAndEvents ] )
clone( [ withDataAndEvents ], [ deepWithDataAndEvents ] )
```

参数 withDataAndEvents 表示一个布尔（Boolean）值，可以为 true 或者 false，用来设置是否复制事件处理函数等数据。对 jQuery 1.4 版本来说，元素数据也会被复制。默认值是 false。

参数 deepWithDataAndEvents 也是一个布尔值，用来设置对事件处理函数和复制元素的所有子元素的数据是否应该被复制。默认情况下它的值为相匹配的第一个参数的值（默认值是 false）。

图 4.11 复制内容

【示例 21】 在本示例中为通过 clone(true)方法复制<b>标签，并把它复制到<p>标签的后面，同时保留该标签默认的事件处理函数，演示效果如图 4.11 所示。

```
<script type="text/javascript" >
$(function(){
    $("b").click(function(){
        $(this).toggleClass("off");
    });
    $("b").clone(true).insertAfter("p");
})
</script>
<style>
.off {background: yellow;}
</style>

<b>加粗文本</b>
<p>段落文本</p>
```

4.5 替换节点

使用 DOM 的 replaceChild()方法可以替换节点。用法如下：

```
nodeObject.replaceChild(new_node,old_node)
```

其中参数 new_node 为指定新的节点，old_node 为被替换的节点。如果替换成功，则返回被替换的节点；如果替换失败，则返回 null。

【示例 22】 在本示例中，使用 document.createElement("div")方法创建一个 div 元素，然后在循环结构体内逐一使用复制的 div 元素替换到段落文本内容，演示效果如图 4.12 所示。

图 4.12 替换段落文本节点

```javascript
<script type="text/javascript" >
window.onload = function(){
    var p = document.getElementsByTagName("p");
    var div = document.createElement("div");
    div.innerHTML = "盒子";
    for(var i=0,l = p.length;i< l;i++){
        var div1 = div.cloneNode(true);
        p[0].parentNode.replaceChild(div1,p[0]);
    }
}
</script>

<p>段落 1</p>
<p>段落 2</p>
<p>段落 3</p>
```

jQuery 定义了 replaceWith()和 replaceAll()方法用来替换节点。

1. replaceWith()

replaceWith()方法能够将所有匹配的元素替换成指定的 HTML 或 DOM 元素。用法如下：

```
replaceWith( newContent )
replaceWith( function )
```

参数 newContent 表示用来插入的内容，可以是 HTML 字符串、DOM 元素或者 jQuery 对象。

参数 function 返回 HTML 字符串，用来替换的内容。

【示例 23】 在本示例中，为按钮绑定 click 事件处理函数，当单击按钮后将调用 replaceWith()方法把当前按钮替换为 div 元素，并把按钮显示的文本装入到 div 元素中，演示效果如图 4.13 所示。

```javascript
<script type="text/javascript" >
$(function(){
    $("button").click(function () {
        $(this).replaceWith("<div>" + $(this).text() + "</div>");
    });
})
</script>
<style type="text/css">
button {display:block; margin:3px; color:red; width:200px;}
div {color:red; border:2px solid blue; width:200px; margin:3px; text-align:center;}
</style>

<button>按钮 1</button>
<button>按钮 2</button>
<button>按钮 3</button>
```

◀》提示：

> replaceWith()方法将会用选中的元素替换目标元素，此操作是
> 移动，而不是复制。与大部分其他 jQuery 方法一样，
> replaceWith()方法返回 jQuery 对象，所以可以通过链式语法
> 与其他方法链接使用，但是需要注意的是：replaceWith()方法
> 返回的 jQuery 对象是与被移走的元素相关联，而不是新插入
> 的元素。在 jQuery 1.4 版本中 replaceWith()、before()和 after()
> 方法都对分离的 DOM 元素有效。

图 4.13　替换按钮

2. replaceAll()

replaceAll()方法能够用匹配的元素替换掉所有指定参数匹配到的元素。用法如下：

```
replaceAll(selector)
```

参数 selector 表示 jQuery 选择器字符串，用于查找所要被替换的元素。

replaceAll()与 replaceWith()方法实际是一对相反操作，实现结果是一致的，但是操作方式相反，类似$A.replaceAll($B)等于$B.replaceWith($A)。

【**示例 24**】　在本示例中，使用 replaceAll()方法替换示例 23 中的 replacecWith()方法，所实现的结果都是一样的，即为按钮绑定 click 事件处理函数，当单击按钮后将调用 replaceALL()方法把当前按钮替换为 div 元素，并把按钮显示的文本装入到 div 元素中。

```
$(function(){
    $("button").click(function () {
        $("<div>" + $(this).text() + "</div>").replaceAll(this);
    });
})
```

4.6　包裹元素

DOM 没有提供包裹元素的方法，jQuery 定义了 3 种包裹元素的方法：wrap()、wrapAll()和wrapInner()。这些方法的区别主要在于包裹的形式不同，下面分别进行介绍。

4.6.1　外包

wrap()方法能够在每个匹配的元素外层包上一个 html 元素。用法如下：

```
wrap( wrappingElement )
wrap( wrappingFunction )
```

参数 wrappingElement 表示一个 HTML 片段、选择表达式、jQuery 对象，或者 DOM 元素，用来包在匹配元素的外层。参数 wrappingFunction 表示一个生成用来包元素的回调函数。

【**示例 25**】　在本示例中，为每个匹配的<a>标签使用 wrap()方法包裹一个<li>标签，为了方便观察，在文档头部定义一个内部样式表，定义 li 元素显示红色边框样式，演示效果如图 4.14 所示。

```
<script type="text/javascript" >
$(function(){
    $("a").wrap("<li></li>");
})
</script>
<style type="text/css">
li{border:solid 1px red; padding:2px;}
```

```
a{background:#FCF;}
</style>

<a href="#">首页</a>
<a href="#">社区</a>
<a href="#">新闻</a>
```

图 4.14　为超链接包裹项目列表

📢 提示:

参数可以是字符串或者对象,只要该参数能够生成 DOM 结构即可,且 jQuery 允许参数可以是嵌套的,但是结构只包含一个最里层元素,这个结构会包在每个匹配元素外层。该方法返回没被包裹过的元素的 jQuery 对象用来链接其他函数。

【示例 26】　针对示例 25,使用下面代码为每个超链接包裹 DOM 结构。

```
$(function(){
    $("a").wrap("<ul><li></li></ul>");
})
```

然后在内部样式表中添加 ul{border:solid 2px blue;}样式,在浏览器中预览演示效果如图 4.15 所示。

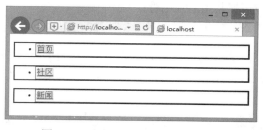

图 4.15　为超链接包裹多层的结构

4.6.2　内包

wrapInner()方法能够在匹配元素的内容外包裹一层结构。用法如下:

```
wrapInner( wrappingElement )
wrapInner ( wrappingFunction )
```

参数 wrappingElement 表示一个 HTML 片段、选择表达式、jQuery 对象,或者 DOM 元素,用来包在匹配元素内的内容外层。参数 wrappingFunction 表示一个生成用来包元素的回调函数。

【示例 27】　在本示例中先为每个匹配的<a>标签使用 wrap()方法包裹一个<li>标签,然后在 body 元素内使用 wrapInner()方法为所有列表项包裹一个 ul 元素。为了方便观察,在文档头部定义一个内部样式表,定义 li 元素显示红色边框样式,同时定义 ul 元素显示为蓝色粗边框线,演示效果如图 4.16 所示。

```
<script type="text/javascript" >
$(function(){
    $("a").wrap("<li></li>");
    $("body").wrapInner("<ul></ul>");
```

```
})
</script>
<style type="text/css">
ul{border:solid 2px blue;}
li{border:solid 1px red; padding:2px;}
a{background:#FCF;}
</style>

<a href="#">首页</a>
<a href="#">社区</a>
<a href="#">新闻</a>
```

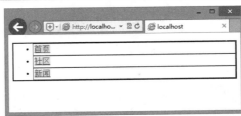

图 4.16　为网页内容包裹列表框

📢 提示：

> 与 wrap()方法一样，wrapInner()方法的参数可以是字符串或者对象，只要该参数能够形成 DOM 结构即可，且 jQuery 允许参数可以是嵌套的，但是结构只包含一个最里层元素。这个结构会包在每个匹配元素外层。该方法返回没被包裹过的元素的 jQuery 对象用来链接其他函数。

【示例 28】　针对示例 27，把其中的代码行：

```
$("body").wrapInner("<ul></ul>");
```

替换为：

```
$("body").wrapInner("<div><div><ul></ul></div></div>");
```

然后在内部样式表中添加 div{border:solid 1px gray; padding:5px;}样式，在浏览器中预览演示效果如图 4.17 所示。

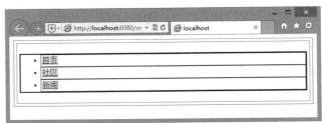

图 4.17　为网页内容包裹多层的结构

扫一扫，看视频

4.6.3　总包

wrapAll()方法能够在所有匹配元素外包一层结构。用法如下：

```
wrapAll( wrappingElement )
```

参数 wrappingElement 表示用来包在外面的 HTML 片段、选择表达式、jQuery 对象或者 DOM 元素。

【示例 29】　在本示例中，先为每个匹配的<a>标签使用 wrap()方法包裹一个<li>标签，然后使用 wrapAll()方法为所有列表项包裹一个 ul 元素。为了方便观察，在文档头部定义一个内部样式表，定义 li

元素显示红色边框样式，同时定义 ul 元素显示为蓝色粗边框线，动态结构图如图 4.18 所示。

```
<script type="text/javascript" >
$(function(){
    $("a").wrap("<li></li>");
    $("li").wrapAll("<ul></ul>");
})
</script>
<style type="text/css">
ul{border:solid 2px blue;}
li{border:solid 1px red; padding:2px;}
a{background:#FCF;}
</style>

<a href="#">首页</a>
<a href="#">社区</a>
<a href="#">新闻</a>
```

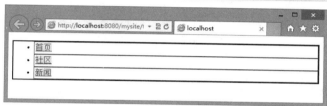

图 4.18　为列表项包裹一个列表结构

　　本示例演示效果与示例 28 效果一样，虽然两个示例使用的方法不同，但是结果一致。也就是说$("li").wrapAll("<ul></ul>");等效于$("body").wrapInner("<ul></ul>");。

4.6.4　卸包

扫一扫，看视频

　　unwrap()方法与 wrap()方法的功能相反，能够将匹配元素的父级元素删除，保留自身在原来的位置。用法如下：

```
unwrap()
```

该方法没有参数。

　　【示例 30】　在本示例中，为按钮绑定一个开关事件，当单击按钮时可以为<a>标签包裹或者卸包<li>标签，在浏览器中预览效果如图 4.19 所示。

```
<script type="text/javascript" >
$(function(){
    var i = 0, $a =$("a") ;
    $("button").click(function(){
        if(i==0){
            $a.wrap("<li></li>");
            i = 1;
        }else{
            $a.unwrap();
            i=0;
        }
    });
})
</script>
<style type="text/css">
```

```
li{border:solid 1px red; padding:2px;}
a{background:#FCF;}
</style>

<a href="#">首页</a>
<a href="#">社区</a>
<a href="#">新闻</a>
<button>包装/卸包</button>
```

图 4.19　包裹或者卸包<a>标签

4.7　操 作 属 性

jQuery 和 DOM 都提供了属性的基本操作方法。属性操作包括设置属性、访问属性、删除属性或者修改属性等。

4.7.1　设置属性

在 DOM 中使用 setAttribute()方法可以设置元素属性，用法如下：

```
elementNode.setAttribute(name,value)
```

其中 elementNode 表示元素节点，参数 name 表示设置的属性名，value 表示要设置的属性值。

【示例 31】　本示例为页面中段落文本标签<p>定义一个 title 属性，设置属性值为"段落文本"。

```
<script type="text/javascript" >
window.onload = function(){
    var p = document.getElementsByTagName("p")[0];
    p.setAttribute("title","段落文本");
}
</script>

<p>段落文本</p>
```

jQuery 定义了两个用来设置属性值的方法：prop()和 attr()。

1. prop()

prop()能够为匹配的元素设置一个或更多的属性。用法如下：

```
prop( propertyName, value )
prop( map )
prop( propertyName, function(index, oldPropertyValue) )
```

参数 propertyName 表示要设置的属性的名称，value 表示一个值，用来设置属性值。如果为元素设置多个属性值，可以使用 map 参数，该参数是一个用于设置属性的对象，以 {属性:值} 对形式进行定义。

参数 function(index, oldPropertyValue)用来设置返回值的函数。接收到集合中的元素和属性的值作为参数旧的索引位置。在函数中，关键字 this 指的是当前元素。

【示例 32】 在本示例中，先为所有被勾选的复选框设置只读属性，当 input 元素的 checked 属性值为 checked 时，则调用 prop()方法设置该元素的 disabled:属性值为 true,在浏览器中预览效果如图 4.20 所示。

图 4.20 为复选框设置只读属性

```
<script type="text/javascript" >
$(function(){
    $("input[checked='checked']").prop({
        disabled: true
    });
})
</script>

<input type="checkbox" checked="checked" />
<input type="checkbox" />
<input type="checkbox" />
<input type="checkbox"  checked="checked" />
```

2. attr()

attr()也能够为匹配的元素设置一个或更多的属性。用法如下：

```
.attr( attributeName, value )
attr( map )
attr( attributeName, function(index, attr) )
```

参数 attributeName 表示要设置的属性的名称，value 表示一个值，用来设置属性值。如果为元素设置多个属性值，可以使用 map 参数，该参数是一个用于设置属性的对象，以 {属性:值} 对形式进行定义。

参数 function(index, attr)用来设置返回值的函数。接收到集合中的元素和属性的值作为参数旧的索引位置。在函数中，关键字 this 指的是当前元素。

【示例 33】 在本示例中，使用 attr()方法为所有 img 元素动态设置 src 属性值，实现图像占位符自动显示序列图标图像效果，在浏览器中预览效果如图 4.21 所示。

```
<script type="text/javascript" >
$(function(){
    $("img").attr("src",function(index){
        return "images/"+(index+1)+".jpg";
    });
})
</script>
<style type="text/css">
img{height:200px; margin:2px;}
</style>

<img /><img /><img />
```

图 4.21　动态设置 img 元素的 src 属性值

🔊 **提示：**

attr()和 prop()方法都可以用来设置元素属性，但是它们在用法上还是有细微的区别。一般使用 prop()方法获取表单属性值。使用 prop()方法的时候，返回值是标准属性，如$('#checkbox').prop('disabled')，不会返回 disabled 或者空字符串，只会是 true/false。哪些属性应该用 attr()方法访问，哪些属性应该用 prop()方法访问，详细说明如表 4.4 所示。

表 4.4　attr()和 prop()方法的用法比较

属性（Attribute/Property）	attr()	prop()
accesskey	√	
align	√	
async		√
autofocus		√
checked		√
class	√	
contenteditable	√	
draggable	√	
href	√	
id	√	
label	√	
location (IE window.location)		√
multiple		√
readOnly		√
rel	√	
selected		√
src	√	
tabindex	√	
title	√	
type	√	
width (if needed over width())	√	

扫一扫，看视频

4.7.2　访问属性

在 DOM 中使用 getAttribute()方法可以访问属性的值。用法如下：

```
elementNode.getAttribute(name)
```

其中 elementNode 表示元素节点对象，参数 name 表示属性的名称，以字符串形式传递，该方法的返回值为指定属性的属性值。

【示例 34】 在本示例中，直接使用 JavaScript 读取段落文本中 title 属性值，然后以提示对话框的形式显示出来。

```
<script type="text/javascript" >
window.onload = function(){
    var p = document.getElementsByTagName("p")[0];
    alert(p.getAttribute("title"));
}
</script>

<p title="段落文本">段落文本</p>
```

与设置属性的方法一样，jQuery 定义了两个用来访问元素属性值的方法：prop()和 attr()，这两个方法的用法在 4.7.1 节中曾经详细讲解。

当为 prop()和 attr()方法传递两个参数时，一般用来为指定的属性设置值，而当为这两个方法传递一个参数时，则表示读取指定属性的值。

1. prop ()

prop()方法的用法如下：

```
prop( propertyName)
```

参数 propertyName 表示要读取属性的名称。

📢 提示：

prop()方法只获得 jQuery 对象中第一个匹配元素的属性值。如果元素的一个属性没有设置，或者如果没有匹配的元素，则该方法将返回 undefined 值。为了要获取每个单独的元素的属性值，不妨使用循环结构的 jQuery.each()或.map()方法来逐一读取。

attributes 和 properties 之间的差异在特定情况下是很重要。例如，针对下面 HTML 片段结构：

```
<input type="checkbox" checked="checked" />
```

使用不同的方法访问该对象的 checked 属性时返回值是不同的：

```
$(elem).prop("checked")                    //返回布尔值 true
elem.getAttribute("checked")               //返回字符串"checked"
$(elem).attr("checked") (1.6+)             //返回字符串"checked"
$(elem).attr("checked") (pre-1.6)          //返回布尔值 true
```

但是，根据 W3C 的表单规范，checked 属性是一个布尔属性，这意味着该属性值为布尔值，那么如果属性没有值。或者为空字符串值，这就为在脚本中进行逻辑判断带来了麻烦。考虑到不同浏览器对其处理结果不同，为此用户可以采用下面方式之一进行检测：

```
if ( elem.checked )
if ( $(elem).prop("checked") )
if ( $(elem).is(":checked") )
```

如果使用 attr()进行检测，就容易出现问题，因为 attr("checked")将获取该属性值，即只是用来存储默认或选中属性的初始值，无法直观地检测复选框的选中状态。因此使用下面代码检测复选框选中状态将是错误的：

```
if ( $(elem).attr("checked") )
```

【示例 35】 在本示例中，为复选框绑定 change()事件，当复选框状态发生变化后，将再次调用 change()方法，在该方法内通过参数函数动态获取当前复选框的状态值，以及 checked 属性值，并分别使用 attr()、prop()和 is()方法来进行检测，以比较使用这三种方法所获取值的差异，演示效果如图 4.22 所示。

```
<script type="text/javascript" >
$(function(){
    $("input").change(function() {
        var $input = $(this);
        $("p").html(".attr('checked') = <b>" + $input.attr('checked') + "</b><br>"
            + ".prop('checked') = <b>" + $input.prop('checked') + "</b><br>"
            + ".is(':checked') = <b>" + $input.is(':checked') ) ;
    }).change();
})
</script>
<style>
b {color: red;}
</style>

<input id="check" type="checkbox" checked="checked">
<label for="check">复选框</label>
<p></p>
```

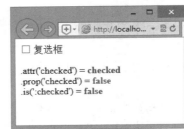

图 4.22　检测复选框的 checked 属性

2. attr ()

attr()方法的用法如下：

```
attr(attributeName)
```

参数 attributeName 表示要读取属性的名称。

📢 提示：

> 与 prop()方法一样，attr()方法只获取 jQuery 第一个匹配元素的属性值。如果要获取每个单独的元素的属性值，需要使用 jQuery 的 each()或者 map()方法做一个循环。

【示例 36】　在本示例中，调用 jQuery 的 each()方法遍历所有匹配的 img 元素，然后在每个 img 元素的回调函数中分别使用 attr()方法获取该 img 元素的 title 属性值，并把它放在<p>标签中，然后把该段落文本追加到 img 元素的后面，演示效果如图 4.23 所示。

```
<script type="text/javascript" >
$(function(){
    $("img").each(function(){
        $(this).after("<span>" + $(this).attr("title") + "</span>");
    })
})
</script>
<style type="text/css">
img{height:200px; margin:2px;}
```

```
</style>

<img src="images/1.jpg" title="淘气包"  />
<img src="images/2.jpg" title="得意忘形"  />
<img src="images/3.jpg" title="快乐宝贝"  />
```

图 4.23　attr()方法在 jQuery 对象集合中的应用

扫一扫，看视频

4.7.3　删除属性

在 DOM 中使用 removeAttribute()方法可以删除指定的属性。用法如下：

```
elementNode.removeAttribute(name)
```

其中 elementNode 表示元素节点对象，参数 name 表示属性的名称，以字符串形式传递。删除不存在的属性，或者删除没有设置但具有默认值的属性时，删除操作将被忽略。如果文档类型声明（DTD）为指定的属性设置了默认值，那么再次调用 getAttribute() 方法将返回那个默认值。

【示例 37】　在本示例中，使用 removeAttribute()方法删除段落文本中 title 属性。

```
<script type="text/javascript" >
window.onload = function(){
    var p = document.getElementsByTagName("p")[0];
    p.removeAttribute("title");
}
</script>

<p title="段落文本">段落文本</p>
```

jQuery 定义了 removeProp()和 removeAttr()方法都可以删除指定的元素属性。

1. removeProp ()

removeProp()方法主要用来删除由 prop()方法设置的属性集。对于一些内置属性的 DOM 元素或 Window 对象，如果试图删除部分属性，浏览器可能会产生错误。jQuery 第一次为可能产生错误的删除属性，分配给它一个 undefined 属性值，这样就避免了浏览器生成的任何错误。removeProp ()的用法如下：

```
removeProp( propertyName )
```

参数 propertyName 表示要删除的属性名称。

【示例 38】　在本示例中，先使用 prop()方法为 img 元素添加一个 code 属性，然后访问该属性值，接着调用 removeProp()方法删除 code 属性值，再次使用 prop()方法访问属性，则显示值为 undefined，演示效果如图 4.24 所示。

图 4.24　removeProp()方法应用

```
<script type="text/javascript" >
$(function(){
    var $img = $("img");
    $img.prop("code", 1234);
    $img.after("<div>图像密码初设置: " + String($img.prop("code")) + "</div>");
    $img.removeProp("code");
    $img.after("<div>图像密码现在是: " + String($img.prop("code")) + "</div>");
})
</script>

<img src="images/2.jpg" />
```

2. removeAttr ()

removeAttr()方法使用 DOM 原生的 removeAttribute()方法，该方法的优点是能够直接被 jQuery 对象访问调用，而且具有良好的浏览器兼容性。对于特殊的属性，建议使用 removeProp()方法。removeAttr()的用法如下：

```
removeAttr( attributeName )
```

参数 attributeName 表示要删除的属性名称。

【示例 39】 在本示例中，为按钮绑定 click 事件处理函数，当单击按钮时则调用 removeAttr()方法移出文本框的 disabled 属性，再调用 focus()方法激活文本框的焦点，并设置文本框的默认值为"可编辑文本框"，演示效果如图 4.25 所示。

图 4.25 removeAttr()方法应用

```
<script type="text/javascript" >
$(function(){
    $("button").click(function () {
        $(this).next().removeAttr("disabled")
            .focus()
            .val("可编辑文本框");
    });
})
</script>

<button>激活文本框</button>
<input type="text" disabled="disabled" value="只读文本框" />
```

4.8 操 作 类

为了方便控制类样式，jQuery 定义了几个与类样式相关的操作方法。

4.8.1 添加类样式

扫一扫，看视频

jQuery 使用 addClass()方法专门负责为元素追加样式。用法如下：

```
addClass( className )
addClass( function(index, class) )
```

参数 className 表示为每个匹配元素所要增加的一个或多个样式名。参数 function(index, class)函数返回一个或多个用空格隔开的要增加的样式名，这个参数函数够接收元素的索引位置和元素旧的样式名作为参数。

【示例 40】 在本示例中，使用 addClass()方法分别为文档中第 2、3 段添加不同的类样式，其中第 2 段添加类名 highlight，设计高亮背景显示，第 3 段添加类名 selected，设计文本加粗显示，演示效果如图 4.26 所示。

图 4.26 addClass()方法应用

```javascript
<script type="text/javascript" >
$(function(){
  $("p:last").addClass("selected");
  $("p").eq(1).addClass("highlight");
})
</script>
<style>
.selected { font-weight:bold; }
.highlight { background:yellow; }
</style>

<p>温暖一生的故事，寄托一生的梦想。</p>
<p>感动一生的情怀，执著一生的信念。</p>
<p>成就一生的辉煌，炮烙一生的记忆。</p>
```

📢 提示：

addClass()方法不会替换一个样式类名，它只是简单地添加一个样式类名到可能已经指定的元素上。对所有匹配的元素可以同时添加多个样式类名，样式类名通过空格分隔，例如：

```javascript
$('p').addClass('class1 class2');
```

一般 addClass()方法与 removeClass()方法一起使用用来切换元素的样式，例如：

```javascript
$('p').removeClass('class1 class2').addClass(' class3');
```

4.8.2 删除类样式

jQuery 使用 removeClass()方法删除类样式，用法如下。

```javascript
removeClass( [ className ] )
removeClass( function(index, class) )
```

参数 className 为每个匹配元素移除的样式属性名，参数函数 function(index, class)返回一个或更多用空格隔开的被移除样式名，参数函数能够接收元素的索引位置和元素旧的样式名作为参数。

【示例 41】 在本示例中，使用 removeClass()方法分别删除偶数行段落文本的 blue 和 under 类样式，演示效果如图 4.27所示。

图 4.27 removeClass()方法应用

```javascript
<script type="text/javascript" >
$(function(){
  $("p:odd").removeClass("blue under");
})
</script>
```

```
<style>
.blue { color:blue; }
.under { text-decoration:underline; }
.highlight { background:yellow; }
</style>

<p class="blue under">床前明月光，</p>
<p class="blue under highlight">疑是地上霜。</p>
<p class="blue under">举头望明月，</p>
<p class="blue under">低头思故乡。</p>
```

🔊 提示：

如果一个样式类名作为一个参数，那么这样式类在匹配的元素集合中被删除；如果没有样式名作为参数，那么所有的样式类将被移除。从所有匹配的每个元素中同时移除多个用空格隔开的样式类 ，例如：

```
$('p').removeClass('class1 class2')
```

扫一扫，看视频

4.8.3 切换类样式

样式切换在 Web 开发中比较常用，如折叠、开关、伸缩及 Tab 切换等动态效果。jQuery 使用 toggleClass()方法开/关定义类样式。用法如下：

```
toggleClass( className )
toggleClass( className, switch )
toggleClass( function(index, class), [ switch ] )
```

参数 className 表示在匹配的元素集合中的每个元素上用来切换的一个或多个（用空格隔开）样式类名。switch 表示一个用来判断样式类添加还是移除的 boolean 值。

参数函数 function(index, class)用来返回在匹配的元素集合中的每个元素上用来切换的样式类名，该参数函数接收元素的索引位置和元素旧的样式类作为参数。

【示例 42】 在本示例中，为文档中的按钮绑定 click 事件处理函数，当单击该按钮时将为 p 元素调用 toggleClass()方法，并传递 hidden 类样式，实现段落包含的图像隐藏或者显示，演示效果如图 4.28 所示。

图 4.28 toggleClass()方法应用

```
<script type="text/javascript" >
$(function(){
   $("input").eq(0).click(function(){
      $("p").toggleClass("hidden");
   })
})
</script>
<style>
.hidden { display:none; }
</style>

<p>红豆生南国，春来发几枝。愿君多采撷，此物最相思。</p>
<input type="button" value="切换样式"  />
```

提示：

> toggleClass()方法以一个或多个样式类名称作为参数。如果在匹配的元素集合中的每个元素上存在该样式类就会被移除；如果某个元素没有这个样式类就会加上这个样式类。如果该方法包含第二个参数，则使用第二个参数判断样式类是否应该被添加或删除，如果这个参数的值是 true，那么这个样式类将被添加，如果这个参数的值是 false，那么这个样式类将被移除。也可以通过函数来传递切换的样式类名。例如：

```
$("p").toggleClass(function() {
    if ($(this).parent().is('.bar')) {
        return 'happy';
    } else {
        return 'sad';
    }
});
```

上面代码表示如果匹配元素的父级元素有 bar 样式类名，则为<p>元素切换 happy 样式类，否则将切换 sad 样式类。

4.8.4 判断类样式

在 DOM 中使用 hasAttribute()方法可以判断指定属性是否设置。用法如下：

```
hasAttribute(name)
```

参数 name 表示属性名，但是在复合类样式中，该方法无法判断 class 属性中是否包含了特定的类样式。

jQuery 使用 hasClass()方法判断元素是否包含指定的类样式。

```
.hasClass( className )
```

参数 className 表示要查询的样式名。

【示例 43】 在本示例中，使用 hasClass()方法判断 p 元素是否包含 red 类样式。

```
<script type="text/javascript" >
$(function(){
    alert($("p").hasClass("red"));          //返回 true
})
</script>

<p class="red">段落文本</p>
```

hasClass()方法实际上是 is()方法的再包装，jQuery 为了方便用户使用，重新定义了 hasClass()专门用来判断指定类样式是否存在。其中$("p").hasClass("red")，可以改写为$("p").is(".red")。

4.9　操　作　内　容

jQuery 提供多个方法操作文档内容，它们把 HTML 结构视为字符串，并以字符串的形式进行操作。

4.9.1　读写 HTML 字符串

DOM 为每个元素对象定义了 innerHTML 属性，该属性以字符串形式读写元素包含的 HTML 结构。

【示例 44】 在本示例中，使用 innerHTML 属性访问 div 元素包含的所有内容，然后把这些内容通过 innerHTML 属性传递给 p 元素，并覆盖掉 p 元素包含的文本，演示效果如图 4.29 所示。

```
<script type="text/javascript" >
```

扫一扫，看视频

```
window.onload = function(){
    var p = document.getElementsByTagName("p")[0];
    var div = document.getElementsByTagName("div")[0];
    p.innerHTML = div.innerHTML;
}
</script>
<style>
div { border:solid 2px red;}
p{ border:solid 1px blue;}
</style>

<div>
    <h1>标题</h1>
    <p>段落文本</p>
</div>
```

图 4.29   innerHTML 属性应用

jQuery 使用 html()方法以字符串形式读写 HTML 文档结构。用法如下：

```
html()
html( htmlString )
html( function(index, html) )
```

参数 htmlString 用来设置每个匹配元素的一个 HTML 字符串，参数函数 function(index, html)用来返回设置 HTML 内容的一个函数，该参数函数接收元素的索引位置和元素旧的 HTML 作为参数。

当 html()方法不包含参数时，表示以字符串形式读取指定节点下的所有 HTML 结构。当 html()方法包含参数时，表示向指定节点下写入 HTML 结构字符串，同时会覆盖该节点原来包含的所有内容。

【示例 45】   针对示例 44 使用 jQuery 的 html()方法实现的代码如下：

```
$(function(){
    var s = $("div").html();
    $("p").html(s);
})
```

注意，html()方法实际上是对 DOM 的 innerHTML 属性包装，因此它不支持 XML 文档。

4.9.2   读写文本

扫一扫，看视频

jQuery 使用 text()方法读写指定元素下包含的文本内容，这些文本内容主要是指文本节点包含的数据。用法如下：

```
text( textString )
text( function(index, text) )
```

参数 textString 用于设置匹配元素内容的文本，参数函数 function(index, text)用来返回设置文本内容的一个函数，参数函数可以接收元素的索引位置和元素旧的文本值作为参数。

当 text()方法不包含参数时，表示以字符串形式读取指定节点下的所有文本内容。当 text()方法包含参数时，表示向指定节点下写入文本字符串，同时会覆盖该节点原来包含的所有文本内容。

【示例 46】 在本示例中，使用 text()方法访问 div 元素包含的所有内容，然后把这些内容通过 text()方法传递给 p 元素，并覆盖掉 p 元素包含的文本，演示效果如图 4.30 所示。

```html
<script type="text/javascript" >
$(function(){
    var s = $("div").text();
    $("p").text(s);
})
</script>
<style>
div { border:solid 2px red;}
p{ border:solid 1px blue;}
</style>

<div>
    <h1>标题</h1>
    <p>段落文本</p>
</div>
```

图 4.30　text()方法应用

扫一扫，看视频

4.9.3　读写值

jQuery 使用 val()方法读写指定表单对象包含的值。当 val()方法不包含参数并调用时，表示将读取指定表单元素的值；当 val ()方法包含参数时，表示向指定表单元素写入值。用法如下：

```
val()
val( value )
val( function(index, value) )
```

参数 value 表示一个文本字符串或一个以字符串形式的数组来设定每个匹配元素的值，参数函数 function(index, value)表示一个用来返回设置值的函数。

【示例 47】 本示例演示了当文本框获取焦点时，清空默认的提示文本信息，准备用户输入值，而当离开文本框后，如果文本框没有输入信息，则重新显示默认的值，演示效果如图 4.31 所示。

```javascript
<script type="text/javascript" >
$(function(){
    $("input").focus(function(){
        if($(this).val() == "请输入文本") $(this).val("");
    })
    $("input").blur(function(){
        if($(this).val() == "") $(this).val("请输入文本");
    })
```

```
})
</script>

<form action="" method="get">
    <input type="text" value="请输入文本" />
</form>
```

图 4.31　val()方法应用 1

◀》 提示:

val()方法在读写单选按钮、复选框、下拉菜单和列表框的值时，比较实用且操作速度比较快。对于 val()方法来说，可以传递一个参数设置表单的显示值。由于下拉菜单和列表框，显示为每个选项的文本，而不是 value 属性值，故通过设置选项的显示值，可以决定应显示的项目。不过对于其他表单元素来说，必须指定 value 属性值，方才有效。如果为元素指定多个值，则可以以数组的形式进行参数传递。

【示例 48】　在本示例中，单击第一个按钮可以使用 val()方法读取各个表单的值，单击第二个按钮可以设置表格表单的值，演示效果如图 4.32 所示。

```
<script type="text/javascript" >
$(function(){
    $("button").eq(0).click(function(){
        alert($("#s1").val() + $("#s2").val() +$("input").val()+ $(":radio").val());
    })
    $("button").eq(1).click(function(){
        $("#s1").val("单选 2");
        $("#s2").val(["多选 2", "多选 3"]);
        $("input").val(["6", "8"]);
    })
})
</script>

<form action="" method="get">
    <select id="s1">
      <option value="1" selected="selected">单选 1</option>
      <option value="2">单选 2</option>
    </select>
    <select id="s2" size="3" multiple="multiple">
      <option value="3" selected="selected">多选 1</option>
      <option value="4">多选 2</option>
      <option value="5" selected="selected">多选 3</option>
    </select>
    <input type="checkbox" value="6"/>复选框 1
    <input type="checkbox" value="7" checked="checked"/>复选框 2<br />
    <input type="radio" value="8"/>单选按钮 1
    <input type="radio" value="9" checked="checked"/>单选按钮 2<br /><br />
    <button>显示各个表单对象的值</button>
    <button>设置各个表单对象的值</button>
</form>
```

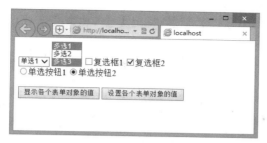

图 4.32　val()方法应用 2

4.10　操作样式表

jQuery 把所有与 CSS 样式相关的操作都封装到 css()方法中，从而在设计时只需简单调用即可解决 Web 开发中很多界面设计难题。

扫一扫，看视频

4.10.1　读写 CSS 样式

CSS 样式存在三种形式：行内样式、文档内部样式和文档外部样式。行内样式以元素属性的形式存在，使用 style 属性即可读写，而文档内部样式和文档外部样式统一被视为外部样式，这些外部样式只能够通过 DOM 的 StyleSheets、CSS 和 CSS2 模块提供的对象、方法和属性才能够访问和操作。

jQuery 使用 css()方法读取指定的样式，也能够为元素设置 CSS 样式。用法如下：

```
css( propertyName )
css( propertyName, value )
css( propertyName, function(index, value) )
css( map )
```

参数 propertyName 表示一个 CSS 属性，value 表示一个属性值；参数 function(index, value)表示一个返回设置值的函数，该函数接收元素的索引位置和元素旧的样式属性值作为参数；参数 map 表示属性名值对构成的对象，如{name:value;}。

【示例 49】　本示例使用 css()方法读取 CSS 的 color 和 font-weight 样式值，演示效果如图 4.33 所示。

```
<script type="text/javascript" >
$(function(){
    $("p").html("color=" +$("p").css("color") + "<br />font-weight=" + $("p").css
("font-weight"));
})
</script>
<style type="text/css">
.red {color:red;}
</style>

<p class="red" style="font-weight:bold">段落文本</p>
```

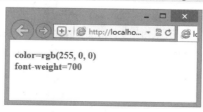

图 4.33　使用 css()方法访问内部样式表

通过上面示例可以看到，css()方法能够读取指定元素的所有 CSS 样式，不管它是行内样式、文档内部样式或外部样式。

【示例 50】 使用 css()方法为元素定义样式比较简单，下面分别使用不同的方法为段落文本设置不同的样式，这些样式将以行内样式而存在。

```
<script type="text/javascript" >
$(function(){
    $("p").css("font-style","italic");                    //设置单个样式
    $("p").css({color:"red", fontWeight:"bold"});   //以对象结构的形式传递多个样式
})
</script>
```

【示例 51】 在本示例中，使用 jQuery 匹配文档中的段落文本元素 p，然后为它绑定 hover()方法，定义鼠标移过时的动态样式，在该方法中包含两个回调函数，分别在鼠标移过和移出时调用。在这两个回调函数中使用 css()定义段落文本的动态样式，演示效果如图 4.34 所示。

```
<script type="text/javascript" >
$(function(){
    $("p").hover(
        function () {
            $(this).css({'background-color' : 'yellow', 'color' : 'red'});
        },
        function () {
            $(this).css({
                'background-color' : '#fff',
                'color' : 'rgb(0,0,255)'
            });
        });
})
</script>

<p>jQuery 是继 Prototype 之后又一个优秀的 Javascript 框架。</p>
<p>它是轻量级的 JS 库，它兼容 CSS3，还兼容各种浏览器 （IE 6.0+, FF 1.5+, Safari 2.0+, Opera 9.0+）。</p>
```

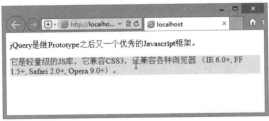

图 4.34　css()方法应用 1

css()方法集获取方法（getter）和设置方法（setter）于一体。为取得某个样式属性的值，可以为这个方法传递一个字符串形式的属性名，如 css('backgroundColor')。对于由多个单词构成的属性名，jQuery 既可以解释连字符版的 CSS 表示法，如 background-color，也可以解释驼峰大小写形式的 DOM 表示法，如 backgroundColor。在设置样式属性时，css()方法能够接受的参数有两种：一种是为它传递一个单独的样式属性和值；另一种是为它传递一个由属性名值对（"属性-值对"）构成的映射（map），用户可以将这些 jQuery 映射看成是 JavaScript 对象直接量。例如：

```
css('property','value')
css({property1: 'value1', 'property-2': 'value2'})
```

📢 注意：

如果属性值是数字值，不需要加引号，而字符串值需要加引号。但是，当使用映射表示法时，如果属性名使用驼峰大小写形式的 DOM 表示法，则可以省略引号。

【示例 52】　在本示例中，为 p 元素绑定 click 事件，当单击鼠标时，会为当前元素调用 css()方法，在方法中通过对原来值进行递加的形式，实现不断单击时递增文字大小的功能，演示效果如图 4.35 所示。

```
<script type="text/javascript" >
$(function(){
    $("p").click(function() {
        $(this).css({
            "font-size": function(index, value) {
                return parseFloat(value) * 1.2;
            }
        });
    });
})
</script>

<p>jQuery 是继 Prototype 之后又一个优秀的 Javascript 框架。</p>
<p>它是轻量级的 JS 库，它兼容 CSS3，还兼容各种浏览器 （IE 6.0+, FF 1.5+, Safari 2.0+, Opera
9.0+）。</p>
```

图 4.35　css()方法应用 2

通过 css('fontSize')可以轻而易举地取得当前的字体大小。不过，由于返回的值中既包含数字值也包含度量单位，所以需要把这两部分保存到各自的变量中，在计算出新的字体大小后，再重新加上单位。在本示例中直接通过 css()方法的回调函数，就可以轻松解决这个繁琐的操作。

4.10.2　绝对定位

扫一扫，看视频

在 DOM 中使用 offsetLeft 和 offsetTop 属性可以获取元素的最近偏移位置。但是不同浏览器定义元素的偏移参照对象不同。例如，IE 总是以父元素为参照对象进行偏移，而非 IE 浏览器会以最近非静态定位元素为参照对象进行偏移。另外，所有浏览器都支持 offsetParent 属性，该属性能够自动识别当前元素偏移的参照对象。

jQuery 简化了定位操作，使用 offset()方法可以获取匹配元素在当前视口的相对偏移。用法如下：

```
offset()
offset( coordinates )
offset( function(index, coords) )
```

参数 coordinates 表示一个对象，包含 top 和 left 属性，用整数指明元素的新顶部和左边坐标。参数函数 function(index, coords)返回用于设置坐标的一个函数，该参数函数接收元素在匹配的元素集合中的索引位置作为第一个参数，和当前坐标作为第二个参数，这个函数应该返回一个包含 top 和 left 属性的对象。

如果调用 offset() 方法没有传递参数，则将返回为一个对象，包含两个属性：top 和 left，分别存储匹配元素的顶部偏移和左侧偏移。注意，该方法仅对可见元素有效。

【示例 53】 本示例演示了如果获取三个 div 元素的绝对偏移位置，演示效果如图 4.36 所示。为了方便比较和观察，在样式表中定义页边距为 0，并定义 div 元素的大小固定，且边框都为 10 像素宽。

```html
<script type="text/javascript" >
$(function(){
   var o1 = $("div").eq(0).offset();   //获取第一个div元素的偏移信息
   $("div").eq(0).html( "left: " + o1.left + "<br />top: " + o1.top ); //显示信息
   var o2 = $("div").eq(1).offset();   //获取第二个div元素的偏移信息
   $("div").eq(1).html( "left: " + o2.left + "<br />top: " + o2.top ); //显示信息
   var o3 = $("div").eq(2).offset();   //获取第三个div元素的偏移信息
   $("div").eq(2).html( "left: " + o3.left + "<br />top: " + o3.top ); //显示信息
})
</script>
<style type="text/css">
body { padding:0; margin:0; }/*清除页边距*/
div {height:60px; width:200px; border:solid 10px red; }/*统一div元素的显示样式*/
</style>

<div>盒子1</div>
<div style="float:left">盒子2</div>
<div style="float:left">盒子3</div>
```

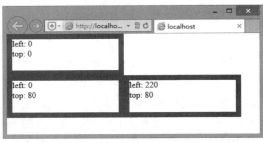

图 4.36　获取元素的绝对偏移位置

📢 注意：

offset() 方法允许用户重新设置元素的位置，这个元素的位置是相对于 document 对象的。如果对象原先的 position 样式属性是 static（静态定位）的话，会被改成 relative（相对定位）来实现重定位。

扫一扫，看视频

4.10.3　相对定位

使用 JavaScript 获取指定元素的相对偏移位置设计思路：利用 offsetParent 属性获取最近的父级定位元素，然后判断该元素的位置，如果它是父元素，则可以直接读取当前元素的 offsetLeft 和 offsetTop 属性值。如果不是父元素，则可以获取当前元素的绝对偏移位置减去定位元素的绝对偏移位置，即可获得当前元素距离定位元素的偏移距离。

jQuery 使用 position() 方法可以获取匹配元素的相对偏移位置。用法如下：

```
position()
```

position()方法的用法与 offset()方法相同，都返回一个包含两个属性（top 和 left）的对象。注意，为精确计算结果，请在补白、边框和填充属性上使用像素单位，该方法只对可见元素有效。

获取匹配元素中第一个元素的当前坐标，相对于 offset parent 的坐标。offset parent 指离该元素最近的而且被定位过的祖先元素。position()方法可以获得该元素相对于 offset parent 的当前坐标。与 offset()不同，offset()是获得该元素相对于 documet 的当前坐标，当把一个新元素放在同一个容器里面另一个元素附近时，用 position()更好用。

【示例 54】 在本示例中，分别定义两个 div 元素，一个直接放在文档中，另一个包裹在被定义了相对定位的盒子中，同时设置这个盒子向右浮动。最后使用 position()方法读取这两个 div 元素的相对偏移位置，则效果如图 4.37 所示。

```javascript
<script type="text/javascript" >
$(function(){
    var o1 = $("div").eq(0).position();        //获取元素的相对偏移位置
    $("div").eq(0).html( "left: " + o1.left + "<br />top: " + o1.top ); //显示相对
                                                                        //偏移位置
    var o2 = $("div").eq(2).position();        //获取元素的相对偏移位置
    $("div").eq(2).html( "left: " + o2.left + "<br />top: " + o2.top ); //显示相对
                                                                        //偏移位置
})
</script>
<style type="text/css">
body { padding:0; margin:0; }
div { height:60px; width:200px; border:solid 10px red; }
</style>

<div>盒子 1</div>
<div style="position:relative; float:right; width:300px; height:100px; border-
color:blue;">
    <div>盒子 2</div>
</div>
```

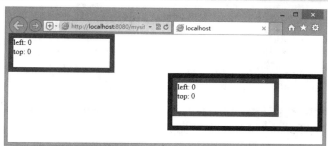

图 4.37　为盒子元素定义相对定位后的效果

📢 提示：

另外 jQuery 还定义了 scrollTop()和 scrollLeft()两个方法分别获取匹配元素相对滚动条顶部和左侧的偏移值。

4.10.4　控制大小

jQuery 使用 width()和 height()方法读写元素的大小。用法如下：
```
width()
```

扫一扫，看视频

```
width( value )
width( function(index, width) )
height()
height( value )
height( function(index, width) )
```

参数 value 表示一个正整数代表的像素数，或是整数和一个可选的附加单位（默认是 px）(作为一个字符串)。参数函数 function(index, width)返回用于设置宽度，该函数接收元素的索引位置和元素旧的高度值作为参数。

【示例 55】　本示例演示了如何读取元素的大小，以及如何动态设置元素的大小，演示效果如图 4.38 所示。

```
<script type="text/javascript" >
$(function(){
    $("div").html("height（原）=" + $("div").height() + "<br />width（原）=" +
$("div").width());                    //获取元素设置前的宽和高
    $("div").height(140);              //重设元素高度为 140px
    $("div").width("30em");            //重设元素宽度为 30em
    $("div").html( $("div").html() + "<br />height（现）=" + $("div").height() + "<br
/>width（现）=" + $("div").width());    //获取元素设置前的宽和高
})
</script>

<div style="border:solid 10px red;">盒子</div>
```

图 4.38　读写元素的宽和高

width()和 height()方法在没有传递参数时，表示读取元素的宽度和高度，返回值的单位为像素。也可以传递参数来设置元素的宽和高，如果直接传递一个数值，则默认单位为 px，也可以以字符串形式传递值和单位。

除了 height()和 width()方法，jQuery 还定义了 innerHeight()、innerWidth()、outerHeight()和 outerWidth()方法，这些方法实际上是在 height()和 width()方法基础上，计算了元素的边框或补白。其中 outerHeight()和 outerWidth()方法能够返回元素的总宽和总高(包括宽高、补白和边框宽度)，innerHeight()和 innerWidth()方法能够返回元素的内容宽度和高度（包括宽高和补白）。

【示例 56】　本示例分别演示了如何计算元素的总宽、总高、内容宽度和内容高度，演示效果如图 4.39 所示。

```
<script type="text/javascript" >
$(function(){
    $("div").html("innerHeight=" + $("div").innerHeight() + "<br />innerWidth=" +
$("div").innerWidth());
    $("div").html( $("div").html() + "<br />outerHeight=" + $("div").outerHeight()
```

```
+ "<br />outerWidth=" + $("div").outerWidth());
})
</script>
</script>
<style type="text/css">
div { width:200px; height:50px; margin:50px; padding:50px; border:solid 50px red; }
</style>

<div style="border:solid 10px red;">盒子</div>
```

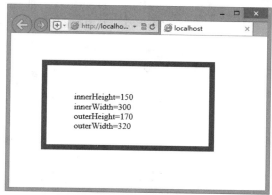

图 4.39 获取元素的总宽、总高、内容宽度和内容高度

4.11 遍 历 文 档

扫一扫，看视频

jQuery 使用 children()、next()、prev()、parent()方法遍历文档中任何元素。其中 children()方法获取当前元素包含的所有子元素，next()方法获取当前元素相邻的下一个同级元素，prev()方法获取当前元素相邻的上一个同级元素，parent()方法获取当前元素的父元素，不过这些方法的返回值都是 jQuery 对象，而不是 DOM 集合或对象。

【示例 57】 在本示例中，借助 jQuery 定义的基本指针函数，从 body 元素开始，沿着 DOM 结构树，一步步访问到 li 元素，并修改文档中三个 li 元素包含的文本内容，演示效果如图 4.40 所示。

```
<script type="text/javascript" >
$(function(){
    var $body = $("body");                                //获取 body 元素
    var li = $body.children().eq(2).children()[0]; //利用 children()方法，遍历到第一
个 li 元素
    $(li).text("第 1 句").next().text("第 2 句").next().text("第 3 句");
    //利用 next()方法，遍历 li 元素，并修改每个 li 元素的文本内容
})
</script>

<h1>《望岳》 </h1>
<p>杜甫</p>
<ul
    <li>岱宗夫如何，齐鲁青未了。</li>
    <li>造化钟神秀，阴阳割昏晓。</li>
```

```
    <li>荡胸生层云，决眦入归鸟。</li>
    <li>会当凌绝顶，一览众山小。</li>
</ul>
```

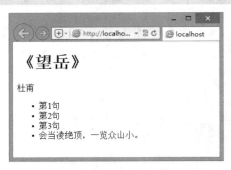

图 4.40　使用 jQuery 遍历指针方法

第 5 章　事 件 处 理

JavaScript 以事件驱动实现页面交互，事件驱动的核心：以消息为基础，以事件来驱动。例如，当浏览器加载文档完毕后，会生成一个事件；当用户单击某个按钮时，也会生成一个事件。虽然利用传统的 JavaScript 事件能完成这些交互，但 jQuery 增加并扩展了基本的事件处理机制，jQuery 不仅提供了更加优雅的事件处理语法，而且极大地增强了事件处理能力。

【学习重点】
- 使用 jQuery 绑定事件。
- 使用 jQuery 事件方法。
- 注销事件。
- 使用 jQuery 事件对象。
- 自定义事件。
- 页面初始化处理。

5.1　jQuery 事件基础

jQuery 在 JavaScript 基础上进一步封装了不同类型的事件模型，从而形成一种功能更强大、用法更优雅的"jQuery 事件模型"。jQuery 事件模型体现如下特征：
- 统一了事件处理中的各种方法。
- 允许在每个元素上为每个事件类型建立多个处理程序。
- 采用 DOM 事件模型中标准的事件类型名称。
- 统一了 event 事件对象的传递方法，并对 event 对象的常用属性和方法进行规范。
- 为事件管理和操作提供统一的方法。

考虑到 IE 浏览器不支持事件流中的捕获型阶段，且开发者很少使用捕获型阶段，jQuery 事件模型也没有支持事件流中的捕获型阶段。除了这一点区别外，jQuery 事件模型的功能与 DOM 事件模型基本相似。

5.1.1　绑定事件

jQuery 提供了四种事件绑定方式：bind()、live()、delegate()、on()，每种方式各有其特点，明白了它们之间的异同点，就能够进行正确选择，从而写出优雅而容易维护的代码。

1. bind()

bind()方法为匹配元素添加一个或多个事件处理器。用法如下：
```
bind(event,data,function)
```
参数说明如下：
- event：必需参数项，添加到元素的一个或多个事件，如 click、dblclick 等。
  - 可以设计单事件处理，如 $(selector).bind("click",data,function);。
  - 可以设计多事件处理，此时需要使用空格分隔多个事件，如 $(selector).bind("click dblclick mouseout",data,function);，这种方式较为死板，不能给事件单独绑定函数，适合处理多个事件调用同一函数情况。

　✎　可以使用大括号语法灵活定义多个事件，如　$(selector).bind({event1:function, event2: function, ...})，这种方式较为灵活，可以给事件单独绑定函数。

➥　data：可选参数项，设计需要传递的参数。

➥　function：必需参数项，当绑定事件发生时，需要执行的函数。

🔊 提示：

bind()方法适用所有版本，但是根据官网解释，自从 jQuery1.7 版本以后，推荐使用 on()方法代替 bind()方法。

【示例1】　本示例演示了使用 bind()为按钮绑定事件的几种方式。

```html
<!doctype html>
<html>
<head>
<meta charset="utf-8">
<script src="jquery/jquery-3.1.1.js" type="text/javascript"></script>
<script type="text/javascript" >
$(function () {
    /*添加单个事件处理*/
    $(".btn-test").bind("click", function () {
        $(".container").slideToggle();          //显示隐藏 div
    });
    /*添加多个事件处理*/
    $(".btn-test").bind("mouseout click", function () {//空格相隔方式
        $(".container").slideToggle();                  //显示隐藏 div
    });
    $(".btn-test").bind({//大括号替代方式
        "mouseout": function () {
            alert("这是 mouseout 事件!");
        },
        "click": function () {
            $(".container").slideToggle();
        }
    });
    /*删除事件处理*/
    $(".btn-test").unbind("click");
});
</script>
</head>
<body>
<input type="button" value="按钮" class="btn-test" />
<div class="container"><img src="images/1.jpg" height="200" /></div>
</body>
</html>
```

2. live()

Live()方法为当前或未来的匹配元素添加一个或多个事件处理程序。用法如下：

```
live(event,data,function)
```

参数说明如下：

➥ event：必需参数项，添加到元素的一个或多个事件，如 click、dblclick 等，详细说明可参考 bind() 方法。

➥ data：可选参数项，设计需要传递的参数。

➥ function：必需参数项，当绑定事件发生时，需要执行的函数。

◀》提示：

jQuery1.9 版本以下支持 live()，jQuery1.9 及其以上版本删除了该方法，jQuery1.9 以上版本用 on() 方法来代替。

3. delegate()

delegate() 方法为指定的元素，以及被选元素的子元素，添加一个或多个事件处理程序，并规定当这些事件发生时运行的函数。使用 delegate() 方法适用于当前或未来的元素，如由脚本创建的新元素等。用法如下：

```
delegate(childSelector,event,data,function)
```

参数说明如下：

➥ childSelector：必需参数项，指定需要注册事件的元素，一般为调用对象的子元素。

➥ event：必需参数项，添加到元素的一个或多个事件，如 click、dblclick 等，详细说明可参考 bind() 方法。

➥ data：可选参数项，设计需要传递的参数。

➥ function：必需参数项，当绑定事件发生时，需要执行的函数。

◀》提示：

delegate() 适用于 jQuery1.4.2 及其以上版本。

【示例 2】 本示例设计一个项目列表，当单击按钮时，可以动态添加列表项目，使用 delegate() 方法为每个 <li> 标签绑定 click 事件，单击时将弹出该列表项目包含的文本。在浏览器中预览，当单击按钮为列表框动态添加列表项目时，会发现新添加的列表项目也拥有 click 事件，如图 5.1 所示。

```
<script type="text/javascript" >
$(function () {
    $("ul").delegate("li","click",function(){
        alert(this.innerHTML);
    });
    var i = 4;
    $("#btn").click(function(){
        $("ul").append("<li>列表项目" + i++ + "</li>")
    })
});
</script>

<button id="btn">添加列表项目</button>
<ul id="list">
    <li>列表项目 1</li>
    <li>列表项目 2</li>
    <li>列表项目 3</li>
</ul>
```

图 5.1　使用 delegate() 方法绑定事件

4. on()

on() 方法为指定的元素添加一个或多个事件处理程序，并规定当这些事件发生时运行的函数。使用 on() 方法的事件处理程序适用于当前或未来的元素，如由脚本创建的新元素。用法如下：

```
on(event,childselector,data,function)
```

参数说明如下：

- ➤ event：必需参数项，添加到元素的一个或多个事件，如 click、dblclick 等，详细说明可参考 bind() 方法。
- ➤ childSelector：可选参数项，指定需要注册事件的元素，一般为调用对象的子元素。
- ➤ data：可选参数项，设计需要传递的参数。
- ➤ function：必需参数项，当绑定事件发生时，需要执行的函数。

◀️》 提示：

on() 方法适用于 jQuery1.7 及其以上版本，jQuery1.7 版本出现之后用于替代 bind()、live() 方法绑定事件方式。

【示例 3】　针对示例 2，可以使用 on() 代替 delegate()。

```
$(function () {
   $("ul").on("click","li",function(){
     alert(this.innerHTML);
   });
   var i = 4;
   $("#btn").click(function(){
     $("ul").append("<li>列表项目" + i++ + "</li>")
   })
});
```

【示例 4】　本示例演示如何向事件处理函数传递数据。本例计划传递两个值 A 和 B，则先使用对象结构对其进行封装，然后作为参数传递给 on() 方法。在事件处理函数中可以通过 event 对象的 data 属性来访问这个对象，进而访问该对象内包含的数据，演示效果如图 5.2 所示。

```
<script type="text/javascript" >
$(function () {
   $("ul").on("click","li",{a:"A",b:"B"},function(event){
       $(this).text(event.data.a + event.data.b);
   });
});
</script>

<ul id="list">
```

```
    <li>列表项目 1</li>
    <li>列表项目 2</li>
    <li>列表项目 3</li>
</ul>
```

图 5.2　在 on()方法中传递数据

在上面代码中，如果既想取消元素特定事件类型默认的行为，又想阻止事件起泡，可以设置事件处理函数返回值为 false 即可。

```
$("ul").on("click",{a:"A",b:"B"},function(event){
    $(this).text(event.data.a + event.data.b);
    return false;
});
```

使用 preventDefault()方法可以只取消默认的行为。

```
$("ul").on("click",{a:"A",b:"B"},function(event){
    $(this).text(event.data.a + event.data.b);
    event.preventDefault();
});
```

使用 stopPropagation() 方法可以只阻止一个事件起泡。

```
$("ul").on("click",{a:"A",b:"B"},function(event){
    $(this).text(event.data.a + event.data.b);
    event.stopPropagation();
});
```

📖 拓展：

比较四种事件绑定方式的异同和优缺点。

其相同点有如下。

（1）都支持单元素多事件的绑定，都支持空格相隔方式或者大括号替代方式。

（2）均是通过事件冒泡方式，将事件传递到 document 进行事件的响应。

其不同点有如下。

（1）bind()只能针对已经存在的元素进行事件的设置，但是 live()、on()、delegate()均支持委派事件，即可以为未来新添加元素注册事件。

（2）bind()函数在 jQuery1.7 版本以前比较受推崇，jQuery1.7 版本出来之后，官方已经不推荐用 bind()，替代函数为 on()。on()可以代替 live()，live()方法在 jQuery 1.9 版本已经被删除。

（3）live()与 delegate()类似，但是 live()在执行速度、灵活性和 CSS 选择器支持方面比 delegate()弱。

（4）bind()支持 jQuery 版本 1 和版本 2，在版本 3 中被弃用；live()支持 jQuery1.8-，高版本不再支持；delegate()支持 jQuery1.4.2+，在 jQuery 版本 3 中被弃用；on()支持 jQuery1.7+。

总之，如果项目中引用 jQuery 为低版本，推荐用 delegate()，高版本 jQuery 可以使用 on()来代替，在 jQuery 3+版本中只支持 on()。

扫一扫，看视频

5.1.2　事件方法

除了事件绑定专用方法外，jQuery 还定义了如下 24 个快捷方法为特定的事件类型绑定事件处理程序，这些方法与 2 级事件模型中的事件类型一一对应，名称完全相同。

blur()	focusin()	mousedown()	resize()
change()	focusout()	mousemove()	scroll()
click()	keydown()	mouseout()	select()
dblclick()	keypress()	mouseover()	submit()
error()	keyup()	mouseup()	unload()
focus()	mouseenter()	mouseleave()	load()

【示例 5】　对于下面使用 bind()方法绑定的事件用 click()方法绑定。

```
$("p").bind("click",function(){
    alert($(this).text());
});
```

直接使用 click()方法绑定的代码如下

```
$("p").click(function(){
    alert($(this).text());
});
```

◀》注意:

当使用这些快捷方法时，无法向 event.data 属性传递额外的数据。如果不为这些方法传递事件处理函数而直接调用它们，则会触发已绑定这些对象上的对应事件，包括默认的动作。

扫一扫，看视频

5.1.3　绑定一次性事件

one()是 on()的一个特例，用法与 bind()完全相同，但由它绑定的事件在执行一次响应之后就会失效。用法如下：

```
one(event,[data],function)
```

参数说明如下：

- ➥ event：必需参数项，添加到元素的一个或多个事件，如 click、dblclick 等，详细说明可参考 bind()方法。
- ➥ data：可选参数项，设计需要传递的参数。
- ➥ function：必需参数项，当绑定事件发生时，需要执行的函数。

【示例 6】　本示例使用 one()方法绑定 click 事件，它只能够响应一次，当第二次单击列表项目时就不再响应。

```
<script type="text/javascript" >
$(function(){
    $("ul>li").one("click",function(){
        alert($(this).text());
    });
})
</script>

<ul id="list">
    <li>空山新雨后，天气晚来秋。</li>
    <li>明月松间照，清泉石上流。</li>
    <li>竹喧归浣女，莲动下渔舟。</li>
```

```
<li>随意春芳歇，王孙自可留。</li>
</ul>
```

one()方法的设计思路：在事件处理函数内部注销当前事件。

5.1.4 注销事件

交互型事件的生命周期往往与页面的生命周期是相同的，但是很多交互事件只有在特定的时间或者条件下有效，超过了时效期，就应该把它注销掉，以节省系统空间。

jQuery 提供了四种事件绑定方式：bind()、live()、delegate()、on()，对应的注销事件方式为：unbind()、die()、undelegate()、off()。

注销方法与注册方法是相反操作，参数和用法基本相同。它们能够从每一个匹配的元素中删除绑定的事件。如果没有指定参数，则删除所有绑定的事件，包括注册的自定义事件。

【示例7】 在本示例中，分别为 p 元素绑定 click、mouseover、mouseout 和 dblclick 事件类型。在 dblclick 事件类型的事件处理函数中调用 off()。这样在没有双击段落文本之前，鼠标的移过、移出和单击都会触发响应，一旦双击段落文本，则所有类型的事件都被注销，鼠标的移过、移出和单击动作就不再响应。

```javascript
<script type="text/javascript" >
$(function(){
    $("p").dblclick(function(){          //注册双击事件
        $("p").off();                    //注销所有事件
    });
    $("p").click(f);                     //注册单击事件
    $("p").mouseover(f);                 //注册鼠标移过事件
    $("p").mouseout(f);                  //注册鼠标移出事件
    function f(event){                   //事件处理函数
        this.innerHTML= "事件类型 = " + event.type;
    }
})
</script>

<p>百变文本</p>
```

如果提供了事件类型作为参数，则只删除该类型的绑定事件。

【示例8】 下面代码将只注销 mouseover 事件类型，而其他类型的事件依然有效。

```javascript
$("p").dblclick(function(){
    $("p").off("mouseover");
});
```

如果将在绑定时传递的处理函数作为第二个参数，则只有这个特定的事件处理函数会被删除。

【示例9】 在本示例中分别为 p 元素注册鼠标指针经过事件，并绑定两个事件处理函数，这样当鼠标指针经过段落文本时，会分别调用这两个事件处理函数。但是当单击段落文本时，将移出其中一个事件处理函数，当再次移过段落文本时，将只有一个事件处理函数被调用。

```javascript
<script type="text/javascript" >
$(function(){
    $("p").click(function(){            //注册单击事件
        $("p").off("mouseover", e);     //注销鼠标经过事件中 e() 事件处理函数
    });
    $("p").mouseover(f);                //注册鼠标经过事件，绑定 f() 事件处理函数
    $("p").mouseover(e);                //注册鼠标经过事件，绑定 e() 事件处理函数
    function f(){
```

```
        $(this).text("第一个单击事件")
    }
    function e(){
        $(this).text("第二个单击事件")
    }
})
</script>

<p>百变文本</p>
```

扫一扫，看视频

5.1.5　使用事件对象

当使用 on()、bind()、delegate()等方法注册事件时，event 对象实例将作为第一个参数传递给事件处理函数，这与 DOM 事件模型是完全相同的，但是 jQuery 统一了 IE 事件模型和 DOM 事件模型中 event 对象属性和方法的用法，使其完全符合 DOM 标准事件模型的规范。

jQuery 修正了 Web 开发中可能遇到的浏览器兼容性问题，表 5.1 为 jQuery 的 event 对象可以完全使用的属性和方法。

表 5.1　jQuery 安全的 Event 对象属性和方法

属性/方法	说　　明
type	获取事件的类型，如 click、mouseover 等。返回值为事件类型的名称，该名称与注册事件处理函数时使用的名称相同
target	发生事件的节点。一般利用该属性来获取当前被激活事件的具体对象
relatedTarget	引用与事件的目标节点相关的节点。对于 mouseover 事件来说，它是鼠标指针移到目标上时所离开的那个节点；对于 mouseout 事件来说，它是离开目标时鼠标指针将要进入的那个节点
altKey	表示在声明鼠标事件时，是否按下了 Alt 键。如果返回值为 true，则表示按下
ctrlKey	表示在声明鼠标事件时，是否按下了 Ctrl 键。如果返回值为 true，则表示按下
shiftKey	表示在声明鼠标事件时，是否按下了 Shift 键。如果返回值为 true，则表示按下
metaKey	表示在声明鼠标事件时，是否按下了 Meta 键。如果返回值为 true，则表示按下
which	当在声明 mousedown、mouseup 和 click 事件时，显示鼠标键的状态值，也就是说哪个鼠标键改变了状态。返回值为 1，表示按下左键；返回值为 2，表示按下中键；返回值为 3，表示按下右键
which	当在声明 keydown 和 keypress 事件时，显示触发事件的键盘键的数字编码
pageX	对于鼠标事件来说，指定鼠标指针相对于页面原点的水平坐标
pageY	对于鼠标事件来说，指定鼠标指针相对于页面原点的垂直坐标
screenX	对于鼠标事件来说，指定鼠标指针相对于屏幕原点的水平坐标
screenY	对于鼠标事件来说，指定鼠标指针相对于屏幕原点的垂直坐标
data	存储事件处理函数第二个参数所传递的额外数据
preventDefault()	取消可能引起任何语义操作的事件，如元素特定事件类型的默认动作
stopPropagation()	防止事件沿着 DOM 树向上传播

扫一扫，看视频

5.1.6　触发事件

事件都是在特定条件下发生的，自然不同类型的事件触发的时机是无法预测的。开发者无法知道用户何时单击按钮提交表单，或者何时输入文本。但是在很多情况下，开发人员需要在脚本中控制事件触发的时机。

例如，设计一个弹出广告，虽然广告画面提供了允许用户关闭广告的按钮，但是也应该设计一个条件，控制广告在显示 3 秒钟之后自动关闭。

也许用户可以把事件处理函数定义为独立的窗口函数，以便于直接通过名称调用它，而不需要特定的事件交互。但是如果允许直接调用事件的处理函数，会简化程序的设计，更为重要的是它方便操作。

在传统表单设计中，表单域元素都拥有 focus()和 blur()方法，调用它们将会直接调用对应的 focus 和 blur 事件处理函数，使文本域获取焦点或者失去焦点。

jQuery 定义在脚本控制下自动触发事件处理函数的一系列方法，其中最常用的是 trigger()方法。用法如下：

```
trigger(type, [data])
```

其中，第一个参数 type 表示事件类型，以字符串形式传递，第二个参数 data 是可选参数，利用该参数可以向调用的事件处理函数传递额外的数据。

【示例10】 在本示例中，本应该在用户单击时才能够触发的事件处理程序，现在利用 trigger()方法，定义在鼠标指针移过事件处理函数中，从而当鼠标指针移过段落文本时，会自动触发鼠标单击事件。

```
<script type="text/javascript" >
$(function(){
    $("li").click(function(){
        alert($(this).text());
    });
    $("li").mouseover(function(){
        $(this).trigger("click");            //调用trigger()方法直接触发click事件
    });
})
</script>
<style type="text/css">
</style>

<ul id="list">
    <li>空山新雨后，天气晚来秋。</li>
    <li>明月松间照，清泉石上流。</li>
    <li>竹喧归浣女，莲动下渔舟。</li>
    <li>随意春芳歇，王孙自可留。</li>
</ul>
```

trigger()方法也会触发同名的浏览器默认行为。例如，如果用 trigger()触发一个 submit 事件类型，则同样会导致浏览器提交表单。如果要阻止这种默认行为，则可以在事件处理函数中设置返回值为 false。

所有触发的事件都会冒泡到 DOM 树顶。例如，如果在 li 元素上触发一个事件，它首先会在这个元素上触发，然后向上冒泡，直到触发 document 对象。通过 event 对象的 target 属性可以找到最开始触发这个事件的元素。用户可以用 stopPropagation()方法来阻止事件冒泡，或者在事件处理函数中返回 false 即可。

triggerHandler()方法对 trigger()方法进行补充，该方法的行为表现与 trigger()方法类似，用法也相同，但是存在以下 3 个主要区别：

- ↘ triggerHandler()方法不会触发浏览器默认事件。
- ↘ triggerHandler()方法只触发 jQuery 对象集合中第一个元素的事件处理函数。
- ↘ triggerHandler()方法返回的是事件处理函数的返回值，而不是 jQuery 对象。如果最开始的 jQuery 对象集合为空，则这个方法返回 undefined。

除了 trigger()和 triggerHandler()方法外，jQuery 还为大部分事件类型提供了如下快捷触发的方法。

blur()   dblclick()   keydown()   select()

change()   error()   keypress()   submit()

click()   focus()   keyup()

这些方法没有参数，直接引用能够自动触发引用元素绑定的对应事件处理程序。

【示例 11】　针对示例 10，也可以直接使用 click()方法替代 trigger("click")方法。

```
$(function(){
    $("li").click(function(){
        alert($(this).text());
    });
    $("li").mouseover(function(){
        $(this).click();                    //调用 click()方法直接触发 click 事件
    });
})
```

5.2　实　战　案　例

下面结合案例介绍 jQuery 的一些高级事件处理方法。

5.2.1　切换事件

jQuery 定义了两个事件切换的合成方法：hover()和 toggle()。事件切换在 Web 开发中经常会用到，如样式交互、行为交互等。

另外，jQuery 定义了一个 toggleClass()方法，它能够显示/隐藏指定的类样式，实现样式动态切换，而 hover()和 toggle()方法能够实现行为交互。toggle()方法用于绑定两个或多个事件处理器函数，以响应被选元素的轮流的 click 事件。

从 jQuery 1.9 版本开始，jQuery 删除了 toggle(function, function, …)用法，仅作为元素显隐切换的交互事件。如果元素是可见的，切换为隐藏的；如果元素是隐藏的，切换为可见的。具体用法如下：

```
toggle([speed],[easing],[fn])
```

参数 speed 为可选参数，表示隐藏/显示效果的速度，默认是 0 毫秒，可选值如"slow"、"normal"、"fast"。参数 easing 也是可选参数，用来指定切换效果，默认是"swing"，可用参数"linear"。参数 fn 也是可选参数，定义在动画完成时执行的函数，每个元素执行一次。

【示例 12】　在下面代码中，使用按钮动态控制列表框的显示或隐藏。

```
<script type="text/javascript" >
$(function(){
    $("button").click(function(){
        $("ul#list").toggle("slow");
    });
})
</script>

<button>控制按钮</button>
<ul id="list">
    <li>空山新雨后，天气晚来秋。</li>
    <li>明月松间照，清泉石上流。</li>
    <li>竹喧归浣女，莲动下渔舟。</li>
```

扫一扫，看视频

```
    <li>随意春芳歇，王孙自可留。</li>
</ul>
```

也可以直接为 toggle() 方法传递 true 或 false 参数，用于确定显示或隐藏元素。例如，下面代码定义当单击按钮时，将隐藏段落文本。

```
$(function(){
    $("button").click(function(){
        $("ul#list").toggle(false);
    });
})
```

5.2.2 使用悬停事件

扫一扫，看视频

hover() 方法可以模仿悬停事件，即鼠标指针移动到一个对象上面及移出这个对象的方法。这是一个自定义的方法，它为频繁使用的任务提供了一种保持在其中的状态。

hover() 方法包含两个参数，其中第一个参数表示鼠标指针移到元素上要触发的函数，第二个参数表示鼠标指针移出元素要触发的函数。

【示例 13】 在本示例中为按钮绑定 hover 合成事件，这样当鼠标指针移过按钮时，会触发指定的第一个函数。当鼠标指针移出这个元素时，会触发指定的第二个函数。

```
<script type="text/javascript" >
$(function(){
    $("input").hover(
    function(){
        this.value = "鼠标经过";
    },
    function(){
        this.value = "鼠标已移出";
    })
})
</script>

<input type="button" value="鼠标切换事件" />
```

mouseout 事件存在一个很严重的错误：如果鼠标指针移到当前元素包含的子元素上时，将会触发当前元素的 mouseout 和 mouseover 事件。这种错误性解释严重影响开发人员设计各类悬停处理程序，如导航菜单。

【示例 14】 在本示例中为 div 元素绑定 mouseover 和 mouseout 事件处理程序，当鼠标指针进入 div 元素时将会触发 mouseover 事件，而当鼠标指针移到 span 元素上时，虽然鼠标指针并没有离开 div 元素，但是将会触发 mouseout 和 mouseover 事件。如果鼠标指针在 div 元素内部移动，就可能会不断触发 mouseout 和 mouseover 事件，产生不断闪烁的事件触发现象，演示效果如图 5.3 所示。

```
<script type="text/javascript" >
window.onload = function(){
    var div = document.getElementsByTagName("div")[0];
    var p = document.getElementsByTagName("p")[0];
    var span = document.getElementsByTagName("span")[0];
    if(div.addEventListener){                              //兼容非 IE
        div.addEventListener("mouseover",over,false);     //注册 mouseover 事件
        div.addEventListener("mouseout",out,false);       //注册 mouseout 事件
    }else{                                                 //兼容 IE
```

```
        div.attachEvent("onmouseover",over);          //注册 mouseover 事件
        div.attachEvent("onmouseout",out);            //注册 mouseout 事件
    }
    function over(event){                              //事件处理函数
        var event = event || window.event;            //兼容 event 对象
        p.innerHTML += event.type + "<br />";
    }
    function out(event){                               //事件处理函数
        var event = event || window.event;            //兼容 event 对象
        p.innerHTML += event.type + "<br />";
    }
}
</script>
<style type="text/css">
div {width:300px; height:180px; background:red; padding:20px;}
span {float:right; width:120px; height:80px; background:blue; color:white; font-
weight:bold;}
</style>

<div>
    <span></span>
</div>
<p></p>
```

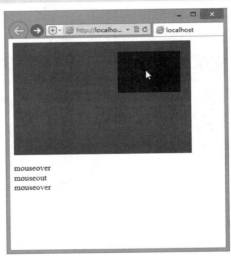

图 5.3　mouseout 事件存在错误

由于 on()、bind()、mouseover()和 mouseout()等方法都是直接在原事件基础上进行包装的，因此使用 jQuery 的 on()、bind()、mouseover()和 mouseout()方法绑定时也会存在上述问题。而 hover()方法修正了这个错误，它会对鼠标指针是否仍然处在特定元素中进行检测，如果是，则会继续保持悬停状态，而不触发移出事件。

【示例 15】　针对示例 14，使用 hover()来实现相同的设计效果，当鼠标指针进入 div 元素，并在 div 元素内部移动时，只会触发一次 mouseover 事件，演示效果如图 5.4 所示。

```
<script type="text/javascript" >
$(function(){
    $("div").hover(                                   //绑定 hover()合成事件
```

```
    function(event){                        //注册 mouseover 事件处理函数
        $("p").append(event.type + "<br />");
    },
    function(event){                        //注册 mouseout 事件处理函数
        $("p").append(event.type + "<br />");
    }
  )
})
</script>
```

图 5.4　hover()方法修正了 mouseout 事件存在的错误

5.2.3　事件命名空间

jQuery 支持事件命名空间，以方便事件管理。

【示例 16】　在本示例中，为 div 元素绑定多个事件类型，然后使用命名空间进行规范，从而方便管理。所谓事件命名空间，就是在事件类型后面以点语法附加一个别名，以便于引用事件，如 click.a，其中 a 就是 click 当前事件类型的别名，即事件命名空间。

```
<script type="text/javascript" >
$(function(){
   $("div").bind("click.a", function(){          //绑定 click 事件
      $("body").append("<p>click 事件</p>");
   });
   $("div").bind("dblclick.a", function(){       //绑定 dblclick 事件
      $("body").append("<p>dblclick 事件</p>");
   });
   $("div").bind("mouseover.a", function(){      //绑定 mouseover 事件
      $("body").append("<p>mouseover 事件</p>");
   });
   $("div").bind("mouseout.a", function(){       //绑定 mouseout 事件
      $("body").append("<p>mouseout 事件</p>");
   });
})
</script>
```

```
<div>jQuery 命名空间</div>
```

当在所绑定的事件类型后面附加命名空间，这样在删除事件时，就可以直接指定命名空间即可。例如，调用下面一行代码就可以把上面示例中绑定的事件全部删除。

```
$("div").unbind(".a");
```

同样，如果为相同的事件类型设置不同的命名空间，如果仅删除某一个事件处理程序，则只需要指定命名空间即可。

【示例 17】 在本示例中如果直接单击段落文本，会触发命名空间为 a 的 click 事件和命名空间为 b 的 click 事件，当单击按钮之后，则删除命名空间为 a 的事件类型，则再次单击段落文本，就只能触发命名空间为 a 的 click 事件。

```
<script type="text/javascript" >
$(function(){
    $("div").bind("click.a", function(){
        $("body").append("<p>click.a 事件</p>");
    });
    $("div").bind("click.b", function(){
        $("body").append("<p>click.b 事件</p>");
    });
    $("input").click(function(){
        $("div").unbind(".a");              //注销命名空间为 a 的事件
    });
})
</script>

<div>jQuery 命名空间</div>
<input type="button" value="删除事件"  />
```

5.2.4 绑定多个事件

扫一扫，看视频

jQuery 最大的优势就是提供了多种灵巧的用法，方便设计师的开发。对于在同一个对象上绑定多个事件来说，jQuery 也提供了很多种方法，这些方法适用不同的开发环境以及习惯用法，以方便设计师加快开发速度。

【示例 18】 在本示例中，为当前 div 元素绑定了两个 click 事件，当单击 div 元素时，分别会触发这个绑定的事件处理函数。

```
<script type="text/javascript" >
$(function(){
    $("div").bind("click", function(){        //绑定 click 事件 1
        $("body").append("<p>click 事件 1</p>");
    });
    $("div").bind("click", function(){        //绑定 click 事件 2
        $("body").append("<p>click.b 事件 2</p>");
    });
})
</script>

<div>jQuery 命名空间</div>
```

【示例 19】 对于为同一个对象绑定的多个事件，可以以链式语法的形式串在一起。

```
<script type="text/javascript" >
$(function(){
    $("div").bind("click", function(){
```

```
            $("body").append("<p>click 事件 1</p>");
    }).bind("click", function(){
            $("body").append("<p>click 事件 2</p>");
    });
})
</script>
```

```
<div>jQuery 多事件绑定</div>
```

使用 jQuery 定义的 on()等注册方法，可以为元素一次绑定多个事件类型。

【示例 20】 本示例在同一个 bind()方法中同时绑定了 mouseover 和 mouseout 事件类型。

```
<script type="text/javascript" >
$(function(){
    $("div").on("mouseover mouseout", function(event){ //同时绑定多个事件类型
        $("body").append(event.type + "<br />");
    });
})
</script>
```

```
<div>jQuery 多事件绑定</div>
```

【示例 21】 在示例 20 中，当鼠标指针移过 div 元素时，会触发 mouseover 事件，调用绑定的事件处理函数，而当鼠标指针移出 div 元素时，会触发 mouseout 事件，再次调用该函数。上面代码可以拆分为如下形式。

```
$(function(){
    $("div").on("mouseover", function(event){          //绑定 mouseover 事件
        $("body").append(event.type + "<br />");
    });
    $("div").on("mouseout", function(event){           //绑定 mouseout 事件
        $("body").append(event.type + "<br />");
    });
})
```

5.2.5 自定义事件

jQuery 支持自定义事件，所有自定义事件都可以通过 trigger()方法触发。

【示例 22】 在本示例中自定义了一个 delay 事件类型，并把它绑定到 input 元素对象上。然后在按钮单击事件中触发自定义事件，以实现延迟响应的设计效果。

```
<script type="text/javascript" >
$(function(){
    $("input").bind("delay", function(event){ //自定义并绑定 delay 事件类型
        setTimeout(function(){                 //延迟响应
            alert(event.type);
        },1000);
    });
    $("input").click(function(){               //绑定 click 事件
        $("input").trigger("delay");           //触发自定义事件
    });
})
</script>
```

```
<input  type="button" value="jQuery 自定义事件" />
```

实际上，自定义事件不是真正意义上的事件，读者可以把它理解为自定义函数，触发自定义事件就相当于调用自定义函数。由于自定义事件拥有事件类型的很多特性，因此自定义事件在开发中拥有特殊的用途。

5.2.6　页面初始化

jQuery 定义了 ready()方法封装了 JavaScript 原生的 window.onload 方法。ready()方法表示当 DOM 载入就绪，可以查询和被操纵时，能够自动执行的函数。它是 jQuery 事件模型中最重要的一个函数，极大地提高了 Web 应用程序的响应速度。

【示例 23】　在本示例中分别为 3 个 div 元素绑定 ready 事件，在浏览器中预览，则可以看到绑定的 3 个事件都在文档加载完毕后被集中触发。

```
<script type="text/javascript" >
$("div").eq(0).ready(function(){
    alert(1);
});
$("div").eq(1).ready(function(){
    alert(2);
});
$("div").eq(2).ready(function(){
    alert(3);
});
</script>

<div>[模块 1]</div>
<div>[模块 2]</div>
<div>[模块 3]</div>
```

ready()方法一般按如下方式进行调用：
```
$(document).ready(function(){//页面初始化后执行的函数体代码
});
```
对于上面的语法格式可以简写为：
```
jQuery(function($) {//页面初始化后执行的函数体代码
});
```
或者：
```
$(function() {//页面初始化后执行的函数体代码
});
```

在上面格式中可以看到 ready()方法包含一个参数，该参数为一个事件处理函数。同时，事件处理函数也包含一个参数，该参数引用 jQuery 函数，并实现把 jQuery 函数传递到 ready 事件处理函数内。

【示例 24】　在本示例中为 jQuery 起一个别名 me，设置 ready 事件处理函数的参数名为 me，在页面初始化处理函数中就可以使用 me 来代替 jQuery 函数。

```
<script type="text/javascript" >
$(function(me){
    me("div").text("jQuery 函数别名");              //这里的别名 me 指代 jQuery 函数
});
</script>

<div></div>
```

【示例 25】　也可以省略这个参数，在默认状态下 jQuery 会使用$或者同名 jQuery 别名来指代 jQuery 函数，下面示例演示了如何使用$和 jQuery 别名。

```
<script type="text/javascript" >
$(function(){
    $("div").text("jQuery 函数别名");
    jQuery("div").text("jQuery 函数别名");
});
</script>

<div></div>
```

jQuery 允许在文档中无限次使用 ready 事件。其中注册的事件处理函数会按照代码中的先后顺序依次执行。但是，一旦使用 jQuery 事件模型中的 ready 事件初始化页面，就不能够使用 JavaScript 原生的 load 事件类型了，否则就会发生冲突，而不能够触发 ready 事件。

5.2.7　使用 ready 事件

jQuery 的 ready 事件与 JavaScript 的 load 事件具有相同的功能，但是它们在触发时机方面还存在如下细微区别。

（1）JavaScript 的 load 事件是在文档内容完全加载完毕后才被触发的。这个文档内容包括页面中所有节点以及节点关联的文件。这时 JavaScript 才可以访问网页中任何元素和内容。这种情况对于编写功能性的代码非常有利，因为无需考虑加载的次序。

（2）jQuery 的 ready 事件在 DOM 完全就绪时就可以被触发，此时文档中所有元素都是可以访问的，但是与文档关联的文件可能还没有下载完毕。通俗地说，就是浏览器下载并完成解析 HTML 的 DOM 树结构，代码就可以运行。

例如，对于一个大型图库网站来说，为页面中所有显示的图像绑定一个初始化设置的脚本。如果使用 JavaScript 原生的 load 事件来设计，那么用户在使用这个页面之前，必须等待页面中所有图像下载完毕才能够实现。而在 load 事件等待图像加载过程中，如果行为还未添加到那些已经加载的图像上，则此时用户操作它们，可能会导致很多意想不到的尴尬。而使用 jQuery 的 ready 事件，则在 DOM 树结构解析之后，就立即触发页面初始化事件，从而避免使用 load 事件所带来的尴尬。

但是，由于 jQuery 的 ready 事件过早地触发，虽然 DOM 树结构已经解析完毕，但是很多元素的属性未必生效。例如，很多图像还没有加载完毕，导致这些图像的属性无效，如图像的高度和宽度。要解决这个问题，可以使用 jQuery 的 load 事件进行触发，该事件等效于 JavaScript 的 load 事件。

```
$(window).load(function(){//页面初始化后执行的函数体代码
})
```

等效于：

```
window.onload = function(){//页面初始化后执行的函数体代码
}
```

JavaScript 的 load 事件存在一个很严重的缺陷：就是它不允许多次调用。

【示例 26】　在本示例中分两次调用 load 事件，但是当网页加载完毕后，JavaScript 仅触发了第二个 load 事件调用。

```
window.onload = function(){
    alert("一次调用 load 事件");
}
window.onload = function(){
    alert("二次调用 load 事件");
}
```

实际上，第一次事件调用已经被第二个调用所覆盖。要解决两次调用之间的冲突问题，则可以把两个页面初始化函数放在同一个 load 事件中。

【示例27】 针对示例26可以按如下方式进行修改。

```
window.onload = function(){
    (function(){
        alert("一次调用 load 事件");
    })();
    (function(){
        alert("二次调用 load 事件");
    })()
}
```

上面代码直接在 load 事件的处理函数中定义和调用两个匿名函数。当然也可以把这两个匿名函数改为函数声明方式定义，然后在 load 事件处理函数中调用。

即使通过间接的方式解决 load 事件多次调用问题， load 事件仍然存在很多局限。例如，在多个 JavaScript 文件中，可能每个 JavaScript 文件都会用到 window.load()方法，在这种情况下使用上面的方法是无法解决的，同时无法保证按顺序执行多个注册的函数。

而 jQuery 的 ready 事件能够很好地解决这个问题，在同一个文档中可以进行多次调用。

【示例28】 针对示例27，可以使用如下方法轻松解决，即便在不同 JavaScript 文件中，都可以无限制多次调用 ready 事件。

```
$(function(){
    alert("一次调用 load 事件")
});
$(function(){
    alert("二次调用 load 事件")
});
```

📖 拓展：

针对页面初始化处理问题，jQuery 提供了灵活和方便的解决方案，但是 jQuery 的 ready 与 JavaScript 的 load 事件存在天然的冲突。如果读者在页面中对于 jQuery 的 ready 事件使用需求不是那么强烈，不妨自定义一个 addLoadEvent()方法来解决 window.onload()方法注册事件存在的缺陷。

【示例29】 addLoadEvent()方法的代码如下。

```
function addLoadEvent(func){
    var oldOnload = window.onload;          //把 window.onload 事件处理函数的值存入变
                                            //量 ondowload
    if (typeof window.onload != 'function'){//如果 window.onload 事件没有绑定任何事件
                                            //处理函数，则为其添加新的事件处理函数
        window.onload = func;
    }else{                                  //如果 window.onload 事件已绑定事件处理函
                                            //数，则重新绑定事件处理函数，在事件处理函数中
//先执行原来已绑定的事件处理函数，然后调用新添加的事件处理函数
        window.onload = function(){
            oldOnload();
            func();
        }
    }
}
```

虽然 window.onload 只能够被赋值一次，也就是说 load 事件只能绑定一个事件处理函数。但是可以设置 load 的事件处理函数为一个管道，并借助这个管道无限次地调用 load 事件。addLoadEvent()方法的

工作流程如下：

（1）先把现有的 window.onload 事件处理函数的值存入变量 oldonload。

（2）如果在这个处理函数上还没有绑定任何函数，则为其添加新的函数。

（3）如果在这个处理函数上已经绑定了一些函数，就把函数追回到现有函数的尾部。

浏览器在加载 HTML 文档内容时，在默认状态下是自上而下地执行 JavaScript 代码，如果要改变 load 事件处理函数的执行顺序，可以利用 addLoadEvent()方法改变调用顺序。

在开发过程中，如果需要给 load 事件绑定多个函数，而又不确定 load 事件是否已经绑定了函数，则使用 addLoadEvent()方法就能够很轻松地解决这个问题。

借助 addLoadEvent()方法，用户可以轻松多次调用 load 事件。

```
addLoadEvent(function(){
    alert("一次调用 load 事件");
});
addLoadEvent(function(){
    alert("二次调用 load 事件");
});
addLoadEvent(function(){
    alert("三次调用 load 事件");
});
```

第 6 章　使　用　Ajax

　　Ajax 的核心是 JavaScript 对象 XMLHttpRequest。该对象在 IE5 中首次引入，它能够帮助用户使用 JavaScript 向服务器提出请求并处理响应，而不阻塞网页交互响应。考虑到浏览器的兼容性，jQuery 封装了 Ajax 应用，避免编写大量兼容性代码。

　　【学习重点】
- 安装虚拟服务器。
- 使用 Ajax。
- 跟踪异步交互状态。
- 配置 Ajax 状态。
- 处理请求和响应字符串。

6.1　jQuery Ajax 基础

　　jQuery 封装了 Ajax 交互过程，用户仅需要调用 jQuery 方法，就可以轻松实现客户端与服务器端异步通信，从而帮助开发人员从繁琐的底层技术中解脱出来，专注于业务层开发。

6.1.1　认识 Ajax

　　Ajax 是 Asynchronous JavaScript and XML 首字母缩写，表示异步 JavaScript 和 XML，它并不是指一种单一的技术，而是有机地利用了一系列 Web 技术所形成的结合体，它的出现揭开了无刷新更新页面的新时代，并有代替传统的 Web 方式和通过隐藏的框架来进行异步提交的趋势，是 Web 开发应用的一个里程碑。

　　Ajax 主要用到下面几种技术实现异步通信：
- 基于标准的 XHTML 结构和 CSS 样式。
- 通过 DOM（Document Object Model）实现动态显示和交互。
- 通过 XML 和 XSLT 进行数据交换和处理。
- 使用 XMLHttpRequest 插件进行异步通信。
- 使用 JavaScript 实施逻辑控制，以便整合以上所有的技术。

　　Ajax 给 Web 开发提供了方便，并带来很多益处，简单概括如下。

　　（1）获得了主流浏览器的主持。

　　这使得异步通信技术获得快速发展，并能够普及到 Web 应用的每个角落。由于浏览器都内置了 Ajax 组件，这样用户就不用担心所开发的 Web 应用是否被支持，只要浏览器允许执行 JavaScript 程序即可。

　　（2）提升了用户体验。

　　Ajax 的提出就是为了解决传统通信给用户访问带来的不便，优秀的用户体验正是 Ajax 获得广大开发者和用户认可的根本原因。浏览者不用刷新页面就可以快速更新页面显示信息，这在传统 Web 开发中是很难实现。正是因为异步通信技术的普及，才诞生了众多 Web 2.0 类型的网络应用。

（3）提高了 Web 应用的性能。

与传统的页面刷新请求不同，Ajax 实现局部数据请求和更新功能，使得客户端与服务器端交互的数据量大大降低，节省了大量带宽，同时请求响应的速度也变得更加迅速。

6.1.2　安装虚拟服务器

学习和使用 Ajax 技术，用户应该在本地计算机中安装虚拟服务器，因为异步通信技术必须在客户端和服务器端之间才能够实现。考虑到大部分读者的计算机都是 Windows 系统，本节介绍 ASP 虚拟服务器的安装方法，这样能够降低读者的学习门槛和测试难度。

Windows 操作系统提供了 IIS（Internet 信息服务）组件，但是部分版本需要用户手动安装，下面以 Window 8 版本为例介绍 IIS 组件的安装方法。

【操作步骤】

第 1 步，在桌面右下角右击"开始"图标，从弹出的开始菜单中选择"控制面板"命令，打开"控制面板"窗口，如图 6.1 所示。

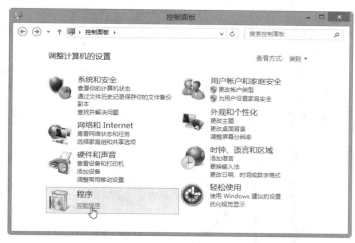

图 6.1　"控制面板"窗口

第 2 步，单击"卸载程序"链接，打开"程序和功能"窗口，如图 6.2 所示。然后在窗口左侧单击"启动或关闭 Windows 功能"链接，打开"Windows 功能"对话框。

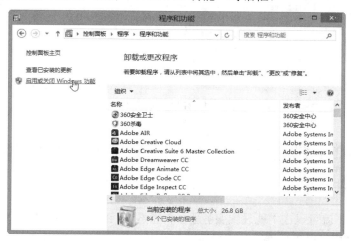

图 6.2　"程序和功能"窗口

第 3 步，在"Windows 功能"对话框中选中"Internet 信息服务"选项，可以单击展开下拉列表，查看并选择 IIS 所有包含的组件，如图 6.3 所示。在图中可以勾选主要服务组件。

图 6.3　设置"Windows 功能"对话框

第 4 步，单击"确定"按钮，则系统会自动安装，整个安装过程可能等待几分钟时间，然后就可以完成 Internet 信息服务的安装。

第 5 步，安装完毕，启动 IE 浏览器，在地址栏中输入 http://localhost/，如果能够显示 IIS 欢迎界面，表示安装成功，如图 6.4 所示。

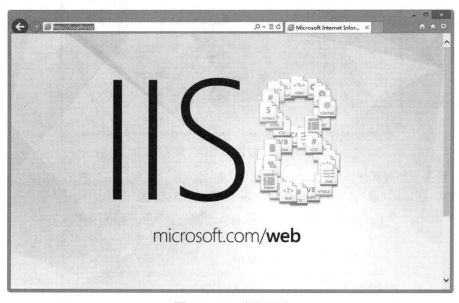

图 6.4　IIS8 欢迎界面

📢 提示：

不同版本的 Windows 操作系统在安装成功后所显示的信息是不同的，但结果是一样的，即 IIS 已经安装成功。

6.1.3　配置 IIS 组件

安装 IIS 成功之后，就可以在本地设置服务器了。当然 IIS 的环境是很复杂的，它涉及很多系统、专业的知识和技术，初级用户可以根据需要进行简单的配置，以满足网站的基本运行条件。IIS 的配置主要

扫一扫，看视频

在"Internet 信息服务（IIS）管理器"窗口中实现。

【操作步骤】

第 1 步，打开"控制面板"窗口，在"控制面板"窗口顶部的"查看方式"中单击"大图标"选项，以大图标形式显示，如图 6.5 所示。

图 6.5　以大图标形式显示

第 2 步，在窗口列表中选择并单击"管理工具"选项，如图 6.6 所示。

图 6.6　选择"管理工具"选项

第 3 步，进入"管理工具"窗口，然后在其中单击"Internet 信息服务（IIS）管理器"选项，打开"Internet 信息服务（IIS）管理器"窗口，如图 6.7 所示。

第 4 步，打开"Internet 信息服务（IIS）管理器"窗口，在窗口左侧展开折叠菜单，选择 Default Web Site，右边显示的是 Default Web Site 主页内容，在其中可以配置各种服务器信息，如图 6.8 所示。

图 6.7 选择"Internet 信息服务（IIS）管理器"选项

图 6.8 选择 Default Web Site 主页内容

第 5 步，在窗口左侧选择 Default Web Site 选项，然后在右侧选项中单击"绑定"命令，打开"网站绑定"对话框，在该对话框中可以设置网站的 IP 地址和端口。用户只需要单击"编辑"按钮，在打开的"编辑网站绑定"对话框中设置 IP 地址和端口号，如图 6.9 所示。默认状态下，本地 IP 地址为 http://localhost/，端口号为 80，如果本地仅有创建的一个网站，建议不要改动设置。

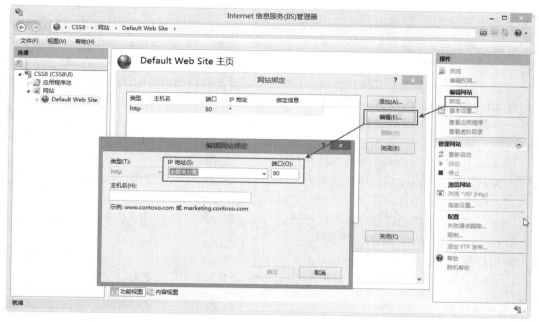

图 6.9　设置网站 IP 地址和端口号

第 6 步，单击右侧的"基本设置"命令，可以打开"编辑网站"对话框，在其中设置网站名称，以及网站在本地的物理路径，如图 6.10 所示。默认情况下，网站名称为 Default Web Site，网站的物理路径为 C:\inetpub\wwwroot，把网页存储在该目录下，服务器能够自动识别并运行。

图 6.10　定义网站名称和物理路径

6.1.4　定义虚拟目录

如果在本地机上安装了 IIS 组件，系统会自动在系统盘根目录下创建"\inetpub\wwwroot"主目录。用户可以把本地站点复制到 wwwroot 主目录下，然后就可以在浏览器中预览和测试站点了。

扫一扫，看视频

1. 认识虚拟目录

虚拟目录，顾名思义就是网页目录不是真实存在的。例如，在 http://localhost/mysite//index.asp 中，index.asp 文件就位于系统盘下的\inetpub\wwwroot\mysite 目录中，也许这个文件就位于 D:\site 或 E:\site\news 目录中，也可能是在其他计算机的目录中，或者是网络上的 URL 地址等，用户可以在 IIS 中设置。因此 http://localhost/mysite//index.asp 中的 mysite 就是一个虚拟目录，这个虚拟目录与真实的网站路径存在一种映射关系，定义虚拟目录后，服务器会自动指向真实的路径。定义虚拟目录的好处如下。

- ↘ 网站更安全。虚拟目录的作用就是隐藏真实的路径，这样在 URL 地址中的路径就不一定对应服务器上真实的物理路径，从而防止恶意者的入侵和破坏。
- ↘ 方便站点管理。动态网站中的所有内容一般都可以存储在主目录中，但随着网站内容的不断丰富，用户需要把不同层次的内容组织成网站主目录下的子目录。当在本地主目录中定义多个站点时，文件的管理将是件很麻烦的事情。利用虚拟目录，将不同站点分散保存在多个目录或计算机上，会方便站点的管理和维护。
- ↘ 可以挖掘更多的功能。创建虚拟目录之后，系统会把站点视为独立的应用程序，这样就可以使用 Global.asa 文件对站点进行管理，还可以利用 FSO 组件读写服务器上的资源。

2. 定义虚拟目录

虚拟目录需要在主目录的基础上进行创建，简单说它就是主目录的一个虚拟子目录。

【操作步骤】

第 1 步，在 6.1.3 节操作基础上，右击窗口左侧的 Default Web Site 选项，从弹出的下拉菜单中选择"添加虚拟目录"命令，如图 6.11 所示，创建一个虚拟网站目录。

图 6.11　创建虚拟目录

第 2 步，在打开的"添加虚拟目录"对话框中设置虚拟网站的名称和本地路径，设置如图 6.12 所示。然后单击"确定"按钮完成本地虚拟服务器的设置操作。

图 6.12　定义虚拟目录的名称和路径

第 3 步，单击右侧的"编辑权限"选项，打开"mysite 属性"对话框，单击"安全"标签，切换到"安全"选项卡，在其中添加 Everyone 用户身份，在"Everyone 的权限"列表中勾选所有选项，允许任何访问用户都可以对网站进行读写操作，如图 6.13 所示。

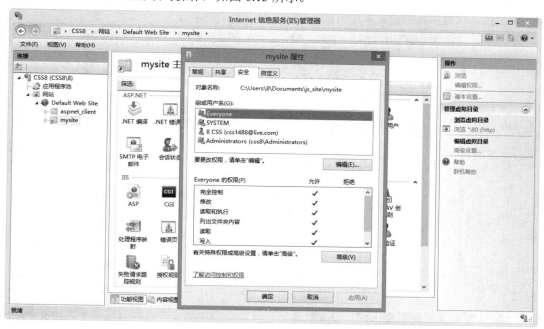

图 6.13　定义用户权限

6.1.5　定义本地站点

在个人计算机上安装了 Internet 信息服务（IIS）程序，实际上就是将本地计算机构建成一个真正的远程服务器。但在真正使用之前，还需要定义本地站点。本书后面实例操作都是在这个基础上进行的。

【操作步骤】

第 1 步，启动 Dreamweaver CC，选择"站点"|"新建站点"命令，打开"站点设置对象"对话框。

第 2 步，在"站点名称"文本框中输入站点名称，如 test_site，在"本地站点文件夹"文本框中设置站点在本地文件中的存放路径，可以直接输入，也可以用鼠标单击右侧的"选择文件"按钮选择相应的文件夹，设置如图 6.14 所示。

扫一扫，看视频

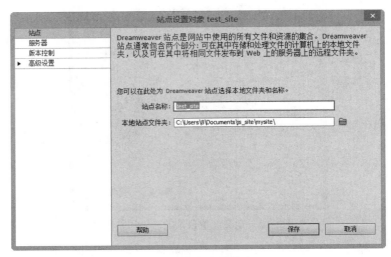

图 6.14　定义本地信息 1

　　第 3 步，单击"高级设置"选项，展开高级设置选项，在左侧的选项列表中单击"本地信息"选项。然后在"本地信息"对话框中设置本地信息，如图 6.15 所示。

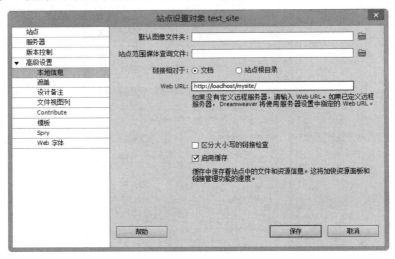

图 6.15　定义本地信息 2

- ➤ "默认图像文件夹"文本框：设置默认的存放站点图片的文件夹。但是对于比较复杂的网站，图片往往不仅仅只存放在一个文件夹中，因此可以不输入。
- ➤ "链接相对于"选项：定义当在 Dreamweaver CC 为站点内所有网页插入超链接时是采用相对路径，还是绝对路径，如果希望是相对路径则可以勾选"文档"单选按钮，如果希望以绝对路径的形式定义超链接，则可以勾选"站点根目录"单选按钮。
- ➤ "Web URL"文本框：输入网站的网址，该网址能够供链接检查器验证使用绝对地址的链接。在输入网址的时候需要输入完全网址，例如，http://localhost/msite/。该选项只有在定义动态站点后有效。
- ➤ "区分大小写的链接检查"复选框：选中该复选框可以对链接的文件名称大小进行区分。
- ➤ "启用缓存"：选中该复选框可以创建缓存，以加快链接和站点管理任务的速度，建议用户要选中。

6.1.6 定义动态站点

为了方便学习，本节将介绍如何建立一个 ASP 技术、VBscript 脚本的动态网站，本书后面章节实例都是在这样的动态网站上制作运行的。如果用户熟悉其他服务器技术或脚本语言，也可以按这种方法建立其他类型的动态网站。

【操作步骤】

第 1 步，用户应该根据 6.1.5 节介绍的方法建立一个站点虚拟目录，用来作为服务器端应用程序的根目录，然后在本地计算机的其他硬盘中建立一个文件夹作为本地站点目录。建议建立的两个文件夹名称最好相同。

用户也可以在默认站点 C:\inetpub\wwwroot\ 内建立一个文件夹作为一个站点的根目录，但这种方法有很多局限性，ASP 的很多功能无法实现，所以不建议使用这种简单方法建立服务器站点。

第 2 步，在 Dreamweaver CC 中，选择"站点"|"新建站点"命令，打开"站点设置对象"对话框，单击"服务器"选项，切换到"服务器"设置对话框。

第 3 步，在"服务器"设置对话框中单击 ✚ 按钮，如图 6.16 所示。显示"增加服务器技术"对话框，在该面板中定义服务器技术，如图 6.17 所示。

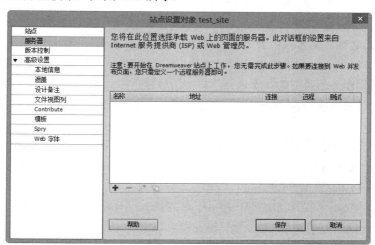

图 6.16 增加服务器技术

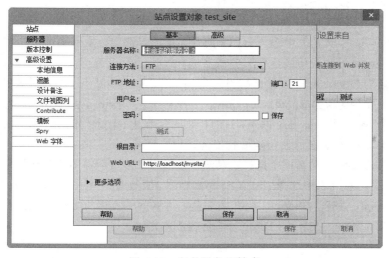

图 6.17 定义服务器技术

第 4 步，在"基本"选项卡中设置服务器基本信息，如图 6.18 所示。

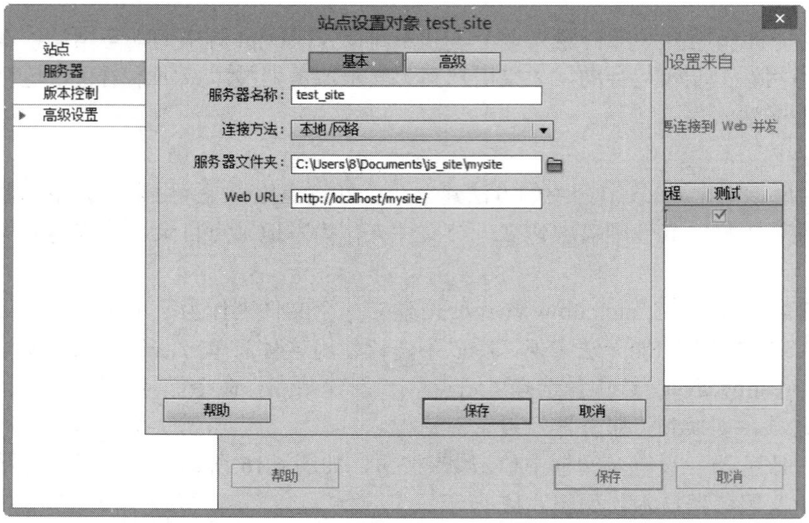

图 6.18　定义基本信息

（1）在"服务器名称"文本框中输入站点名称，如"test_site"。

（2）在"连接方法"下拉列表框中选择"本地/网络"选项，实现在本地虚拟服务器中建立远程连接，也就是说设置远程服务器类型为在本地计算机上运行网页服务器。其他几个选项说明如下。

- **➥** FTP：使用 FTP 连接到 Web 服务器。该类型在实际网站开发中比较常用，其中涉及到很多方法和技巧。

- **➥** WebDAV：该选项表示基于 Web 的分布式创作和版本控制，它使用 WebDAV 协议连接到网页服务器。对于这种访问方法，必须有支持该协议的服务器，如 Microsoft Internet Information Server （IIS）6.0 和 Apache Web 服务器。

- **➥** RDS：该选项表示远程开发服务，使用 RDS 连接到网页服务器。对于这种访问方式，远程文件夹必须位于运行 ColdFusion 服务器环境的计算机上。

（3）在"服务器文件夹"文本框中设置站点在服务器端的存放路径，可以直接输入，也可以用鼠标单击右侧的"选择文件"按钮■选择相应的文件夹。为了方便管理，可以把本地文件夹和远程文件夹设置为相同的路径。

（4）在"Web URL"文本框中输入 HTTP 前缀地址，该选项必须准确设置，因为 Dreamweaver 将使用这个地址，确保根目录被上传到远程服务器上是有效的。

例如，本地目录为 D:\mysite\，本地虚拟目录为 mysite，在本地站点中根目录就是 mysite；如果网站本地测试成功之后，准备使用 Dreamweaver 把站点上传到 http://www.mysite.com/news/ 目录中，此时远程目录中的根目录就为 news 了，如果此时在"HTTP 地址"地址中输入"http://www.mysite.com/news/"，则 Dreamweaver 会自动把本地根目录 mysite 转换为远程根目录 news。

第 5 步，在"站点设置"对话框中选择"高级"选项卡，设置服务器的其他信息，如图 6.19 所示。

在"服务器模型"下拉列表中选择 ASP VBScript 技术。服务器模型用来设置服务器支持的脚本模式，包括无、ASP JavaScript、ASP VBScript、ASP.NET C#、ASP.NET VB、ColdFusion、JSP 和 PHP MySQL。目前使用比较广泛的有 ASP、JSP 和 PHP 三种服务器脚本模式。

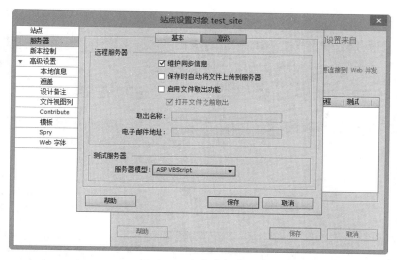

图 6.19 定义高级信息

在"远程服务器"选项区域，还可以设置各种协助功能，详细说明如下：

➦ 勾选"维护同步信息"复选框，可以确保本地信息与远程信息同步更新。

➦ 勾选"保存时自动将文件上传到服务器"复选框，可以确保在本地保存网站文件时，会自动把保存的文件上传到远程服务器。

➦ 勾选"启用文件取出功能"复选框，则在编辑远程服务器上的文件时，Dreamweaver CC 会自动锁定服务器端该文件，禁止其他用户再编辑该文件，防止同步操作可能会引发的冲突。

➦ 然后在"取出名称"和"电子邮件地址"文本框中输入用户的名称和电子邮件地址，确保网站团队内部即时进行通信，相互沟通。

第 6 步，设置完毕，单击"保存"按钮，返回"站点设置"对话框，这样就可建立一个动态网站，如图 6.20 所示。此时如果选中新定义的服务器，则可以单击下面的"编辑"按钮 🖉 重新设置服务器选项。当然也可以单击"删除"按钮 ━ 删除该服务器，或者单击"增加"按钮 ➕ 再定义一个服务器。而单击"复制"按钮 🗇 复制选中的服务器。

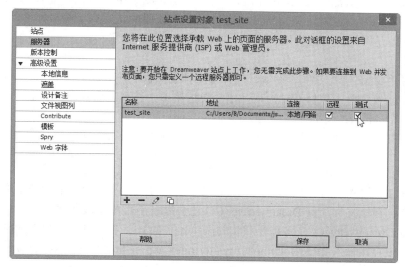

图 6.20 定义用户权限

第 7 步，选择"站点"|"管理站点"命令，打开"管理站点"对话框，用户就可以看见刚刚建立的

动态站点，如图 6.21 所示。

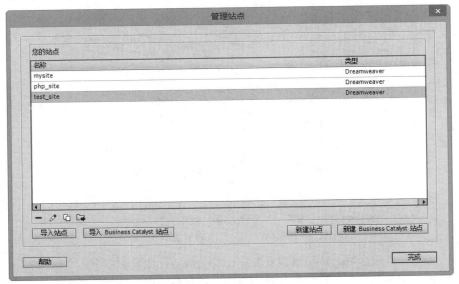

图 6.21　定义的站点

第 8 步，选择"窗口"|"文件"命令，或者按 F8 键，打开"文件"面板。单击【文件】下拉列表右侧的向下三角按钮，在打开的下拉列表中选择刚建立的 test_site 动态网站，这时就可以打开 test_site 站点，如图 6.22 所示。

这样，用户就可以在该站点下建立不同文件夹和各种类型的网页文件了。要注意 ASP 动态网页的扩展名为.asp。本书后面的实例都是在这样的环境下建立并运行的，否则网页浏览器不能识别和显示。

图 6.22　启动站点

扫一扫，看视频

6.1.7　测试本地站点

在"站点定义为"对话框中设置本地信息、远程信息和测试服务器的相关内容之后，本地站点也就定义完毕，单击"确定"按钮确认所有设置，下面的工作就是网站内容的开发、测试、维护和管理等工作了。

【操作步骤】

第 1 步，选择"窗口"|"文件"命令，打开【文件】面板。

第 2 步，在该面板中单击鼠标右键，从弹出的快捷菜单中选择【新建文件】命令，即可在当前站点的根目录下新建一个 untitled.asp，把它重命名为 index.asp。

第 3 步，双击打开该文件，切换到"代码"视图，输入下面一行代码，该代码表示输出显示一行字符串。

```
<%="<h2>Hello world!</h2>"%>
```

第 4 步，按 F12 键预览文件，则 Dreamweaver CC 提示是否要保存并上传文件。单击"是"按钮，如果远程目录中已存在该文件，则 Dreamweaver CC 还会提示是否覆盖该文件。

第 5 步，这时 Dreamweaver CC 将打开默认的浏览器（如 IE）显示预览效果，如图 6.23 所示。实际上在浏览器地址栏中直接输入 http://localhost/mysite/index.asp 或 http://localhost/mysite，按 Enter 键确认，这时在浏览器窗口中也会打开该页面。这时说明本地站点测试成功。

图 6.23　测试网页

6.2　实 战 案 例

下面结合示例介绍在 jQuery 中如何使用 Ajax 技术。

6.2.1　使用 GET 请求

扫一扫，看视频

jQuery 定义了 get()方法，专门负责通过远程 HTTP GET 请求方式载入信息。该方法具有一个简单的 GET 请求功能，以取代复杂的 $.ajax()方法。用法如下：

```
jQuery.get(url, [data], [callback], [type])
```

get()方法包含 4 个参数，其中第一个参数为必须设置项，后面 3 个参数为可选参数。

第一个参数表示要请求页面的 URL 地址。

第二个参数表示一个对象结构的名/值对列表。

第三个参数表示异步交互成功之后调用的回调函数。回调函数的参数值为服务器端响应的信息。

第四个参数表示服务器端响应信息返回的内容格式，如 XML、HTML、Script、JSON 和 Text，或者 _default。

【示例 1】　在本示例中，使用 get()方法向服务器端的 test1.asp 文件发出一个请求，并把一组数据传递给该文件，然后在回调函数中读取并显示服务器端响应的信息。

```
<!doctype html>
<html>
<head>
<meta charset="utf-8">
<script src="jquery/jquery-3.1.1.js" type="text/javascript"></script>
<script type="text/javascript" >
$(function(){
    $("input").click(function(){           //绑定 click 事件
        $.get("test1.asp",{                //向 test1.asp 文件发出请求
            name : "css8",                 //发送的请求信息
            pass : 123456,
            age : 1
        },function(data){                  //回调函数
            alert(data);                   //显示响应信息
        });
    });
})
</script>
</head>
<body>
```

```
<input type="button" value="jQuery 实现的异步请求" />
</body>
</html>
```

get()方法能够在请求成功时调用回调函数。如果需要在出错时执行函数，则必须使用 $.ajax()方法。

可以把 get()方法的第二个参数所传递的数据，以查询字符串的形式附加在第一个参数 URL 后面。例如，针对上面的 get()方法用法，还可以按如下方式编写：

```
$.get("test1.asp?name=css8&pass=123456&age=1",function(data){ //回调函数
    alert(data);                              //显示响应信息
});
```

jQuery 还定义了两个专用方法 getJSON()和 getScript()。这两个方法的功能和用法与 get()是完全相同的，不过 getJSON()方法能够请求载入 JSON 数据，getScript()方法能够请求载入 JavaScript 文件。

这两个方法与 get()方法的用法基本相同，但是仅支持 get()方法的前 3 个参数，不需要设置第四个参数，即指定响应数据的类型，因为方法本身已经说明了接收的信息类型。

【示例2】 首先，在服务器端文件（test1.asp）中输入下面的响应信息。

```
[
    {name:"zhu",pass:"123456",age:"1"},
    {name:"zhang",pass:"abcdef",age:"2"},
    {name:"zhao",pass:"opqrst",age:"3"}
]
```

上面信息以 JSON 格式进行编写，整个数据包含在一个数组中，每个数组元素是一个对象，对象中包含 3 个属性，分别是 name、pass 和 age。

然后，在客户端的 jQuery 脚本中，使用 getJSON()方法请求服务器端文件（test1.asp），并把响应信息解析为数据表格形式显示，如图 6.24 所示。

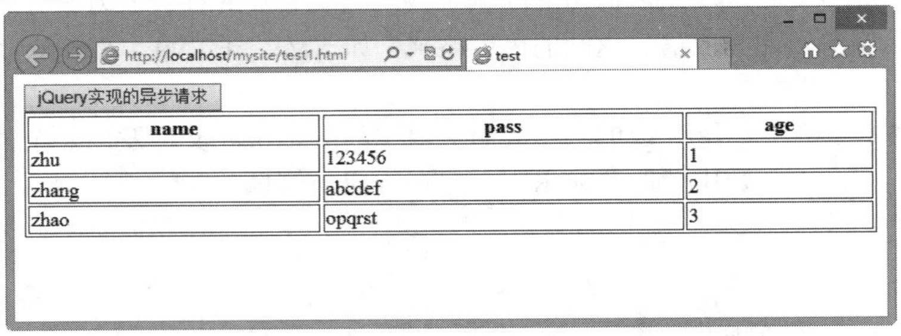

图 6.24 使用 getJSON()方法获取并解析 JSON 格式数据

```
<script type="text/javascript">
$(function(){
    $("input").click(function(){
        $.getJSON("test1.asp",function(data){//使用getJSON()方法发送请求并接收JSON格
                                             //式数据
            var data=data;                              //获取响应数据
            var str = "<table border=1 width=100%>";    //定义字符串临时变量
            str += "<tr>";
            for(var name in data[0]){ //遍历响应数据中的第一个数组元素对象
                str += "<th>" + name + "</th>";         //获取并显示元素对象
                                                        //的属性名
            }
            str += "</tr>";
            for(var i=0; i<data.length; i++){           //遍历响应数据中数组
```

```
                                                              //元素
                str += "<tr>";
                for(var name in data[i]){                     //遍历数组元素的属性
                                                              //成员
                    str += "<td>" + data[i][name] + "</td>";  //获取并显示元素对象
                                                              //的属性值
                }
                str += "</tr>";
            }
            str += "<table>";
            $("div").html(str);             //把 HTML 字符串嵌入到 div 元素中显示
        });
    });
})
</script>
<input type="button" value="jQuery 实现的异步请求" />
<div></div>
```

使用 getScript()方法能够异步请求并导入外部 JavaScript 文件，具体示例就不再演示。

6.2.2 使用 POST 请求

jQuery 定义了 post()方法，专门负责通过远程 HTTP POST 请求方式载入信息。该方法具有一个简单的 POST 请求功能，以取代复杂的 $.ajax()方法。用法如下：

```
jQuery.post(url, [data], [callback], [type])
```

post()方法包含 4 个参数，与 get()方法相似，其中第一个参数为必须设置的参数，后面 3 个参数为可选参数。

第一个参数表示要请求页面的 URL 地址。

第二个参数表示一个对象结构的名/值对列表。

第三个参数表示异步交互成功之后调用的回调函数。回调函数的参数值为服务器端响应的信息。

第四个参数表示服务器端响应信息返回的内容格式，如 XML、HTML、Script、JSON 和 Text，或者 _default。

【示例 3】 在本示例中，使用 post()方法向服务器端的 test.asp 文件发出一个请求，并把一组数据传递给该文件，然后在回调函数中读取并显示服务器端响应的信息。

```
<!doctype html>
<html>
<head>
<meta charset="utf-8">
<title>test</title>
<script src="jquery/jquery-3.1.1.js" type="text/javascript"></script><script type=
"text/javascript">
$(function(){
    $("input").click(function(){          //绑定 click 事件
        $.post("test.asp",{               //向 test.asp 文件发出请求
            name : "css8",                //发送的请求信息
            pass : 123456,
            age : 1
        },function(data){                 //回调函数
```

127

```
                  alert(data);                    //显示响应信息
            });
        });
    })
    </script>
    </head>
    <body>
    <input type="button" value="jQuery 实现的异步请求" />
    </html>
```

通过上面示例可以看到 post()方法与 get()方法的用法是完全相同的，数据传递和接收响应信息的方式都相同，唯一的区别是请求方式不同。具体选用哪个方法，主要根据客户端所要传递的数据容量和格式而定，同时应该考虑服务器端接收数据的处理方式。

不管是 get()方法，还是 post()方法，它们都是一种简单的请求方式，对于特殊的数据请求和响应处理，应该选择$.ajax()方法，ajax()方法的参数比较多且复杂，能够处理各类特殊的异步交互行为。

6.2.3　使用 ajax()请求

ajax()方法是 jQuery 实现 Ajax 的底层方法，也就是说它是 get()、post()等方法的基础，使用该方法可以完成通过 HTTP 请求加载远程数据。由于 ajax()方法的参数较为复杂，在没有特殊需求时，使用高级方法（如 get()、post()等）即可。用法如下：

```
jQuery.ajax(url,[settings])
```

ajax()方法只有一个参数，即一个列表结构的对象，包含各配置及回调函数信息。

【示例 4】　加载 JavaScript 文件，则可以使用下面的参数选项。

```
$.ajax({
    type: "GET",                           //请求方式
    url: "test.js",                        //请求文件的 URL
    dataType: "script"                     //响应的数据类型
});
```

【示例 5】　如果把客户端的数据传递给服务器端，并获取服务器的响应信息，则可以使用类似于下面的参数选项。

```
$.ajax({
    type: "POST",                          //请求方式
    url: "test.asp",                       //请求文件的 URL
    data: "name=John&location=Boston",     //传递给服务器的数据
    success: function(data){               //异步通信成功后的回调函数
        alert(data);                       //显示服务器的响应信息
    }
});
```

【示例 6】　加载 HTML 页面，则可以使用下面的参数选项。

```
$.ajax({
    url: "test.html",                      //请求文件的 URL
    cache: false,                          //禁止缓存
    success: function(html){               //异步通信成功后的回调函数
        $("#box").append(html);            //把 HTML 片段附加到当前文档的盒子中
    }
});
```

【示例 7】　如果希望以同步方式加载数据，则可以使用下面的选项设置。当使用同步方式加载数据时，其他用户操作将被锁定。

```
var html = $.ajax({
    url: "test.asp",                            //请求文件的 URL
    async: false                                //同步请求
}).
```

ajax()方法的参数选项列表如表 6.1 所示。

表 6.1 ajax()方法的参数选项列表

参　数	数 据 类 型	说　明
async	Boolean	设置是否异步请求。默认为 true，即所有请求均为异步请求。如果需要发送同步请求，设置为 false 即可。注意，同步请求将锁住浏览器，用户其他操作必须等待请求完成才可以执行
beforeSend	Function	发送请求前可修改 XMLHttpRequest 对象的函数，如添加自定义 HTTP 头。XMLHttpRequest 对象是唯一的参数。该函数如果返回 false，可以取消本次 Ajax 请求
cache	Boolean	设置缓存。默认值为 true，当 dataType 为 script 时，默认为 false。设置为 false 将不会从浏览器缓存中加载请求信息
complete	Function	请求完成后回调函数 （请求成功或失败时均调用）。该函数包含两个参数： XMLHttpRequest 对象和一个描述成功请求类型的字符串
contentType	String	发送信息至服务器时内容编码类型。默认为 application/x-www-form-urlencoded
data	Object、String	发送到服务器的数据。将自动转换为请求字符串格式，必须为 key/value 格式。GET 请求中将附加在 URL 后。查看 processData 选项说明以禁止此自动转换。如果为数组，jQuery 将自动为不同值对应同一个名称。如 {foo:["bar1", "bar2"]} 转换为 '&foo=bar1&foo=bar2'
dataFilter	Function	给 Ajax 返回的原始数据进行预处理的函数。提供 data 和 type 两个参数：data 是 Ajax 返回的原始数据，type 是调用 jQuery.ajax 时提供的 dataType 参数。函数返回的值将由 jQuery 进一步处理
dataType	String	预期服务器返回的数据类型。如果不指定，jQuery 自动根据 HTTP 包含的 MIME 信息返回 responseXML 或 responseText，并作为回调函数参数传递，可用值： xml：返回 XML 文档，可用 jQuery 处理 html：返回纯文本 HTML 信息，包含的 script 标签会在插入 dom 时执行 script：返回纯文本 JavaScript 代码。不会自动缓存结果。除非设置了 cache 参数。注意：在远程请求时（不在同一个域下），所有 POST 请求都将转为 GET 请求（因为将使用 DOM 的 script 标签来加载） json：：返回 JSON 数据 jsonp：JSONP 格式。使用 JSONP 形式调用函数时，如"myurl?callback=?"，jQuery 将自动替换为正确的函数名，以执行回调函数 text：返回纯文本字符串
error	Function	请求失败时调用的函数。该函数包含 3 个参数：XMLHttpRequest 对象、错误信息（可选）、捕获的错误对象。如果发生了错误，错误信息（第二个参数）除了得到 null 之外，还可能是 timeout、error、notmodified 和 parsererror
global	Boolean	是否触发全局 Ajax 事件，默认值为 true。设置为 false 将不会触发全局 Ajax 事件，如 ajaxStart 或 ajaxStop 可用于控制不同的 Ajax 事件
ifModified	Boolean	仅在服务器数据改变时获取新数据，默认值为 false。使用 HTTP 包含的 Last-Modified 头信息进行判断
jsonp	String	在一个 jsonp 请求中重写回调函数的名字。这个值用来替代在"callback=?"这种 GET 或 POST 请求中 URL 参数里的 callback 部分，如{jsonp:'onJsonPLoad'}会导致将"onJsonPLoad=?"传给服务器
password	String	用于响应 HTTP 访问认证请求的密码
processData	Boolean	发送的数据将被转换为对象（技术上讲并非字符串）以配合默认内容类型 application/x-www-form-urlencoded。默认值为 true，如果要发送 DOM 树信息或其他不希望转换的信息，请设置为 false
scriptCharset	String	只有当请求时 dataType 为 jsonp 或 script，并且 type 是 GET 才会用于强制修改 charset。通常在本地和远程的内容编码不同时使用

（续）

参　数	数据类型	说　　　明
success	Function	请求成功后的回调函数。函数的参数由服务器返回，并根据 dataType 参数进行处理后的数据，描述状态的字符串
timeout	Number	设置请求超时时间（毫秒）。此设置将覆盖全局设置
type	String	设置请求方式，如 POST 或 GET，默认为 GET。其他 HTTP 请求方法，如 PUT 和 DELETE 也可以使用，但仅部分浏览器支持
url	String	发送请求的地址，默认为当前页面地址
username	String	用于响应 HTTP 访问认证请求的用户名
xhr	Function	需要返回一个 XMLHttpRequest 对象。默认在 IE 下是 ActiveXObject，而其他情况下是 XMLHttpRequest。用于重写或者提供一个增强的 XMLHttpRequest 对象

如果设置了 dataType 选项，应确保服务器返回正确的 MIME 信息，例如，XML 返回 text/xml。如果设置 dataType 为 script，则在请求时，如果请求文件与当前文件不在同一个域名中，所有 POST 请求都被转换为 GET 请求，因为 jQuery 将使用 DOM 的 script 标签来加载响应信息。

6.2.4　跟踪状态

扫一扫，看视频

jQuery 在 XMLHttpRequest 对象定义的 readyState 属性基础上，对异步交互中服务器响应状态进行封装，提供了 6 个响应事件，以便于进一步细化对整个请求响应过程的跟踪，说明如表 6.2 所示。

表 6.2　jQuery 封装的响应状态事件

事　　件	说　　　明
ajaxStart()	Ajax 请求开始时进行响应
ajaxSend()	Ajax 请求发送前进行响应
ajaxComplete()	Ajax 请求完成时进行响应
ajaxSuccess()	Ajax 请求成功时进行响应
ajaxStop()	Ajax 请求结束时进行响应
ajaxError()	Ajax 请求发生错误时进行响应

【示例 8】　在本示例中，为当前异步请求绑定 6 个 jQuery 定义的 Ajax 事件，在浏览器中预览，则可以看到浏览器根据请求和响应的过程，逐步提示过程进展。首先，响应的是 ajaxStart 和 ajaxSend 事件，然后是 ajaxSuccess 事件，最后是 ajaxComplete 和 ajaxStop 事件，如图 6.25 所示。如果请求失败，则中间会响应 ajaxError 事件。

```
<!doctype html>
<html>
<head>
<meta charset="utf-8">
<title>test</title>
<script src="jquery/jquery-1.3.2.js" type="text/javascript" ></script>
<script type="text/javascript" >
$(function(){
    $("input").click(function(){
        $.ajax({
            type: "POST",
            url: "test.asp",
```

```
                data: "name=css8"
            });
            $("div").ajaxStart(function(){
                alert("Ajax 请求开始");
            })
            $("div").ajaxSend(function(){
                alert("Ajax 请求将要发送");
            })
            $("div").ajaxComplete(function(){
                alert("Ajax 请求完成");
            })
            $("div").ajaxSuccess(function(){
                alert("Ajax 请求成功");
            })
            $("div").ajaxStop(function(){
                alert("Ajax 请求结束");
            })
            $("div").ajaxError(function(){
                alert("Ajax 请求发生错误");
            })
        });
    })
</script>
<style type="text/css">
</style>
</head>
<body>
<input type="button" value="jQuery 实现的异步请求" />
<div></div>
</html>
```

在这些事件中大部分都会包含几个默认参数。例如，ajaxSuccess、ajaxSend 和 ajaxComplete 都包含 event、request 和 settings，其中 event 表示事件类型，request 表示请求信息，settings 表示设置的选项信息。

ajaxError 事件还包含 4 个默认参数：event、XMLHttpRequest、ajaxOptions 和 thrownError，其中前 3 个参数与上面几个事件方法的参数基本相同，最后一个参数表示抛出的错误。

图 6.25　jQuery 的 Ajax 事件响应过程

6.2.5　载入文件

遵循 Ajax 异步交互的设计原则，jQuery 定义了可以加载网页文档的方法 load()。该方法与

扫一扫，看视频

getScript()方法的功能相似，都是加载外部文件，但是它们的用法完全不同。load()方法能够把加载的
网页文件附加到指定的网页标签中。

【示例9】 新建一个简单的网页文件（table.html）。

```
<!doctype html>
<html>
<head>
<meta charset="utf-8">
</head>
<body>
<table width="100%" border="1">
    <tr>
        <th>name</th> <th>pass</th><th>age</th>
    </tr>
    <tr>
        <td>zhu</td> <td>123</td><td>1</td>
    </tr>
    <tr>
        <td>zhang</td><td>456</td><td>2</td>
    </tr>
    <tr>
        <td>wang</td> <td>789</td><td>3</td>
    </tr>
</table>
</body>
</html>
```

然后，在另一个页面中输入下面的 jQuery 脚本。

```
<!doctype html>
<html>
<head>
<meta charset="utf-8">
<title>test</title>
<script src="jquery/jquery-1.11.0.js" type="text/javascript"></script>
<script type="text/javascript" >
$(function(){
    $("input").click(function(){
        $("div").load("table.html");
    });
})
</script>
<style type="text/css">
</style>
</head>
<body>
<input type="button" value="jQuery 实现的异步请求" />
<div></div>
</html>
```

这样当在浏览器中预览时，单击"jQuery 实现的异步请求"按钮后，则会把请求的 test.html 文件中
的数据表格加载到当前页面的 div 元素中，如图 6.26 所示。

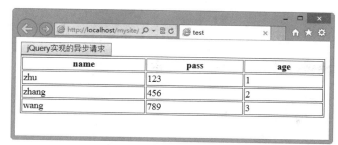

图 6.26　使用 jQuery 的 load()方法载入外部文件

使用 ajax()方法可以替换 load()方法，因为 load()方法是以 ajax()方法作为底层来实现的。

【示例 10】　针对示例 9，可以使用下面的 jQuery 代码进行替换。

```
<!doctype html>
<html>
<head>
<meta charset="utf-8">
<title>test</title>
<script src="jquery/jquery-1.11.0.js" type="text/javascript"></script>
<script type="text/javascript" >
$(function(){
    $("input").click(function(){
        var str = ($.ajax({          //调用 ajax()方法，返回 XMLHttpRequest 对象
            url : "table.html",      //载入的 URl
            async: false             //禁止异步载入
        })).responseText;           //获取 XMLHttpRequest 对象中包含的服务器响应信息
        $("div").html(str);         //把载入的网页内容附加到 div 元素内
    });
})
</script>
<style type="text/css">
</style>
</head>
<body>
<input type="button" value="jQuery 实现的异步请求" />
<div></div>
</html>
```

6.2.6　设置 Ajax 选项

对于频繁与服务器进行交互的页面来说，每一次交互都要设置很多选项，这种操作是很繁琐的，也容易出错。为此，jQuery 定义了 ajaxSetup()方法，该方法可以预设异步交互中通用选项，从而减轻频繁设置选项的繁琐。

ajaxSetup()方法的参数仅包含一个参数选项的列表对象，这与 ajax()方法的参数选项设置是相同的。在该方法中设置的选项，可以实现全局共享，从而在具体交互中只需要设置个性化参数即可。

【示例 11】　在本示例中，先使用$.ajaxSetup()方法把本页面中异步交互的公共选项进行预设，包括请求的服务器端文件、禁止触发全局 Ajax 事件、请求方式、响应数据类型和响应成功之后的回调函数。这样在不同按钮上绑定异步请求时，只需要设置需要发送请求的信息即可。

在服务器端的请求文件（test.asp）中输入下面的代码。

```
<%@LANGUAGE="JAVASCRIPT" CODEPAGE="65001"%>
```

扫一扫，看视频

```
<%
var name = Request.Form("name");
if(name){
    Response.Write("接受到请求信息: " + name);
}
else{
    Response.Write("没有接受到请求信息! ");
}
%>
```

这样当单击不同按钮时，会弹出不同的响应信息，这些信息都是从客户端接收到的请求信息，如图 6.27 所示。

```
<!doctype html>
<html>
<head>
<meta charset="utf-8">
<title>test</title>
<script src="jquery/jquery-1.11.0.js" type="text/javascript"></script>
<script type="text/javascript" >
$(function(){
    $.ajaxSetup({                              //预设公共选项
        url: "test.asp",                       //请求的 URL
        global: false,                         //禁止触发全局 Ajax 事件
        type: "POST",                          //请求方式
        dataType: "text",                      //响应数据的类型
        success : function(data){              //响应成功之后的回调函数
            alert(data);
        }
    });
    $("input").eq(0).click(function(){    //为按钮 1 绑定异步请求
        $.ajax({
            data : "name=zhu"             //发送请求的信息
        });
    });
    $("input").eq(1).click(function(){    //为按钮 2 绑定异步请求
        $.ajax({
            data : "name=wang"            //发送请求的信息
        });
    });
    $("input").eq(2).click(function(){    //为按钮 3 绑定异步请求
        $.ajax({
            data : "name=zhang"           //发送请求的信息
        });
    });
})
</script>
<style type="text/css">
</style>
</head>
<body>
<input type="button" value="异步请求 1" />
<input type="button" value="异步请求 2" />
```

```
<input type="button" value="异步请求3" />
<div></div>
</html>
```

图 6.27　ajaxSetup()方法预设异步交互的公共选项

6.2.7　序列化字符串

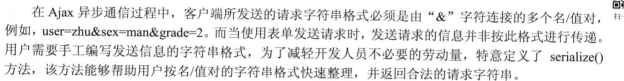

在 Ajax 异步通信过程中，客户端所发送的请求字符串格式必须是由 "&" 字符连接的多个名/值对，例如，user=zhu&sex=man&grade=2。而当使用表单发送请求时，发送请求的信息并非按此格式进行传递。用户需要手工编写发送信息的字符串格式，为了减轻开发人员不必要的劳动量，特意定义了 serialize() 方法，该方法能够帮助用户按名/值对的字符串格式快速整理，并返回合法的请求字符串。

【示例 12】　在下面这个复杂表单中，用户需要传递的表单值是比较多的，如果一项一项获取并组织为请求字符串，就稍显繁琐。

```
<form action="#" method="post">
    姓名: <input  type="text" name="user" /><br />
    性别:
    <input type="radio" name="sex" value="man" checked="checked" />男
    <input type="radio" name="sex" value="men" />女<br />
    年级:
    <select name="grade">
        <option value="1">一</option>
        <option value="2">二</option>
        <option value="3">三</option>
    </select><br />
    科目:
    <select name="kemu" size="6" multiple="multiple">
        <option value="yuwen">语文</option>
        <option value="shuxue">数学</option>
        <option value="waiyu">外语</option>
        <option value="wuli">物理</option>
        <option value="huaxue">化学</option>
        <option value="jisuanji">计算机</option>
    </select><br />
    兴趣:
    <input type="checkbox" name="love" value="yundong" />运动
    <input type="checkbox" name="love" value="wenyi" />文艺
    <input type="checkbox" name="love" value="yinyue" />音乐
```

```
    <input type="checkbox" name="love" value="meishu" />美术
    <input type="checkbox" name="love" value="youxi" />游戏<br />
    <input type="submit" value="提交" id="submit" />
</form>
```

如果在发送请求之前，调用 serialize()方法，就可以轻松解决合法格式的请求字符串的设计。

```
<script type="text/javascript">
$(function(){
    $("#submit").click(function(){
        $("p").html($("form").serialize());//获取和格式化表单的请求字符串信息，并显示出来
        return false;                      //禁止提交表单
    });
})
</script>
```

在浏览器中预览，然后单击"提交"按钮，则可以看到规整的请求字符串，如图 6.28 所示。

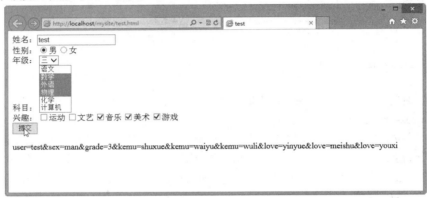

图 6.28　预处理请求的字符串

除了 serialize()方法外，jQuery 还定义了 serializeArray()方法，该方法能够返回指定表单域值的 JSON 结构的对象。

注意：

> 该方法返回的是 JSON 对象，而非 JSON 字符串。JSON 对象是由一个对象数组组成的，其中每个对象包含一个或两个名/值对：name 参数和 value 参数（如果 value 不为空）。

【示例 13】　针对示例 12 的表单结构，可以设计如下 jQuery 代码，获取用户传递的请求值，并把这个 JSON 结构的对象解析为 HTML 字符串显示出来，如图 6.29 所示。

```
<script type="text/javascript">
$(function(){
    $("#submit").click(function(){
        //var array = $("form").serializeArray();       //注意，不能够直接在 form 元素
                                                         //上调用该方法

        var array = $("input, select, :radio").serializeArray();   //在表单域上调
                                                         //用 serializeArray()方法
                                                         //返回包含传递表单域和值的
                                                         //JSON 对象

        var str = "[ <br />"
        for(var i = 0; i<array.length; i++){             //遍历数组格式的 JSON 对象
            str += "    {"
            for(var name in array[i]){                   //遍历数组元素对象
                str += name + ":" + array[i][name]  + ","   //组合为 JSON 格式字符串
```

```
            }
        str = str.substring(0,str.length-1);          //清除最后一个字符
        str += "},<br />";
    }
    str = str.substring(0,str.length-7);          //清除最后 7 个字符
    str += "<br />]";
    $("p").html(str);          //显示返回的 JSON 结构字符串
    return false;
    });
})
</script>
```

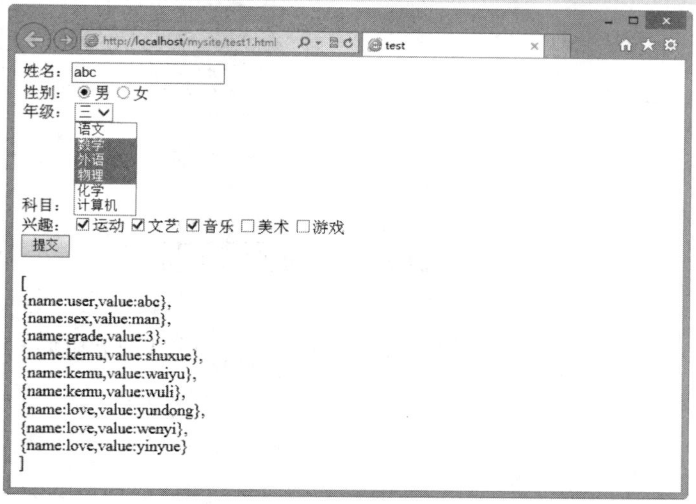

图 6.29　把请求的值转换为 JSON 对象结构

第 7 章 设 计 动 画

　　JavaScript 语言没有提供动画功能，需要借助 CSS 技术来实现。在 Web 设计中，动画主要包括三种形式：位置变化、形状变化和显隐变化。位置变化主要通过 CSS 定位来控制，形状变化主要通过 CSS 尺寸来控制，显隐变化主要通过 CSS 显示来控制。jQuery 封装了 CSS 动画，提供系列 Web 效果的操作方法，帮助用户轻松创建精致、复杂的动画。

　　【学习重点】
- 使用 jQuery 简单动画方法。
- 设计复杂的 jQuery 动画。
- 控制动画序列。
- 设计各种网页特效。

7.1　jQuery 动画基础

　　在第 4 章中曾经详细介绍过 css()方法的使用，jQuery 在该方法基础上封装了系列动画控制的方法，以方便用户控制页面对象。

7.1.1　显隐效果

　　最简单的动画效果就是元素的显示和隐藏了。在 jQuery 中，使用 show()方法可以显示元素，使用 hide()方法可以隐藏元素。如果把 show()和 hide()方法配合起来，就可以设计最基本的显隐动画。
　　show()方法用法如下：

```
show()
show( duration, [ callback ] )
show( [ duration ], [ easing ], [ callback ] )
```

参数说明如下：
- duration 为一个字符串或者数字，决定动画将运行多久。
- callback 表示在动画完成时执行的函数。
- easing 为一个字符串，用来表示使用哪个缓冲函数来过渡。

hide()方法与 show()方法相同，就不再重复介绍。

　　基本的 hide()和 show()方法不带任何参数。可以把它们想象成类似 css('display', 'string')方法的简写方式。这两个方法的作用就是立即隐藏或显示匹配的元素集合，不带任何动画效果。

　　其中，hide()方法会将匹配的元素集合的内联 style 属性设置为 display:none。但它的聪明之处是，它能够在把 display 的值变成 none 之前，记住原先的 display 值，通常是 block 或 inline。相反，show()方法会将匹配的元素集合的 display 属性，恢复为应用 display: none 之前的可见属性。

　　show()和 hide()的这种特性，使得它们非常适合隐藏那些默认的 display 属性在样式表中被修改的元素。例如，在默认情况下，li 元素具有 display:block 属性，但是，为了构建水平的导航菜单，它们可能会被修改成 display:inline。而在类似这样的 li 元素上面使用 show()方法，不会简单地把它重置为默认的 display:block，因为那样会导致把 li 元素放到单独的一行中。相反，show()方法会把它恢复为先前的 display:inline 状态，从而维持水平的菜单设计。

【示例1】 本示例演示 jQuery 的 show()和 hide()方法的应用和影响。

```html
<!doctype html>
<html>
<head>
<meta charset="utf-8">
<script src="jquery/jquery-3.1.1.js" type="text/javascript"></script>
<script type="text/javascript" >
$(function(){
    $("p").hide().hide();
    $("div").hide().show();
    $("span").eq(0).hide();
    $("span")[1].style.display = "none";
    $("span").show();
})
</script>
</head>
<body>
<p>P 元素</p>
<div>DIV 元素</div>
<span>SPAN 元素 1</span>
<span>SPAN 元素 2</span>
<span style="display:none;">SPAN 元素 3</span>
</body>
</html>
```

【示例2】 在本示例中，使用 for 循环语句动态添加了 6 个 div 元素，并在内部样式表中定义盒子的尺寸、背景色、浮动显示，实现并列显示。然后为所有 div 元素绑定 click 事件，设计当单击 div 元素时，调用 hide()方法隐藏该元素。演示效果如图 7.1 所示。

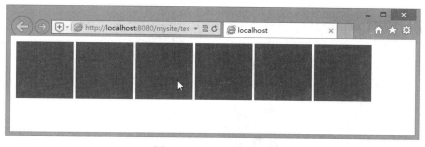

图 7.1 hide()方法应用

```javascript
<script type="text/javascript" >
$(function(){
    for (var i = 0; i < 5; i++) {
        $("<div>").appendTo(document.body);
    }
    $("div").click(function () {
        $(this).hide();
    });
})
</script>
<style>
div { background:red; width:100px; height:100px; margin:2px; float:left; }
</style>
```

```
<div></div>
```

除了简单的显示和隐藏功能外,show()和 hide()方法还可以设置参数,以优雅的动画显示所有匹配的元素,并在显示完成后可选地触发一个回调函数。

【示例 3】 在本示例中,调用 show()和 hide()方法,并设置显隐过程为 1000 ms,同时在显隐动画播放完毕之后,调用第二个参数回调函数,弹出一个提示对话框,如图 7.2 所示。

```
<script type="text/javascript" >
$(function(){
    var t = false;
    $("input").click( function(){
        if( t ){
            $( "div" ).show(1000,function(){
                alert("显示 DIV 元素");
            });
            $( "input" ).val("隐藏元素");
            t = false;
        }
        else{
            $( "div" ).hide(1000,function(){
                alert("隐藏 DIV 元素");
            });
            $( "input" ).val("显示元素");
            t = true;
        }
    });
})
</script>

<input type="button" value="隐藏元素" />
<div><img src="images/1.jpg" height="200" /></div>
```

图 7.2　设计显隐动画效果

这两个方法的第一个参数表示动画时长的毫秒数值,也可以设置预定义的字符串(slow、normal、fast),用来表示动画的缓慢、正常和快速效果。

🔊 提示:

当在.show()或.hide()中指定一个速度参数时,就会产生动画效果,即效果会在一个特定的时间段内发生。例如,hide('speed')方法,会同时减少元素的高度、宽度和不透明度,直至这 3 个属性的值都达到 0,与此同时会为该元素应用 CSS 规则 display:none。而 show('speed')方法则会从上到下增大元素的高度,从左到右增大元素的宽度,同时从 0 到 1 增加元素的不透明度,直至其内容完全可见。

对于 jQuery 提供的任何效果,都可以指定 3 种速度参数:slow、normal 和 fast。使用 show('slow')会在 0.6 秒内完成效果,show('normal')是 0.4 秒,而 show('fast')则是 0.2 秒。要指定更精确的速度,可以使用毫秒数值,如 show(850)。注意,与字符串表示的速度参数名称不同,数值不需要使用引号。

【示例 4】 在本示例中,使用 for 循环语句动态添加了 6 个 div 元素,并在内部样式表中定义盒子的尺寸、背景色、浮动显示,实现并列显示。然后为所有 div 元素绑定 click 事件,设计当单击 div 元素时,调用 hide()方法隐藏该元素。在 hide()方法中设置隐藏显示的速度,并定义在隐藏该 div 元素之后,把当前元素移出文档,演示效果如图 7.3 所示。

```javascript
<script type="text/javascript" >
$(function(){
    for (var i = 0; i < 5; i++) {
        $("<div>").appendTo(document.body);
    }
    $("div").click(function () {
        $(this).hide(2000, function () {
            $(this).remove();
        });
    });
})
</script>
<style>
div { background:red; width:100px; height:100px; margin:2px; float:left; }
</style>

<div></div>
```

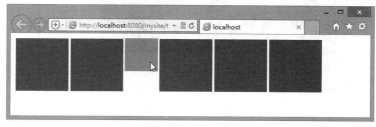

图 7.3 设计渐隐效果

7.1.2 显隐切换

扫一扫,看视频

使用 jQuery 的 toggle()方法能够切换元素的可见状态。如果元素是可见的,将会把它切换为隐藏状态;如果元素是隐藏的,则把它切换为可见状态。用法如下:

```
toggle( [ duration ], [ callback ] )
toggle( [ duration ], [ easing ], [ callback ] )
toggle( showOrHide )
```

参数说明如下:

❯ duration 为一个字符串或者数字,决定动画将运行多久。

❯ callback 表示在动画完成时执行的函数。

❯ easing 为一个字符串,用来表示使用哪个缓冲函数来过渡。

❯ showOrHide 是一个布尔值,指示是否显示或隐藏的元素。

如果没有参数，toggle()方法是最简单来切换一个元素可见性的方法。用法如下：

```
$('.target').toggle();
```

通过改变 CSS 的 display 属性，匹配的元素将被立即显示或隐藏，没有动画效果。如果元素最初是显示的，它会被隐藏，如果是隐藏的，它会显示出来。display 属性将被储存并且需要的时候可以恢复。如果一个元素的 display 值为 inline，然后是隐藏和显示，这个元素将再次显示 inline。

当提供一个持续时间参数，toggle()成为一个动画方法。toggle()方法将为匹配元素的宽度、高度，以及不透明度，同时进行动画。当隐藏一个动画后，高度值达到 0 的时候，display 样式属性被设置为 none，以确保该元素不再影响页面布局。

持续时间是以毫秒为单位的，数值越大，动画越慢，而不是越快。字符串 'fast' 和 'slow' 分别代表200 和 600 毫秒的延时。

如果提供回调函数参数，回调函数会在动画完成的时候调用。这个对于将不同的动画串联在一起按顺序排列是非常有用的。这个回调函数不设置任何参数，但是 this 是存在动画的 DOM 元素，如果多个元素一起做动画效果，值得注意的是，每执行一次回调匹配的元素，而不是作为一个整体动画一次。

【示例 5】 在本示例中，使用 toggle()方法设计段落文本中的图像切换显示，同时添加了显示速度控制，以便更真实地显示动画的显示过程，演示效果如图 7.4 所示。

图 7.4 使用 toggle ()方法

```
<script type="text/javascript" >
$( function(){
    $("button").click(function () {
        $("p").toggle("slow");
    });
});
</script>


<p><img src="images/1.jpg" height="300" /></p>
<button>显示和隐藏</button>
```

提示：

toggle()方法还可以接收多个参数。如果传入 true 或者 false 参数值，则可以设置元素显示或者隐藏，功能类似于 show()和 hide()方法。如果参数值为 true，则功能类似调用 show()方法来显示匹配的元素，如果参数值为 false，则调用 hide()来隐藏元素。

如果传入一个数值或者一个预定义的字符串，如"slow"、"normal"或者"fast"，则表示在显隐切换时，以指定的速度动态显示匹配的显隐过程。

除了指定动画显隐的速度外，还可以在第二个参数指定一个回调函数，以备在动画演示完毕之后，调用该函数，以完成额外的任务。

7.1.3 滑动效果

扫一扫，看视频

滑动效果包括两种：匀速运动和变速运动。匀速运动只需要使用 JavaScript 动态控制元素的显示位置即可；而变速运动需要用到一些简单的算法，也称为缓动动画。

jQuery 提供了简单的滑动方法：slideDown()和 slideUp()，这两个方法可以设计向下滑动和向上滑动效果。这两个方法的具体用法如下：

```
slideDown( [ duration ], [ callback ] )
slideDown( [ duration ], [ easing ], [ callback ] )
slideUp( [ duration ], [ callback ] )
slideUp( [ duration ], [ easing ], [ callback ] )
```

参数说明如下：

❯ duration 为一个字符串或者数字，用来定义动画将运行多久。

❯ easing 为一个字符串，用来表示使用哪个缓冲函数来过渡。

❯ callback 表示在动画完成时执行的函数。

slideDown()和 slideUp()方法将为匹配元素的高度进行动画。其中 slideDown()能够导致页面的下面部分滑下去，弥补了显示物品的方式。而 slideUp()方法导致页面的下面部分滑上去，弥补了显示物品的方式。一旦高度达到 0，display 样式属性将被设置为 none，以确保该元素不再影响页面布局。

持续时间是以毫秒为单位的，数值越大，动画越慢，不是越快。字符串 'fast'和'slow'分别代表 200 和 600 毫秒的延时。如果提供任何其他字符串，或者这个 duration 参数被省略，那么默认使用 400 毫秒的延时。

如果提供回调函数参数，回调函数会在动画完成的时候调用。这个对于将不同的动画串联在一起按顺序排列是非常有用的。这个回调函数不设置任何参数，但是 this 是存在动画的 DOM 元素，如果多个元素一起做动画效果，值得注意的是，每执行一次回调匹配的元素，而不是作为一个整体的动画一次。

【示例 6】 在本示例中，有 3 个按钮和 3 个文本框，当单击按钮时将自动隐藏按钮后面的文本框，且是滑动方式逐渐隐藏，隐藏之后会在底部<div id="msg">信息框中显示提示信息，演示效果如图 7.5 所示。

图 7.5 显隐滑动应用

```html
<script type="text/javascript" >
$( function(){
    $("button").click(function () {
        $(this).parent().slideUp("slow", function () {
            $("#msg").text($("button", this).text() + "已经实现。");
        });
    });
});
</script>
<style type="text/css">
div { margin:2px; }
</style>
```

```
<div>
    <button>隐藏文本框 1</button>
    <input type="text" value="文本框 1" />
</div>
<div>
    <button>隐藏文本框 2</button>
    <input type="text" value="文本框 2" />
</div>
<div>
    <button>隐藏文本框 3</button>
    <input type="text" value="文本框 3" />
</div>
<div id="msg"></div>
```

📢 注意:

slideDown()方法仅适用于被隐藏的元素，如果为已显示的元素调用 slideDown()方法，是看不到效果的。而 slideUp()方法正好相反，它可以把显示的元素缓慢地隐藏起来。slideDown()和 slideUp()方法正像卷帘，slideDown()方法能够缓慢地展开帘子，而 slideUp()方法能够缓慢地收缩帘子。通俗描述，slideDown()方法作用于隐藏元素，而 slideUp()方法作用于显示元素，两者功能和效果截然相反。

slideDown()和 slideUp()方法可以包含两个可选的参数：第一个参数设置滑动的速度，可以设置预定义字符串，如"slow"、"normal"和"fast"，或者传递一个数值，表示动画时长的毫秒数；第二个可选参数表示一个回调函数，当动画完成之后，将调用该回调函数。

7.1.4 滑动切换

扫一扫，看视频

与 toggle()方法的功能相似，jQuery 为滑动效果也设计了一个切换方法：slideToggle()。slideToggle()方法的用法与 slideDown()和 slideUp()方法的用法相同，但是它综合了 slideDown()和 slideUp()方法的动画效果，可以在滑动中切换显示或隐藏元素。用法如下：

```
slideToggle( [ duration ], [ callback ] )
slideToggle( [ duration ], [ easing ], [ callback ] )
```

参数说明如下：

- ↘ duration 为一个字符串或者数字，决定动画将运行多久。
- ↘ easing 是一个字符串用来表示使用哪个缓冲函数来过渡。
- ↘ callback 表示在动画完成时执行的函数。

slideToggle()方法将为匹配元素的高度进行动画，这会导致页面的下面部分滑下去或滑上来，看似透露或隐瞒项目。display 属性将被储存并且需要的时候可以恢复。如果一个元素的 display 值为 inline，然后是隐藏和显示，这个元素将再次显示 inline。当隐藏一个动画后，高度值达到 0 的时候，display 样式属性被设置为 none，以确保该元素不再影响页面布局。

持续时间是以毫秒为单位的，数值越大，动画越慢，而不是越快。字符串 'fast' 和 'slow' 分别代表 200 和 600 毫秒的延时。

如果提供回调函数参数，回调函数会在动画完成的时候调用。这个对于将不同的动画串联在一起按顺序排列是非常有用的。这个回调函数不设置任何参数，但是 this 是存在动画的 DOM 元素，如果多个元素一起做动画效果，值得注意的是，每执行一次回调匹配的元素，而不是作为一个整体动画一次。

【示例 7】 在本示例中，页面中包含一个按钮，当单击按钮时将自动隐藏部分 div 元素，同时显示被隐藏的 div 元素，演示效果如图 7.6 所示。

图 7.6 显隐切换滑动应用

```html
<script type="text/javascript" >
$( function(){
    $("#aa").click(function () {
        $("div:not(.still)").slideToggle("slow", function () {
            var n = parseInt($("span").text(), 10);
                $("span").text(n + 1);
        });
    });
});
</script>
<style type="text/css">
div { background:#b977d1; margin:3px; width:60px; height:60px; float:left; }
div.still { background:#345; width:5px; }
div.hider { display:none; }
span { color:red; }
p { clear: left; }
</style>

<div></div>
<div class="still"></div>
<div style="display:none;"> </div>
<div class="still"></div>
<div></div>
<div class="still"></div>
<div class="hider"></div>
<div class="still"></div>
<div class="hider"></div>
<div class="still"></div>
<div></div>
<p>
    <button id="aa">滑动切换</button>
    共计滑动切换<span>0</span>个 div 元素。
</p>
```

7.1.5 淡入淡出

淡入和淡出效果是通过不透明度的变化来实现的。与滑动效果相比，淡入淡出效果只调整元素的不透明度，而元素的高度和宽度不会发生变化。jQuery 定义了 3 个淡入淡出方法：fadeIn()、fadeOut()和fadeTo()。

fadeIn()和 fadeOut()方法的用法如下：

```
fadeIn( [ duration ], [ callback ] )
```

```
fadeIn( [ duration ], [ easing ], [ callback ] )
fadeOut( [ duration ], [ callback ] )
fadeOut( [ duration ], [ easing ], [ callback ] )
```

参数说明如下：

➥ duration 为一个字符串或者数字，该参数决定动画将运行多久。

➥ easing 是一个字符串，用来表示使用哪个缓冲函数来过渡。

➥ callback 是一个在动画完成时执行的函数。

fadeOut()方法通过匹配元素的透明度做动画效果。一旦透明度达到 0，display 样式属性将被设置为 none，以确保该元素不再影响页面布局。

fadeOut()和 fadeIn()方法延时时间是以毫秒为单位的，数值越大，动画越慢，而不是越快。字符串'fast' 和'slow'分别代表 200 和 600 毫秒的延时。如果提供任何其他字符串，或者这个 duration 参数被省略，那么默认使用 400 毫秒的延时。

如果提供回调函数参数，回调函数会在动画完成的时候调用。这个对于将不同的动画串联在一起按顺序排列是非常有用的。这个回调函数不设置任何参数，但是 this 是存在动画的 DOM 元素，如果多个元素一起做动画效果，值得注意的是，这个回调函数在每个匹配元素上执行一次，而不是这个动画作为一个整体动画一次。

【示例8】 在本示例中，为段落文本中的 span 元素绑定 hover 事件，设计鼠标移过时的动态背景效果，同时绑定 click 事件，当单击 span 元素时，将渐隐该元素，并把该元素包含的文本传递给 div 元素，实现隐藏提示信息效果，演示效果如图 7.7 所示。

```
<script type="text/javascript" >
$( function(){
    $("span").click(function () {
        $(this).fadeOut(1000, function () {
            $("div").text("“" + $(this).text() + "”已经隐藏。");
            $(this).remove();
        });
    });
    $("span").hover(
        function () {
            $(this).addClass("hilite");
        },
        function () {
            $(this).removeClass("hilite");
        });
});
</script>
<style type="text/css">
span { cursor:pointer; }
span.hilite { background:yellow; }
div { display:inline; color:red; }
</style>

<h3>隐藏提示：<div></div></h3>
<p>雨，<span>轻薄浅落</span>，<span>丝丝缕缕</span>，<span>幽幽怨怨</span>。不知何时起，
细腻的心莫名地爱上了阴雨天。也许，雨天是思念的<span>风铃</span>，雨飘下，铃便响。伸出薄凉的手
掌，雨轻弹地滴落在掌心，<span>凉意</span>，遍布全身；<span>怀念</span>，张开翅膀；<span>
眼角</span>，已感湿润。</p>
```

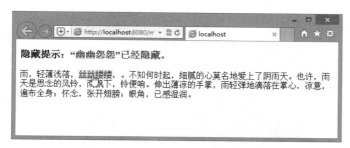

图 7.7 谈入和淡出应用

通过上面示例可以看到，fadeIn()和 fadeOut()方法与 slideDown()和 slideUp()方法的用法是完全相同的，它们都可以包含两个可选参数：第一个参数表示动画持续的时间，以毫秒为单位，另外还可以使用预定义字符串"slow"、"normal"和"fast"，使用这些特殊的字符串可以设置动画以慢速、正常速度和快速进行演示；第二个参数表示回调函数，该参数为可选参数，用来在动画演示完毕之后被调用。例如，在下面示例中，当单击按钮之后调用 div 元素的 fadeIn()方法，逐步显示隐藏的元素，当显示完成之后，再次调用回调函数。

📢 注意：

> 与 slideDown()和 slideUp()方法的用法相同，fadeIn()方法只能够作用于被隐藏的元素，而 fadeOut()方法只能够作用于显示的元素。

fadeIn()方法能够实现所有匹配元素的淡入效果，并在动画完成后可选地触发一个回调函数。而fadeOut()方法正好相反，它能够实现所有匹配元素的淡出效果。

7.1.6 控制淡入淡出度

扫一扫，看视频

fadeTo()方法能够把所有匹配元素的不透明度以渐进方式调整到指定的不透明度,并在动画完成后可选地触发一个回调函数。用法如下：

```
fadeTo( duration, opacity, [ callback ] )
fadeTo( [ duration ], opacity, [ easing ], [ callback ] )
```

参数说明如下：

- ⬎ duration 为一个字符串或者数字，决定动画将运行多久。
- ⬎ opacity 是一个 0 至 1 之间的数字，表示目标透明度。
- ⬎ easing 是一个字符串，用来表示使用哪个缓冲函数来过渡。
- ⬎ callback 在动画完成时执行的函数。

该方法的延时时间是以毫秒为单位的，数值越大，动画越慢，而不是越快。字符串 'fast' 和 'slow' 分别代表 200 和 600 毫秒的延时。如果提供任何其他字符串，或者这个 duration 参数被省略，那么默认使用 400 毫秒的延时。和其他效果方法不同，fadeTo()需要明确地指定 duration 参数。

如果提供回调函数参数，回调函数会在动画完成的时候调用。这个对于将不同的动画串联在一起按顺序排列是非常有用的。这个回调函数不设置任何参数，但是 this 是存在动画的 DOM 元素，如果多个元素一起做动画效果，值得注意的是，这个回调函数在每个匹配元素上执行一次，而不是这个动画作为一个整体动画一次。

【示例 9】 本示例将把图像逐步调整到不透明度为 0.4 的显示效果，演示效果如图 7.8 所示。

```
<script type="text/javascript" >
$(function(){
   $("input").click(function(){
      $("div").fadeTo(2000,0.4);
```

```
  })
})
</script>

<input type="button" value="控制淡入淡出度" />
<div><img src="images/1.jpg" height="200" /></div>
```

图 7.8 设置淡出透明效果

📢 注意：

　　fadeTo()方法仅能够作用于显示的元素，对于被隐藏的元素来说是无效的。

7.1.7 渐变切换

　　与 toggle()方法的功能相似，jQuery 为淡入淡出效果也设计了一个渐变切换的方法：fadeToggle()。fadeToggle()方法的用法与 fadeIn()和 fadeOut()方法的用法相同，但是它综合了 fadeIn()和 fadeOut()方法的动画效果，可以在渐变中切换显示或隐藏元素。用法如下：

```
fadeToggle ( [ duration ], [ callback ] )
fadeToggle ( [ duration ], [ easing ], [ callback ] )
```

参数说明如下：

➥　duration 为一个字符串或者数字，决定动画将运行多久。

➥　easing 是一个字符串，用来表示使用哪个缓冲函数来过渡。

➥　callback 表示在动画完成时执行的函数。

　　持续时间是以毫秒为单位的，数值越大，动画越慢，而不是越快。字符串 'fast' 和 'slow' 分别代表 200 和 600 毫秒的延时。

　　如果提供回调函数参数，回调函数会在动画完成的时候调用。这个对于将不同的动画串联在一起按顺序排列是非常有用的。这个回调函数不设置任何参数，但是 this 是存在动画的 DOM 元素，如果多个元素一起做动画效果，值得注意的是，每执行一次回调匹配的元素，而不是作为一个整体动画一次。

　　【示例10】　在本示例中，页面显示两个按钮，当单击这两个按钮时，会切换渐变显示或者隐藏下面的图像，第二个按钮的 click 事件处理函数中调用 fadeToggle()方法时，传递一个回调函数，在这个函数中将每次单击按钮 2 的信息追加到 div 元素中，演示效果如图 7.9 所示。

```
<script type="text/javascript" >
$(function(){
   $("button:first").click(function() {
      $("img:first").fadeToggle("slow", "linear");
   });
```

```
    $("button:last").click(function () {
        $("img:last").fadeToggle("fast", function () {
            $("#log").append("<div>单击按钮 2</div>");
        });
    });
})
</script>

<button>控制按钮 1</button>
<button>控制按钮 2</button>
<p><img src="images/1.jpg" height="200" /><img src="images/1.jpg" height="200"
/></p>
<div id="log"></div>
```

图 7.9　渐变切换效果

7.2　设计复杂动画

animate()是 jQuery 效果的核心方法，上述方法都是建立在该方法基础上，通过 animate()可以创建包含多重效果的自定义动画，用法如下：

```
animate( properties, [ duration ], [ easing ], [ callback ] )
animate( properties, options )
```

参数说明如下：

- properties 表示一组 CSS 属性，动画将朝着这组属性移动。
- duration 表示一个字符串或者数字，决定动画将运行多久。
- easing 定义要使用的擦除效果的名称，但是需要插件支持，默认 jQuery 提供 linear 和 swing。
- callback 在动画完成时执行的函数。
- options 表示一组包含动画选项的值的集合。支持的选项有：
    - duration：三种预定速度之一的字符串，如 slow、normal 或者 fast，或者表示动画时长的毫秒数值，如 1000。默认值 normal。
    - easing：要使用的擦除效果的名称，需要插件支持，默认 jQuery 提供 linear 和 swing。默认值 swing。
    - complete：在动画完成时执行的函数。
    - step：每步动画执行后调用的函数。

↪ queue：设定为 false，将使此动画不进入动画队列，默认值为 true。

↪ specialEasing：一组一个或多个通过相应的参数和相对简单函数定义的 CSS 属性。

7.2.1 模拟 show()方法

show()方法能够显示隐藏的元素，它会同时修改元素的宽度、高度和不透明度属性。因此，事实上它只是 animate()方法的一种内置了特定样式属性的简写形式。如果通过 animate()设计同样的效果就非常简单。

【示例 11】 本示例使用 hide()方法隐藏图像，然后当单击按钮时，将会触发 click 事件，然后缓慢显示图像。

```
<script type="text/javascript" >
$(function(){
    $("img").hide();
    $("button").click(function () {
        $("img").show('slow');
    });
})
</script>

<button>控制按钮</button>
<p><img src="images/1.jpg" height="300" /></p>
```

【示例 12】 针对示例 11，可以使用 animate()方法进行模拟，具体代码如下，演示效果如图 7.10 所示。

图 7.10 show 效果

```
<script type="text/javascript" >
$(function(){
    $("img").hide();
    $("button").click(function () {
        $("img").animate({
            height:'show',
            width:'show',
            opacity:'show'
        },'show');
    });
```

```
})
</script>

<button>控制按钮 1</button>
<p><img src="images/bg5.jpg" height="300" /></p>
```

animate()方法拥有一些简写的参数值，这里使用简写的 show 将高度、宽度等恢复到了它们被隐藏之前的值。当然也可以使用 hide、toggle 或其他任意数字值。

7.2.2 自定义动画

animate()方法可以用于创建自定义动画。该方法的关键就在于指定动画的形式，以及动画结果样式属性的对象。

【示例 13】 设计当单击按钮时，图像的大小被放大到原始大小，实现代码如下。

```
<script type="text/javascript" >
$(function(){
    $("button").click(function(){
        $("img").animate({
            width: "100%",
            height: "100%"
        }, 1000 );
    })
})
</script>

<button>控制按钮</button>
<p><img src="images/1.jpg" height="300" /></p>
```

animate()方法包含如下 4 个参数。

第一个参数是一组包含作为动画属性和终值的样式属性及其值的集合。形式类似下面的代码：

```
{
    width: "90%",
    height: "100%",
    fontSize: "10em",
    borderWidth: 10
}
```

这个集合对象中每个属性都表示一个可以变化的样式属性，如 height、top、opacity 等。注意，所有指定的属性必须采用驼峰命名形式，如 marginLeft，而不是 margin-left。这些属性的值表示这个样式属性到多少时动画结束。

如果属性值是一个数值，样式属性就会从当前的值渐变到指定的值。如果使用的是"hide"、"show"或"toggle"等特定字符串值，则会为该属性调用默认的动画形式。

【示例 14】 在本示例中，在一个动画中同时应用 4 种类型的效果：放大文本大小，扩大元素宽和高，同时多次单击，可以在高度和不透明度之间来回切换显示 p 元素。当然，读者可以添加更多的动画样式，以设计复杂的动态效果。

```
$(function(){
    $("button").click(function(){
        $("p").animate({
            width: "200%",
            height: "200%",
            fontSize: "5em",
```

```
        height: 'toggle',
        opacity: 'toggle'
    }, 1000 );
  })
})
```

第二个参数表示动画持续的时间，以毫秒为单位，也可以设置预定义字符串，如"slow"、"normal"和"fast"。在 jQuery 1.3 中，如果第二个参数设置为 0，则表示直接完成动画。而在以前版本中则会执行默认动画。

第三个参数表示要使用的擦除效果的名称，这是一个可选参数，要使用该参数，则需要插件支持。默认 jQuery 提供"linear" 和"swing"特效。

第四个参数表示回调函数，表示在动画演示完毕之后，将要调用的函数。

【示例 15】 本示例可以使 div 向左右平滑移动。

```
<script type="text/javascript" >
$(function(){
    $("input").eq(0).click(function(){
        $("div").animate({
            left: "-100px"
        }, 1000)
    })
    $("input").eq(1).click(function(){
        $("div").animate({
            left: "+200px"
        }, 1000)
    })
})
</script>

<input type="button" value="向左运动" /><input type="button" value="向右运动" />
<div style="position:absolute;left:200px; border:solid 1px red;">自定义动画</div>
```

📢 注意：

要想使 div 元素能够自由移动，必须设置它的定位方式为绝对定位、相对定位或者固定定位，如果是静态定位，则移动动画是无效的。

同时，移动的动画总是以默认位置为参照物，即以默认位置为基础的。例如，在示例 15 中，已经定义 div 元素 left:200px，如果在 animate()方法中设置 left: "+100px"，则 div 元素并不是向右移动，而是向左移动 100 像素。对于 left: "-100px"移动动画来说，则会在现在固定位置基础上，向左移动 300 像素。

animate()方法的功能是很强大的，可以把第二个及其后面的所有参数都放置在一个对象中，在这个集合对象中包含动画选项的值，然后把这个对象作为第二个参数传递给 animate()方法。该参数可以包含下面多个选项：

➤ duration：指定动画演示的持续时间，该选项与在 animate()方法中直接传递的时间作用是相同的。duration 选项也可以包含 3 个预定义的字符串，如"slow"、"normal"和"fast"。

➤ easing：该选项接收要使用的擦除效果的名称，需要插件支持，默认值为"swing"。

➤ complete：指定动画完成时执行的函数。

➤ step：动画演示之后回调值。

➤ queue：该选项表示是否将使此动画不进入动画队列，默认值为 true。

【示例 16】 在本示例中，设置了一个动画队列，其中设置第 1 个动画不在队列中运行，此时可以看到第 1 个动画的字体变大和第 2 个动画的元素高度增加是同步进行的。当这两个动画同步进行完成之后，然后才触发第 3 个动画。在第 3 个动画中，设置 div 元素的最终不透明度为 0，则经过 2000 毫秒的淡出演示过程之后，该 div 元素消失。

```
<script type="text/javascript" >
$(function(){
    $("input").click(function(){
        $("div").animate(      //第 1 个动画
            {height:"120%"},
            {duration: 5000, queue: false}
        ).animate({      //第 2 个动画，将与第 1 个动画并列进行
            fontSize: "10em"
        },1000).animate({      //第 3 个动画
            opacity: 0
        }, 2000);
    })
})
</script>


<input type="button" value="自定义动画" />
<div style="border:solid 1px red;">自定义动画</div>
```

7.2.3 滑动定位

扫一扫，看视频

使用 animate()方法还可以控制其他属性，这样能够创建更加精致新颖的效果。例如，可以在一个元素的高度增加到 50 像素的同时，将它从页面的左侧移动到页面右侧。

在使用 animate()方法时，必须明确 CSS 对要改变的元素所施加的限制。例如，在元素的 CSS 定位没有设置成相对定位（relative）或绝对定位（absolute）的情况下，调整 left 属性对于匹配的元素毫无作用。所有块级元素默认的 CSS 定位属性都是静态定位（static），这个值精确地表明：在改变元素的定位属性之前试图移动它们，它们只会保持静止不动。

【示例 17】 在本示例中，设置了一个动画队列，在 2 秒中向右下角移动图像，同时渐变不透明度为 50%，动画完成后，将执行回调函数，提示动画完成的提示信息，演示效果如图 7.11 所示。

```
<script type="text/javascript" >
$(function(){
    $("button").click(function(){
        $("p").animate({
            left:200,
            top:200,
            opacity: .5
        }, 2000, "linear", function(){alert("动画完成");} );
    })
})
</script>


<button>控制按钮</button>
<p style="position:relative"><img src="images/1.jpg" height="300" /></p>
```

图 7.11　自定义效果

📢 **注意：**

当清除<p>标签中的 **position:relative** 声明之后，整个动画将显示为无效。

7.2.4　停止动画

使用 jQuery 的 stop()方法可以随时停止所有在指定元素上正在运行的动画。具体用法如下：

```
stop( [ clearQueue ], [ jumpToEnd ] )
```

参数说明如下：

➥ clearQueue 是一个布尔值，指示是否取消队列动画，默认值为 false。

➥ jumpToEnd 是一个布尔值，指示是否立即完成当前动画，默认值为 false

当一个元素调用 stop()方法之后，当前正在运行的动画（如果有的话）立即停止。

注意问题：

➥ 如果一个元素用 slideUp()隐藏的时候，stop()方法被调用，元素现在仍然被显示，但将是先前高度的一部分。不调用回调函数。

➥ 如果同一元素调用多个动画方法，后来的动画被放置在元素的效果队列中。这些动画不会开始，直到第一个完成。当调用 stop()方法的时候，队列中的下一个动画立即开始。如果 clearQueue 参数提供 true 值,那么在队列中的其余动画被删除并永远不会运行。

➥ 如果 jumpToEnd 参数提供 true 值，当前动画将停止，但该元素是立即给予每个 CSS 属性的目标值。用上面的 slideUp()为例，该元素将立即隐藏。如果提供回调函数将立即被调用。当需要对元素做 mouseenter 和 mouseleave 动画时，stop()方法明显是有效的。

【示例 18】　在本示例中，当单击第 1 个按钮时，可以随时单击第 2 个按钮停止动画的演示，如图 7.12 所示。

```
<script type="text/javascript" >
$(function(){
   $("input").eq(0).click(function(){
      $("div").animate({
         fontSize : "10em"
      }, 8000);
   });
   $("input").eq(1).click(function(){
      $("div").stop();
```

```
      })
   })
</script>

<input type="button" value="自定义动画" /><input type="button" value="停止动画" />
<div style="border:solid 1px red;">自定义动画</div>
```

图 7.12 控制动画

📢 提示：

stop()方法包含两个可选的参数：
第 1 个参数表示布尔值，如果设置为 true，则清空队列，立即结束所有动画。如果设置为 false，则如果动画队列中有等待执行的动画，会立即执行队列后面的动画。
第 2 个参数也是一个布尔值，如果设置为 true，则会让当前正在执行的动画立即完成，并且重设 show 和 hide 的原始样式，调用回调函数等。

扫一扫，看视频

7.2.5 关闭动画

除定义 stop()方法外，jQuery 还定义了 off 属性，当这个属性设置为 true 的时候，调用时所有动画方法将立即设置元素为它们的最终状态，而不是显示效果。该属性解决了 jQuery 动画存在的几个问题：

↘ jQuery 是被用在低资源设备上。
↘ 动画使用用户遇到可访问性问题。
↘ 可以通过设置这个属性为 false 重新打开动画。

【示例 19】 在本示例中，首先调用 jQuery.fx 空间下的属性 off，设置该属性值为 true，即关闭当前页面中所有的 jQuery，因此下面按钮所绑定的 jQuery 动画也是无效的，当单击按钮时，直接显示 animate()方法的第 1 个参数设置的最终样式效果。

```
<script type="text/javascript" >
$(function(){
   jQuery.fx.off = true;
   $("input").click(function(){
      $("div").animate({
         fontSize : "10em"
      }, 8000);
   });
})
</script>

<input type="button" value="自定义动画" />
<div style="border:solid 1px red;">自定义动画</div>
```

关闭 jQuery 动画，对于配置比较低的计算机，或者用户遇到了可访问性问题时，是非常有帮助的。如果要重新开启所有动画，只需要设置 jQuery.fx.off 属性值为 false 即可。

7.2.6 设置动画频率

使用 jQuery 的 interval 属性可以设置动画的频率，以毫秒为单位。 jQuery 动画默认是 13 毫秒。修改 jQuery.fx.interval 属性值为一个较小的数字，可以使动画在更快浏览器中运行更流畅，如 Chrome，但这样做有可能影响性能。

【示例 20】   在本示例中修改 jQuery 动画的帧频为 100，则会看到更加精细的动画效果。

```
<script type="text/javascript" >
$(function(){
jQuery.fx.interval = 100;
    $("input").click(function(){
        $("div").toggle( 3000 );
    });
})
</script>
<style type="text/css">
div { width:500px; height:300px; margin:5px; float:left; background:green; }
</style>

<input type="button" value="运行动画"/>
<div></div>
```

7.2.7 延迟动画

delay()方法能够延迟动画的执行，用法如下：

```
delay( duration, [ queueName ] )
```

参数说明如下：

➥   duration 是一个用于设定队列推迟执行的时间，以毫秒为单位的整数。

➥   queueName 是一个作为队列名的字符串，默认是动画队列 fx 。

delay()方法允许将队列中的函数延时执行。它既可以推迟动画队列中函数的执行，也可以用于自定义以毫秒为单位的队列延时时间，数值越大，动画越慢，而不是越快。字符串'fast'和'slow'分别代表 200 和 600 毫秒的延时。

【示例 21】   在<div id="foo">的 slideUp()和 fadeIn()动画之间设置 800 毫秒的延时：

```
$('#foo').slideUp(300).delay(800).fadeIn(400);
```

当这句语句执行的时候，这个元素会以 300 毫秒的时间卷起动画，然后在 400 毫秒淡入动画前暂停 800 毫秒。jQuery.delay()是在 jQuery 动画效果和类似队列中最好的，但不是替代 JavaScript 原生的 setTimeout 函数，后者更适用于通常情况。

7.3 实 战 案 例

本节将通过多个案例练习 jQuery 动画设计。

7.3.1 折叠面板

折叠是网页设计中经常用到的效果，实现起来比较简单。为了技术的规范性和适应性，本节将对 JavaScript 代码进行简单的封装，实现在相同的结构和类样式下，都可以获得相同的折叠效果，演示效果如图 7.13 所示。

图 7.13 折叠效果

【操作步骤】

第 1 步，首先定制折叠面板的 HTML 结构。本例选用 dl、dt 和 dd 这 3 个元素配合使用，即符合语义性，也方便管理。设计文档中包含 collapse 类样式的 dl 元素，只要包含一个 dt 和 dd 子元素，都可以拥有相同的折叠效果。

```
<dl class="collapse">
    <dt>标题栏</dt>
    <dd>内容框<br /><img src="images/bg2.jpg" height="200" /></dd>
</dl>
```

第 2 步，设计折叠面板样式，关于该模块的样式设计就不再说明，读者可以参考本书资源包示例源代码。

第 3 步，使用 jQuery 来实现折叠效果。由于 jQuery 已经封装了 getElementsByClassName()、show() 和 hide() 方法，所以可以直接调用。实现折叠效果的详细代码如下：

```
<script type="text/javascript">
$(function(){                              //页面初始化处理函数
    var t = [];                           //定义空数组
    var dt = $("dl.collapse dt");         //获取类名为collapse的dl元素包含的所有dt
                                          //子元素
    var dd = $("dl.collapse dd");         //获取类名为collapse的dl元素包含的所有dd
                                          //子元素

    dt.each(function(i){                  //遍历所有的dt元素，并向函数传递遍历序号
        t[i] = false;                     //设置折叠初始状态
        $(dt[i]).click((function(i,dd){   //为当前dt元素绑定click事件处理函数
            return function(){            //返回一个闭包函数，闭包函数能够存储传递进来
                                          //的动态参数值

                if( t[i]){
                    $(dd).show();        //显示元素
                    t[i]  = false;
                }else{
                    $(dd).hide();        //隐藏元素
                    t[i]  = true;
                }
```

```
        }
    })(i,dd[i]);                              //向当前执行函数中传递参数
    })
})
</script>
```

使用 jQuery 设计的思路与 JavaScript 设计思路完全相同，不过 jQuery 已经封装了 getElementsBy ClassName()、show()和 hide()方法，所以就会节省很多代码。同时 jQuery 使用 each()方法封装了 for 循环结构，实现快捷遍历文档结点。each()方法包含一个默认的参数，该参数可以传递遍历过程中元素的序列位置，以方便动态跟踪每个元素。

考虑到在元素遍历的过程中，动态定位元素比较困难，这里使用了闭包函数存储元素的序列位置，由于在闭包中无法访问闭包函数外的对象，所以还需要向其传递当前要操作的元素对象。

◀》 注意：

> 在多层嵌套结构中，大括号和小括号的使用要配对，避免缺少小括号运算符，如$(dt[i]). click((function (i,dd) { //…})(i,dd[i]));。

扫一扫，看视频

7.3.2 树形结构

文件系统通常以层次结构的列表形式显示，在层次结构列表里文件夹包含的内容相互嵌套，以便表示各种复杂的包含关系，这种类似树形动画的设计效果，在网页中经常见到，如目录导航，效果如图 7.14 所示。另外，在网页中看到的多级菜单也是一种经典的树形结构。

图 7.14 树形结构

【操作步骤】

第 1 步，设计树形 HTML 结构。从语义性角度考虑，选择列表结构是最恰当的，用户可以使用 div 和 span 元素实现相同的显示效果。列表结构在多层嵌套时，会自动显示出多层结构的关系，即使不使用 CSS 进行样式设计，原始结构仍然让人一目了然。本案例的树形动画的 HTML 代码如下。

```
<ul class="tree">
    <li>首页</li>
    <li>新闻
        <ul>
            <li>国内新闻</li>
            <li>国际新闻</li>
        </ul>
    </li>
    <li>科技
        <ul>
            <li>桌面科技</li>
            <li>移动科技
```

```
            <ul>
                <li>iPhone</li>
                <li>HTC </li>
                <li>Android</li>
            </ul>
        </li>
        <li>应用科技</li>
    </ul>
</li>
<li>社会</li>
</ul>
```

整个树形动画包含在 ul 容器中，每一个 li 元素作为一个选项进行呈现，不同层次的结构分别以 ul 子元素进行包裹，从而实现层层嵌套的关系。

第 2 步，使用 JavaScript 直接设计树形动画的思路。

先获取树形动画中所有 li 元素，因为 li 元素代表一个选项，不管该选项处于什么层次位置。然后，遍历 li 元素集合，在遍历过程中检测当前 li 元素是否包含 ul 元素。如果包含 ul 元素，则设置临时标识变量 b 为 true，否则设置变量 b 为 false。

➤ 如果 b 为 true，则设置当前 li 元素的样式（如鼠标样式、列表项目符号），并获取 li 元素包含的第一个 ul 元素，并隐藏该 ul 元素。然后为当前 li 元素绑定 click 事件处理函数。在该事件处理函数中，根据 ul 元素是否显示为条件，则分别隐藏或者显示 ul 元素，同时动态修改当前 li 元素的样式。

➤ 如果 b 为 false，则设置当前 li 元素的样式为默认状态。

第 3 步，为了防止单击当前 li 元素的子元素时，也可能会触发 cilck 事件，则应该检测当前单击的元素是否为 li 元素。为此，可以使用 Event 对象的 target（兼容 IE）或 srcElement（兼容 DOM）属性进行判断。完整的 JavaScript 脚本代码如下。

```
<script type="text/javascript">
window.onload = function(){                      //页面初始化处理函数
    var li = document.getElementsByTagName("li");   //获取页面中所有 li 元素
    var t =[];                                   //定义临时数组
    for(var i = 0; i < li.length; i ++ ){        //遍历数组
        var child = li[i].childNodes;            //获取当前 li 元素包含的所有子节点
        var b = false;                           //定义临时变量，并初始化为 false
        for(var j=0; j<child.length;j++){        //遍历当前 li 元素包含的节点，并检测是否包
含 ul 元素
            if(child[j].nodeType == 1 && child[j].nodeName.toLowerCase() == "ul")
                b = true;                        //如果 li 元素包含 ul 元素，则设置 b 为 true
        }
        if(b){                                   //如果 li 元素包含 ul 元素
            li[i].style.cursor = 'pointer';      //定义当前 li 元素的鼠标指针样式为手形
            li[i].style.listStyleImage = 'url(images/+.gif)';   //修改当前 li 元素的
                                                 //选项列表图标形状
            var ul =  li[i].getElementsByTagName("ul")[0]; //获取第一个 ul 子元素
            ul.style.display = "none";           //隐藏第一个 ul 元素
            t[i] = true;                         //设置当前序号位置的数组元素的值为 true
            li[i].onclick = (function(o,li,i){   //绑定 click 单击事件处理函数
                return function(e){              //返回闭包函数
                    if(li == e.target || li == window.event.srcElement ){       //如果
```

当前元素就是事件触发的目标对象，则允许执行。这样做的目的，是防止单击当前 li 元素的子元素时，也触发 cilck 事件

```
                        if( t[i]){            //如果当前数组元素值为 true
                            o.style.display = ""; //恢复显示 ul 元素
                            li.style.listStyleImage = 'url(images/-.gif)'; //修改 li
元素项目列表符号
                            t[i] = false;           //切换当前数组元素值为 false
                        }
                        else{                      //如果当前数组元素值为 false
                            o.style.display = "none";  //隐藏显示 ul 元素
                            li.style.listStyleImage = 'url(images/+.gif)'; //修改 li
元素项目列表符号
                            t[i] = true;             //切换当前数组元素值为 true
                        }
                    }
                    if ( e && e.stopPropagation )     //兼容非 IE 浏览器
                        e.stopPropagation();          //阻止事件传播
                    else                              //兼容 IE 浏览器
                        window.event.cancelBubble = true;  //阻止事件传播
                    return false;                //避免触发默认事件
                }
            })(ul,li[i],i); //调用函数，传递当前 li 元素及其包含的第一个 ul，以及当前 li 元素
的下标
        }
        else{                                       //如果 li 元素不包含 ul 元素
            li[i].style.cursor = 'default';         //恢复 li 元素的鼠标默认样式
            li[i].style.listStyleImage = 'none';    //恢复 li 元素的默认列表项目符号
        }
    }
}
</script>
```

第 4 步，根据 JavaScript 设计思路，下面尝试使用 jQuery 实现相同的设计效果。详细代码如下：

```
<script type="text/javascript">
$( function(){                                    //页面初始化处理函数
    $( 'li:has(ul)' ).click( function( event ){//如果 li 元素包含 ul 元素，则绑定 click
                                               //事件
        if ( this == event.target ) {              //如果当前 li 元素就是事件触发的目标对象
            if ( $( this ).children().is( ':hidden' ) ) {    //如果当前 li 元素的子元素
                                                             //隐藏，则修改 li 元素的
                                                             //项目列表符号，并显示所有
                                                             //子元素
                $( this ).css( 'list-style-image', 'url(images/-.gif)' ).children().
show();
            }
            else {                                          //否则修改 li 元素的项目列
                                                            //表符号，并隐藏所有子元素
                $( this ).css( 'list-style-image', 'url(images/+.gif)' ).children().
hide();
            }
        }
```

```
        return false;
    }).css( {                    //设置包含 ul 子元素的 li 元素的样式
        cursor : 'pointer',     //设置鼠标样式为手形
        'list-style-image' : 'url(images/+.gif)'        //设置项目列表符号为减号样式
    }).children().hide();        //隐藏当前 li 元素的所有子元素
    $( 'li:not(:has(ul))' ).css( {  //如果 li 元素没有包含 ul 元素，则设置样式为
        cursor : 'default',          //恢复默认的鼠标样式
        'list-style-image' : 'none'  //恢复默认的项目列表符号
    });
});
</script>
```

7.3.3 选项卡

树形结构是一种多层次结构，而选项卡是一种索引结构关系。通过 Tab 索引可以快速定位到相应的容器框选项。在 Web 开发中，这种以选项卡形式设计的页面或者模块比较常见，如图 7.15 所示。

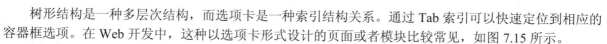

图 7.15　选项卡

【操作步骤】

第 1 步，选项卡的结构通常按二叉型进行设计，框 1（分支一）负责组织 Tab 标题内容，而框 2（分支二）负责组织每个选项卡对应的显示内容。在设计时，为了方便控制，应确保 Tab 标题序列与内容序列一一对应，这样可以方便程序进行控制。本案例的 HTML 结构如下。

```html
<div class="tab">
    <ul>                                    <!-- 选项卡标题框  -->
        <li>Tab1</li>
        <li>Tab2</li>
        <li>Tab3</li>
    </ul>
    <ol>                                    <!-- 选项卡内容框  -->
        <li><img src="images/bg2.jpg" width="450" /></li>
        <li><img src="images/bg3.jpg" width="450" /></li>
        <li><img src="images/bg4.jpg" width="450" /></li>
    </ol>
</div>
```

第 2 步，使用 JavaScript 直接设计选项卡的思路：先使用 CSS 设计 4 对类样式，分别用来控制标题栏和内容框的显隐样式。使用 JavaScript 设计在默认状态下标题栏和内容框的类样式，然后通过遍历方式为每个标题栏绑定 mouseover 事件处理函数，设计当鼠标经过标题栏时，隐藏所有内容框，修改所有标题的类样式，并显示该标题栏的样式和现实所对应的内容框。

使用 JavaScript 实现选项卡功能的完整代码如下：

```
<script type="text/javascript">
//为 document 对象扩展 getElementsByClassName ()方法
if(!document.getElementsByClassName){
    document.getElementsByClassName = function(className, element){
        var children = (element || document).getElementsByTagName('*');
        var elements = new Array();
        for (var i=0; i<children.length; i++){
            var child = children[i];
            var classNames = child.className.split(' ');
            for (var j=0; j<classNames.length; j++){
                if (classNames[j] == className){
                    elements.push(child);
                    break;
                }
            }
        }
        return elements;
    };
}
window.onload = function(){
    var tab = document.getElementsByClassName("tab")[0];    //获取选项卡的外框
    var ul = tab.getElementsByTagName("ul")[0];        //获取选项卡标题栏的外框
    var ol = tab.getElementsByTagName("ol")[0];        //获取选项卡内容框的外框
    var uli = ul.getElementsByTagName("li");    //获取所有标题栏选项
    var oli = ol.getElementsByTagName("li");    //获取所有内容选项
    for(var i=0; i<uli.length; i++){            //遍历标题栏选项
        uli[i].className = "normal";            //设置所有标题栏选项的类样式为普通样式
    }
    for(var i=0; i<oli.length; i++){            //遍历内容框选项
        oli[i].className = "none";              //设置所有内容框选项的类样式为隐藏
    }
    uli[0].className = "hover";                 //设置第一个标题栏选项为凸起显示
    oli[0].className = "show";                  //设置第一个内容框选项为显示出来
    var addEvent=function(e, fn) {              //自定义绑定 mouseover 事件函数
        if(document.addEventListener){          //兼容非 IE 浏览器
            return e.addEventListener("mouseover", fn, false);
        }
        else if(document.attachEvent){          //兼容 IE 浏览器
            return e.attachEvent("onmouseover", fn);
        }
    };
    for(var j = 0; j < uli.length; j ++ ){      //遍历标题栏选项
        (function(j,uli,oli){                    //调用匿名函数
            addEvent(uli[j], function(){         //为当前标题栏选项元素绑定 mouseover
                                                 //事件
```

```
                for(var n = 0; n < uli.length; n ++ ){      //遍历标题栏选项
                    uli[n].className = "normal";    //恢复所有标题栏选项为普通显示状态
                    oli[n].className = "none";      //隐藏所有内容框选项
                }
                uli[j].className = "hover";      //设置当前标题栏为凸起效果
                oli[j].className = "show";       //显示当前标题栏对应的内容框选项
            });
        })(j,uli,oli);                          //把当前序号、标题栏选项数组和内容框选项数组传
                                                //递进去

    }
}
</script>
```

第 3 步，根据 JavaScript 设计思路，使用 jQuery 实现相同的设计效果，编写的代码会非常简洁。

```
<script type="text/javascript">
$( function(){                              //页面初始化事件处理函数
    var $uli = $(".tab ul li");            //获取所有标题栏选项元素
    var $oli = $(".tab ol li");            //获取所有内容框选项元素
    $uli.addClass("normal");               //为所有标题栏选项元素添加普通类样式
    $oli.addClass("none");                 //为所有内容框选项元素添加隐藏类样式
    $uli[0].className = "hover";           //初始化第一个标题栏选项显示为凸起效果
    $oli[0].className = "show";            //初始化第一个内容框选项显示出来
    $uli.each(function(n){                 //遍历所有标题栏选项
        $(this).mouseover(function(){      //为每个选项绑定 mouseover 事件处理函数
            $uli.removeClass().addClass("normal");    //移出所有标题栏选项类样式，恢复普
                                                      //通显示
            $(this).removeClass().addClass("hover");  //移出所有类样式，为当前标题栏设置
                                                      //亮显
            $oli.removeClass().addClass("none");      //移出所有内容框选项的类样式，恢复
                                                      //隐藏显示
            $($oli[n]).removeClass().addClass("show");   //移出所有类样式，为当前内容框
                                                         //设置显示
        })
    })
});
</script>
```

第 8 章　使用辅助工具

jQuery 定义了很多静态函数，这些函数的命名空间为$，作为辅助工具主要用于完成特殊任务。本章将重点介绍这些辅助工具的使用。

【学习重点】
- 使用 jQuery 检测工具。
- 管理 jQuery 库。
- 熟练使用 JavaScript 扩展方法。
- 正确使用缓存、队列对象。
- 正确使用延迟和回调函数对象。

8.1　检测浏览器

jQuery 是基于跨浏览器的技术框架，开发人员不必为了兼容不同浏览器而烦恼。另外，jQuery 也定义了几个直接检测浏览器相关信息的工具函数，使用它们可以快速确定用户端浏览器的相关信息。

8.1.1　检测类型

检测浏览器的类型主要根据 navigator 对象的 userAgent 属性来实现，即通过引用 window 对象的 navigator 属性来读取。用法如下：

```
var browser = navigator.userAgent;
```

jQuery 早期版本定义了 browser 对象，通过该对象可以获取当前浏览器的类型，浏览器对象检测技术与此属性共同使用可提供可靠的浏览器检测支持。

注意，在新版本中，不建议用户使用 browser 对象来检测浏览器类型。

【示例1】　确定当前浏览器的类型。在本示例中，通过遍历 browser 对象属性，获取每个属性值，并确定当前浏览器的类型，演示效果如图 8.1 所示。

图 8.1　获取浏览器的类型

```html
<!doctype html>
<html>
<head>
<meta charset="utf-8">
<title>test</title>
<script src="jquery/jquery-1.3.2.js" type="text/javascript"></script>
<script type="text/javascript">
$(function(){
    var browser = $.browser;
    var temp = ""
    for(var name in browser){
        if(browser[name] == true)
            temp += name + " = " + browser[name] + ", <strong>当前浏览器是 " + name  + "
```

```
</strong><br />";
    else
       temp += name + " = " + browser[name] + "<br />";
    }
    $("div").html(temp)
})
</script>
<style type="text/css">
</style>
</head>
<body>
<div></div>
</body>
</html>
```

通过上面示例可以看到 browser 对象包含 5 个属性，其中用来检测浏览器类型的属性名分别为 safari、opera、msie、mozilla。用户可以直接调用这些属性来检测当前浏览器是否为特定类型浏览器。这些属性在 DOM 树加载完成前即有效，因此可用于为特定浏览器设置 ready 事件。

【示例 2】 下面代码可以分别为不同浏览器编写不同的页面初始化配置函数。访问方式可以通过点号运算符直接调用属性，也可以作为名称下标进行访问。

```
<script type="text/javascript">
if($.browser.msie){
    $(function(){
        alert("IE 浏览器专用页面初始化函数！");
    })
}
else if($.browser.safari){
    $(function(){
        alert("Safari 浏览器专用页面初始化函数！");
    })
}
else if($.browser["opera"]){
    $(function(){
        alert("Opera 浏览器专用页面初始化函数！");
    })
}
else if($.browser["mozilla"]){
    $(function(){
        alert("Firefox 浏览器专用页面初始化函数！");
    })
}
</script>
```

由于这种检测浏览器的方式缺乏灵活性，与 jQuery 技术框架的灵巧性相违背，在 jQuery 1.3 中不建议使用。当然，调用该对象是有效的。

8.1.2 检测版本号

在早期 jQuery 中可以借助 jQuery.browser.version 属性获取浏览器的版本号。

【示例 3】 下面代码可以返回当前浏览器的版本号，返回值是字符串类型。

```
<script type="text/javascript">
$(function(){
```

扫一扫，看视频

扫一扫，看视频

```
    alert( $.browser.version );
})
</script>
```

8.1.3 检测渲染方式

浏览器为了实现对标准网页和传统网页的兼容，分别制定了几套网页显示方案，这些方案就是浏览器的渲染方式。浏览器能够根据网页文档类型来决定选择哪套显示模式对网页进行解析。

- ➤ IE 浏览器支持两种显示模式：标准模式和怪异模式。在标准模式中，浏览器会根据 W3C 制定的标准来显示页面；而在怪异模式中，页面将以 IE5 显示页面的方式来呈现网页，以保证与过去非标准网页的兼容。
- ➤ Firefox 支持三种显示模式：标准模式、几乎标准的模式和怪异模式。其中几乎标准的模式对应于 IE 和 Opera 的标准模式，该模式除了在处理表格的方式方面有一些细微差异外，与标准模式基本相同。
- ➤ Opera 支持与 IE 相同的显示模式。但是在 Opera9 版本中怪异模式不再兼容 IE5 盒模型解析方式。

通过调用 jQuery.boxModel 属性可以确定浏览器在解析当前文档是否支持 W3C 标准的盒模型。如果返回值为 true，则表示支持；否则表示不支持，即支持 IE 的怪异模式。

【示例4】 下面代码可以感性认识该属性的应用。

```
<script type="text/javascript">
$(function(){
    alert( $.boxModel && "支持 W3C 标准盒模型" || "支持 IE 的怪异解析模式" );
})
</script>
```

在 jQuery 1.3 中不建议使用，如果要检测当前页面中浏览器是否使用标准盒模型渲染页面，建议使用 jQuery.support.boxModel 属性来代替。

8.1.4 综合测试

扫一扫，看视频

从 jQuery1.3 版本开始，jQuery 重新设计了浏览器特性检测方法，把所有相关属性都集中到 support 对象中，这样就方便管理和使用。在 support 对象中，很多属性是很低级的，所以很难确保在日后版本升级中总是保持有效，但这些功能主要用于插件和内核开发者。

support 对象包含的属性及其测试内容说明如表 8.1 所示。

表 8.1 support 对象包含属性说明

属　　性	说　　明
boxModel	如果浏览器解析当前文档是以 W3C CSS 盒模型来渲染的，则返回 true。如果在 IE 6 和 IE 7 的怪异模式中返回 false，则在页面初始化之前，返回 null
cssFloat	如果浏览器使用 cssFloat 属性来访问 CSS 的 float 样式值，则返回 true，否则返回 false。在 IE 浏览器中会返回 false，因为它使用 styleFloat 属性来访问 CSS 的 float 样式值
hrefNormalized	如果浏览器从 getAttribute("href") 返回的是原封不动的结果，则返回 true，否则返回 false。在 IE 浏览器中会返回 false，因为它对返回的结果进行了格式化处理
htmlSerialize	如果浏览器通过 innerHTML 插入 a 元素，会自动序列化这些超链接，则返回 true，否则返回 false。目前在 IE 浏览器中会返回 false

（续）

属 性	说 明
leadingWhitespace	如果浏览器在使用 innerHTML 时，保持前导空白字符，则返回 true，否则返回 false。目前在 IE 6～IE 8 版本浏览器中会返回 false
noCloneEvent	如果浏览器在复制元素时不会连同事件处理函数一起复制，则返回 true，目前在 IE 中返回 false
objectAll	如果在某个元素对象上执行 getElementsByTagName("*")会返回所有子孙元素，则为 true，目前在 IE 7 中为 false
opacity	如果浏览器能适当解释透明度样式属性，则返回 true，由于 IE 浏览器使用 alpha 滤镜实现，则返回 false
scriptEval	使用 appendChild()或 createTextNode() 方法插入脚本代码时，浏览器是否执行脚本，目前在 IE 中不能够执行，因此返回 false，IE 使用 text 方法插入脚本代码则可以执行
style	如果 getAttribute("style")返回元素的行内样式，则为 true。由于 IE 使用 cssText 返回元素的行内样式，因此返回 false
tbody	如果浏览器允许 table 元素不包含 tbody 元素，则返回 true。目前在 IE 中会返回 false，它会自动插入缺失的 tbody 元素

所有这些支持的属性值都通过特性检测来实现，而不适用任何浏览器检测。

8.2　管理 jQuery 库

jQuery 定义$符号代表 jQuery 对象，而 Prototype 也引用了$名字空间。如果把它们都导入到同一个文档中，可能会引发名字空间的混乱。为此，jQuery 提供了多库共存的技术解决途径。

8.2.1　兼容其他库

jQuery 定义了 noConflict()函数工具，调用该工具可以把变量$的控制权交给第一次实现它的库或者代码。

【示例 5】　为了方便理解，先看如下代码。

```
<script type="text/javascript">
var $ = function(){
    alert("其他库别名");
}
</script>
<script src="jquery/jquery-3.1.1.js" type="text/javascript"></script>
<script type="text/javascript">
$(function(){
    alert("jQuery 库别名");
})
</script>
```

在本示例中，先于 jQuery 库之前命名一个$变量，为该变量定义一个简单的函数。然后导入 jQuery 库，再调用$()函数，则可以看到浏览器根据最后导入的 jQuery 库的名字空间来执行$()函数，如图 8.2 所示。

如果希望执行 jQuery 库前面的$()或者其他库的名字空间中的$()函数，则只需要在导入 jQuery 库后的脚本中调用 jQuery.noConflict()函数即可。

【示例 6】　针对示例 5，可以按如下方法来设计，则在浏览器中浏览时，可以看到最先定义的$()函数有效，如图 8.3 所示。

```
<script type="text/javascript">
var $ = function(){
    alert("其他库别名");
}
</script>
<script src="jquery/jquery-3.1.1.js" type="text/javascript"></script>
<script type="text/javascript">
jQuery.noConflict();    //恢复最先定义的$名字空间
$(function(){
    alert("jQuery库别名");
})
</script>
```

图 8.2　最后导入的库覆盖前面的库

图 8.3　最先导入的库覆盖后面的库

通过这种方式可以确保 jQuery 不会与其他库的$对象发生冲突，在运行 jQuery.noConflict()函数之后，就只能使用 jQuery 变量访问 jQuery 对象。例如，当需要用到$()的地方，就必须换成 jQuery()。

noConflict()函数必须在导入 jQuery 库之后，并且在导入另一个导致冲突的库之前使用。当然也应当在其他冲突的库被使用之前使用，除非 jQuery 是最后一个导入的。

分析 noConflict()函数的源代码，可以看到 noConflict()函数实际上是把备份的$变量进行恢复，恢复到最初的状态。

```
noConflict: function( deep ) {
    window.$ = _$;
        if ( deep )
            window.jQuery = _jQuery;
    return jQuery;
},
```

8.2.2　混用多个库

扫一扫，看视频

如果 jQuery 名字空间也发生了冲突，可以使用 jQuery.noConflict(deep)函数进行解决，它是 8.2.1 节介绍的 noConflict()函数的高级版本，当参数 deep 为 true 时，该函数能够把$和 jQuery 的控制权都交还给原来的库，因此将完全重新定义 jQuery。

【示例 7】　在本示例中没有调用 jQuery.noConflict(deep)函数，因此最后执行的依然是 jQuery 框架的名字空间。

```
<script type="text/javascript">
var jQuery = function(){
    alert("其他库名");
}
```

```
</script>
<script src="jquery/jquery-3.1.1.js" type="text/javascript"></script>
<script type="text/javascript">
$(function(){
    alert("jQuery 库名");
})
</script>
```

现在，调用 jQuery.noConflict()函数，并向其传递一个 true 参数，则 jQuery 会使用内部变量_jQuery 恢复 jQuery 库之前的最初功能。

【示例 8】 在本示例中，定义全局变量 jQuerySelf 暂存 jQuery 名字空间，并通过 jQuery.noConflict (true);函数恢复 jQuery 最初的名字空间语义。所以，在本示例中将看到如何避免库冲突，同时又能够实现库之间相安无事，可以在同一个文档中交叉使用。

```
<script type="text/javascript">
var $ = jQuery = function(){
    alert("其他库名");
}
</script>
<script src="jquery/jquery-3.1.1.js" type="text/javascript"></script>
<script type="text/javascript">
var jQuerySelf = jQuery.noConflict(true);
$(function(){                              //将执行其他库名字空间
    alert("jQuery 库名");
})
jQuerySelf(function(){                     //将执行 jQuery 库名字空间
    alert("jQuery 库名");
})
</script>
```

jQuery.noConflict(deep)函数的实现原理很简单，即如果参数值为 true，则使用临时变量_jQuery 恢复它的最初功能。

8.3 扩展 JavaScript 方法

jQuery 集成了 Web 开发中频繁的日常操作，为 JavaScript 扩展了很多方法，使用这些方法可以简化 JavaScript 的操作难度。

8.3.1 修剪字符串

jQuery 扩展了字符串处理方法，定义了 trim()和 param()方法。其中 trim()方法用于修剪字符串，而 param()方法能够把数组或对象转换为字符串序列。

trim()是一个全局函数，可以直接使用 jQuery 对象进行调用，该方法包含一个字符串型的参数，即将被修剪的字符串，返回修剪后的字符串。

【示例 9】 本示例演示了字符串在被 jQuery 的 trim()修剪前后的字符串长度变化。

```
var str = "   去掉字符串起始和结尾的空格    ";
alert(str.length);                         //返回 19
str = jQuery.trim(str);
alert(str.length);                         //返回 13
```

扫一扫，看视频

8.3.2 序列化字符串

jQuery 的 param()函数能够将表单元素数组或者对象序列化，它是 serialize()方法的基础。所谓序列化，就是数组或者 jQuery 对象按照名/值（name/value）对格式进行序列化，而 JavaScript 普通对象按照 key/value 对格式进行序列化。

【示例 10】 在本示例中 param()函数能够把列表结构的对象 obj 转换为字符串类型的名/值对字符串，返回字符串 width=400&height=300。

```
$(function(){
    var option = {
        width:400,
        height:300
    };
    var str = jQuery.param( option );
    alert(str);
})
```

8.3.3 检测数组

由于数组和对象都是散列式列表结构，它们都可以存储大量数据，开发人员喜欢使用数组或者对象来进行数据周转，但是数组和对象的操作方法各异，如何在开发中快速了解当前值是数组或者是对象就非常重要。

isArray()函数是 jQuery 定义的负责检测对象是否为数组的专用工具。该工具用法简单实用，它可以快速判断指定对象是否为数组，以方便程序进行处理。

【示例 11】 本示例将检测变量 a 是否为数组，如果是数组则执行特定的代码。

```
$(function(){
    var a = [
        {width:400},
        {height:300}
    ];
    if(jQuery.isArray( a ))
        alert("变量a是数组");
})
```

isFunction()函数是 jQuery 定义的用来检测指定对象是否为函数类型的函数。该函数与 isArray()函数用法相同，其实现的 JavaScript 代码如下。

```
function isFunction( obj ){
    return Object.prototype.toString.call(obj) === "[object Function]";
}
```

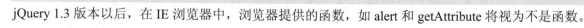

jQuery 1.3 版本以后，在 IE 浏览器中，浏览器提供的函数，如 alert 和 getAttribute 将视为不是函数。

8.3.4 遍历对象

JavaScript 使用 for 或 for/in 语句实现迭代操作。jQuery 简化了这种操作，each()函数是 jQuery 通用迭代工具，可用于遍历数组或者集合对象。用法如下：

```
jQuery.each(object, [callback])
```

参数 object 表示要遍历的集合对象，callback 表示回调函数，该函数将在遍历每个成员时触发。回调函数包含两个默认参数：第一个参数为对象成员或数组的索引；第二个参数为对应变量或内容。

【示例 12】 在本示例中，调用 jQuery.each()函数遍历数组 a，然后在遍历过程中，逐一提示该数组元素的下标值和元素值，如图 8.4 和图 8.5 所示。

```
$(function(){
    var a = [
        {width:400},
        {height:300}
    ];
    jQuery.each(a,function(name,value){
        alert("当前成员的名称: " + name + " = " + value);
    })
})
```

图 8.4　访问第一个元素

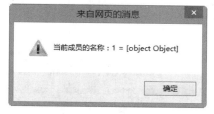

图 8.5　访问第二个元素

如果中途需要退出 each()循环，则可以在回调函数中返回 false，其他返回值将被忽略。

【示例 13】　在示例 12 的基础上，在 each()函数中添加一个条件语句，如果数组下标超过 0，则退出循环。

```
$(function(){
    var a = [
        {width:400},
        {height:300}
    ];
    jQuery.each(a,function(name,value){
        if(name>0) return false;    //仅执行一次循环即退出
        alert("当前成员的名称: " + name + " = " + value);
    })
})
```

jQuery 的 each()函数与 jQuery 对象的 each()方法功能相同，但是用法不同，另外 each()函数可用于遍历任何对象。

8.3.5　转换数组

在散列表结构中的数据，可能是数组类型，也可能是对象类型。由于数组和对象类型拥有不同的操作方法，特别是数组对象，JavaScript 为其定义了众多强大的处理方法。因此，在 DOM 中经常需要把列表结构的数据转换为数组。

【示例 14】　使用 jQuery 获取文档中所有 li 元素，则返回的应该是一个类似数组结构的对象，但是如果直接为其调用 reverse()数组方法，则会显示编译错误，如图 8.6 所示。因为，$("li")返回的是一个类数组结构的对象，而不是数组类型数据。

```
<script type="text/javascript">
$(function(){
    var arr = $("li");
    $("ul").html(arr.reverse());
})
</script>
```

扫一扫，看视频

```
<ul>
    <li>1</li>
    <li>2</li>
    <li>3</li>
    <li>4</li>
    <li>5</li>
</ul>
```

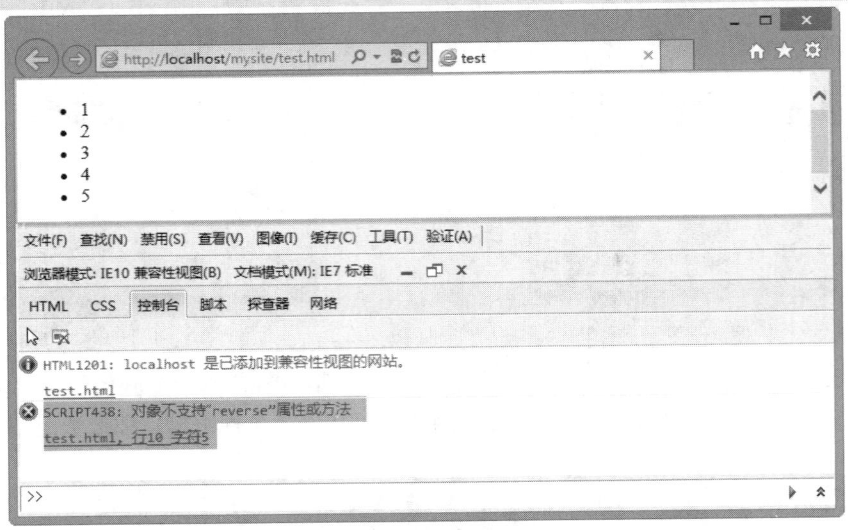

图 8.6 错误的调用方法

jQuery 的 makeArray()函数能够把这些类数组结构的对象转换为数组对象。所谓类数组对象，就是对象也拥有 length 属性，其成员索引从 0 到 length-1。但是这些对象不能够调用数组方法。

【示例 15】 针对示例 14，可以先使用 makeArray()函数把类数组对象转换为数组对象，然后再为其调用 reverse()方法。这时就可以看到页面中的列表结构被颠倒过来。

```
$(function(){
    var arr = jQuery.makeArray($("li"));        //转换为数组
    $("ul").html(arr.reverse());                //再调用 reverse()方法
})
```

8.3.6   过滤数组

jQuery 定义了 grep()函数，该函数能够根据过滤函数过滤掉数组中不符合条件的元素。grep()函数包含 3 个参数，用法如下：

```
jQuery.grep(array, callback, [invert])
```

参数 array 表示要过滤的数组，callback 表示过滤函数。如果过滤函数返回 true，则保留元素；如果过滤函数返回 false，则可以删除元素。

过滤函数将遍历并处理数组中每个元素。该函数包含两个参数：第一个参数表示当前元素；第二个参数表示元素的索引值。过滤函数应返回一个布尔值，如果为 true，则表示当前元素保留；如果为 false，则表示当前元素被删除。另外，此函数可设置为一个字符串，当设置为字符串时，将视为 lambda-form（缩写形式），其中 a 代表数组元素，i 代表元素索引值。如 a > 0 代表 function(a){ return a > 0; }。

grep()函数的第三个参数 invert 是一个可选的布尔值，如果为 false 或者没有设置，则返回数组中由过滤函数返回 true 的元素；如果该参数为 true，则返回过滤函数中返回 false 的元素集。

【示例 16】 在本示例中，使用 grep()函数筛选出大于等于 5 的数组元素，并返回一个新数组。

```
$(function(){
    var arr = [1,2,3,4,5,6,7,8,9,0];
    arr = jQuery.grep(arr, function(value, index){
            return value >= 5;
    });
    alert(arr);    //返回5,6,7,8,9
})
```

【示例 17】 反过来，如果过滤大于等于 5 的数组元素，则可设置第三个参数值为 true。

```
$(function(){
    var arr = [1,2,3,4,5,6,7,8,9,0];
    arr = jQuery.grep(arr, function(value, index){
            return value >= 5;
    }, true);
    alert(arr);    //返回1,2,3,4,0
})
```

8.3.7 映射数组

扫一扫，看视频

jQuery 定义了一个映射数组的函数 map()，该函数拥有 grep()函数的过滤功能，同时还可以把当前数组根据处理函数处理后，映射为新的数组，甚至可以在映射过程中放大数组。

map()函数的用法与 grep()函数基本相似，包含两个参数：第一个参数表示被映射的组，第二个参数表示数组元素处理转换函数。用法如下：

```
jQuery.map(array, callback)
```

作为第二个参数的转换函数会被每个数组元素调用，而且会给这个转换函数传递一个表示被转换的元素作为第一参数，元素的序号作为第二个参数被传递给转换函数。转换函数可以返回转换后的值。

如果转换函数返回值为 null，则表示删除数组中对应的项目。如果转换函数返回值为一个包含值的数组，则表示将扩展原来的数组。

【示例 18】 下面示例将数组 arr 中的元素放大一倍之后，映射到一个新的数组中。

```
$(function(){
    var arr = [1,2,3,4];
    arr = jQuery.map(arr, function(elem){
            return elem * 2;
    });
    alert(arr);    //返回2,4,6,8
})
```

【示例 19】 如果修改转换函数，设置放大之后小于 5 的元素值，则返回 null，即过滤掉数组中 1和 2 两个元素。

```
$(function(){
    var arr = [1,2,3,4];
    arr = jQuery.map(arr, function(elem){
            return elem * 2 > 5? elem * 2 : null;
    });
    alert(arr);    //返回6,8
})
```

【示例 20】 如果在转换函数中，设置返回值为数组，则可以在映射数组中扩大数组的长度。

```
$(function(){
    var arr = [1,2,3,4];
```

```
    arr = jQuery.map(arr, function(elem){
        return [elem,elem * 2];
    });
    alert(arr);    //返回"1,2, 2,4, 3,6, 4,8"
})
```

8.3.8　合并数组

　　jQuery 定义了一个合并数组的函数 merge()，该函数能够把两个参数数组合并为一个新数组并返回。merge()函数用法很简单，只需要向其传递两个数组参数即可。返回的结果会修改第一个参数数组的内容，也就是说第一个参数数组的元素后面被连接了第二个参数数组的元素。

　　【示例21】　在本示例中，调用 merge()函数把数组 arr1 和 arr2 合并在一起，并把合并后的数组传递给 arr1，同时返回合并后的新数组。

```
$(function(){
    var arr1 = [1,2,3,["a", "b", "c"]];
    var arr2 = [4,5,6,[7,8,9]];
    arr3 = jQuery.merge(arr1, arr2);
    alert(arr1);              //返回数组[1,2,3,["a", "b", "c"],4,5,6,[7, 8,9] ]
    alert(arr1.length);       //返回 8
    alert(arr3);              //返回数组[1,2,3,["a", "b", "c"],4,5,6,[7, 8,9] ]
    alert(arr3.length);       //返回 8
})
```

8.3.9　删除重复项

　　在 DOM 操作中，如果合并两个 jQuery 对象，可能会存在重复的 DOM 元素对象。为此，jQuery 专门定义了 unique()函数，该函数可以把重复的 DOM 元素删除。

　　考虑到 JavaScript 数组中可能会存在相同数值的元素，因此 jQuery 把该函数的功能限制在只处理删除 DOM 元素数组，而不能处理字符串或者数字数组。

　　unique()函数用法简单，它能够把传递进来的参数数组进行过滤，并删除重复的 DOM 对象元素。

　　【示例22】　在本示例中，变量 arr1 存储了 3 个 DOM 元素，而 arr2 存储了 2 个 DOM 元素，合并之后，其中两个 DOM 元素是重复的，调用 unique()函数之后，则删除这两个重复的选项，从而使合并后的数组中仅包含 3 个 DOM 对象。

```
<script type="text/javascript">
$(function(){
    var $arr1 = $("#u1 li");
    var $arr2 = $(".red");
    var $arr3 = jQuery.merge($arr1, $arr2);
    var $arr4 = jQuery.unique($arr3);
    alert($arr1.length);              //返回 3
    alert($arr3.length);              //返回 3
    alert($arr4.length);              //返回 3
})
</script>

<ul id="u1">
    <li>1</li>
    <li>2</li>
    <li class="red">3</li>
```

```
</ul>
<ul id="u2">
    <li class="red">4</li>
    <li>5</li>
    <li>6</li>
</ul>
```

　　jQuery 是一个类数组结构的对象，但是它不是数组，可以把它视为散列表结构的数据集合，更准确地说是一个 DOM 元素集合。为了方便访问这个数据集合，jQuery 定义了一套工具，使用这些工具可以模拟数组的访问方式，同时方便用户遍历 jQuery 对象，以便对其中的 DOM 元素进行操作。

8.3.10　遍历 jQuery 对象

　　jQuery 为 jQuery 对象定义了 each()方法，实现对 jQuery 对象进行遍历，并在每个匹配的元素上调用回调函数。用法如下：

```
each(callback)
```

　　其中参数 callback 表示一个可执行的回调函数，并在每个匹配的元素上执行。这意味着，每次执行传递进来的函数时，函数中的 this 关键字总是指向一个不同的 DOM 元素（每次都是一个不同的匹配元素）。而且，在每次执行函数时，都会给函数传递一个表示作为执行环境的元素在匹配的元素集合中所处位置的数字值作为参数（从零开始的整型）。

　　【示例 23】　在本示例中，使用 jQuery 获取文档中所有的 li 元素，然后为这个 jQuery 对象调用 each()方法，在参数回调函数中，使用回调函数的参数 index 重写当前元素包含的内容，则可以看到每个元素在 jQuery 对象集合中的序号，如图 8.7 所示。

```
<script type="text/javascript">
$(function(){
    $("li").each(function(index){
        this.innerHTML = index;
    })
})
</script>

<ul>
    <li>1</li>
    <li>2</li>
    <li>3</li>
</ul>
```

图 8.7　遍历列表结构选项

　　如果希望中途停止 each()方法的迭代操作，则可以在 callback 回调函数中设置返回值为 false，这样将自动停止循环，如同在普通循环中使用 break 语句一样。如果返回值为 true，将跳至下一个循环，如同在普通的循环中使用 continue 语句。

扫一扫，看视频

8.3.11 获取 jQuery 对象长度

jQuery 为 jQuery 对象定义了 length 属性，该属性能够返回当前 jQuery 对象包含的 DOM 元素的个数。

【示例 24】 在本示例中 jQuery 对象的 length 属性值为 3，即包含 3 个 li 元素。

```html
<script type="text/javascript">
$(function(){
   alert($("li").length);
})
</script>

<ul>
   <li></li>
   <li></li>
   <li></li>
</ul>
```

jQuery 在 length 属性基础上还封装了 size()方法，该方法的返回值与 length 属性值是完全相同的。

```javascript
jQuery.fn = jQuery.prototype = {
   size: function() {
      return this.length;
   }
}
```

扫一扫，看视频

8.3.12 获取选择器和选择范围

从 jQuery1.3 版本开始，jQuery 新增了 selector 和 context 属性，其中 selector 能够返回传给 jQuery() 的原始选择器。而 context 属性能够返回传给 jQuery()的原始 DOM 节点内容，即 jQuery()函数的第二个参数。如果没有指定，默认指向当前的文档对象（document）。

简单地说，selector 和 context 属性能够返回用户找到这个元素所用的选择器。这两个属性对插件开发人员很有用，用于精确检测选择器查询情况。

【示例 25】 在本示例中，对于$("li",ul)对象来说，它的 selector 属性值等于 li，而 context 属性值等于 DOM 元素对象，即节点名称为 UL 的元素。

```html
<script type="text/javascript">
$(function(){
   var ul = $("ul")[0];
   alert($("li",ul).selector);
   alert($("li",ul).context.nodeName);
})
</script>

<ul>
   <li></li>
   <li></li>
   <li></li>
</ul>
```

📢 注意:

jQuery 3 版本不再支持该属性。

8.3.13　获取 jQuery 对象成员

jQuery 为了方便 jQuery 对象与 DOM 集合之间相互转换定义了 get()方法，该方法能够把 jQuery 对象转换为 DOM 元素集合，即把 jQuery 集合对象转换为真正意义上的数组，以方便操作。

【示例 26】　在本示例中，调用 get()方法把 jQuery 转换为 DOM 数组集合，然后调用 reverse()方法，颠倒数组中的元素排序，最后再把这个集合插入到 ul 元素中。在浏览器中可以看到这个选项列表的顺序发生了倒置。

```
<script type="text/javascript">
$(function(){
    var $li = $("li");              //获取 jQuery 对象
    var li = $li.get();             //转换为 DOM 集合
    li.reverse();                   //调用数组方法，颠倒数组元素顺序
    $("ul").html(li);               //重叠 ul 的选项列表结构
})
</script>

<ul>
    <li>1</li>
    <li>2</li>
    <li>3</li>
</ul>
```

get()方法还可以包含一个 index 参数，该参数可以接收一个自然数，表示从 jQuery 对象中取得其中一个匹配的元素。index 表示 jQuery 对象内的元素下标位置，即取得第几个匹配的元素。这能够让用户选择一个实际的 DOM 元素并对它进行直接操作，而不是通过 jQuery 方法或者函数对它进行操作。

实际上，get(index)方法与 jQuery 对象下标读取其中的元素对象是等同的，例如：

```
$(this).get(3)
```

与：

```
$(this)[3]
```

上面两种用法的结果都是完全相同的。

如果希望获取指定元素在 jQuery 对象中的位置，可以使用 index()方法来获取。该方法包含一个 DOM 元素对象，并根据这个元素搜索与之匹配的元素，并返回相应元素的索引值。如果找到了匹配的元素，从 0 开始返回，如果没有找到匹配的元素，则返回-1。

8.4　使用缓存和队列

jQuery 通过 data()方法支持缓存功能，用来缓存页面中需要临时存储的数据。jQuery 定义的缓存系统非常复杂，支持缓存单个数据和一组数据。同时，jQuery 支持数据队列，并通过定义 queue()方法实现对队列的完整操作。这对于一系列需要按次序执行的函数特别有用，例如 animate 动画、Ajax 异步请求和交互以及 timeout 等需要一定时间的函数。

8.4.1　认识缓存

提及缓存，用户可能会联想到客户端浏览器中的缓存，或者服务器端的缓存。客户端缓存是存在浏览器的计算机硬盘上的，即浏览器临时文件夹，而服务器缓存是存储在服务器内存中的。当然在一些高级应用场合也有专门的缓存服务器，甚至有利用数据库进行缓存的实现。

在 jQuery 的 API 帮助文档中，jQuery 这样描述数据缓存的作用：用于在一个元素上存取数据而避免了循环引用的风险。

【示例 27】　在本示例中，数据对象被循环引用，如果数据对象的容量很大，且在文档中多次引用，就会造成系统资源的紧张。

```
<script type="text/javascript">
$(function(){
    //被引用的数据
    var userInfo = [{
      "name" : "张三",
      "age" : 12,
      "grade" :1
    },{
      "name" : "李四",
      "age" : 13,
      "grade" : 2
    }];
    //绑定事件，调用方法读取数据
    $("input").eq(0).click(function(){
        showInfo("张三")
    });
    $("input").eq(1).click(function(){
        showInfo("李四")
    });
    function getData(name){                        //根据 name 字段名，检索数据
      for (var i in userInfo){                     //遍历数据对象
        if (userInfo[i].name == name){             //过滤数据
          return userInfo[i];
          break;
        }
      }
    }
    function showInfo(name){                        //显示数据
      var info = getData(name);
      alert('姓名:' + info.name + '\n' + '年龄:' + info.age + '\n' + '年级:' +
info.grade);
    }
})
</script>

<input type="button" value="显示张三的资料" />
<input type="button" value="显示李四的资料" />
```

【示例 28】　优化循环引用的风险，重新设计数据结构。在这里重写了 userInfo 的 JSON 结构，使 name 与对象 key 直接对应。

```
var userInfo = {
    "张三":{
      "name" : "张三",
      "age" : 12,
      "grade" :1
    },
    "李四":{
```

```
        "name" : "李四",
        "age" : 13,
        "grade" : 2
    }
};
```

这样就可以直接读取 name 对应的数据，而不需要重复引用数据对象，并进行迭代操作。

```
<script type="text/javascript">
$(function(){
    var userInfo = {
        //省略
    };
    $("input").eq(0).click(function(){
        showInfo("张三")
    });
    $("input").eq(1).click(function(){
        showInfo("李四")
    });
    function showInfo(name){
        var info = userInfo[name];
        alert('姓名:' + info.name + '\n' + '年龄:' + info.age + '\n' + '年级:' +
info.grade);
    }
})
</script>

<input type="button" value="显示张三的资料" />
<input type="button" value="显示李四的资料" />
```

jQuery 正是根据上面示例的简单原理来设计 jQuery 数据缓存系统的。

8.4.2　定义缓存

使用 data(name, value)方法可以为 jQuery 对象定义缓存数据。这些缓存数据被存放在匹配的
DOM 元素集合中，同时返回缓存数据的 value。

【示例 29】　在本示例中分别为导航列表中的 li 元素定义缓存数据，即列表选项的类型为 menu，
同时为新闻列表中的 li 元素定义缓存数据，即列表选项的类型为 news。

```
<script type="text/javascript">
$(function(){
    $("#menu li").data("type","menu");
    $("#news li").data("type","news");
})
</script>

<ul id="menu">
    <li>1</li>
    <li>2</li>
    <li>3</li>
</ul>
<ul id="news">
    <li>1</li>
    <li>2</li>
```

扫一扫，看视频

```
    <li>3</li>
</ul>
```

如果 jQuery 集合指向多个元素，则将为所有元素定义缓存数据。该函数在 DOM 元素上存放任何格式的数据，而不仅仅是字符串。

8.4.3　获取缓存

jQuery 的 data()方法不仅可以定义缓存数据，同时还可以读取 DOM 元素的缓存数据。此时，只需要一个参数即可，该参数指定缓存数据的名称。

【示例 30】　针对示例 29，可以分别获取 li 元素列表中的数据，并根据 type 缓存数据的值，分别显示不同的信息，演示效果如图 8.8 所示。

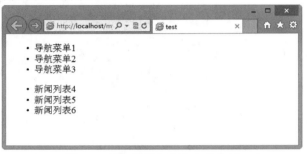

图 8.8　缓存数据在程序中的应用

```
<script type="text/javascript">
$(function(){
    $("#menu li").data("type","menu");
    $("#news li").data("type","news");
    $("li").each(function(index){
        if($(this).data("type") == "menu"){
            $(this).text("导航菜单" + (index + 1))
        }
        else if($(this).data("type") == "news"){
            $(this).text("新闻列表" + (index + 1))
        }
    });
})
</script>

<ul id="menu">
    <li>1</li>
    <li>2</li>
    <li>3</li>
</ul>
<ul id="news">
    <li>1</li>
    <li>2</li>
    <li>3</li>
</ul>
```

如果读取的缓存数据不存在，则返回的值为 undefined。如果 jQuery 集合指向多个元素，则将只返回第一个元素对应的缓存数据。

扫一扫，看视频

该函数可以用于在一个元素上存取数据，从而避免了循环引用的风险。jQuery.data 是 jQuery1.2.3 版的新功能。用户可以在很多地方使用这个函数，jQuery UI 经常调用该函数。

8.4.4 删除缓存

removeData()函数能够删除指定名称的缓存数据，并返回对应的 jQuery 对象。

【示例 31】 在本示例中将删除导航列表中 li 元素的 type 缓存数据。

```
$(function(){
    $("#menu li").data("type","menu");
    $("#news li").data("type","news");
    $("li").each(function(index){
        if($(this).data("type") == "menu"){
            $(this).removeData("type");
        }
        else if($(this).data("type") == "news"){
            $(this).text("新闻列表" + (index + 1))
        }
    });
})
```

8.4.5 jQuery 缓存规范

扫一扫，看视频

由于 jQuery 缓存对象是全局对象，因此在 Ajax 应用中，由于页面很少被刷新，缓存对象将会一直存在，随着调用 data()函数操作次数增多，或者因使用不当，使得 cache 对象急剧膨胀，最终影响程序的性能。

所以在使用 jQuery 数据缓存功能时，应及时清理缓存对象，jQuery 也提供了 removeData()函数帮助用户手动清除数据。根据 jQuery 框架的运行机制，下面几种情况不需要手动清除数据缓存。

- ➥ 对 elem 执行 remove()操作，jQuery 会自动清除对象可能存在的缓存。
- ➥ 对 elem 执行 empty()操作，如果当前 elem 子元素存在数据缓存，jQuery 也会清除子对象可能存在的数据缓存，因为 jQuery 的 empty()实现其实是循环调用 remove()删除子元素。
- ➥ jQuery 复制节点的 clone()方法不会复制 data 缓存，也就是说，jQuery 不会在全局缓存对象中分配一个新节点存放新复制的 elem 缓存。

jQuery 在 clone()方法中把可能存在的缓存指向的属性（即 elem 的 expando 属性）替换为空。如果直接复制这个属性，就会导致原 elem 和新复制的 elem 都指向一个数据缓存，中间的互操作都将会影响到两个 elem 的缓存变量。

【示例 32】 有时把数据缓存一起复制也是很有用的。在拖动操作中，当单击源目标 elem 节点时，就会复制出一个半透明的 elem 副本开始拖动，并把 data 缓存复制到拖动层中，等到拖动结束，就可能取到当前拖动的 elem 相关信息。现在 jQuery 方法没有提供这样的处理，不过在复制源目标的 data 时，会将这些 data 都重新设置到新复制的 elem 中，这样在执行 data(name,value)方法时，jQuery 会在全局缓存对象中为我们开辟新空间。

```
if (typeof($.data(currentElement)) == 'number') {
    var elemData = $.cache[$.data(currentElement)];
    for (var k in elemData) {
        dragingDiv.data(k, elemData[k]);
    }
}
```

在上面代码中，$.data(elem,name,data)包含 3 个参数，如果只有一个 elem 参数，这个方法将返回它的缓存 key（即 uuid），利用这个 key 就可以得到整个缓存对象，然后把对象的数据都复制到新的对象中。

扫一扫，看视频

8.4.6 认识队列

队列是一种特殊的线性列表结构，它只允许在表的前端（front）进行删除操作，而在表的后端（rear）进行插入操作。允许插入操作的一端称为队尾，允许删除操作的一端称为队头。队列中没有元素时，称为空队列。在队列这种数据结构中，最先插入的元素必定最先被删除。反之最后插入的元素将最后被删除，因此队列又称为"先进先出"（first in first out，FIFO）的线性表。

实际上，jQuery 把队列看做是 DOM 元素对象的数据缓存工具。但是它与 data()函数实现的数据缓存有很大差异，因为队列中存储的是将要被执行的一连串的动作函数。

扫一扫，看视频

8.4.7 添加队列

使用 jQuery 的 queue()可以把函数加入队列，这里的队列通常是一个函数数组。当为同一个元素上设计连续动画时，如多次执行 animate()方法。jQuery 会自动将其加入名为 fx 的函数队列。但是，如果需要对于多个元素依次执行动画，就必须借助 queue()函数手动设置队列。queue()函数能够在匹配元素的队列最后添加一个函数，并调用该函数。queue()函数具体用法如下：

```
jQuery.queue( element, queueName, newQueue )
jQuery.queue( element, queueName, callback() )
```

参数说明如下：

- element 是一个要附加队列函数的 DOM 元素，或者是一个已附加队列函数（数组）的 DOM 元素 。
- queueName 是一个含有队列名的字符串。默认是"Fx"，标准的动画队列。
- newQueue 是一个替换当前函数列队内容的数组。
- callback()添加到列队的新函数。

每个元素可以通过 jQuery 包含一个或多个函数队列。在大多数应用中，只有一个队列(访问 fx)被使用。队列允许一个元素来异步地访问一连串的动作，而不终止程序执行。

jQuery.queue()方法允许直接操纵这个函数队列。用一个回调函数访问 jQuery.queue()特别有用；它让把新函数置入到队列的末端。

值得注意的是，当使用 jQuery.queue()添加一个函数的时候，用户必须保证 jQuery.dequeue()让下一个函数执行后被呼叫。

【示例 33】 在本示例中，在按钮的 click 事件中定义了 6 个动作，其中第 3 个和第 5 个动作是通过 queue()函数手动添加到队列中的。

但是，由于 queue()函数是在队列末尾添加一个函数，则在该行后面的动作都将被忽视。所以，读者会看到，当在浏览器中预览时，小方块滑动到最右侧之后，调用末尾添加的队列函数之后，就停止了响应，演示效果如图 8.9 所示。

```
<script type="text/javascript" >
$(function(){
    var $div = $("div");
    $("input").click(function(){
        $div.slideDown("slow");
        $div.animate({left:'+=400'},2000);
        $div.queue(function(){        //在队列的末尾添加一个函数
            $(this).addClass("bg"); //调用该回调函数之后动画将停止
```

```
        });
        $div.animate({left:'-=400'},2000);
        $div.queue(function(){
            $(this).removeClass("bg");
        });
        $div.slideUp("slow");
    });
})
</script>
<style type="text/css">
.bg { background:blue; }
div { position:absolute; width:50px; height:50px; background:red; left:0; top:50px;
display:none; }
</style>

<input type="button" value="动画演示" />
<div></div>
```

图 8.9　queue()函数应用

扫一扫，看视频

8.4.8　显示队列

当为匹配的元素添加队列之后，可以使用 queue()函数获取对该队列的引用。用法如下：
```
jQuery.queue( element, [ queueName ] )
```
参数说明如下：

➥ element 表示一个用于检查附加列队的 DOM 元素。

➥ queueName 表示一个含有队列名的字符串，默认是"Fx"，标准的动画队列。

这里的队列实际上就是一个函数数组，并能够自动连续执行。参数 name 表示队列名称，一般默认为 fx。

【示例 34】　在下面示例中，获取 div 元素默认的 fx 队列，并查询该队列中包含多少函数成员。
```
<script type="text/javascript" >
$(function(){
    var  $div = $("div");
    $("input").click(function(){
        $div.slideDown("slow");
        $div.animate({left:'+=400'},2000);
        $div.animate({left:'-=400'},2000);
        $div.slideUp("slow");
        var x = $div.queue();     //获取 div 元素默认的队列 fx
        alert(x.length);     //显示 fx 队列包含 4 个函数成员
    });
```

```
})
</script>

<input type="button" value="动画演示" />
<div></div>
```

如果匹配的元素不止一个，则返回指向第一个匹配元素的队列，即返回第一个元素包含的函数数组。

8.4.9 更新队列

扫一扫，看视频

一个队列执行完毕之后，可以使用另一个队列进行替换，具体实现方法是在 queue()函数的第二个参数中传递一个队列，将匹配元素的队列使用新的一个队列来代替，即使用新的函数数组代替现在已执行的函数数组。

【示例35】 在本示例中，分别为 div 元素设计两个动画序列，其中第一个为默认的 fx 动画序列，它直接被绑定在第一个按钮的 click 事件处理函数中，该动画序列包含四个动作函数，按顺序作用于 div 元素，分别为慢速显示、慢速前进、慢速后退和慢速隐藏元素。

第二个动画序列通过 queue()函数定义，序列名称为 fa，该序列中包含四个动作函数，按顺序作用于 div 元素，分别为快速显示、快速前进、快速后退和快速隐藏。然后使用 queue()函数获取名称为 fa 的动画序列，并调用 queue()函数使用 fa 动画序列替换 fx 动画序列，演示效果如图 8.10 所示。

```
<script type="text/javascript" >
$(function(){
    var $div = $("div");
    $("input").eq(0).click(function(){      //默认的第一个动画序列，慢速动画
        $div.slideDown("slow");
        $div.animate({left:'+=400'},4000);
        $div.animate({left:'-=400'},4000);
        $div.slideUp("slow");
    });
    $div.queue("fa",function(){      //自定义动画序列，快速动画
        $div.slideDown("fast");
        $div.animate({left:'+=400'},200),
        $div.animate({left:'-=400'},200)
        $div.slideUp("fast ");
    });
    var fa = $div.queue("fa");      //获取对自定义动画序列的引用
    $("input").eq(1).click(function(){
        $div.queue("fx",fa);        //使用 fa 动画序列覆盖默认的 fx 动画序列
    });
})
</script>
<style type="text/css">
.bg { background:blue; }
div { position:absolute; width:50px; height:50px; background:red; left:0; top:50px;
display:none; }
</style>

<input type="button" value="执行慢速演示" />
<input type="button" value="更新动画，执行快速演示" />
<div></div>
```

图 8.10　更新队列函数

📢 注意:

> 在动画序列执行过程中，并不是立即进行替换，而是等到当前正在执行的动作完成之后，才停止正在执行的 fx 序列，并继续执行第二个 fa 动画序列。

在 queue(name, queue)方法中，如果第二个参数是一个空数组（[]），则将会清除原来的动画序列。例如，下面代码将清空匹配的 div 元素的默认动画序列。

```
$("div").queue("fx", []);
```

扫一扫，看视频

8.4.10　删除队列

dequeue()函数能够删除指定队列中最顶部的函数，并执行这个队列函数。实际上，dequeue()函数是将函数数组中的第一个函数取出来，并执行这个函数。那么当再次执行 dequeue 时，得到的是另一个函数了，如果不执行 dequeue，则队列中的下一个函数将永远不会执行。dequeue()函数包含一个参数，用来指定队列的名称，默认为 fx。

【示例 36】　在本示例中，使用 dequeue()函数结束自定义队列函数，并使队列继续进行下去。这样动画将会连续播放，直到最后一个函数被执行为止。

```
<script type="text/javascript" >
$(function(){
    var  $div = $("div");
    $("input").click(function(){
        $div.slideDown("slow");
        $div.animate({left:'+=400'},2000);
        $div.queue(function(){
            $(this).addClass("bg");
            $(this).dequeue();
        });
        $div.animate({left:'-=400'},2000);
        $div.queue(function(){
            $(this).removeClass("bg");
            $(this).dequeue();        //删除最顶部的函数，并继续执行队列
        });
        $div.slideUp("slow");
    });
})
</script>
<style type="text/css">
.bg { background:blue; }
div { position:absolute; width:50px; height:50px; background:red; left:0; top:50px;
```

```
display:none; }
</style>

<input type="button" value="动画演示" />
<div></div>
<div></div>
```

8.5 使用延迟对象

在开发中，用户经常会遇到很多耗时的操作，如使用 Ajax 异步读取服务器数据，或者同步遍历一个大型数组，它们都不是立即能得到结果的。为了避免此类问题，jQuery 增加了 deferred 对象。

8.5.1 认识 deferred 对象

简单地说，deferred 对象就是 jQuery 的回调函数解决方案，它表示延迟到未来某个点再执行，目的是解决如何处理耗时操作的问题，对那些操作提供了更好的控制，以及统一的编程接口。deferred 对象主要包括四项功能，下面将分别进行介绍。

deferred 对象定义了多种方法，具体说明如下：

- $.Deferred()：生成一个 deferred 对象。
- deferred.done()：指定操作成功时的回调函数。
- deferred.fail()：指定操作失败时的回调函数。
- deferred.promise()：没有参数时，返回一个新的 deferred 对象，该对象的运行状态无法被改变；接收参数时，作用为在参数对象上部署 deferred 接口。
- deferred.resolve()：手动改变 deferred 对象的运行状态为"已完成"，从而立即触发 done()方法。
- deferred.reject()：与 deferred.resolve()正好相反，调用后将 deferred 对象的运行状态变为"已失败"，从而立即触发 fail()方法。
- $.when()：为多个操作指定回调函数。
- deferred.then()：有时为了省事，可以把 done()和 fail()合在一起写，这就是 then()方法。例如：

```
$.when($.ajax( "/main.php" )).then(successFunc, failureFunc );
```

如果 then()有两个参数，那么第一个参数是 done()方法的回调函数，第二个参数是 fail()方法的回调方法。如果 then()只有一个参数，那么等同于 done()。

- deferred.always()：定义回调函数，它的作用是不管调用的是 deferred.resolve()还是 deferred.reject()，最后总是执行。例如：

```
$.ajax( "test.html" )
.always( function() { alert("已执行! ");} );
```

8.5.2 Ajax 链式写法

先回顾一下 jQuery 的 Ajax 操作的传统写法：

```
$.ajax({
   url: "test.html",
   success: function(){
      alert("成功了! ");
   },
   error:function(){
```

```
            alert("出错啦！");
        }
});
```

在上面的代码中，$.ajax()接收一个对象参数，这个对象包含两个方法：success 方法指定操作成功后的回调函数，error 方法指定操作失败后的回调函数。

$.ajax()操作完成后，如果使用的是低于 jQuery1.5.0 版本的 jQuery，返回的是 XMLHttpRequest 对象，用户就没法进行链式操作；如果使用的是高于 jQuery1.5.0 版本，返回的是 deferred 对象，可以进行链式操作。

现在，可以这样设计：

```
$.ajax("test.html")
.done(function(){ alert("成功了！"); })
.fail(function(){ alert("出错啦！"); });
```

可以看到，done()相当于 success 方法，fail()相当于 error 方法。采用链式写法以后，代码的可读性大大提高。

8.5.3　定义同一操作的多个回调函数

deferred 对象的一大好处：就是它允许用户自由添加多个回调函数。例如，以 8.5.2 节的代码为例，如果 Ajax 操作成功后，除了原来的回调函数，还想再运行一个回调函数，怎么办？

扫一扫，看视频

很简单，直接把它加在后面就行了，代码如下：

```
$.ajax("test.html")
.done(function(){ alert("成功了！");} )
.fail(function(){ alert("出错啦！"); } )
.done(function(){ alert("第二个回调函数！");} );
```

回调函数可以添加任意多个，它们按照添加顺序执行。

8.5.4　为多个操作定义回调函数

deferred 对象允许用户为多个事件指定一个回调函数，这是传统写法做不到的，它主要用到了一个新的方法$.when()。

扫一扫，看视频

【示例 37】　下面代码先执行两个操作：$.ajax("test1.html")和$.ajax("test2.html")。如果都成功了，就运行 done()指定的回调函数；如果有一个失败或都失败了，就执行 fail()指定的回调函数。

```
$.when($.ajax("test1.html"), $.ajax("test2.html"))
.done(function(){ alert("成功了！"); })
.fail(function(){ alert("出错啦！"); });
```

8.5.5　普通操作的回调函数接口

deferred 对象把这一套回调函数接口，从 Ajax 操作扩展到了所有操作。也就是说，任何一个操作，不管是 Ajax 操作还是本地操作，也不管是异步操作还是同步操作，都可以使用 deferred 对象的各种方法，指定回调函数。

扫一扫，看视频

【示例 38】　看一个具体的例子。假定有一个很耗时的操作 wait。

```
var wait = function(){
    var tasks = function(){
        alert("执行完毕！");
    };
    setTimeout(tasks,5000);
```

```
};
```
如果为它指定回调函数，应该怎么做呢？很自然的，用户会想到$.when()方法。
```
var wait = function(){
   var tasks = function(){
       alert("执行完毕！");
   };
   setTimeout(tasks,5000);
};
$.when(wait())
.done(function(){ alert("成功了！"); })
.fail(function(){ alert("出错啦！"); });
```
【示例 39】 但是示例 38 的 done()方法会立即执行，起不到回调函数的作用。原因在于$.when()的
参数只能是 deferred 对象，所以必须对 wait()进行改写：
```
var dtd = $.Deferred(); //新建一个deferred对象
var wait = function(dtd){
   var tasks = function(){
       alert("执行完毕！");
       dtd.resolve();      //改变deferred对象的执行状态
   };
   setTimeout(tasks,5000);
   return dtd;
};
```
现在，wait()函数返回的是 deferred 对象，这就可以加上链式操作了。
```
$.when(wait(dtd))
.done(function(){ alert("成功了！"); })
.fail(function(){ alert("出错啦！"); });
```
wait()函数运行完，就会自动运行 done()方法指定的回调函数。

📢 提示：

> jQuery 定义 deferred 对象有三种执行状态：未完成、已完成和已失败。如果执行状态是"已完成"，deferred
> 对象立刻调用 done()方法指定的回调函数；如果执行状态是"已失败"，调用 fail()方法指定的回调函数；如果
> 执行状态是"未完成"，则继续等待，或者调用 progress()方法指定的回调函数（jQuery1.7 版本添加）。

在 Ajax 操作时，deferred 对象会根据返回结果，自动改变自身的执行状态，但在 wait()函数中，这
个执行状态必须由用户手动指定。dtd.resolve()方法能够定义将 deferred 对象的执行状态从"未完成"改为"
已完成"，从而触发 done()方法。

【示例 40】 deferred.reject()方法可以定义 deferred 对象的执行状态从"未完成"改为"已失败"，
从而触发 fail()方法。
```
var dtd = $.Deferred(); // 新建一个deferred对象
var wait = function(dtd){
   var tasks = function(){
       alert("执行完毕！");
       dtd.reject();       // 改变deferred对象的执行状态
   };
   setTimeout(tasks,5000);
   return dtd;
};
$.when(wait(dtd))
.done(function(){ alert("成功了！"); })
.fail(function(){ alert("出错啦！"); });
```

【示例41】　示例40中代码的写法还有一个问题：deferred 对象是一个全局对象，所以它的执行状态可以从外部改变。

```
var dtd = $.Deferred(); // 新建一个 deferred 对象
var wait = function(dtd){
    var tasks = function(){
        alert("执行完毕！");
        dtd.resolve();     // 改变 deferred 对象的执行状态
    };
    setTimeout(tasks,5000);
    return dtd;
};
$.when(wait(dtd))
.done(function(){ alert("成功了！"); })
.fail(function(){ alert("出错啦！"); });
dtd.resolve();
```

上面代码在尾部加了一行 dtd.resolve()，这就改变了 deferred 对象的执行状态，因此导致 done()方法立刻执行，弹出"成功了！"的提示对话框，等5秒之后再弹出"执行完毕！"的提示对话框。

【示例42】　为了避免示例41执行状态被改变的情况，jQuery 提供了 deferred.promise()方法。它的作用是在原来的 deferred 对象上返回另一个 deferred 对象，后者只开放与改变执行状态无关的方法，如 done()方法和 fail()方法，屏蔽与改变执行状态有关的方法，如 resolve()方法和 reject()方法，从而使得执行状态不能被改变。

```
var dtd = $.Deferred(); // 新建一个 deferred 对象
var wait = function(dtd){
    var tasks = function(){
        alert("执行完毕！");
        dtd.resolve();     // 改变 deferred 对象的执行状态
    };
    setTimeout(tasks,5000);
    return dtd.promise(); // 返回 promise 对象
};
var d = wait(dtd); // 新建一个 d 对象，改为对这个对象进行操作
$.when(d)
.done(function(){ alert("成功了！"); })
.fail(function(){ alert("出错啦！"); });
d.resolve(); // 此时，这个语句是无效的
```

在上面这段代码中，wait()函数返回的是 promise 对象。然后，把回调函数绑定在这个对象上面，而不是原来的 deferred 对象上面。这样就无法改变这 promise 对象的执行状态，要想改变执行状态，只能操作原来的 deferred 对象。

【示例43】　可以将 deferred 对象变成 wait()函数的内部对象，代码如下。

```
var wait = function(dtd){
    var dtd = $.Deferred(); //在函数内部，新建一个 deferred 对象
    var tasks = function(){
        alert("执行完毕！");
        dtd.resolve(); // 改变 deferred 对象的执行状态
    };
    setTimeout(tasks,5000);
    return dtd.promise(); // 返回 promise 对象
};
$.when(wait())
```

```
.done(function(){ alert("成功了！"); })
.fail(function(){ alert("出错啦！"); });
```

使用 deferred 对象的建构函数$.Deferred()也可以防止执行状态被外部改变的方法，这时 wait()函数还是保持不变，直接把它传入$.Deferred()：

```
$.Deferred(wait)
.done(function(){ alert("成功了！"); })
.fail(function(){ alert("出错啦！"); });
```

jQuery 定义$.Deferred()可以接收一个函数名作为参数，$.Deferred()所生成的 deferred 对象将作为这个函数的默认参数。

【示例 44】 除了示例 43 中的两种方法以外，还可以直接在 wait 对象上部署 deferred 接口，代码如下。

```
var dtd = $.Deferred(); // 生成 deferred 对象
var wait = function(dtd){
    var tasks = function(){
        alert("执行完毕！");
        dtd.resolve();      // 改变 deferred 对象的执行状态
    };
    setTimeout(tasks,5000);
};
dtd.promise(wait);
wait.done(function(){ alert("成功了！"); }).fail(function(){ alert("出错啦！"); });
wait(dtd);
```

这里的关键是 dtd.promise(wait)这一行代码，它的作用就是在 wait 对象上部署 deferred 接口。正是因为有了这一行，后面才能直接在 wait 上面调用 done()和 fail()。

8.6　使用回调函数对象

jQuery 在 1.7 版本中开始引入回调函数对象，$.Callbacks 是一个多用途的回调函数列表对象，提供了一种强大的方法来管理回调函数队列。整个$.Callbacks 的源码不到 200 行，它是一个工厂函数，使用函数调用方式（非 new，它不是一个类）创建对象，它有一个可选参数 flags 用来设置回调函数的行为。

$.Callbacks 是在 jQuery 内部使用，如为$.ajax，$.deferred 等组件提供基础功能的函数。它也可以用在类似功能的一些组件中，如自己开发的插件。$.Callbacks 构造的对象（以 callbacks 示例）。下面主要介绍 Callbacks 的基本用法。

8.6.1　添加回调函数

使用 callbacks.add()方法可以添加一个函数到回调队列之中。用法如下：

```
callbacks.add(callbacks)
```

参数 callbacks 表示一个函数，或者一个函数数组，用来添加到回调列表。

【示例 45】 本示例演示如何使用回调函数对象。

```
function fn1() {
    console.log(1)
}
function fn2() {
    console.log(2)
}
```

```
var callbacks = $.Callbacks();//定义 Callbacks 对象
// 方式 1
callbacks.add(fn1);
// 方式 2 一次添加多个回调函数
callbacks.add(fn1, fn2);
// 方式 3 传数组
callbacks.add([fn1, fn2]);
// 方式 4 函数和数组掺和
callbacks.add(fn1, [fn2]);
```

当参数是数组时，在 add 内部判断如果是数组会递归调用私有的 add 函数。此外，需注意 add 方法默认不去除重复的回调函数，如这里 fn1 添加两次，触发回调函数时（用 fire() 方法时）会触发两次。私有 add 方法有趣，它使用了具名函数立即执行其名仅在函数内可用。

8.6.2 删除回调函数

使用 callbacks.remove () 方法可以从回调队列中删除一个函数。具体用法如下：

```
callbacks.remove(callbacks)
```

【示例 46】　在本示例中先添加两个回调函数，然后再删除第一个回调函数，此时就只会触发 fn2 了。

```
function fn1() {
    console.log(1)
}
function fn2() {
    console.log(2)
}
var callbacks = $.Callbacks();
callbacks.add(fn1, fn2);
callbacks.remove(fn1);
```

【示例 47】　remove() 方法也会把添加多次的函数，如 fn1，全部删除掉。

```
var callbacks = $.Callbacks();
callbacks.add(fn1, fn2, fn1, fn2);
callbacks.remove(fn1);
```

此时会把添加两次的 fn1 都删掉，这样就只触发 fn2 两次。

8.6.3 判断回调函数

为了避免重复添加某个回调函数，可以先使用 callbacks.has 判断是否添加过该回调函数，用法如下：

```
callbacks.has(callback)
```

【示例 48】　本示例演示了如何高速添加回调函数，避免重复操作。

```
function fn1() {
    console.log(1)
}
var callbacks = $.Callbacks();
if (!callbacks.has(fn1)) {
    callbacks.add(fn1);
}
```

扫一扫，看视频

扫一扫，看视频

扫一扫，看视频

8.6.4 清空回调函数

如果要清空回调函数对象中所有函数列表，可以使用 callbacks.empty()方法，该方法不需要任何参数。

【**示例 49**】 在下面代码中当为 callback 对象添加两个回调函数后，使用 empty()方法快速清空回调函数列表。

```
function fn1() {
    console.log(1)
}
function fn2() {
    console.log(2)
}
var callbacks = $.Callbacks();
callbacks.add(fn1);
callbacks.add(fn2);
callbacks.empty();
```

此时再用 fire()方法也不会触发任何回调函数。empty 函数实现很简单，只是把内部的队列管理对象 list 重置为一个空数组。这里可以了解清空数组的几种方式。

扫一扫，看视频

8.6.5 禁用回调函数

使用 callbacks.disable()方法可以禁用回调函数对象，该方法也不需要任何参数。调用后再使用 add、remove、fire 等方法均不起作用。实际上该方法是将队列管理对象 list、stack、memory 都设置为 undefined 了。

【**示例 50**】 本示例演示如何禁用回调函数。

```
function fn1() {
    console.log(1)
}
function fn2() {
    console.log(2)
}
var callbacks = $.Callbacks();
callbacks.disable();
callbacks.add(fn1);                        //不起作用
callbacks.add(fn2);                        //不起作用
callbacks.remove(fn1);                     //不起作用
callbacks.fire();                          //不起作用
```

扫一扫，看视频

8.6.6 触发回调函数

使用 callbacks.fire()方法可以主动触发添加的回调函数。fire()方法用来触发回调函数，默认的上下文是 callbacks 对象，还可以通过 fire()方法传递参数给回调函数。其用法如下：

```
callbacks.fire(arguments)
```

参数 arguments 表示将传递给回调函数的参数。

【**示例 51**】 在本示例中，通过 fire()方法为回调函数传递数字 3，然后回调函数就会接收到该参数，并进行处理。

```
function fn() {
    console.log(this);
    console.log(arguments);
}
var callbacks = $.Callbacks();
callbacks.add(fn);
callbacks.fire(3);
```

【示例 52】 callbacks.fireWith()与 fire()方法相同，但可以指定执行上下文。

```
function fn() {
    console.log(this);
    console.log(arguments);
}
var person = {name: 'jack'};
var callbacks = $.Callbacks();
callbacks.add(fn);
callbacks.fireWith(person, 3);
```

其实 fire 内部调用的是 fireWith，只是将上下文指定为 this 了，而 this 正是$.Callbacks 构造的对象。

【示例 53】 使用 callbacks.fired()方法可以判断回调函数是否有主动触发过，即是否调用过 fire()或 fireWith()方法。

```
function fn1() {
    console.log(1)
}
var callbacks = $.Callbacks();
callbacks.add(fn1);
callbacks.fired();
callbacks.fire();
callbacks.fired();
```

注意，只要调用过一次 fire()或 fireWith()方法就会返回 true。

8.6.7 锁定回调函数

使用 callbacks.lock()方法可以锁定回调函数对象中队列的状态，然后可以使用 callbacks.locked()方法判断是否处于锁定状态。在$.Callbacks 构造时可配置的参数 Flags 是可选的字符串类型，以空格分隔，具体是：once、memory、unique、stopOnFalse。

【示例 54】 once 可以确保回调函数仅执行一次。

```
function fn() {
    console.log(1)
}
var callbacks = $.Callbacks('once');
callbacks.add(fn);
callbacks.fire();                        // 打印 1
callbacks.fire();                        // fn 不再触发
```

【示例 55】 memory 可以记忆回调函数。

```
function fn1() {
    console.log(1)
}
function fn2() {
    console.log(2)
}
var callbacks = $.Callbacks('memory');
```

```
callbacks.add(fn1);
callbacks.fire();                          // 必须先 fire
callbacks.add(fn2);                        // 此时会立即触发 fn2
```

memory 选项有点绕，本意是记忆的意思。实际它的用法有点诡异，需结合特定场景来看（如 jQuery.Deferred）。当首次调用 fire()后，之后每次添加（add）都会立即触发。如先调用 callbacks.fire()，再添加 callbacks.add(fn1)，这时 fn1 会立即被调用。

【示例 56】　如果是批量添加的，也都会被触发。

```
function fn1() {
    console.log(1)
}
function fn2() {
    console.log(2)
}
function fn3() {
    console.log(3)
}
var callbacks = $.Callbacks('memory');
callbacks.add(fn1);
callbacks.fire();
callbacks.add([fn2, fn3]); // 1, 2, 3
```

【示例 57】　unique 可以去除重复的回调函数。

```
function fn1() {
    console.log(1)
}
function fn2() {
    console.log(2)
}
var callbacks = $.Callbacks('unique');
callbacks.add(fn1);
callbacks.add([fn1, fn2]); // 再次添加 fn1
callbacks.fire(); // 1, 2
```

这个很好理解，之前用 has()方法判断去除重复，使用 unique 属性则更方便。上面代码先 add 一次 fn1，第二次再 add 时内部则会去除重复。因此最后调用 fire()时只输出"1,2"而不是"1,1,2"。

【示例 58】　stopOnFalse 可以设置回调函数返回 false 时中断回调队列的迭代。

```
function fn1() {
    console.log(1)
}
function fn2() {
    console.log(2)
    return false   // 注意这里
}
function fn3() {
    console.log(3)
}
var callbacks = $.Callbacks('stopOnFalse');
callbacks.add(fn1, fn2, fn3);
callbacks.fire();// 1,2
```

从该属性名就能知道它的意图，即回调函数通过 return false 来停止后续的回调执行。在上面代码中添加了 3 个回调函数，fn2 中使用 return false，当 fire()执行到 fn2 时会停止执行，后续的 fn3 就不会被调用了。

第 9 章　自定义插件

jQuery 允许开发人员扩展 jQuery 功能，这种开放性设计模式催生了无数 jQuery 插件，目前全球有成千上万种满足不同应用需求的插件，使用这些插件可以帮助开发人员解决各种 Web 难题，节约开发成本。本章将讲解如何自定义 jQuery 插件，并结合案例进行实战说明。

【学习重点】
● 了解 jQuery 插件设计思路。
● 掌握 jQuery 插件开发的一般步骤。
● 能够根据需求完善 jQuery 插件功能。
● 使用 jQuery 插件解决 Web 设计中的代码封装。

9.1　jQuery 插件开发基础

jQuery 插件包括 3 种类型，简单说明如下。

1. jQuery 方法

就是把一些常用或者重复使用的功能定义为函数，然后绑定到 jQuery 对象上，从而成为 jQuery 对象的一个扩展方法。

目前，大部分 jQuery 插件都是这种类型的插件，由于这种插件是将对象方法封装起来，用于对通过 jQuery 选择器获取 jQuery 对象进行操作，从而发挥了 jQuery 强大的选择器优势。有很多 jQuery 内部方法，也是在 jQuery 脚本内部通过这种形式插入到 jQuery 框架中的，如 parent()、appendTo()、addClass() 等方法。

2. 工具函数

把自定义函数独立附加到 jQuery 命名空间下，从而作为 jQuery 作用域下的一个公共函数被使用。例如，jQuery 的 ajax() 方法就是利用这种途径内部定义的全局函数。

由于全局函数没有被绑定到 jQuery 对象上，所以不能够在选择器获取的 jQuery 对象上调用。需要通过 jQuery.fn() 或者 $.fn() 方式进行引用。

3. 自定义选择器

jQuery 提供了强大的选择器，用户可以自定义选择器，以满足特定环境下的 DOM 元素匹配需要。

9.1.1　jQuery 插件开发规范

jQuery 开发团队制定了通用规范，为自定义插件提供一个通用而可信的环境。因此，建议用户在创建插件时需要遵守这些规则，确保自己的插件与其他代码能够融合在一起，并获得广大用户认可。

1. 命名规则

自定义插件名称应遵循下面的命名规则：

```
jquery. plug-in_name.js
```

其中 plug-in_name 表示插件的名称，在这个文件中，所有全局函数都应该包含在名为 plug-in_name

扫一扫，看视频

的对象中。除非插件只有一个函数，则可以考虑使用 jQuery. plug-in_name()形式。

插件中的对象方法可以灵活命名，但是应保持相同的命名风格。如果定义多个方法，建议在方法名前添加插件名前缀，以保持清晰。不建议使用过于简短的名称，或者语义含糊的缩写名，或者公共方法名，如 set()、get()等，这样很容易与外界的方法混淆。

2．命名空间

所有新方法都应附加到 jQuery.fn 对象上，所有新函数都应附加到 jQuery 对象上。

3．this 关键字

在插件的方法或函数中，this 关键字用于引用 jQuery 对象。确保 jQuery 链式语法的连贯性，它让所有插件在引用 this 关键字时，知道从 jQuery 接收到哪个对象。

所有 jQuery 方法都是在一个 jQuery 对象的环境中调用的，因此函数体中 this 关键字总是指向该函数的上下文。

4．匹配元素迭代

使用 this.each() 迭代匹配的元素，这是一种可靠而有效地迭代对象的方式。

出于性能和稳定性考虑，推荐所有的方法都使用它迭代匹配的元素。无论 jQurey 对象实际匹配的元素有多少，所有方法必须以适当方式运行。一般来说，应该调用 this.each()方法来迭代所有匹配的元素，然后依次操作每个 DOM 元素。

注意，在 this.each()方法体内，this 关键字就不再引用 jQuery 对象，而是引用当前匹配的 DOM 元素对象。

5．返回值

所有方法都应该返回一个值，除了特定需求方法外，所有方法都必须返回 jQuery 对象。

如需要方法返回计算值或者某个特定对象等，一般方法都应该返回当前上下文环境中的 jQuery 对象，即 this 关键字引用的数组。通过这种方式，可以保持 jQuery 框架内方法的连续行为，即链式语法。如果编写打破链式语法的插件，就会给用户开发带来诸多不便。

如果匹配的对象集合被修改，则应该通过调用 pushStack()方法创建新的 jQuery 对象，并返回这个新对象，如果返回值不是 jQuery 对象，则应该明确说明。

6．方便压缩

插件中定义的所有方法或函数，在末尾都必须加上分号（;），以方便代码压缩。压缩 JavaScript 文件是最佳实践。

7．区别 jQuery 和$

在插件中坚持使用 jQuery，而不是$。$并不总是等于 jQuery，这个很重要，如果用户使用"var JQ = jQuery.noConflict();"更改 jQuery 别名，那么就会引发错误。另外，其他 JavaScript 框架也可能使用$别名。

在复杂的插件中，如果全部使用 jQuery 代替$，又会让人难以接受这种复杂的写法，为了解决这个问题，建议使用如下插件模式。

```
(function($){
    //在插件包中使用$代替 jQuery
})(jQuery);
```

这个包装函数接收一个参数，该参数传递的是 jQuery 全局对象，由于参数被命名为$，因此在函数体内就可以安全使用$别名，而不用担心命名冲突。

　　上述这些规则在插件代码中都必须遵守，如果不遵守这些插件规则，那么自己开发的插件就得不到广泛应用和推广。因此，遵守这些规则非常重要，它不仅保证插件代码的统一性，还能增加插件的成功几率。

9.1.2　jQuery 插件设计原理

　　为了方便用户创建插件，jQuery 自定义了 jQuery.extend() 和 jQuery.fn.extend() 方法。其中 jQuery. extend() 方法能够创建全局函数或者选择器，而 jQuery.fn.extend() 方法能够创建 jQuery 对象方法。

　　【示例1】　本示例将在 jQuery 命名空间上创建两个公共函数。

```
jQuery.extend({                          //扩展 jQuery 的公共函数
    minValue : function(a,b){            //比较两个参数值，返回最小值
        return a<b?a:b;
    },
    maxValue : function(a,b){            //比较两个参数值，返回最大值
        return a<b?b:a;
    }
})
```

　　然后就可以在页面中调用这两个公共函数。在下面的代码中，当单击按钮后，浏览器会弹出提示对话框，要求输入两个值，然后提示两个值的大小。

```
<script type="text/javascript">
//省略 jQuery.minValue() 和 jQuery.maxValue() 方法创建代码
$(function(){
    $("input").click(function(){
        var a = prompt("请输入一个数值？");
        var b = prompt("请再输入一个数值？");
        var c = jQuery.minValue(a,b);
        var d = jQuery.maxValue(a,b);
        alert("你输入的最大值是：" + d + "\n 你输入的最小值是：" + c);
    });
})
</script>

<input type="button" value="jQuery 插件扩展测试" />
```

　　jQuery.extend() 和 jQuery.fn.extend() 方法都包含一个参数对象，该参数仅接收名/值对结构，其中名表示函数或方法名，而值表示函数体。

　　jQuery.extend() 方法除了可以创建插件外，还可以用来扩展 jQuery 对象。

　　【示例2】　在本示例中，调用 jQuery.extend() 方法把对象 a 和 b 合并为一个新的对象，并返回合并对象赋值给变量 c。在合并操作中，如果存在同名属性，则后面参数对象的属性值会覆盖前面参数对象的属性值，在本示例中当把对象 a 和 b 合并为 c 之后，则合并后的对象如图 9.1 所示。

```
<script type="text/javascript">
var a = {                               //对象直接量
    name : "zhu",
    pass : 123
}
var b = {                               //对象直接量
    name : "wang",
    pass : 456,
```

```
        age : 1
    }
var c = jQuery.extend(a,b);              //合并对象 a 和 b
$(function(){
    for(var name in c){                  //遍历对象 c，显示合并后的对象 c 的具体属性和值
        $("div").html($("div").html() + "<br />"+ name + ":" + c[name]);
    }
})
</script>

<div></div>
```

图 9.1　合并对象

【示例 3】　在实际开发中，常常使用 jQuery.extend() 方法为插件方法传递系列选项结构的参数。

```
function fn(options){
    var options = jQuery.extend({         //默认参数选项列表
        name1 : value1,
        name2 : value2,
        name3 : value3
    }, options);                          //使用函数的参数覆盖或合并到默认参数选项列表中
    //函数体
}
```

这样当调用该方法时，如果想传递新的参数值，就会覆盖默认的参数选项值，或者向函数参数添加新的属性和值。如果没有传递参数，则保持并使用默认值。

【示例 4】　在下面几个函数调用中，分别传入新值，或者添加新参数，或者保持默认值。

```
fn({name1 : value2, name2 : value3, name3 : value1});    //覆盖新值
fn({name4 : value4, name5 : value5 });                   //添加新选项
fn();                                                     //保持默认参数值
```

jQuery.extend() 方法的对象合并机制，比传统的逐个检测参数不仅灵活且简洁，使用命名参数添加新选项也不会影响已编写的代码风格，让代码变得更加直观清晰。

9.1.3　定义工具函数

扫一扫，看视频

　　jQuery 内置的很多方法都是通过全局函数实现的。所谓全局函数，就是 jQuery 对象的方法，实际上就是位于 jQuery 命名空间内部的函数。

　　有人把这类函数称为实用工具函数，这些函数有一个共同特征，就是不直接操作 DOM 元素，而是用这些函数来操作 JavaScript 非元素对象，或者执行其他非对象的特定操作，如 jQuery 的 each() 函数和 noConflict() 函数。

　　ajax() 方法就是一个典型的 jQuery 全局函数，$.ajax() 所做的一切都可以通过调用名称为 ajax() 的全局函数来实现。但是，这种方式会带来函数冲突问题，如果把函数放置在 jQuery 命名空间内，就会降低这

种冲突，只要在 jQuery 命名空间内注意别出现与 jQuery 其他方法冲突即可。

使用 jQuery.extend()方法可以扩展 jQuery 对象的全局函数。用户也可以使用下面方法快速定义 jQuery 全局函数。

【示例 5】　针对示例 1，也可以按如下方法进行编写。

```
jQuery.minValue=function(a,b){
    return a<b?a:b;
};
jQuery.maxValue=function(a,b){
    return a<b?b:a;
}
```

如果向 jQuery 命名空间上添加一个函数，只需要将这个新函数指定为 jQuery 对象的一个属性即可。其中 jQuery 对象名也可以简写为$。

考虑到 jQuery 的插件越来越多，因此在使用时可能会遇到自己的插件名与第三方插件名发生冲突的问题。为了避免这个问题，建议把属于自己的插件都封装在一个对象中。

【示例 6】　针对示例 5 创建的两个全局函数，可以把它们封装在自己的对象中。

```
jQuery.css8 = {
    minValue : function(a,b){
        return a<b?a:b;
    },
    maxValue : function(a,b){
        return a<b?b:a;
    }
}
```

尽管仍然可以把这些函数当成全局函数来看待，但是从技术层面分析，它们现在都是全局 jQuery 函数的方法，因此在调用这些函数时，方式会发生变化。

```
var c = jQuery.css8.minValue(a,b);
var d = jQuery.css8.maxValue(a,b);
```

这样就可以轻松避免与其他插件发生冲突。

📢 注意：

即使页面中包含了 **jQuery** 框架文件，但是考虑到安全性，不建议以一种简写的方式（即使用$代替 **jQuery**）进行书写，应该在编写的插件中始终使用 **jQuery** 来调用 **jQuery** 方法。

9.1.4　定义 jQuery 方法

jQuery 大多数功能都是通过 jQuery 对象的方法提供的，这些方法对于 DOM 操作来说非常方便。创建 jQuery 对象方法可以通过为 jQuery.fn 对象添加方法实现。实际上 jQuery.fn 对象就是 jQuery.prototype 原型对象的别名，使用别名更方便引用。

【示例 7】　下面的函数是一个简单的 jQuery 对象方法，当调用该方法时，将会弹出一个提示对话框。

```
jQuery.fn.test = function(){
    alert("这是 jQuery 对象方法！");
}
```

在本示例中，如果单击页面中的"jQuery 插件扩展测试"按钮，弹出一个提示对话框，提示"这是 jQuery 对象方法！"。

```
<script type="text/javascript">
$(function(){
```

扫一扫，看视频

```
        $("input").click(function(){      //绑定 click 事件
            $(this).test();               //在当前的 jQuery 对象上调用 test()方法
        });
    })
</script>

<input type="button" value="jQuery 插件扩展测试" />
```

【示例8】 定义 jQuery 对象方法时，方法体内的 this 关键字总是引用当前 jQuery 对象，因此可以对示例7的方法进行重写，实现动态提示信息。

```
jQuery.fn.test = function(){
    alert(this[0].nodeName);              //提示当前 jQuery 对象的 DOM 节点名称
}
```

这样当单击"jQuery 插件扩展测试"按钮时，就会弹出当前元素的节点名称，如图9.2 所示。

图 9.2　弹出当前元素的节点名称

在示例8中，可以看到由于 jQuery 选择器返回的是一个数组类型的 DOM 节点集合，this 指针就指向当前这个集合，因此显示当前元素的节点名称，必须在 this 后面指定当前元素的序号。

扫一扫，看视频

9.1.5　匹配元素对象

如果 jQuery 对象包含多个元素，在插件中该如何准确指定当前元素对象。解决方法：在 jQuery 对象方法中调用 each()方法，通过隐式迭代的方式，让 this 指针依次引用每一个匹配的 DOM 元素对象。这样也能够使插件与 jQuery 内置方法保持一致性。

【示例9】 针对示例8做进一步的修改。

```
jQuery.fn.test = function(){
    this.each(function(){     //遍历所有匹配的元素，此处的 this 表示对象集合，即 jQuery 对象
        alert(this.nodeName); //显示当前元素的节点名称，此处的 this 表示元素对象
    });
}
```

然后，在调用该方法时，就不用担心 jQuery 选择器所匹配的元素多少了。

【示例10】 在本示例中，当单击不同类型的元素，会显示当前元素的节点名称，如图9.3 所示。

```
<script type="text/javascript">
jQuery.fn.test = function(){              //定义的 jQuery 对象方法
    this.each(function(){                 //遍历 jQuery 对象
        alert(this.nodeName);             //提示当前元素的节点名称
    });
}
$(function(){
    $("body *").click(function(){         //选择 body 元素下的所有元素
        $(this).test();                   //为当前元素调用 test()方法，提示当前元素
```

```
的节点名称
    });
})
</script>

<input type="button" value="jQuery 插件扩展测试"/>
<div>div 元素</div>
<p>p 元素</p>
<span>span 元素</span>
```

图 9.3　显示当前元素的节点名称

这样就可以实现根据选择器所匹配元素的不同，所定义的 test()方法总能够给出不同的提示信息。

使用 jQuery 的用户习惯于链式语法，也就是说在调用一个方法之后，紧跟着调用另一个方法，这样会使代码更灵活、方便，也符合使用习惯。例如：

```
$(this).test().hide().height();
```

要实现类似的行为连写功能，就应该在每个插件方法中返回一个 jQuery 对象，除非方法需要明确返回值。返回的 jQuery 对象通常就是 this 所引用的对象。如果使用 each()方法迭代 this，则可以直接返回迭代的结果。

【示例 11】　针对示例 9 做进一步的修改。

```
jQuery.fn.test = function(){
    return this.each(function(){          //返回迭代的 jQuery 对象
        alert(this.nodeName);
    });
}
```

然后就可以在应用示例中实现链式语法了。

【示例 12】　在本示例中，先弹出提示框，提示节点名称的信息，然后使用当前节点名称改写当前元素内包含的信息，最后再慢慢隐藏该元素，如图 9.4 所示。

```
<script type="text/javascript">
$(function(){
    $("body *").click(function(){
        $(this).test().html(this.nodeName).hide(4000);          //连写行为
    });
})
</script>

<div>div 元素</div>
<p>p 元素</p>
<span>span 元素</span>
```

图 9.4　jQuery 方法连写演示效果

扫一扫，看视频

9.1.6　使用 extend ()

jQuery.extend()方法能够创建全局函数，而 jQuery.fn.extend()方法可以创建 jQuery 对象方法。jQuery.fn.extend()方法仅包含一个参数，该参数是一个对象直接量，以名/值对形式组成的多个属性，名称表示方法名称，而值表示函数体。因此，在这个对象直接量中可以附加多个属性，为 jQuery 对象同时定义多个方法。

【示例 13】　针对上节中介绍的示例 11，可以调用 jQuery.fn.extend()方法来创建 jQuery 对象方法。

```
jQuery.fn.extend({
   test : function(){
      return this.each(function(){
         alert(this.nodeName);
      });
   }
})
```

【示例 14】　针对示例 13 定义的 test()方法，同样可以在 jQuery 选择器中直接调用。

```
<script type="text/javascript">
$(function(){
   $("body *").click(function(){
      $(this).test();                    //调用 jQuery 对象方法
   });
})
</script>


<div>div 元素</div>
<p>p 元素</p>
<span>span 元素</span>
```

扫一扫，看视频

9.1.7　定义 jQuery 选择器

jQuery 选择器的工作机制简单说明如下。

首先，jQuery 选择器会使用一组正则表达式来分析选择符。然后，针对所解析出来的每一个选择符执行一个函数，这个函数被称为选择器函数。最后，根据这个选择器函数的返回值是否为 true，决定是否保留当前元素，这样就可以找到所要匹配的元素节点。

例如，针对下面这个基本选择器，可以选择所有匹配的 p 元素的前面两个元素。

```
$("p:lt(2)")
```

当 jQuery 解析这个选择器时，首先找出当前范围内所有的 p 元素，然后隐式遍历这些 p 元素，并逐个将这些 p 元素作为参数，以及参数 2 都传递给 lt() 函数。lt() 函数的代码如下。

```
lt: function(elem, i, match){
    return i < match[3] - 0;
},
```

该函数包含 3 个参数，说明如下：

➥ 第一个参数表示当前遍历的 DOM 元素对象。

➥ 第二个参数表示当前 DOM 元素对象在所有匹配元素中的索引位置。从 0 开始。

➥ 第三个参数表示正则表达式执行匹配后返回的数组对象。相当于 match() 方法返回的子表达式所匹配的信息。其正则表达式直接量如下。

```
match: {
    POS: /:(nth|eq|gt|lt|first|last|even|odd)(?:\((\d*)\))?(?=[^-]|$)/
}
```

结合上面的代码，match 参数数组的元素组成说明如下。

➥ match[0]：表示 ":lt(2)" 部分字符串。

➥ match[1]：表示选择器引导符，即表示 ":" 字符。

➥ match[2]：表示选择器函数，即表示 lt 字符串。

➥ match[3]：表示选择器函数中的序号参数，即表示 "1" 字符，它非常有用，在编写选择器函数时将会用到。

➥ match[4]：表示选择器函数中的特殊参数。在本例中没有体现，例如，"p:lt(a(b))"选择器，match[4]就匹配(b)字符串部分。

【示例 15】　针对上面代码的$("p:lt(2)")选择器，jQuery 还提供了:gt 和:eq 选择器，但是没有定义:ge（大于等于）和:le（小于等于）等选择器。为此，本例演示如何自定义:ge 和:le 选择器。

第 1 步，模仿上面的方法，设计选择器函数。

```
le: function(elem, i, match){
    return i < match[3] - 0 || i == match[3] - 0;
},
ge: function(elem, i, match){
    return i > match[3] - 0 || i == match[3] - 0;
},
```

在上面两个函数中，le() 通过比较参数 i 的值与匹配元素的序号（match[3]）大小相等关系，决定返回 true 或者 false。通过 match[3] – 0 表达式，强制转换 match[3] 值为数值型数据。而 ge() 函数正好相反。

第 2 步，把上面的选择器函数添加到 jQuery 选择器对象上即可。在 jQuery 框架中，jQuery.expr[":"] 表示 jQuery 选择器对象的别名，它等于 jQuery.expr.filters，又等于 Sizzle.selectors.filters。

```
jQuery.expr[":"].le = function(elem, i, match){      //自定义小于等于选择器
    return i < match[3] - 0 || i == match[3] - 0;
}
jQuery.expr[":"].ge = function(elem, i, match){      //自定义大于等于选择器
    return i > match[3] - 0 || i == match[3] - 0;
}
```

第 3 步，利用自定义选择器来选择元素并定义样式。在下面的代码中，选择序号等于或者小于 2 的 li 元素，设置它们的字体颜色为红色。选择序号等于或者大于 2 的 li 元素，设置它们的背景颜色为浅灰色，演示效果如图 9.5 所示。

```
<script type="text/javascript">
jQuery.expr[":"].le = function(elem, i, match){
    return i < match[3] - 0 || i == match[3] - 0;
}
```

```
jQuery.expr[":"].ge = function(elem, i, match){
    return i > match[3] - 0 || i == match[3] - 0;
}
$(function(){
    $("li:le(2)").css("color","red");            //设置小于等于 2 的 li 元素字体颜色为红色
    $("li:ge(2)").css("background","#ddd");       //设置大于等于 2 的 li 元素背景颜色为浅灰色
})
</script>

<ul>
    <li>选项 1</li>
    <li>选项 2</li>
    <li>选项 3</li>
    <li>选项 4</li>
     <li>选项 5</li>
</ul>
```

图 9.5　使用自定义选择器选择元素并设置样式

📢 提示：

用户也可以使用 **jQuery.extend()** 方法来扩展 **jQuery.expr[":"]** 对象的方法。

```
jQuery.extend(jQuery.expr[":"],{
    le : function(elem, i, match){
        return i < match[3] - 0 || i == match[3] - 0;
    },
    ge : function(elem, i, match){
        return i > match[3] - 0 || i == match[3] - 0;
    }
})
```

扫一扫，看视频

9.1.8　优化默认选择器

　　除了自定义选择器外，用户也可以对 jQuery 默认选择器进行重写或优化，重写方法是直接覆盖该方法。

　　【示例 16】　针对:nth-child 选择器来说，它能够匹配指定位置的元素，或者选择奇偶元素。本示例可以把所有匹配的 li 元素中的第 2 个元素设置为红色字体样式。

```
$(function(){
    $("li:nth-child(2)").css("color","red");
})
```

　　在 CSS3 规范中，:nth-child()伪类选择器的功能是非常强大的，它不仅能够接收整数参数，还可以接收 an+b 形式的任何表达式，如果某项位置等于这个表达式，或者等于 n 在任何整数值下计算出的值，这个项就匹配，如 3n+2 表达式，就会匹配 2、5、8 等位置上的元素。下面就根据这个计算原

理优化:nth-child 选择器的功能。

要覆盖 nth-child()方法，可以通过以下两种途径实现：

第一，直接覆盖，结构代码如下。

```
jQuery.expr[":"].nth-child = function(elem, match){
    //函数体
}
```

但是考虑到 nth-child 字符串中的减号是运算符，因此建议直接使用第二种方法进行定义。

第二，调用 jQuery.extend()方法重写，结构代码如下。

```
jQuery.extend(jQuery.expr[":"],{
    "nth-child" : function(elem, match){
        //函数体
    }
})
```

在 jQuery 框架代码中，找到:nth-child()选择器的正则表达式直接量如下。

```
match: {
    CHILD: /:(only|nth|last|first)-child(?:\((even|odd|[\dn+-]*)\))?/,
}
```

通过观察分析，看到对于:a(b(c))格式的伪类选择符，match 数组中的元素分别表示：

➥　　match[0]：表示":a(b(c))"部分字符串。

➥　　match[1]：表示选择器引导符，即表示":"字符。

➥　　match[2]：表示选择器函数名，即表示 a 字符串。

➥　　match[3]：表示选择器函数参数，即表示 b(c)字符串。

➥　　match[4]：表示选择器函数中的特殊参数，即表示(c)字符串。

然后，在 jQuery 框架代码中，找到 nth-child()函数体的代码如下。

```
CHILD: function(elem, match){
    var type = match[1], node = elem;
    switch (type) {
        case 'nth':
            var first = match[2], last = match[3];
            if ( first == 1 && last == 0 ) {
                return true;
            }
            var doneName = match[0],
            parent = elem.parentNode;
            if ( parent && (parent.sizcache !== doneName || !elem.nodeIndex) ) {
                var count = 0;
                for ( node = parent.firstChild; node; node = node.nextSibling ) {
                    if ( node.nodeType === 1 ) {
                        node.nodeIndex = ++count;
                    }
                }
                parent.sizcache = doneName;
            }
            var diff = elem.nodeIndex - last;
            if ( first == 0 ) {
                return diff == 0;
            } else {
                return ( diff % first == 0 && diff / first >= 0 );
            }
```

```
    }
},
```

根据上面函数体的设计思路，nth-child()函数的重写代码如下。

```
jQuery.extend(jQuery.expr[":"],{
    "nth-child" : function(elem, match){        //按 an+b 公式匹配元素，参数 elem 表示遍历元
                                                //素，match 表示匹配返回的数组
        var index = $(elem).parent().children().index(elem) + 1;//重新计算序号，起始
                                                //值为 1，而不是 0
        var num = match[3].match(/((\d+)n)?\+(\d+)?/);  //使用 match()方法匹配 a(b(c))
                                                //格式中的 b(c)字符串
        if(num[2] == undefined){                //如果 an+b 公式中，a 未知，则直接返回 b 作为序号
            return index == num[3];
        }
        else if(num[3] == undefined){           //如果 an+b 公式中，b 未知，则直接返回 0 作为序号
            num[3] = 0;
        }
        return (index-num[3]) % num[2] == 0;//最后根据公式测试当前元素是否匹配
    }
})
```

在上面这个函数中，首先从同辈中找到当前节点的索引，由于 CSS3 选择器规定:nth-child()伪选择器的参数序号从 1 开始，因此需要重新计算 index 序号值。

然后，根据 $an+b$ 公式，反向推导，$an+b = y$，则 $n = (y-b)/a$，也就是说某个位置的元素，它的位置序号加 1 之后（即在上面公式中表示变量 y），如果参与公式计算之后，所得到的数值为一个整数，则说明该元素可以匹配。

【示例 17】 针对 $3n+2$ 公式来说，当 n 等于 0 时，它可以匹配第 2 个元素；当 n 等于 1 时，它可以匹配第 5 个元素；当 n 等于 2 时，它可以匹配第 8 个元素，依此类推。

覆盖了 jQuery 的:nth-child()选择器之后，下面来进行测试。下面的代码将匹配 $3n+2$ 公式中所有的元素，凡是匹配元素的字体颜色将显示为红色，演示效果如图 9.6 所示。

```
<script type="text/javascript">
jQuery.extend(jQuery.expr[":"],{
    "nth-child" : function(elem, match){        //按 an+b 公式匹配元素，参数 elem 表示遍历
                                                //元素，match 表示匹配返回的数组

        //省略函数体
    }
})
$(function(){
    $("li:nth-child(3n+2)").css("color","red"); //匹配 3n+2 位置上的元素
})
</script>

<ul>
    <li>选项 1</li>
    <li>选项 2</li>
    <li>选项 3</li>
    <li>选项 4</li>
    <li>选项 5</li>
```

```
    <li>选项 6</li>
    <li>选项 7</li>
    <li>选项 8</li>
</ul>
```

图 9.6　使用优化后的:nth-child()选择器选择元素

扫一扫，看视频

9.1.9　封装插件

封装 jQuery 插件的第一步是定义一个独立域，代码如下。

```
(function($){
    //自定义插件代码
})(jQuery)                                //封装插件
```

确定创建插件类型，选择创建方式。例如，创建一个设置元素字体颜色的插件，则应该创建 jQuery
对象方法。考虑到 jQuery 提供了插件扩展方法 extend()，调用该方法定义插件会更为规范。

```
(function($){
    $.extend($.fn,{                       //jQuery 对象方法扩展
        //函数列表
    })
})(jQuery)                                //封装插件
```

一般插件都会接收参数，用来控制插件的行为，根据 jQuery 设计习惯，可以把所有参数以列表形式
封装在选项对象中进行传递。

【示例 18】　对于设置元素字体颜色的插件，应该允许用户设置字体颜色，同时还应考虑如果用户
没有设置颜色，则应确保使用默认色进行设置。

```
(function($){
    $.extend($.fn,{                       //jQuery 对象方法扩展
        color : function(options){        //自定义插件名称
            var options = $.extend({      //参数选项对象处理
                bcolor : "white",         //背景色默认值
                fcolor: "black"           //前景色默认值
            },options);                   //函数体
        }
    })
})(jQuery);                               //封装插件
```

最后，完善插件的功能代码。

```
(function($){
    $.extend($.fn,{
        color : function(options){                                    //自定义插件名称
            var options = $.extend({                                  //参数选项对象处理
                bcolor : "white",                                     //背景色默认值
                fcolor : "black"                                      //前景色默认值
```

```
        },options);
        return this.each(function(){                    //返回匹配的 jQuery 对象
            $(this).css("color", options.fcolor);        //遍历设置每个 DOM 元素字体颜色
            $(this).css("backgroundColor", options.bcolor);  //遍历设置每个 DOM 元
                                                             //素背景颜色

        })
    }
})
})(jQuery);                                               //封装插件
```

【示例 19】 完成插件封装之后，测试一下自定义的 color()方法，演示效果如图 9.7 所示。

```
<script type="text/javascript">
//省略插件定义
$(function(){                          //页面初始化
    $("h1").color({                    //设置标题的前景色和背景色
        bcolor : "#eea",
        fcolor : "red"
    });
})
</script>

<h1>标题文本</h1>
```

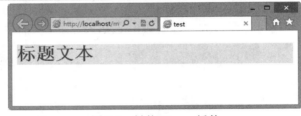

图 9.7　封装 jQuery 插件

9.1.10　开放参数

扫一扫，看视频

优秀的 jQuery 插件，应该以开放性的姿态满足不同个性化的设计要求，同时还应做好封闭性，避免外界有意或无意的破坏。首先，考虑开放插件的默认设置，这对于插件使用者来说，会更容易使用较少的代码覆盖和修改插件。

【示例 20】 继续以示例 18 为例进行说明，把其中的参数默认值作为$.fn.color 对象的属性单独进行设计，然后借助 jQuery.extend()覆盖原来参数选项即可。

```
(function($){
    $.extend($.fn,{
        color : function(options){
            var options = $.extend({}, $.fn.color.defaults, options);//覆盖原来参数
            return this.each(function(){
                $(this).css("color", options.fcolor);
                $(this).css("backgroundColor", options.bcolor);
            })
        }
    })
    $.fn.color.defaults = {      //独立设置$.fn.color 对象的默认参数值
```

```
        bcolor : "white",
        fcolor : "black"
    }
})(jQuery);
```

在 color()函数中，$.extend()方法能够使用参数 options 覆盖默认的 defaults 属性值，如果没有设置 options 参数值，则使用 defaults 属性值。由于 defaults 属性是单独定义的，因此可以在页面中预设前景色和背景色，然后就可以多次调用 color()方法，演示效果如图 9.8 所示。

```
<script type="text/javascript">
//省略插件定义
$(function(){
    $.fn.color.defaults = {                    //预设默认的前景色和背景色
        bcolor : "#eea",
        fcolor : "red"
    }
    $("h1").color();                           //为标题 1 设置默认色
    $("p").color({bcolor:"#fff"});             //为段落文本设置默认色，同时覆盖背景色为白色
    $("div").color();                          //为盒子设置默认色
})
</script>

<h1>标题文本</h1>
<p>段落文本</p>
<div>盒子</div>
```

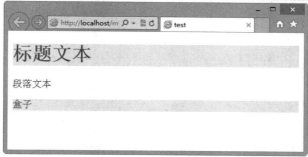

图 9.8　开发 jQuery 插件的默认参数设置

通过这种开发插件默认参数的做法，用户不再需要重复定义参数，这样就可以节省开发时间。

9.1.11　开放功能

用过 Cycle 插件的用户可能会知道，它是一个滑动显示插件，支持很多内部变换功能，如滚动、滑动、渐变消失等。实际上，在封装插件时，是无法把所有功能都封装进去，也没有办法定义滑动变化上每一种类型的变化效果。但是 Cycle 插件通过开放部分功能，允许用户重写 transitions 对象，这样就可以添加自定义变化效果，从而使该插件满足不同用户的不同需求。

Cycle 插件是这样开放部分功能的，代码如下。

```
$.fn.cycle.transitions = {
    //扩展方法
};
```

这个技巧就可以允许其他用户能够定义和传递变换设置到 Cycle 插件。

扫一扫，看视频

继续以 9.1.10 节的示例为基础，为其添加一个格式化的扩展功能，这样用户在设置颜色的同时，还可以根据需要适当进行格式化功能设计，如加粗、斜体、放大等功能操作。

```
(function($){
   $.extend($.fn,{
      color : function(options){
         var options = $.extend({}, $.fn.color.defaults, options); //覆盖原来参数
         return this.each(function(){
            $(this).css("color", options.fcolor);
            $(this).css("backgroundColor", options.bcolor);
            var _html = $(this).html();          //获取当前元素包含的HTML字符串
            _html = $.fn.color.format(_html);//调用格式化功能函数对其进行格式化
            $(this).html(_html);               //使用格式化的HTML字符串重写当前元素内容
         })
      }
   })
   $.fn.color.defaults = {                           //独立设置$.fn.color对象的默认参数值
      bcolor : "white",
      fcolor : "black"
   }
   $.fn.color.format = function(str){          //开放的功能函数
      return str;
   };
})(jQuery);
```

在上面示例中，通过开放的方式定义了一个 format()功能函数，在这个功能函数中默认没有进行格式化设置，然后在 color()函数体内利用这个开放性功能函数格式化当前元素内的 HTML 字符串。

【示例 21】　本示例调用了 color()插件，同时分别扩展了它的格式化功能，演示效果如图 9.9 所示。

```
<script type="text/javascript">
//省略插件定义
$(function(){
   $.fn.color.defaults = {                      //预设默认的前景色和背景色
      bcolor : "#eea",
      fcolor : "red"
   }
   $.fn.color.format = function(str){     //扩展color()插件的功能，使内部文本加粗显示
      return "<strong>" + str + "</strong>";
   }
   $("h1").color();
   $("p").color({bcolor:"#fff"});
   $.fn.color.format = function(str){     //扩展color()插件的功能，使内部文本放大显示
      return "<span style='font-size:30px;'>" + str + "</span>";
   }
   $("div").color();
})
</script>

<h1>标题文本</h1>
<p>段落文本</p>
<div>盒子</div>
```

图 9.9　开放的 color() 插件

扫一扫，看视频

通过上述技巧，让用户能够传递自己的功能设置，以覆盖插件默认的功能，从而方便其他用户以当前插件为基础进一步地去扩写插件。

9.1.12　保留隐私

优秀的插件，不仅仅要追求开放性，还应该留意插件的隐私性，对于不该暴露的部分，如果不注意保护，很容易被外界入侵，破坏插件的功能。因此，在设计插件时必须考虑插件实现中应该暴露的部分。一旦被暴露，就需要铭记保持任何对于参数或者语义的改动也许会破坏向后的兼容性。如果不能确定应该暴露特定的函数，那么就必须考虑如何进行保护的问题。

当插件包含很多函数，在设计时希望这么多函数不搅乱命名空间，也不会被完全暴露，唯一的方法就是使用闭包。为了创建闭包，可以将整个插件封装在一个函数中即可。

【示例 22】　继续以 9.1.11 节示例为基础进行讲解，为了验证用户在调用 color() 方法时所传递的参数合法，不妨在插件中定义一个参数验证函数，但是该验证函数是不允许外界侵入或者访问的，此时可以借助闭包把它隐藏起来，只允许在插件内部进行访问。

```
(function($){
    $.extend($.fn,{
        color : function(options){
            if(!filter(options))     //调用隐私方法验证参数，不合法则返回
                return this;
            var options = $.extend({}, $.fn.color.defaults, options);
            return this.each(function(){
                $(this).css("color", options.fcolor);
                $(this).css("backgroundColor", options.bcolor);
                var _html = $(this).html();
                _html = $.fn.color.format(_html);
                $(this).html(_html);
            })
        }
    });
    $.fn.color.defaults = {                      //省略函数体代码};
    $.fn.color.format = function(str){           //省略函数体代码};
    function filter(options){                     //定义隐私函数，外界无法访问
        //如果参数不存在，或者存在且为对象，则返回true，否则返回false
        return !options || (options && typeof options === "object")?true : false;
    }
})(jQuery);
```

这样对于下面非法的参数设置，则忽略该方法调用，但是不会抛出异常。

```
<script type="text/javascript">
```

```
//省略插件定义
$(function(){
    $("p").color("#fff");
})
</script>

<p>段落文本</p>
```

9.1.13 非破坏性实现

在特定情况下，jQuery 对象方法可能会修改 jQuery 对象匹配的 DOM 元素，这时就有可能破坏方法返回值的一致性。为了遵循 jQuery 框架的核心设计理念，应该时刻警惕任何修改 jQuery 对象的操作。

【示例 23】 定义一个 jQuery 对象方法 parent()，用来获取 jQuery 匹配的所有 DOM 元素的父元素。

```
(function($){
    $.extend($.fn,{
        parent : function(options){              //扩展 jQuery 对象方法，获取所有匹
                                                 //配元素的父元素
            var arr = [];
            $.each(this, function(index, value){  //遍历匹配的 DOM 元素
                arr.push(value.parentNode);       //把匹配元素的父元素推入临时数组
            });
            arr = $.unique(arr);                  //在临时数组中过滤重复的元素
            return this.setArray(arr);            //把变量 arr 打包为数组类型返回
        }
    })
})(jQuery);
```

在上面 jQuery 对象方法中，通过遍历所有匹配元素，获取每个 DOM 元素的父元素，并把这些父元素存储到一个临时数组中，通过过滤、打包后返回。

【示例 24】 下面就用这个新方法为所有 p 元素的父元素添加一个边框，演示效果如图 9.10 所示。

```
<script type="text/javascript">
//省略 jQuery 对象 parent()方法定义
$(function(){
    var $p = $("p");                              //获取所有 p 元素，并存储到变量$p 中
    $p.parent().css("border","solid 1px red");    //调用 parent()方法获取 p 元素的父元素，
                                                  //并设置边
                                                  //框样式为 1 像素宽的红色实线
})
</script>

<div style="width:400px;height:200px;">大盒子
    <p>段落文本 1</p>
    <div style="width:200px;height:100px;">小盒子
        <p>段落文本 2</p>
    </div>
</div>
```

如果在设置了父元素的边框后，希望把 jQuery 对象匹配的所有元素隐藏起来，则可以添加下面代码，则在浏览器中预览就会发现 div 元素也被隐藏起来，如图 9.11 所示。

```
$(function(){
    var $p = $("p");                              //获取所有 p 元素，并存储到变量$p 中
    $p.parent().css("border","solid 1px red");
    $p.hide();                                    //隐藏所有 p 元素，即当前 jQuery 对象
})
```

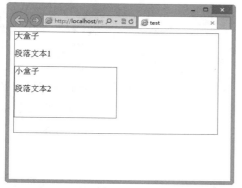
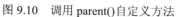
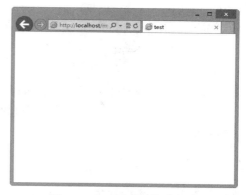

图 9.10　调用 parent() 自定义方法　　　　　　　　　图 9.11　div 元素被隐藏起来

也就是说，在上面的代码中 $p 变量已经被修改，它不再指向当前 jQuery 对象，而是 jQuery 对象匹配元素的父元素，因此为 $p 调用 hide() 方法，就会隐藏 div 元素，而不是 p 元素。

上面示例仅仅是破坏性操作的一种表现，如果要避免此类隐性修改 jQuery 对象的行为，建议采用非破坏性操作。

【示例 25】　在本例中可以使用 pushStack() 方法创建一个新的 jQuery 对象，而不是修改 this 所引用的 jQuery 对象，避免了这种破坏性操作行为，同时 pushStack() 方法还允许调用 end() 方法操作新创建的 jQuery 对象方法。

```
(function($){
    $.extend($.fn,{
        parent : function(options){
            var arr = [];
            $.each(this, function(index, value){
                arr.push(value.parentNode);
            });
            arr = $.unique(arr);
            return this.pushStack(arr);   //返回新创建的jQuery对象，而不是修改后的jQuery
                                          //对象
        }
    })
})(jQuery);
```

如果继续执行上面的演示示例操作，则可以看到 div 元素边框样式被定义为红色实现，同时也隐藏了其包含的 p 元素，演示效果如图 9.12 所示。

图 9.12　使用非破坏性的 parent() 方法效果

针对上面的代码，就可以采用链式语法进行编写。

```
$(function(){
    var $p = $("p");
    $p.parent().css("border","solid 1px red").end().hide();
})
```

其中 end()方法能够恢复被破坏的 jQuery 对象，也就是说 parent()方法返回的是当前元素的父元素的集合，现在调用 end()方法之后，又恢复到最初的当前元素集合，此时可以继续调用方法作用于原来的 jQuery 对象了。

9.1.14　添加事件日志

在传统开发中，软件都包含事件日志，这样就可以在事件发生时或发生后进行跟踪。在 JavaScript 程序调试中，常常使用 alert()方法来跟踪进程，但是这种做法影响了程序的正常流程。不符合频繁、实时显示事件信息。可以模仿其他软件中的调试台 log()函数，借助这个函数将事件日志信息输出到独立的日志文件中，从而避免中断页面的交互进程。

首先，为 jQuery 对象添加一个全局函数 log()。在这个函数中，将把发生的事件信息写入事件日志包含框中。

```
jQuery.log = function(msg){
    var html = jQuery('<div class="log"></div>').text(msg);
    jQuery(".logbox").append(html);
}
```

然后，在事件中调用该日志方法，从而实时跟踪事件发生时的类型，演示效果如图 9.13 所示。

图 9.13　jQuery 事件日志跟踪

```
<script type="text/javascript">
//省略 jQuery.log()函数
$(function(){
    $("input").click(function(event){
        var e = event.type;
        $.log(e);
    });
    $("input").mouseover(function(event){
        var e = event.type;
        $.log(e);
    });
    $("input").mouseout(function(event){
        var e = event.type;
        $.log(e);
```

```
    });
})
</script>

<input type="button" value="提交按钮" />
<div class="logbox"></div>
```

【示例26】 在一个页面中往往会包含很多事件示例，如果分别进行记录，会非常不方便，为此可以定义一个对象方法，而不是使用全局函数。代码如下。

```
(function($){
    $.extend($.fn,{
        log : function(msg){
            var html = jQuery('<div class="log"></div>').text(msg);
            return this.each(function(){
                jQuery(".logbox").append(html);
            });
        }
    })
})(jQuery);
```

然后在实例中调用该日志方法，演示效果如图 9.14 所示。

图 9.14 改进 jQuery 事件日志跟踪

```
<script type="text/javascript">
//省略 log() 对象方法
$(function(){
    $("h1").click(function(event){
        var e = event.type;
        $(this).log(this.nodeName.toLowerCase() + "." + e);
    });
    $("p").mouseover(function(event){
        var e = event.type;
        $(this).log(this.nodeName.toLowerCase() + "." + e);
    });
    $("input").mouseout(function(event){
        var e = event.type;
        $(this).log(this.nodeName.toLowerCase() + "." + e);
    });
})
</script>
```

```
<h1>标题文本</h1>
<input type="button" value="提交按钮" />
<p>段落文本</p>
<div class="logbox"></div>
```

【示例 27】 为了进一步改善 log()日志方法的灵活度，使其自动搜索最近显示日志信息的元素，通过利用该方法的语境，可以在遍历 DOM 元素中找到距离最近的日志元素。

```
(function($){
    $.extend($.fn,{
        log : function(msg){
            return this.each(function(){
                var $this = $(this);                      //获取当前元素
                while($this.length){                      //如果存在当前元素
                    var $logbox = $this.find(".logbox");  //在当前元素内搜索是否存在日
                                                          //志元素
                    if($logbox.length){                   //如果存在日志元素
                        var html = jQuery('<div class="log"></div>').text(msg);
                        $logbox.append(html);
                        break;                            //跳出检索
                    }
                    $this = $this.parent();               //检索上一级匹配元素
                }
            });
        }
    })
})(jQuery);
```

还可以改善参数的处理机制，考虑到 log()方法只能够简单地接收字符串型信息，如果要向 log()方法传递更多信息，就会变得无能为力。

【示例 28】 遵循 jQuery 一贯的设计思想，可以考虑允许用户以对象列表的形式向 log()方法传递更多甚至无限制的信息。因此，还需对 log()方法中参数处理机制进行改善。如果用户向其传入对象类型的参数，则直接调用它，将会显示[object object]的字符串，显然这并不是我们所希望的日志信息。

```
(function($){
    $.extend($.fn,{
        log : function(msg){
            if(typeof msg == "object"){            //如果参数为对象类型，则解析该对象包含的信息
                var str = "{ ";
                $.each(msg, function(name, value){    //遍历对象成员
                    str += name + " : " + value + ", ";
                });
                str = str.substring(0,str.length-2);  //清除最后一个成员的逗号
                str += " }";
                msg = str;                            //把解析的对象信息返给参数变量
            }
            return this.each(function(){
                var $this = $(this);                      //获取当前元素
                while($this.length){                      //如果存在当前元素
                    var $logbox = $this.find(".logbox");  //在当前元素内搜索是否存在日
                                                          //志元素
                    if($logbox.length){                   //如果存在日志元素
                        var html = jQuery('<div class="log"></div>').text(msg);
                        $logbox.append(html);
```

```
                    break;                            //跳出检索
                }
                $this = $this.parent();               //检索上一级匹配元素
            }
        });
    }
    })
})(jQuery);
```

这样就可以在 log() 方法中传入更多的信息，当然也可以直接传入字符串信息，代码如下，演示效果如图 9.15 所示。

```html
<script type="text/javascript">
//省略的 log() 方法
$(function(){
    $("h1").mouseout(function(event){
        $(this).log({
            nodeName : this.nodeName.toLowerCase(),
            eventType : event.type
        });
    });
    $("p").mouseover(function(event){
        $(this).log({
            nodeName : this.nodeName.toLowerCase(),
            eventType : event.type
        });
    });
    $("input").click(function(event){
        var e = event.type;
        $(this).log(this.nodeName.toLowerCase() + "." + e);
    });
})
</script>

<h1>标题文本</h1>
<input type="button" value="提交按钮" />
<p>段落文本</p>
<div class="logbox"></div>
```

图 9.15　完善 log() 日志方法的参数处理

扫一扫，看视频

9.1.15　简化式插件设计

在 jQuery 框架中，可以看到很多功能相近，但用法繁简不一的方法。例如，ajax()方法能够解决所有异步通信问题，但是 jQuery 在 ajax()方法的基础又定义了 load()、get()、getJSON、getScript()等方法，这就是一种基于特定方法上的简化式插件设计方法。类似的还有 bind()方法，以及作者为每一种事件类型单独定义的绑定方法，如 click()、mouseover()等方法。

如果发现某段代码需要多次重复使用，或者多次重复调用某个方法，不妨思考在这个方法的基础上创建一种简写形式，或者挑选出对项目开发有用的方法，并省略 jQuery 中那些无关或者烦琐的方法。这样就可以提高工作效率，优化代码结构。

animate()是 jQuery 动画的基础，很多方法都是从该方法延伸出来的。在设计动画时，经常会把滑动显示和隐藏与渐显和渐隐动画混合在一起设计。

【示例 29】　本示例就是直接使用 animate()方法进行设计的，如果频繁操作，就感觉比较耗时。

```
<script type="text/javascript">
$(function(){
    $("input").eq(0).click(function(){
        $("div").animate({      //淡出收起
            height :"hide",
            opacity :"hide"
        },"slow");
    })
    $("input").eq(1).click(function(){
        $("div").animate({      //淡入展开
            height :"show",
            opacity :"show"
        },"slow");
    })
})
</script>

<input type="button" value="渐隐收起" /><input type="button" value="渐显展开" />
<div style="height:200px; width:300px; background-color:blue; border:solid 1px
red;"></div>
```

现在把上面这个简单的动画演示功能封装起来，定义为 jQuery 对象方法。为了与 jQuery 默认的简写动画方法保持一致，因此设计这两个方法的参数分别为自定义速度和回调函数。

```
(function($){
    $.extend($.fn,{
        showIn : function(speed, fn){
            return this.animate({
                height :"show",
                opacity :"show"
            },speed,fn);
        },
        hideOut : function(speed, fn){
            return this.animate({
                height :"hide",
                opacity :"hide"
            },speed,fn);
        }
    })
})(jQuery);
```

在上面代码中，this 关键字引用当前上下文的 jQuery 对象，因此可以直接调用 jQuery 自定义动画方法 animate()。然后，就可以直接为 div 元素调用 showIn()和 hideOut()方法。

```
$(function(){
    $("input").eq(0).click(function(){
        $("div").hideOut(4000);
    })
    $("input").eq(1).click(function(){
        $("div").showIn(4000);
    })
})
```

扫一扫，看视频

9.2　实战案例：设计定宽输出插件

在固定宽度的栏目中，如果显示文本超长，往往会出现很多显示问题，不是文本挤出或者撑开栏目，就是换行显示，从而破坏页面布局。解决方法：定义定宽输出函数，把多出的字符替换为省略号，或者直接截取掉。本例定义一个 jQuery 全局函数，解决定宽输出问题。

1. 技术难点

字符包括单字节和双字节，定宽是根据字符数确定，还是根据字节数确定？如果根据字符串的 length 属性直接进行定宽输出，也就是说根据字符数处理，可能会存在英文字符和汉字排列长短不一的问题。应该说以单字节为单位进行宽度计算会更为严谨，能够适应不同类型字符的处理。而 JavaScript 没有提供直接计算字符串的字节长度。所以，在本插件中，需要定义两个内部函数，用来计算字符串的字节数，以及以字节数来截取字符串。

2. 参数

参数有如下。

❑　str：字符串类型，将被格式化为等宽的原字符串。

❑　length：数值类型，设置等宽字符串的长度，单位是字节，而不是字符。注意，英文字符为单字节，而汉语字符为双字节字符。

❑　char：字符串类型，可选参数，默认值为 "..."，指定截取字符串之后，添加的后缀字符串。

3. 返回值

返回被格式化的等宽字符串。

4. 私有属性

在定宽输出函数 fixedWidth()中，包含两个私有函数：substringB()和 lengthB()。

（1）substringB()

功能：以指定的字节数截取字符串。

参数：

❑　str：字符串类型，将被截取的字符串。

❑　length：数值类型，截取字符串的长度，单位是字节，而不是字符。注意，英文字符为单字节，而汉语字符为双字节字符。

返回值：返回指定字节数的截取字符串，从原字符串第一个字符开始截取。

（2）lengthB()

功能：返回指定字符串的字节长度。

参数：str，字符串类型，被计算的字符串。

返回值：返回指定字符串的字节数。

5. 完整代码

自定义插件完成代码如下。

```javascript
(function($){
    $.extend($,{
        fixedWidth : function(str, length, char){
            str = str.toString();                  //把参数转换为字符串
            if(!char) char = "...";                //如果没有设置 char 参数，则设置默认值
            var num = length - lengthB(str);       //获取字符串的字节数与指定长度的差值
            if(num < 0 ){                          //如果超过指定宽度
//按字节数截取字符串，并附加后缀，因为要添加后缀，因此需要去除后缀字符的字节数
                str = substringB(str, length - lengthB(char) ) + char ;
            }
            return str;                            //返回等宽字符串，按字节数截取
                                                   //字符串

            function substringB(str, length){
                var num = 0, len = str.length, tenp = "";
                if( len ){                         //如果存在字符串
                    for( var i = 0; i < len; i ++ ){  //遍历字符串
                        if(num > length) break;    //如果超过指定宽度，则跳出循环
                        if(str.charCodeAt( i ) > 255 ){  //如果是双字节字符
                            num += 2;              //则增加两个字节数
                            tenp += str.charAt( i );  //叠加字符
                        }else{
                            num ++ ;               //则增加一个字节数
                            tenp += str.charAt( i );  //叠加字符
                        }
                    }
                    return tenp;                   //返回截取的字符串
                }else{                             //如果不存在字符串，则返回 null
                    return null;
                }
            }
            //获取字符串的字节数
            function lengthB(str){
                var num = 0, len = str.length;
                if( len ){                         //如果存在字符串
                    for( var i = 0; i < len; i ++ ){  //遍历字符串
                        if(str.charCodeAt( i ) > 255 ){  //如果是双字节字符
                            num += 2;              //则递加 2
                        }else{
                            num ++ ;               //否则递加 1
                        }
                    }
                    return num;                    //返回字符串的字节数
                }else{                             //如果不存在字符串，则返回 0
```

```
                          return 0;
                      }
                  }
              }
          })
})(jQuery);
```

6. 应用插件

下面调用 jQuery.fixedWidth()全局函数设计一个等宽的新闻列表栏目。该新闻栏宽度固定为 240 像素，每条新闻列表单行显示。在没有调用 fixedWidth()函数处理之前，则整个栏目显示效果如图 9.16 所示。可以看到，新闻列表变得参差不齐，影响新闻浏览效果。如果在脚本中使用 fixedWidth()函数把每条新闻先格式化之后再显示，则整个栏目看起来更加符合浏览习惯，如图 9.17 所示。

```html
<script type="text/javascript">
//省略 jQuery.fixedWidth()工具函数
$(function(){
    var $a = $("li a");
    $a.each(function(){                    //遍历每条新闻
        var str = $(this).text();         //获取新闻信息
        str = jQuery.fixedWidth(str,30);  //定宽截取，设置为 30 个字节
        $(this).text(str);                //输出显示等宽字符串
    });
})
</script>

<ul style="width:240px; border:solid 1px red; padding-left:1.5em;">
    <li><a href="#">互联网创业"喧嚣"渐散 青年创客做深细分市场 18:45</a></li>
    <li><a href="#">"互联网+食品安全"食品安全信息占网络谣言高达 45% 09:25</a></li>
    <li><a href="#">金融风控的理性革新，区块链与大数据相得益彰 09:31</a></li>
    <li><a href="#">酒店加盟精细化服务时代的到来,尚客优连锁酒店如何随风摆 11:20</a></li>
    <li><a href="#">Some US Students Learn Mandarin With China's Help 13:43</a></li>
    <li><a href="#">A Rough Road for Toyota 17:14</a></li>
</ul>
```

图 9.16　非等宽输出效果

图 9.17　等宽输出效果

第 10 章　jQuery UI 基础

jQuery UI 是 jQuery 官网开发的一套 jQuery 插件，提供完整的用户界面设计，侧重于 Web 应用，而不是单一的 jQuery 功能的增强。jQuery UI 与 jQuery 主要区别如下：

- jQuery 是一个 JavaScript 代码库，主要功能包括 DOM 选择器，针对 DOM 的基本操作。
- jQuery UI 是在 jQuery 的基础上设计的 jQuery 插件。它提供了一些常用的界面元素，如对话框、拖动行为和改变大小行为等。
- jQuery 关注底层代码逻辑，不提供界面设计，而 jQuery UI 则补充了前者的不足，提供了可用的展示界面，包含华丽的样式和特效，方便用户直接使用。

【学习重点】
- 正确使用 jQuery UI 库。
- 能够自定义 jQuery UI 插件。
- 能够正确使用第三方 jQuery UI 插件。

10.1　使用 jQuery UI 库

jQuery UI 是 jQuery 未来发展的趋势，适应互联网客户端发展的方向。其官方访问地址为 http://jqueryui. com/。

10.1.1　认识 jQuery UI

jQuery UI 源自一个 Interface 插件，它是由 Stefan Petre 创作的，最初的 Interface 插件只支持 jQuery 1.1.2 版本，版本号为 1.2。后来在 Paul Bakaus 的参与和领导下，对 Interface 插件的源代码进行重构，并统一和规范了 API 接口和文档，更名为 jQuery UI 1.5，从此 jQuery UI 确定了官方插件的地位。

jQuery UI 包含三部分，分别为交互、部件和效果。

1. 交互

交互包括与鼠标的交互，与键盘的交互，如拖放（Draggable 和 Droppable）、缩放（Resizable）、选择（Selectable）和排序（Sortable）等基本交互行为。Web 部件中很多行为都是基于这些基本交互来设计的。交互操作需要导入 jQuery UI 核心库 ui.core.js 文件。

2. 部件

部件包含各种界面风格和形式，如导航、对话框、提示、面板、侧栏、滑块、树结构、日历、拾色器、放大镜、标签、自动完成、进度条、微调控制器、历史、布局、栅格、菜单、工具提示、工具栏、上传组件等。部件需要导入 jQuery UI 核心库 ui.core.js 文件。

3. 效果

效果包含各种动画效果，需要导入效果库文件 effects.core.js。

用户可以自定义下载 jQuery UI 库，在页面中单击 Custom Download 超链接，如图 10.1 所示。

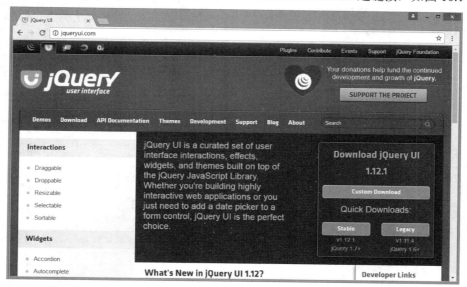

图 10.1 jQuery UI 插件官方下载页面

打开自定义组件下载（http://jqueryui.com/download），如图 10.2 所示，在左侧选择需要的组件，包括 UI Core（UI 核心库）、Interactions（交互）、Widgets（部件）、Effects（效果）。然后，在右侧 Theme（主题）中选择一种组件的样式主题，在右侧下面的 Version（版本）中选择框架的版本。最后单击 Download 按钮，即可按需下载对应的组件。

图 10.2 自定义下载 jQuery UI 插件

10.1.2 jQuery UI 库结构

通过 10.1.1 节介绍的自定义下载方式外，也可以直接下载。打开 jQuery UI 官网首页 http://jqueryui.

com/，单击页面右侧的稳定版本 1.12.1，即 Stable v1.12.1 jQuery 1.7+。

按提示操作，下载完毕，解压 jquery-ui-1.12.1.zip 文件，就可以在 jquery-ui-1.12.1 文件夹中看到相关文件，如图 10.3 所示。

图 10.3 解压目录

为了方便引用，可以把 jquery-ui-1.12.1 更名为 jqueryui 文件夹。

在解压的库压缩文件中，可以看到 external 文件夹，其中包含 jquery.js 核心库文件。

images 文件夹包含了 jQuery UI 可能用到的所有图标，以 CSS Spirites（精灵）的方式把所有相同主题的图标合成在一张大图上，如图 10.4 所示。

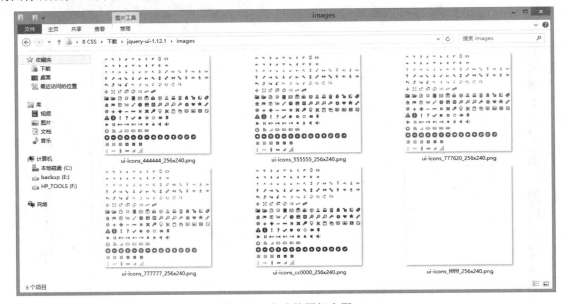

图 10.4 合成的图标大图

其他文件简单说明如下：

❱ AUTHORS.txt：开发团队信息，主要是方便联系的电子邮箱。

❱ index.html：欢迎页面，列表显示各种组件的简单应用。

➥　jquery-ui.css：jQueryUI 组件样式库。

➥　jquery-ui.js：jQueryUI 组件脚本库。

➥　jquery-ui.min.css：jQueryUI 组件样式库压缩文件。

➥　jquery-ui.min.js：jQueryUI 组件脚本库压缩文件。

➥　jquery-ui.structure.css：jQueryUI 组件结构样式库。

➥　jquery-ui.structure.min.css：jQueryUI 组件结构样式库压缩文件。

➥　jquery-ui.theme.css：jQueryUI 组件主题风格样式库。

➥　jquery-ui.theme.min.css：jQueryUI 组件主题风格样式库压缩文件。

➥　LICENSE.txt：代码使用许可协议文件。

➥　package.json：定义 jQuery UI 所需要的各种模块，以及配置信息，如名称、版本、许可证等元数据。npm install 命令根据这个配置文件，自动下载所需的模块，也就是配置项目所需的运行和开发环境。

对于普通开发者来说，仅需要在页面中导入下面几个文件即可：

➥　jquery.js：核心库文件。

➥　jquery-ui.css：jQueryUI 组件样式库。

➥　jquery-ui.js：jQueryUI 组件脚本库。

具体用法如下：

```
<!doctype html>
<html>
<head>
<meta charset="utf-8">
<link href="jqueryui/jquery-ui.css" rel="stylesheet">
<style>
/*jQuery UI 组件自定义样式*/
</style>
</head>
<body>
<!--jQuery UI 组件结构-->
<script src="jqueryui/external/jquery/jquery.js"></script>
<script src="jqueryui/jquery-ui.js"></script>
<script>
//jQuery UI 组件控制脚本
</script>
</body>
</html>
```

📢 提示：

如果需要用到 jQuery UI 样式主题，还需要在 jquery-ui.css 文件下面导入 jquery-ui.structure.css 和 jquery-ui.theme.css 文件。

如果要发布到远程服务器，建议使用压缩文件代替非压缩文件，以提升网站响应速度。

10.1.3　组件分类

jQuery UI 库中主要有两种组件：底层组件、高层组件。

底层的交互组件用来处理鼠标事件，每种交互行为都是为执行某种特定功能而设计的。对底层交互组件分门别类，形成了 jQuery UI 库的基本核心部分，其中包含下列组件。

- 拖动（draggable）：启用任何元素的拖动功能。
- 放置（droppable）：启用可拖动元素的放置目标。
- 变化尺寸（resizable）：启用对任何元素的大小调整功能。
- 选择（selectable）：允许使用鼠标选择元素组。
- 排序（sortable）：允许使用鼠标对列表中的项目进行排序。

高层组件通常建立在底层组件的基础之上，包括：

- 手风琴（Accordion）：显示可折叠内容面板，用在有限的空间内显示信息。
- 自动完成（Autocomplete）：自动显示填充列表，在用户输入时列出建议的字词。
- 按钮（Button）：使用主题按钮。
- 复选框和单选框（Checkboxradio）：使用主题复选框或单选按钮。
- 控件组（Controlgroup）：在视觉上对表单控件进行分组管理。
- 日期选择器（Datepicker）：根据输入或需要显示日历面板，以便用户选择日期。
- 对话框（Dialog）：显示对话框，以及自定义对话框窗口。
- 菜单（Menu）：创建可嵌套菜单。
- 鼠标（Mouse）：提取基于鼠标的交互，以帮助创建某些小部件。
- 进度条（Progressbar）：显示加载状态，以标准百分比和其他进度指示器进行提示。
- 选择菜单（Selectmenu）：扩展 HTML 选择元素的功能，使其可以在行为和外观上进行自定义。
- 滑动条（Slider）：通过键盘或鼠标调控范围的灵活滑块。
- 微调器（Spinner）：通过键盘或鼠标轻松地输入数字。
- 选项卡（Tabs）：将一组容器元素转换为 Tab 结构。
- 提示信息（Tooltip）：显示悬停或焦点上任何元素的其他信息。

除了这些组件，库中还包含一系列 UI 特效组件，这些特效组件为页面上的目标对象制造动画或者过渡效果，利用它们为页面上组件添加特效。

10.1.4　浏览器支持

与 jQuery 一样，jQuery UI 支持当前主流的浏览器，包括 IE6+、Firefox 2+、Opera 9+、Safari 3+ 和 Chrome。

jQuery UI 几乎支持任何普通的 Web 浏览器，库中的组件和控件都是由语义正确的 HTML 生成，因此页面中不会创建或者使用多余的、不必要的元素。

用户在编写代码时，应该遵循 jQuery UI 风格，努力维护一个开放的内核，如表现层和功能层。

10.1.5　使用主题定制器

主题定制器是用 jQuery 编写的主题定制工具，用于可视化地制作自定义的 jQuery UI 主题，然后将之打包成一个易于使用的可直接下载的文件，并且可以直接在项目中使用，无需额外编码。

主题定制器是由 Filament Group Inc 创建的，它使用了大量发布于开源社区的 jQuery 插件，详细信息请参阅 http://jqueryui.com/themeroller/。

使用主题定制器可以快速而简便地创建完整的主题，其中包含所有目标元素所需的样式，以及所有应用所需要的图片，并且该主题与所有 jQuery 稳定版兼容。如图 10.5 所示，显示了主题定制器的接口，它是非常容易使用的。

图 10.5 主题定制器接口

考虑到用户可能对创建主题没有特别兴趣，该页面还提供了一系列预先配置好的主题，它们可以被立即使用。除了方便使用之外，预先选择主题具有的最大好处就是：一旦用户选择了一个主题，该主题将会在主题定制器的首页自动被加载，然后用户可以很轻松地根据需要稍加修改后使用。

10.1.6 使用 jQuery UI 组件

jQuery 在 1.5 版本开始，简化了各种组件的 API，使程序库更容易使用，并且具有更加强大的功能。所有的组件都以一致的方式调用，即将方法名作为字符串传递给组件构造函数，同时方法需要的各种参数也同样以字符串的方式传递。

例如，在选项卡组件中调用 destroy()方法，可以使用下面简易方式。

```
$("#id").tabs("destroy");
```

所有其他组件所公开的单个方法也同样是用这种简单的方式调用的。使用 jQuery UI 的感觉如同使用 jQuery 本身一样。

许多组件共享开放的函数集合，如库中每个单个组件都具有 destroy、enable 和 disable 方法，以及许多其他类似的公开函数，这样每个组件都能以非常简单、直观的方式被使用。

10.2 实战案例：使用第三方插件

扫一扫，看视频

jQuery 官网提供了众多插件，访问 http://plugins.jquery.com/可以下载这些插件，如图 10.6 所示。

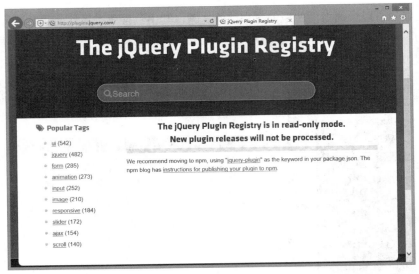

图 10.6　jQuery 官网插件

　　jQuery 插件库分类显示如下，用户可以根据实际开发需要有选择地下载这些插件。注意，分类列表中的数字表示该类插件的数目，该数目是一个动态数字，不断发生变化。

- ui (542)：界面交互组件。
- jquery (482)：jQuery 功能插件。
- form (285)：表单插件。
- animation (273)：动画插件。
- input (252)：输入插件。
- image (210)：图像插件。
- responsive (184)：响应插件。
- slider (172)：滑块插件。
- ajax (154)：异步交互插件。
- scroll (140)：滚动条控制插件。

　　使用第三方插件比较简单，具体步骤如下。

　　第 1 步，在 jQuery 官网或者其他网站下载第三方插件文件，保存到本地站点。例如，下面是一个表格拖曳特效的插件，当按下表格行之后，可以在表格中拖动其位置，演示效果如图 10.7 和图 10.8 所示。

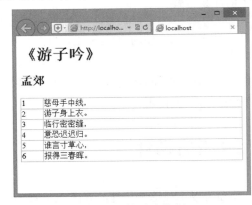

图 10.7　拖动表格行　　　　　　　　　　图 10.8　拖动后的表格行效果

第 2 步，在当前页面导入插件文件，放在 jQuery 核心库文件的后面。

```
<!doctype html>
<html>
<head>
<meta charset="utf-8">
<script src="jQuery/jquery.js" type="text/javascript"></script>
<script src="jQuery/jquery.tablednd_0_5.js" type="text/javascript"></script>
</head>
```

第 3 步，在文档中插入表格结构。

```
<!doctype html>
<html>
<head>
<meta charset="utf-8">
<script src="jQuery/jquery.js" type="text/javascript"></script>
<script src="jQuery/jquery.tablednd_0_5.js" type="text/javascript"></script>
<style type="text/css">
table { border: solid 1px #6CF; width: 100%; border-collapse: collapse;}
td { border: solid 1px #6CF; }
.drag { background-color: #6CF; }
</style>
</head>
<body>
<h1>《游子吟》</h1>
<h2>孟郊</h2>
<table id="table1">
    <tr id="1"><td>1</td> <td>慈母手中线，</td> </tr>
    <tr id="2"><td>2</td> <td>游子身上衣。</td> </tr>
    <tr id="3"> <td>3</td><td>临行密密缝，</td></tr>
    <tr id="4"> <td>4</td> <td>意恐迟迟归。</td> </tr>
    <tr id="5"> <td>5</td> <td>谁言寸草心，</td></tr>
    <tr id="6"> <td>6</td> <td>报得三春晖。</td></tr>
</table>
<div id="debugArea"></div>
</body>
</html>
```

第 4 步，在页面初始化事件处理函数中，使用插件创建应用实例，或者调用插件的扩展方法。

```
<script type="text/javascript">
$(function(){                        //页面初始化处理函数
    $("#table1").tableDnD()          //调用表格拖动函数
})
</script>
```

在上面代码中，把表格的 id 传递给 jQuery 构造函数，然后在生成的 jQuery 对象上调用 tableDnD() 构造函数，即可实现拖曳表格的功能。

第 5 步，用户还可以进一步在插件的构造函数中设置参数。例如，本例设置 tableDnD()构造函数包含 3 个选项参数。

```
<script type="text/javascript">
$(function(){     //页面初始化处理函数
    $("#table1").tableDnD({     //调用表格拖动函数
        onDragClass: "drag",    //设置拖动表格行的类样式
        onDrop: function(table, row) {//设置放下拖动表格行后触发的回调函数，默认包含两
```

```
                                            //个参数：第一个参数传递当前表格对象，第二个参数传递
                                            //当前行对象
        var rows = table.tBodies[0].rows;
        var debugStr = "当前拖动行是："+row.id+"<br />拖动后顺序是：";
        for (var i=0; i<rows.length; i++) {
            debugStr += rows[i].id+" ";
        }
        $("#debugArea").html(debugStr);
    },
    onDragStart: function(table, row) {   //设置拖动表格行后触发的回调函数，默认包含两
                                          //个参数：第一个参数传递当前表格对象，第二个
                                          //参数传递当前行对象
        $("#debugArea").html("当前拖动行是："+row.id);
    }
  });
})
</script>
```

📢 **提示：**

根据功能的强弱，一般第三方插件都会提供一些供用户配置的可选参数。用户可以保持默认或自定义插件。用户可借助插件帮助文档，或者插件文件注释文本进行查阅，也可以在插件的官网上进行查询。

第 11 章　jQuery UI 交互开发

交互开发是一组内在的行为，以满足常见的应用需求，尽管不能直接在页面上看到这些组件，但是它们给不同元素带来的效果及行为是显而易见的，与高层的控件不同，它们是属于底层组件。jQuery UI 交互组件包括 5 种，每种都适用于特定的交互场合，说明如图 11.1 所示。

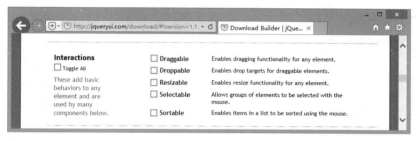

图 11.1　jQuery UI 交互组件（Interactions）

对于用户来说，交互组件使得页面中所适用的元素具有更富吸引力的外观和更好的交互性，这会为站点添加价值或者使 Web 应用显得更为专业，此外对于应用平台来说，它们还模糊了浏览器和桌面之间的界限，使得浏览器应用也具有与桌面应用同样丰富的界面与交互手段。

【学习重点】
● 设计拖放操作。
● 设计缩放操作。
● 设计选择和排序操作。

11.1　拖　　放

拖放实际上包含两个动作：拖动（Draggable）和投放（Droppable）。拖动和投放是两个相互关联的组件，其中一个发生，另一个总是关闭的，在使用时应该结合这两个组件。虽然可以仅设计拖动动作，如对话框的拖动等，但是如果仅设置投放目标，拖动是没有任何效果的。

11.1.1　拖动对象

拖动组件能够使任何特定元素或者元素集合变为可拖动，即访问者可以选择它们并在页面上移动，拖动是一种非常实用的效果，它能够用于很多场合以提升 Web 页面的交互性，使用 jQuery UI 库可以不需要担心浏览器之间的细微差异，这些细微差异对于实现和维护 Web 页面上的拖动元素来说是巨大的障碍。

实现拖动行为需要下面几个 JavaScript 文件的支持，然后为拖动目标元素绑定 draggable()构造函数即可。
➥　jquery-1.3.js +。
➥　jquery.ui.core.js。
➥　jquery.ui.widget.js。
➥　jquery.ui.mouse.js。

扫一扫，看视频

⬂　jquery.ui.draggable.js。

【示例 1】　在本示例中为插入图片的包含框绑定拖动行为，实现让鼠标自由拖动图标的目的，演示效果如图 11.2 所示。

```html
<!doctype html>
<html>
<head>
<meta charset="utf-8">
<link href="jqueryui/jquery-ui.css" rel="stylesheet">
<script src="jqueryui/external/jquery/jquery.js"></script>
<script src="jqueryui/jquery-ui.js"></script>
<script type="text/javascript" >
$(function(){
    $("#box").draggable();
})
</script>
</head>
<body>
<div id="box"><img src="images/1.png"></div>
</body>
</html>
```

图 11.2　基本拖动效果

如果仅激活拖动功能，只需要引入 UI 库中的下列 3 个文件：

⬂　jquery1.3.js +。

⬂　jquery.ui.core.js。

⬂　jquery.ui.draggable.js。

拖动组件具有大量可以配置的属性，使用这些属性，用户能够精确控制拖动行为，说明如表 11.1 所示。

表 11.1　拖动组件的属性

属　　性	说　　明
appendTo	为可拖动的元素指定容器元素
axis	限制拖动只能沿着某个方向进行，可接收字符串 x 和 y 作为属性值
cancel	阻止特定的元素被拖动，如果它们匹配某个选择条件
containment	阻止可拖动元素被拖动到它的父元素边界之外
cursor	指定拖动光标的 CSS 样式
cursorAt	在元素被拖动时，指定显示拖动状态的光标的默认相对位置
delay	指定开始拖动时延迟的毫秒数
distance	指定在可拖动元素中按下鼠标按钮后指针所要求移动的距离（像素值），即移动大于此距离后才开始拖动该元素

（续）

属　　性	说　　明
grid	使可拖动元素只能够在页面中的虚拟网格中移动
handle	确定可拖动元素中用于防止拖动指针的具体区域
helper	定义一个虚构的拖动元素，在拖动时替代实际的可拖动元素
opacity	设置 helper 元素的透明度
rever	使可拖动元素在拖动结束时返回开始位置
scroll	使可拖动元素可以自动卷动
scrollSensitivity	定义可拖动元素在距离容器边界多近时才开始卷动容器
scrollSpeed	拖动元素时容器的卷动速度
snap	使拖动对象在到达特定元素边缘时自动与之靠拢
snapMode	可以被设置为 inside、outside、both，默认为 both
snapTolerance	可拖动对象离目标对象的距离低于此像素值时开始靠拢
refreshPositions	在每次鼠标移动时计算可拖动的位置
zindex	设置 helper 元素的 z 索引

除了上面介绍的属性外，拖动组件还提供了 3 个事件，专门用于特定事件执行代码的回调函数，说明如表 11.2 所示。

表 11.2　拖动组件的事件

事　　件	说　　明
drag	拖动过程中鼠标移动
start	拖动开始时
stop	拖动结束时

当定义回调函数使用这些事件时，所定义的函数总是自动接收两个参数，第一个参数为原始的事件对象，第二个参数为包含下列属性的对象，如表 11.3 所示。

表 11.3　拖动参数对象

参　数　项	说　　明
options	用于拖动组件的配置对象
helper	代表 helper 元素的 jQuery 对象
position	一个嵌套对象，包含了 helper 元素相对于原始可拖动对象的 top 和 left 属性值
absolutePosition	一个嵌套对象，包含了 helper 元素相对于页面的 top 和 left 属性值

拖动组件定义了 3 个基本方法，不包括其构造方法，如表 11.4 所示。

表 11.4　拖　动　方　法

方　　法	说　　明
destroy()	彻底清除该控件
enable()	根据索引号激活被禁用的拖动功能
disable()	根据索引号禁用拖动功能

1. 拖动事件侦查

【示例2】 本示例演示了如何调用拖动组件，并侦查调用事件的次数，演示效果如图11.3所示。

```html
<!doctype html>
<html>
<head>
<meta charset="utf-8">
<link href="jqueryui/jquery-ui.css" rel="stylesheet">
<script src="jqueryui/external/jquery/jquery.js"></script>
<script src="jqueryui/jquery-ui.js"></script>
<script type="text/javascript" >
$(function() {
    var $start_counter = $( "#event-start" ),
        $drag_counter = $( "#event-drag" ),
        $stop_counter = $( "#event-stop" ),
        counts = [ 0, 0, 0 ];
    $( "#draggable" ).draggable({
        start: function() {
            counts[ 0 ]++;
            updateCounterStatus( $start_counter, counts[ 0 ] );
        },
        drag: function() {
            counts[ 1 ]++;
            updateCounterStatus( $drag_counter, counts[ 1 ] );
        },
        stop: function() {
            counts[ 2 ]++;
            updateCounterStatus( $stop_counter, counts[ 2 ] );
        }
    });
    function updateCounterStatus( $event_counter, new_count ) {
        if ( !$event_counter.hasClass( "ui-state-hover" ) ) {
            $event_counter.addClass( "ui-state-hover" )
                .siblings().removeClass( "ui-state-hover" );
        }
        $( "span.count", $event_counter ).text( new_count );
    }
});
</script>
<style type="text/css">
#draggable { width: 16em; padding: 0 1em; }
#draggable ul li { margin: 1em 0; padding: 0.5em 0; }
* html #draggable ul li { height: 1%; }
#draggable ul li span.ui-icon { float: left; }
#draggable ul li span.count { font-weight: bold; }
</style>
</head>
<body>
<div id="draggable" class="ui-widget ui-widget-content">
    <p>拖动事件</p>
    <ul class="ui-helper-reset">
        <li id="event-start" class="ui-state-default ui-corner-all"><span class=
```

```
"ui-icon ui-icon-play"></span>"start" 被调用 <span class="count">0</span> x</li>
        <li id="event-drag" class="ui-state-default ui-corner-all"><span class=
"ui-icon ui-icon-arrow-4"></span>"drag" 被调用 <span class="count">0</span> x</li>
        <li id="event-stop" class="ui-state-default ui-corner-all"><span class=
"ui-icon ui-icon-stop"></span>"stop" 被调用 <span class="count">0</span> x</li>
    </ul>
</div>
</body>
</html>
```

图 11.3　事件侦查

2. 设置移动范围

【示例 3】　本示例演示了如何为移动元素设置可移动范围，移动范围可以包括父元素，或者包含框等，也可以设置可移动方向，如水平移动或者垂直移动，演示效果如图 11.4 所示。

```
<!doctype html>
<html>
<head>
<meta charset="utf-8">
<link href="jqueryui/jquery-ui.css" rel="stylesheet">
<script src="jqueryui/external/jquery/jquery.js"></script>
<script src="jqueryui/jquery-ui.js"></script>
<script type="text/javascript" >
$(function() {
    $( "#draggable" ).draggable({ axis: "y" });
    $( "#draggable2" ).draggable({ axis: "x" });
    $( "#draggable3" ).draggable({ containment: "#containment-wrapper", scroll:
false });
    $( "#draggable4" ).draggable({ containment: "#demo-frame" });
    $( "#draggable5" ).draggable({ containment: "parent" });
});
</script>
<style type="text/css">
.draggable { width: 90px; height: 90px; padding: 0.5em; float: left; margin: 0 10px
10px 0; }
#draggable, #draggable2 { margin-bottom:20px; }
#draggable { cursor: n-resize; }
#draggable2 { cursor: e-resize; }
#containment-wrapper { width: 95%; height:150px; border:2px solid #ccc; padding:
10px; }
</style>
</head>
<body>
```

```
<div class="demo">
<div id="draggable" class="draggable ui-widget-content">
    <p>垂直移动</p>
</div>
<div id="draggable2" class="draggable ui-widget-content">
    <p>水平移动</p>
</div>
<div id="containment-wrapper">
    <div id="draggable3" class="draggable ui-widget-content">
        <p>框内移动</p>
    </div>
    <div id="draggable4" class="draggable ui-widget-content">
        <p>外框内移动</p>
    </div>
    <div class="draggable ui-widget-content">
        <p id="draggable5" class="ui-widget-header">内框内移动</p>
    </div>
</div>
</div>
</body>
</html>
```

图 11.4　设置移动方向和范围

3. 设置移动对齐方式

【示例 4】　本示例演示了如何为移动元素设置移动对齐方式，对齐方式包括对齐目标，以及内沿或者外沿，也可以指定网格宽度，具体请看下面的代码，演示效果如图 11.5 所示。

```
<!doctype html>
<html>
<head>
<meta charset="utf-8">
<link href="jqueryui/jquery-ui.css" rel="stylesheet">
<script src="jqueryui/external/jquery/jquery.js"></script>
<script src="jqueryui/jquery-ui.js"></script>
<script type="text/javascript" >
$(function() {
    $( "#draggable" ).draggable({ snap: true });
    $( "#draggable2" ).draggable({ snap: ".ui-widget-header" });
    $( "#draggable3" ).draggable({ snap: ".ui-widget-header", snapMode: "outer" });
    $( "#draggable4" ).draggable({ grid: [ 20,20 ] });
    $( "#draggable5" ).draggable({ grid: [ 80, 80 ] });
});
</script>
<style type="text/css">
.draggable { width: 90px; height: 80px; padding: 5px; float: left; margin: 0 10px
```

```
10px 0; font-size: .9em; }
.ui-widget-header p, .ui-widget-content p { margin: 0; }
#snaptarget { height: 140px; }
</style>
</head>
<body>
<div class="demo">
    <div id="snaptarget" class="ui-widget-header"></div>
    <div id="draggable" class="draggable ui-widget-content">
        <p>默认效果</p>
    </div>
    <div id="draggable2" class="draggable ui-widget-content">
        <p>对准大框</p>
    </div>
    <div id="draggable3" class="draggable ui-widget-content">
        <p>对准外沿</p>
    </div>
    <div id="draggable4" class="draggable ui-widget-content">
        <p>对准 20×20 网格</p>
    </div>
    <div id="draggable5" class="draggable ui-widget-content">
        <p>对准 80×80 网格</p>
    </div>
</div>
</body>
</html>
```

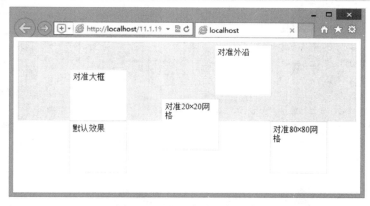

图 11.5　设置移动对齐方式

11.1.2　投放对象

　　使元素能够被拖动，将会提升 Web 页面的交互性与功能性，然后就需要为目标元素设置放置目标，此时就要用到投放组件。投放组件为拖动元素提供了可投放的地点，并且在将拖动元素投放到该区域时，触发某种操作，使用扩展的事情模型可以很容易对投放事件进行响应。

　　实现投放行为需要引入下面几个 JavaScript 文件，然后为拖动目标元素绑定 droppable ()构造函数即可。

- ➥　jquery-1.3.js +。
- ➥　jquery.ui.core.js。
- ➥　jquery.ui.draggable.js。
- ➥　jquery.ui.droppable.js。

扫一扫，看视频

【示例5】 在本示例中将<div id="droppable" >设置为投放区域，当被拖动的对象放在投放目标区域之后，目标区域将变换背景样式，同时区域内包含的文本内容被更新，演示效果如图11.6所示。

```html
<!doctype html>
<html>
<head>
<meta charset="utf-8">
<link href="jqueryui/jquery-ui.css" rel="stylesheet">
<script src="jqueryui/external/jquery/jquery.js"></script>
<script src="jqueryui/jquery-ui.js"></script>
<script type="text/javascript" >
$(function(){
   $( "#draggable" ).draggable();
   $( "#droppable" ).droppable({
      drop: function( event, ui ) {
         $( this )
            .addClass( "ui-state-highlight" )
            .find( "p" )
            .html( "完成投放" );
      }
   });
})
</script>
<style type="text/css">
#draggable { width: 100px; height: 100px; }
#droppable { width: 150px; height: 150px; }
</style>
</head>
<body>
<div id="draggable" class="ui-widget-content">
   <p>拖动目标</p>
</div>
<div id="droppable" class="ui-widget-header">
   <p>投放区域</p>
</div>
</body>
</html>
```

图 11.6 投放区域演示效果

在默认情况下投放组件实现没有任何操作，它只是在运行的页面中指定可投放的目标，但是除此之外不会发生任何动作，即使在拖动对象放入该元素中时。这里所说的不发生任何事情，指的是并没有添加特定操作代码，在整个交互过程中，拖动对象和投放对象仍然会触发相应的事情。

投放组件具有大量可以配置的属性，使用这些属性，用户能够精确控制投放行为，说明如表 11.5 所示。

表 11.5　投放组件的属性

属　　性	说　　明
accept	设置投放对象所能够接收的元素
activeClass	设置在可接收的拖动元素处于拖动状态时，投放对象的样式类
greedy	当投放对象被拖入到嵌套的投放元素中时，用于阻止投放事件被连环调用
hoverClass	指定投放对象在拖动对象被移动到其中时的样式
tolerance	设置所接收的拖动对象被认为完成投放的触发模式

投放对象的 tolerance 属性设置该对象探测拖动对象是否已完成投放的方法，默认值为 interset，取值详细说明如表 11.6 所示。

表 11.6　tolerance 属性值

取　　值	说　　明
fit	只有在拖动对象完全处于投放对象的边界之内时才会认为完成投放
interest	至少 25%的拖动对象进入投入对象边界时才会认为完成了投放
pointer	必须在鼠标指针接触到投放对象边界时才会认为完成投放
touch	只要拖动对象的边缘与投放对象的边缘相接触就会认为完成投放

除了上面介绍的属性外，投放组件还提供了 5 个事件，专门用于特定事件执行代码的回调函数，说明如表 11.7 所示。

表 11.7　投放组件的事件

事　　件	说　　明
activate	当所接收的拖动对象开始拖动
deactivate	当所接收的拖动对象停止拖动
drop	当所接收的拖动对象被放入投放对象中
out	当所接收的拖动对象从投放对象内部移出其边界
over	当所接收的拖动对象到投放对象边界之内

投放组件定义 3 个基本方法，不包括其构造方法，如表 11.8 所示。

表 11.8　投　放　方　法

方　　法	说　　明
destroy()	彻底清除该控件
enable()	根据索引号激活被禁用的组件功能
disable()	根据索引号禁用组件功能

【示例 6】　在本示例中分别演示了当投放对象被拖入到嵌套的投放元素中时，用于阻止投放事件被连环调用前后的对比，演示效果如图 11.7 所示。

```
<!doctype html>
```

```html
<html>
<head>
<meta charset="utf-8">
<link href="jqueryui/jquery-ui.css" rel="stylesheet">
<script src="jqueryui/external/jquery/jquery.js"></script>
<script src="jqueryui/jquery-ui.js"></script>
<script type="text/javascript" >
$(function() {
    $( "#draggable" ).draggable();
    $( "#droppable, #droppable-inner" ).droppable({
        activeClass: "ui-state-hover",
        hoverClass: "ui-state-active",
        drop: function( event, ui ) {
            $( this )
                .addClass( "ui-state-highlight" )
                .find( "> p" )
                    .html( "完成投放操作" );
            return false;
        }
    });
    $( "#droppable2, #droppable2-inner" ).droppable({
        greedy: true,
        activeClass: "ui-state-hover",
        hoverClass: "ui-state-active",
        drop: function( event, ui ) {
            $( this )
                .addClass( "ui-state-highlight" )
                .find( "> p" )
                    .html( "完成投放操作" );
        }
    });
});
</script>
<style type="text/css">
#draggable { width: 80px; height: 40px; padding: 0.5em; float: left; margin: 10px 10px 10px 0; }
#droppable, #droppable2 { width: 230px; height: 120px; padding: 0.5em; float: left; margin: 10px; }
#droppable-inner, #droppable2-inner { width: 170px; height: 60px; padding: 0.5em; float: left; margin: 10px; }
</style>
</head>
<body>
<div id="draggable" class="ui-widget-content">
    <p>拖动对象</p>
</div>
<div id="droppable" class="ui-widget-header">
    <p>目标外框 1</p>
    <div id="droppable-inner" class="ui-widget-header">
        <p>目标内框 1</p>
    </div>
</div>
```

```
<div id="droppable2" class="ui-widget-header">
    <p>目标外框 2</p>
    <div id="droppable2-inner" class="ui-widget-header">
        <p>目标内框 2</p>
    </div>
</div>
</body>
</html>
```

连环调用

禁止连环调用

图 11.7 禁止连环调用前后对比效果

扫一扫，看视频

11.2 缩 放

缩放是一种比较灵活的组件，可以广泛地用于其他类型元素，如设计<textarea>标签可能包含不定数量的用户输入文本时，可以根据输入文本动态调整文本区域的大小。尺寸改变组件与其他组件能够很好地搭配，并经常与拖动组件一起使用。不过，UI 库可以帮助用户轻易制作可拖动并可以改变尺寸的组件，如对话框，并且这两种组件不需要任何关联。

实现缩放行为需要引入下面几个 JavaScript 文件，然后为缩放目标元素绑定 resizable() 构造函数即可。

- ◥ jquery-1.3.js +。
- ◥ jquery.ui.core.js。
- ◥ jquery.ui.widget.js。
- ◥ jquery.ui.mouse.js。
- ◥ jquery.ui.resizable.js。

【示例 7】 在本示例中为一个盒子（div 元素）绑定缩放功能，这样当鼠标指针移动到盒子的右边、底边或者右下角时，可以拖动鼠标实现动态改变元素大小，演示效果如图 11.8 所示。

```
<!doctype html>
<html>
<head>
<meta charset="utf-8">
<link href="jqueryui/jquery-ui.css" rel="stylesheet">
<script src="jqueryui/external/jquery/jquery.js"></script>
<script src="jqueryui/jquery-ui.js"></script>
<script type="text/javascript" >
$(function(){
    $( "#resize" ).resizable();
})
</script>
<style type="text/css">
#resize { width: 100px; height: 100px; border:solid 1px red; }
```

```
</style>
</head>
<body>
<div id="resize"> </div>
</body>
</html>
```

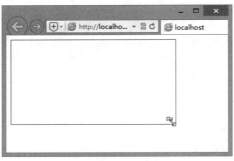

图 11.8　基本缩放效果

如果仅激活缩放功能，只需要引入 UI 库中的下列几个文件：

➤　jquery-1.3.js +。

➤　jquery.ui.core.js。

➤　jquery.ui.resizable.js。

➤　jquery.ui.resizable.css。

组件将会自动为拖动手柄添加 3 个所需要的元素，甚至会在鼠标指向元素边界时，添加一个指针以提示它可以执行尺寸改变。

使用边界处的手柄可以独立地改变每个方向轴上的尺寸，或者也可以使用角落处的手柄同时改变两轴上的尺寸。上述功能组件已经自动实现这些特性。尽管库主题提供了很多外观漂亮的尺寸改变手柄，但是也可以不用这些主题，如果一个元素尺寸改变，并且没有指定主题，元素将会自动被赋予浅灰色的边框，以提示可以拖曳改变其尺寸。

缩放组件具有大量可以配置的属性，使用这些属性，用户能够精确控制缩放行为，说明如表 11.9 所示。

表 11.9　缩放组件的属性

属　　性	说　　明
animate	为元素的尺寸改变过程添加动画效果。默认为 false，关闭动画效果
animateDuration	设置动画的速度，可以使用毫秒数作为它的值，也可以使用字符串 show、normal 或者 fast
animageEasing	为尺寸改变动画添加平缓效果。默认值为 swing
alsoResize	在尺寸可变元素改变大小时，使用 jQuery 选择器可以同时改变另一个元素的尺寸。默认值为 false
aspectRatio	使尺寸改变元素的所有边框大小同时改变，以维持元素的高度比。默认值为 false
autoHide	隐藏尺寸改变手柄，直到鼠标指针指向该位置为止。默认值为 false
cancel	使特定元素的尺寸不再可变。默认值为 input
containment	限制尺寸改变元素不能够超出特定容器元素的边界。默认值为 false
delay	设置从单击改变手柄到开始改变尺寸的延时毫秒数。默认值为 0
disableSelection	禁止手柄和尺寸改变 helper 元素被选中。默认值为 true
distance	设置在按下鼠标键后，鼠标指针必须移动多少像素后才能够开始改变尺寸。默认值为 1

（续）

属　　性	说　　明
ghost	在改变尺寸时显示一个替代元素。默认值为 false
grid	接收一个对象，使元素不能够连续地改变尺寸，只能够沿 x 轴或者 y 轴离散地改变长度。默认值为 false
handles	使用对象定义用于改变尺寸的手柄，其中手柄（名称为 n、s、w 等）作为键，而 jQuery 元素选择器或 DOM 节点作为值。默认值为{e,se,s}
helper	激活 helper 元素以显示尺寸改变的过程，与 ghost 属性类似，但更为简单
knobHandles	使用简单的非图片式手柄。默认值为 false
maxHeight	设置元素尺寸所能够调整的最大高度
minHeight	设置元素尺寸所能够调整的最小高度
maxWidth	设置元素尺寸所能够调整的最大宽度
minWidth	设置元素尺寸所能够调整的最小宽度
preserveCursor	在鼠标指针指向尺寸改变手柄时，显示特定的鼠标指针。默认值为 true
preventDefault	禁止 Safari 浏览器中<textarea>元素的自动改变尺寸的特性。默认值为 true
proportionallyResize	接收一个 jQuery 选择器或者 DOM 节点数组，以按比例改变尺寸可变元素的大小。默认值为 false
transparent	在交互之前和之后都不显示尺寸改变手柄

除了上面介绍的属性外，缩放组件还提供了 3 个事件，专门用于特定事件执行代码的回调函数，说明如表 11.10 所示。

表 11.10　缩放组件事件

事　　件	说　　明
resize	当缩放元素被改变尺寸时执行回调函数
start	当开始拖动时执行回调函数
stop	当改变元素尺寸结束之后，执行回调函数

缩放组件定义 3 个基本方法，不包括其构造方法，如表 11.11 所示。

表 11.11　缩 放 方 法

方　　法	说　　明
destroy()	彻底清除该控件
enable()	根据索引号激活被禁用的组件功能
disable()	根据索引号禁用组件功能

【示例 8】　在本示例中演示了为可改变尺寸元素设置动画效果，并显示缩放框线，演示效果如图 11.9 所示。

```
<!doctype html>
<html>
<head>
<meta charset="utf-8">
<link href="jqueryui/jquery-ui.css" rel="stylesheet">
<script src="jqueryui/external/jquery/jquery.js"></script>
<script src="jqueryui/jquery-ui.js"></script>
<script type="text/javascript" >
$(function() {
```

```
    $( "#resizable" ).resizable({
        animate: true
    });
});
</script>
<style type="text/css">
#resizable { width: 150px; height: 150px; padding: 0.5em; }
#resizable h3 { margin: 0; padding:4px; font-size:14px;}
.ui-resizable-helper { border: 1px dotted gray; }
</style>
</head>
<body>
<div id="resizable" class="ui-widget-content">
    <h3 class="ui-widget-header">国际新闻</h3>
</div>
</body>
</html>
```

图 11.9　缩放栏目

下面的设置能够为缩放对象设置最大和最小可缩放范围。

```
$(function() {
    $( "#resizable" ).resizable({
        maxHeight: 250,
        maxWidth: 350,
        minHeight: 150,
        minWidth: 200
    });
});
```

【示例9】　在本示例中演示了为可改变尺寸元素设置限制范围，缩放区域只能在这个范围内改变，演示效果如图 11.10 所示。

```
<!doctype html>
<html>
<head>
<meta charset="utf-8">
<link href="jqueryui/jquery-ui.css" rel="stylesheet">
<script src="jqueryui/external/jquery/jquery.js"></script>
<script src="jqueryui/jquery-ui.js"></script>
<script type="text/javascript" >
$(function() {
    $( "#resizable" ).resizable({
```

```
            containment: "#container"
    });
});
</script>
<style type="text/css">
#container { width: 300px; height: 300px; }
#container h3 { text-align: center; margin: 0; margin-bottom: 10px; }
#resizable { background-position: top left; width: 150px; height: 150px; }
#resizable, #container { padding: 0.5em; }
</style>
</head>
<body>
<div id="container" class="ui-widget-content">
    <h3 class="ui-widget-header">新闻版块</h3>
    <div id="resizable" class="ui-state-active">
        <h3 class="ui-widget-header">国际新闻</h3>
    </div>
</div>
</body>
</html>
```

图 11.10　限制缩放范围

11.3　选　　择

扫一扫，看视频

选择组件用来确定一系列可选的元素，用户只需要简单地拖选元素，或者从单击的方式选择多个元素，行为方式和效果类似 Windows 资源管理器中选择多个文件。在现代操作系统中，选择是一种最基本的用户操作行为，jQuery UI 选择组件能够为 Web 页面添加更为直观的操作体验，这对于各种应用场景都是非常有用的。这也是随着 Web 界面的进步，它作为一种应用平台，与桌面应用之间的区别越来越小的一个特征。

实现选择行为需要引入下面几个 JavaScript 文件，然后为选择目标元素绑定 selectable()构造函数即可。

- ➘ jquery-1.3.js +。
- ➘ jquery.ui.core.js。
- ➘ jquery.ui.widget.js。
- ➘ jquery.ui.mouse.js。

➥　jquery.ui.selectable.js。

【示例 10】　在本示例中使用选择组件为匹配的列表项元素添加选择行为，这样当单击、按住 Ctrl 键单击，或者使用鼠标直接拖选时，即可选中多个列表元素，演示效果如图 11.11 所示。

```html
<!doctype html>
<html>
<head>
<meta charset="utf-8">
<link href="jqueryui/jquery-ui.css" rel="stylesheet">
<script src="jqueryui/external/jquery/jquery.js"></script>
<script src="jqueryui/jquery-ui.js"></script>
<script type="text/javascript" >
$(function() {
    $( "#selectable" ).selectable();
});
</script>
<style type="text/css">
#feedback { font-size: 1.4em; }
#selectable .ui-selecting { background: #FECA40; }
#selectable .ui-selected { background: #F39814; color: white; }
#selectable { list-style-type: none; margin: 0; padding: 0; width: 60%; }
#selectable li { margin: 3px; padding: 0.4em; font-size: 1.4em; height: 18px; }
</style>
</head>
<body>
<ol id="selectable">
    <li class="ui-widget-content">列表项目 1</li>
    <li class="ui-widget-content">列表项目 2</li>
    <li class="ui-widget-content">列表项目 3</li>
    <li class="ui-widget-content">列表项目 4</li>
    <li class="ui-widget-content">列表项目 5</li>
    <li class="ui-widget-content">列表项目 6</li>
</ol>
</body>
</html>
```

如果仅仅激活选择功能，只需要引入 UI 库中的下列几个文件：

➥　jquery-1.3.js +。

➥　jquery.ui.core.js。

➥　jquery.ui.selectable.js

所有被设为可选的元素，初始时都被设置了一个样式类 ui-selectee，当选择方框包含了可选的元素时，它们的样式类被设为 ui-selecting。一旦选择交互结束，任何被选择的元素都被设置为_selecteed 样式，而先前被选过但现在不在所选择范围的元素被设置为 ui-selecting 样式。可以很容易地为组件添加自定义样式，以显示元素正在被选择或者已经被选中

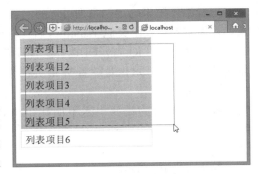

图 11.11　拖选对象

情况下的外观。

选择组件的配置属性比较简洁，只有很少几个配置属性，说明如表 11.12 所示。

表 11.12 选择组件的属性

属 性	说 明
autoRefresh	在开始选择操作之前，自动刷新每个可选项的尺寸和位置。默认值为 true
Filter	指定设为可选的子元素，默认值为 "*"

除了上面介绍的属性外，选择组件还提供了很多事件，专门用于特定事件执行代码的回调函数，说明如表 11.13 所示。

表 11.13 选择组件的事件

事 件	说 明
selected	在选择交互结束时，每个被添加到选项中的元素都会触发一个回调函数
selecting	在选择交互过程中，每个被选中的元素触发此回调函数
start	选择交互开始
stop	在选择交互结束时，触发该属性的回调函数，无论其被选中的项目数有多少个
unselected	在交互过程中任何可被选择却没有被选中的元素都将触发此回调方法
unselecting	不可选择元素在本次选择交互中将会触发此属性

选择组件定义 5 个基本方法，不包括其构造方法，如表 11.14 所示。

表 11.14 选择组件的方法

方 法	说 明
destroy()	彻底清除该控件
enable()	根据索引号激活被禁用的组件功能
disable()	根据索引号禁用组件功能
refresh()	当 autoRefresh 属性值设置为 false，手动刷新选择组件的位置和样式
toggle()	选择组件的激活和禁用状态切换

该组件具有两个独立的新方法，即 toggle() 和 refresh() 方法，当 autoRefresh 属性值设置为 false 时，refresh() 方法可用于在特定时刻手动地执行刷新动作。当页面上有许多选择组件时，将 autoRefresh 属性值设置为 false，可以提高性能，如果这个时候需要刷新组件的尺寸和位置的话，那么 refresh() 方法就正好派上用场了。

toggle() 方法可以轻松切换激活和禁用状态，而不需要为这两个状态单独编码，甚至不需要事先侦测当前状态。如果选择组件现在处于激活状态，那么 toggle() 方法将会禁用它们，反之如果处于禁用状态，那么 toggle() 将会激活它们。该方法的使用方式是非常简单的，其他组件并没有这种方法。

【示例 11】 在本示例中演示了如何动态跟踪被选中的项目，演示效果如图 11.12 所示。

```
<!doctype html>
<html>
<head>
<meta charset="utf-8">
<link href="jqueryui/jquery-ui.css" rel="stylesheet">
<script src="jqueryui/external/jquery/jquery.js"></script>
<script src="jqueryui/jquery-ui.js"></script>
```

```
<script type="text/javascript" >
$(function() {
   $( "#selectable" ).selectable({
      stop: function() {
         var result = $( "#select-result" ).empty();
         $( ".ui-selected", this ).each(function() {
            var index = $( "#selectable li" ).index( this );
            result.append( " 列表项目" + ( index + 1 ) );
         });
      }
   });
});
</script>
<style type="text/css">
#feedback { font-size: 1.4em; }
#selectable .ui-selecting { background: #FECA40; }
#selectable .ui-selected { background: #F39814; color: white; }
#selectable { list-style-type: none; margin: 0; padding: 0; width: 60%; }
#selectable li { margin: 3px; padding: 0.4em; font-size: 1.4em; height: 18px; }
</style>
</head>
<body>
<p id="feedback">
<span>选中项目包括:</span> <span id="select-result"></span>
</p>
<ol id="selectable">
   <li class="ui-widget-content">列表项目 1</li>
   <li class="ui-widget-content">列表项目 2</li>
   <li class="ui-widget-content">列表项目 3</li>
   <li class="ui-widget-content">列表项目 4</li>
   <li class="ui-widget-content">列表项目 5</li>
   <li class="ui-widget-content">列表项目 6</li>
</ol>
</body>
</html>
```

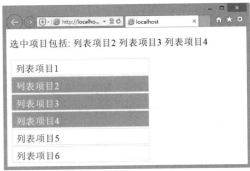

图 11.12　显示被选中的项目

11.4 排　序

排序也是一种交互式行为组件，它可用于定义一个或者多个元素列表，并且列表中的每个条目可以被重新排序，当然这个列表并不是<ul>或者<ol>等标签定义的列表结构。排序组件类似于拖放组件的一种实现组件，并具有专门的作用，它包含大量的 API 以提供各种使用方式。

实现排序行为需要引入下面几个 JavaScript 文件，然后为选择目标元素绑定 sortable()构造函数即可。

- ↘ jquery-1.3.js +。
- ↘ jquery.ui.core.js。
- ↘ jquery.ui.widget.js。
- ↘ jquery.ui.mouse.js。
- ↘ jquery.ui.sortable.js。

【示例12】　在本示例中使用排序组件为匹配的列表项元素添加手动排序行为，这样当拖动列表项目时，可以重新设置它在当前列表结构中的位置，演示效果如图 11.13 所示。

```html
<!doctype html>
<html>
<head>
<meta charset="utf-8">
<link href="jqueryui/jquery-ui.css" rel="stylesheet">
<script src="jqueryui/external/jquery/jquery.js"></script>
<script src="jqueryui/jquery-ui.js"></script>
<script type="text/javascript" >
$(function() {
    $( "#sortable" ).sortable();
});
</script>
<style type="text/css">
#sortable { list-style-type: none; margin: 0; padding: 0; width: 60%; }
#sortable li { margin: 0 3px 3px 3px; padding: 0.4em; padding-left: 1.5em; font-size:
1.4em; height: 18px; }
#sortable li span { position: absolute; margin-left: -1.3em; }
</style>
</head>
<body>
<ul id="sortable">
    <li class="ui-state-default"><span class="ui-icon ui-icon-arrowthick-2-n-s">
</span>列表项目 1</li>
    <li class="ui-state-default"><span class="ui-icon ui-icon-arrowthick-2-n-s">
</span>列表项目 2</li>
    <li class="ui-state-default"><span class="ui-icon ui-icon-arrowthick-2-n-s">
</span>列表项目 3</li>
    <li class="ui-state-default"><span class="ui-icon ui-icon-arrowthick-2-n-s">
</span>列表项目 4</li>
    <li class="ui-state-default"><span class="ui-icon ui-icon-arrowthick-2-n-s">
</span>列表项目 5</li>
    <li class="ui-state-default"><span class="ui-icon ui-icon-arrowthick-2-n-s">
</span>列表项目 6</li>
</ul>
</body>
</html>
```

图 11.13　拖选对象

如果仅仅激活排序功能，只需要引入 UI 库中的下列几个文件：

- jquery-1.3.js +。
- jquery.ui.core.js。
- jquery.ui.sortable.js。

在页面中添加了很多行为，当在列表中向上或者向下拖动某个项目时，其他项目会自动移动位置，以便为当前排序条目提供可投放的空间，当待排序条目被放下时，它会快速而平稳地滑动到列表中新的位置。

排序组件具有大量的可配置属性，多于其他任何交互组件，但是比日期选择组件要少一些，说明如表 11.15 所示。

表 11.15　排序组件的属性

属　　性	说　　明
appendTo	设置在排序时需要附加 helper 的元素，默认为 parent
axis	限制排序元素只能沿着某个方向轴移动，如 x 或者 y 轴，默认为 none
cancel	指定不能被排序的元素，默认值为":input"
connectWith	指定一个排序列表的数组，其中每个列表的排序条目都可以相互移动。默认值为[]
containment	限制排序组件的条目在拖动时不能超出容器，可用值为字符串 parent、window、document 或者 jQuery 元素选择器
cursor	定义在拖动条目时光标的 CSS。默认值为 none
delay	设置从单击（按下鼠标按钮）到开始排序所延迟的毫秒数，默认值为 0
distance	设置在按下鼠标左键后，鼠标指针至少移动多少像素排序操作才能开始。默认值为 1
dropOnEmpty	允许所关联的条目可以被投放到空位置中，默认值为 true
forcePalceholdSize	强制占位符应具有的尺寸。占位符指的是用于放置排序条目的空白位置。默认值为 false
grid	设置排序条目只能沿着网格拖动，其值应该为具有两个条目的数组，即网格的 x 和 y 方向的距离，默认值为[]
handle	指定用于拖动排序条目的手柄。默认值为 none
helper	指定助手元素在拖动时的代理元素，可接收返回一个元素的函数作本属性的值，默认值为 original
items	指定可以排序的条目，默认情况为所有子元素可以被排序，默认值为 ">*"
opacity	指定被排序元素的透明度。默认值为 1
placeholder	指定用于放置排序元素的空白位置的 CSS 样式类。默认值为 none
revert	在向新位置移动排序条目时激活动画。默认值为 true
scroll	当排序组件达到可视范围的边缘时让页面卷页。默认值为 true
scrollSensitivity	设置在卷页开始时排序条目可以靠近可视区域边缘的最小像素值。默认值为 20
scrollSpell	设置当发生卷页时，可视区所卷动的距离像素数，默认值为 20
zIndex	排序条目或者助手元素在拖动时的 z-index 值

除了上面介绍的属性外，排序组件还提供了很多事件，它们可以接收一些函数作为自事件处理的回调函数，并在排序交互中的不同时间点执行，说明如表 11.16 所示。

表 11.16　排序组件的事件

事　件	说　明
activate	在连接列表间开始排序时执行回调函数
beforeStop	当排序结束但原来的位置仍然可用时执行回调函数
change	排序过程中，排序元素的 DOM 位置发生改变时执行回调函数
deactive	当连接列表间的排序停止时执行回调函数
out	当待排序元素从连接列表中移出时执行回调函数
over	当连接列表间的排序完成时执行回调函数
receive	当从所连接的列表中接收待排序条目时执行回调函数
remove	当在连接列表的排序条目移动时执行回调函数
sort	当排序发生时执行回调函数
start	当排序开始时执行回调函数
stop	当排序结束时执行回调函数
update	当排序结束后，且 DOM 位置也发生了变化时执行回调函数

这些事件处理器十分重要，因为它们能在特定情况发生时进行响应。这些事件大多数在单个排序交互中触发，下面列出它们被触发的顺序。

➘　start
➘　sort
➘　change
➘　beforeStop
➘　stop
➘　update

一旦排序发生时，start 事件将首先被触发，之后每次鼠标移动都会触发 sort 事件，这使得该事件的发生非常密集。当另一个条目被当前待排序条目替换时，change 事件将被触发。一旦排序条目被放下时，beforeStop 和 stop 事件将相继被触发。最后，如果排序条目处于新的位置，就会触发 update 事件。

如果至少一个条目在连接列表之间发生了移动，那么会按如下顺序触发这些事件。

➘　start
➘　activate
➘　sort
➘　change
➘　beforeStop
➘　stop
➘　remove
➘　update
➘　receive
➘　reactivate

排序组件开放了通用的函数以使组件能够执行某些操作，并且和前面介绍的选择组件一样，排序组件也定义了一组其他组件没有的专用方法，如表 11.17 所示。

表 11.17　排序组件的方法

方　　法	说　　明
destroy()	彻底清除该控件
enable()	根据索引号激活被禁用的组件功能
disable()	根据索引号禁用组件功能
refresh()	触发刷新排序条目集合
refreshPosition()	触发刷新排序条目集合的缓存
serialize()	构造 URL 附加字符串以向服务器发送新的排序次序
toArray()	将排序条目序列化转换为字符串

这些方法大多数在之前使用过，下面简单介绍后面几种方法的使用。

refresh()和 refreshPosition()方法类似，但是 refreshPosition()方法将刷新排序条目的缓存位置，该方法由组件在适当时候自动调用，也可以在需要时手动调用，但是在对该方法使用时，应该有限度，因为它对页面的影响比较强烈。serialize()方法比较重要，它用于在排序结束后对结果进行处理，即将页面上的元素格式化为简单的字符串，以便通过网络传送到服务器端应用。

【示例 13】　在本示例中演示了如何通过鼠标拖曳来调整两列栏目之间相互动态排序，演示效果如图 11.14 所示。

```html
<!doctype html>
<html>
<head>
<meta charset="utf-8">
<link href="jqueryui/jquery-ui.css" rel="stylesheet">
<script src="jqueryui/external/jquery/jquery.js"></script>
<script src="jqueryui/jquery-ui.js"></script>
<script type="text/javascript" >
$(function() {
    $(".column").sortable({
      connectWith: ".column"
    });
    $(".portlet").addClass("ui-widget ui-widget-content ui-helper-clearfix ui-corner-all")
        .find( ".portlet-header" )
          .addClass( "ui-widget-header ui-corner-all" )
          .prepend( "<span class='ui-icon ui-icon-minusthick'></span>")
          .end()
        .find( ".portlet-content" );
    $( ".portlet-header .ui-icon" ).click(function() {
      $(this).toggleClass( "ui-icon-minusthick" ).toggleClass("ui-icon-plusthick");
      $( this ).parents( ".portlet:first" ).find( ".portlet-content" ).toggle();
    });
    $( ".column" ).disableSelection();
});
</script>
<style type="text/css">
.column { width: 170px; float: left; padding-bottom: 100px; }
.portlet { margin: 0 1em 1em 0; }
.portlet-header { margin: 0.3em; line-height:2em;; padding-left: 0.2em; }
```

```
.portlet-header .ui-icon { float: right; }
.portlet-content { padding: 0.4em; }
.ui-sortable-placeholder { border: 1px dotted black; visibility: visible !important;
height: 50px !important; }
.ui-sortable-placeholder * { visibility: hidden; }
</style>
</head>
<body>
<div class="column">
    <div class="portlet">
        <div class="portlet-header">左栏 1</div>
        <div class="portlet-content">内容</div>
    </div>
    <div class="portlet">
        <div class="portlet-header">左栏 2</div>
        <div class="portlet-content">内容</div>
    </div>
</div>
<div class="column">
    <div class="portlet">
        <div class="portlet-header">右栏 1</div>
        <div class="portlet-content">内容</div>
    </div>
</div>
</body>
</html>
```

图 11.14　动态改变栏目位置

第 12 章　jQuery UI 小部件

　　jQuery 可以构建良好的 Web 应用程序，但强大的 Web 应用程序，如果从零开始进行设计，整个开发过程任务很艰巨，用户最需要的是通过几步操作就能够设计一个功能完善的应用程序，让它能够在各种场合中顺利运行，并且适合所有用户。部件开发是一组界面视图，通过简单的调用，就可以快速实现各种常规 Web 应用的设计。jQuery UI 小部件共包括 15 种，每种都适用于特定的应用，说明如图 12.1 所示。本章将重点介绍几种比较实用的小部件。

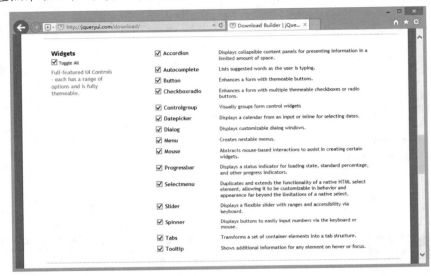

图 12.1　jQuery UI 小部件（Widgets）

【学习重点】
- 使用选项卡和手风琴。
- 使用对话框。
- 使用表单控件。

扫一扫，看视频

12.1　选　项　卡

　　选项卡组件用于一组不同元素之间切换视角，可以通过单击每个元素的标题来访问该元素包含的内容，这些标题都作为独立的选项卡出现。每个元素，或者说每个内容片断都具有一个与之关联的选项卡，并且在同一时刻只能够打开其中一个内容片断。

　　添加选项卡部件需要在页面中引入下面几个 JavaScript 文件，然后为目标选项卡包含框绑定 tabs() 构造函数即可。

- ↘ jquery-1.3.js +。
- ↘ jquery.ui.core.js。
- ↘ jquery.ui.widget.js。
- ↘ jquery.ui.tabs.js。

➘ jquery.ui.all.css。

【示例 1】　本示例在网页中插入一个选项卡面板，不需要设置和编程，演示效果如图 12.2 所示。

```html
<!doctype html>
<html>
<head>
<meta charset="utf-8">
<link href="jqueryui/jquery-ui.css" rel="stylesheet">
<script src="jqueryui/external/jquery/jquery.js"></script>
<script src="jqueryui/jquery-ui.js"></script>
<script type="text/javascript" >
$(function() {
    $( "#tabs" ).tabs();
});
</script>
</head>
<body>
<div id="tabs">
    <ul>
        <li><a href="#tabs-1">新闻</a></li>
        <li><a href="#tabs-2">社区</a></li>
        <li><a href="#tabs-3">联系</a></li>
    </ul>
    <div id="tabs-1">
        <p><img src="images/pic1.jpg" height="200" /></p>
    </div>
    <div id="tabs-2">
        <p><img src="images/pic2.jpg" height="200" /></p>
    </div>
    <div id="tabs-3">
        <p><img src="images/pic3.jpg" height="200" /></p>
    </div>
</div>
</body>
</html>
```

图 12.2　基本选项卡效果

选项卡组件是基于底层的 HTML 元素结构，该结构是固定的，组件的运转依赖一些特定的元素。选项卡本身必须从列表元素中创建，列表结构可以是排序的，也可以是无序的，并且每个列表项应当包含一个 span 元素和一个 a 元素。每个链接还必须具有相应的 div 元素，与它的 href 属性相关联。例如：

```html
<ul>
```

```
    <li><a href="#tabs"><span>标题</span></a></li>
</ul>
<div id="tabs1">Tab 面板容器 </div>
```

对于该组件来说，必要的 CSS 样式是必须的，默认可以导入 jquery.ui.all.css 文件，或者 jquery.ui.tabs.css，也可以自定义 CSS 样式表，用来控制选项卡的基本样式。

一套选项卡面板包括了以下几种以特定方式排列的标准 HTML 元素，根据实际需要可以在页面中编写好，也可以动态添加，或者两者结合。

➥ 列表元素（ul 或 ol）。

➥ a 元素。

➥ span 元素。

➥ div 元素。

前三个元素组成了可单击的选项标题，以用来打开选项卡所关联的内容框，每个选项卡应该包含一个带有链接的列表项，并且链接内部还应嵌套一个 span 元素。每个选项卡的内容通过 div 元素创建，其 id 值是必须的，标记了相应的 a 元素的链接目标。

jquery.ui.all.css 或 jquery.ui.tabs.css 样式表文件包含了所有能够保证选项卡组件外观和功能的样式，用户可以提供自己的样式表，只要其中包含了所需的规则选项，也可以通过使用主题定制选项卡的主题。

选项卡组件具有大量可以配置的属性，使用这些属性，用户能够精确控制选项卡功能和外观，说明如表 12.1 所示。

<center>表 12.1 选项卡组件的属性</center>

属　　性	说　　明
ajaxOptions	远程 Ajax 选项卡选项，默认值为{}
cache	只载入远程选项卡内容一次，延迟加载，默认值为 false
cookie	在页面载入时利用 cookie 数据显示激活的选项卡。默认值为 null
disabled	在页面载入时禁用特定的选项卡。默认值为[]
idprefix	在远程选项卡链接元素没有 title 属性时使用。默认值为"ui-tabs"
event	触发器显示内容时的选项卡事件。默认值为'click'
fx	指定选择选项卡时的切换效果，默认为 null
panelTemplate	对于动态创建选项卡的内容包含框，本字符串描述了其使用的元素，默认为'<div></div>'
selected	当组件被渲染时，默认选中的选项卡，默认值为 0
spinner	指定远程选项卡载入时的等待标记字符串，默认值为'<em>Loading…</em>'
tabTemplate	用于描述动态创建选项卡时所使用的元素字符串，默认值为'<li><a href="#{href}"><span>#{label}</span></a></li>'
unselect	在单击以选中的选项卡时将其隐藏

除了上面介绍的属性外，选项卡组件还提供了很多个事件，专门用于特定事件执行代码的回调函数，说明如表 12.2 所示。

表 12.2　选项卡组件的事件

事　件	说　明
add	在添加新选项卡时执行的回调函数
disable	在禁用选项卡时执行的回调函数
enable	在激活选项卡时执行的回调函数
load	在选项卡远程载入了数据时执行的回调函数
remove	在选项卡被移除时执行的回调函数
select	在选项卡被选中时执行的回调函数
show	在选项卡的内容被显示时执行的回调函数

选项卡组件定义多个基本方法，不包括其构造方法，如表 12.3 所示。

表 12.3　选项卡方法

方　法	说　明
add()	通过编程方式添加选项卡，并在参数中指明选项卡内容的 url、label 和索引号（可选的）
remove()	通过编程方式移除选项卡，需要指明要去除的选项卡索引号
enable()	根据索引号激活禁用的选项卡
disable()	根据索引号禁用选项卡
select()	通过编程方式根据索引号选中选项卡，其效果与访问者单击选项卡相同
load()	选项卡被禁用
url()	改变 Ajax 选项卡内容的 URL，该方法需要指明选项卡的索引号和新的 URL
destroy()	彻底去除整个选项卡
length()	组件中选项卡的数量
rotate()	一次性或重复地在经过指定的毫秒数之后，自动改变组件中活动的选项卡

1. 设计可折叠的选项卡

【示例 2】　本示例演示了如何调用选项卡组件，并设置 collapsible 属性值为 true，设计可折叠的选项卡，当单击当前选项卡时可以展开或者折叠，演示效果如图 12.3 所示。

```
<!doctype html>
<html>
<head>
<meta charset="utf-8">
<link href="jqueryui/jquery-ui.css" rel="stylesheet">
<script src="jqueryui/external/jquery/jquery.js"></script>
<script src="jqueryui/jquery-ui.js"></script>
<script type="text/javascript" >
$(function() {
    $( "#tabs" ).tabs({
      collapsible: true
    });
});
</script>
</head>
<body>
```

```
<div id="tabs">
    <ul>
        <li><a href="#tabs-1">新闻</a></li>
        <li><a href="#tabs-2">社区</a></li>
        <li><a href="#tabs-3">联系</a></li>
    </ul>
    <div id="tabs-1">
        <p><img src="images/pic1.jpg" height="200" /></p>
    </div>
    <div id="tabs-2">
        <p><img src="images/pic2.jpg" height="200" /></p>
    </div>
    <div id="tabs-3">
        <p><img src="images/pic3.jpg" height="200" /></p>
    </div>
</div>
</body>
</html>
```

图 12.3　设计可折叠的选项卡

2. 重新布局选项卡

【**示例 3**】　本示例演示了如何把选项卡的标题栏放在面板的底部，要实现该效果，需要适当添加额外的 CSS 样式，用来定位选项卡标题栏，并绑定一行代码，添加和移出控制类样式，演示效果如图 12.4 所示。当把标题栏放置到面板底部时，必须明确设置面板的高度。

```
<!doctype html>
<html>
<head>
<meta charset="utf-8">
<link href="jqueryui/jquery-ui.css" rel="stylesheet">
<script src="jqueryui/external/jquery/jquery.js"></script>
<script src="jqueryui/jquery-ui.js"></script>
<script type="text/javascript" >
$(function() {
    $( "#tabs" ).tabs();
    $( ".tabs-bottom .ui-tabs-nav, .tabs-bottom .ui-tabs-nav > *" )
        .removeClass( "ui-corner-all ui-corner-top" )
        .addClass( "ui-corner-bottom" );
});
```

```
</script>
<style type="text/css">
#tabs { height: 300px; }
.tabs-bottom { position: relative; }
.tabs-bottom .ui-tabs-panel { height: 240px; overflow: auto; }
.tabs-bottom .ui-tabs-nav { position: absolute !important; left: 0; bottom: 0;
right:0; padding: 0 0.2em 0.2em 0; }
.tabs-bottom .ui-tabs-nav li { margin-top: -2px !important; margin-bottom:
1px !important; border-top: none; border-bottom-width: 1px; }
.ui-tabs-selected { margin-top: -3px !important; }
</style>
</head>
<body>
<div id="tabs" class="tabs-bottom">
    <ul>
        <li><a href="#tabs-1">新闻</a></li>
        <li><a href="#tabs-2">社区</a></li>
        <li><a href="#tabs-3">联系</a></li>
    </ul>
    <div id="tabs-1">
        <p><img src="images/pic1.jpg" height="200" /></p>
    </div>
    <div id="tabs-2">
        <p><img src="images/pic2.jpg" height="200" /></p>
    </div>
    <div id="tabs-3">
        <p><img src="images/pic3.jpg" height="200" /></p>
    </div>
</div>
</body>
</html>
```

图 12.4 重新布局选项卡标题栏位置

12.2 手 风 琴

扫一扫，看视频

手风琴组件是另一种由一系列内容容器所组成的组件，这些容器在同一个时刻只能有一个被打开。

因此，初始化使它的大多数内容在界面上是被隐藏的，这与 12.1 节介绍的选项卡组件非常相似。

每个容器都有一个与之关联的标题元素，用来打开该容器并显示其内容。当单击某个容器的标题时，它的内容将会被展示出来。当单击另一个标题时，当前可见的内容会被隐藏，而新的内容会被显示在页面中。

手风琴组件是强大而高度可配置的组件，它通过在同一时间只显示相关内容中的一部分来节省 Web 页面空间，这与选项卡是类似的，只不过它是垂直摆放而不是水平摆放的。

手风琴组件不仅对于页面访问者来说易于使用，对于开发者来说也是易于实现的，它具有一系列可用来定制外观和行为的可配置属性。此外，还包含一组方法，能够用来以编程方式控制组件。该组件中容器元素的高度是可自动设置的，以确保除了显示标题之外，还有足够的空间显示最大高度的内容面板。

添加选项卡部件需要在页面中引入下面几个 JavaScript 文件，然后为目标手风琴包含框绑定 accordion()构造函数即可。

- ➦ jquery-1.3.js +。
- ➦ jquery.ui.core.js。
- ➦ jquery.ui.widget.js。
- ➦ jquery.ui. accordion.js。
- ➦ jquery.ui.all.css。

【示例 4】 本示例在网页中插入一个手风琴面板，不需要设置和编程，演示效果如图 12.5 所示。

```html
<!doctype html>
<html>
<head>
<meta charset="utf-8">
<link href="jqueryui/jquery-ui.css" rel="stylesheet">
<script src="jqueryui/external/jquery/jquery.js"></script>
<script src="jqueryui/jquery-ui.js"></script>
<script type="text/javascript" >
$(function() {
    $( "#accordion" ).accordion();
});
</script>
</head>
<body>
<div id="accordion">
    <h3><a href="#">新闻</a></h3>
    <div>
        <p><img src="images/pic1.jpg" height="200" /></p>
    </div>
    <h3><a href="#">社区</a></h3>
    <div>
        <p><img src="images/pic2.jpg" height="200" /></p>
    </div>
    <h3><a href="#">博客</a></h3>
    <div>
        <p><img src="images/pic3.jpg" height="200" /></p>
    </div>
    <h3><a href="#">联系</a></h3>
    <div>
        <p><img src="images/pic4.jpg" height="200" /></p>
    </div>
```

```
</div>
</body>
</html>
```

图 12.5 基本手风琴效果

创建手风琴组件不需要特殊的结构，使用简单的 ID 选择器来指定页面上需要转换为手风琴的元素，然后使用 accordion() 构造函数来创建手风琴组件即可。该组件甚至可以不需要建立在任何列表元素之上，仅仅使用嵌套的 div 和 a 元素，就可以构建功能完好的手风琴组件，当然可能需要一些额外的配置。

如果不指定样式，手风琴组件面板就会占据所在容器的 100% 宽度，与其他组件一样，有几种不同的设置样式的方式，可以通过创建自定义的样式表来控制手风琴及其内容的外观，还可以使用 UI 库所提供的 default 或 flora 主题，或者使用主题定制器创建整个库的扩展皮肤。

手风琴组件具有大量可以配置的属性，使用这些属性，用户能够精确控制手风琴的功能和外观，说明如表 12.4 所示。

表 12.4 手风琴组件的属性

属　　性	说　　明
active	选择初始时打开手风琴中的抽屉。默认值为 first child
alwaysOpen	保证始终会有一个抽屉被打开。默认值为 true
animated	打开抽屉的动画，默认值 slide
autoHeight	根据最大的抽屉自动设置高度。默认值为 true
clearStyle	在动画效果之后清除样式。默认值为 false
event	标题事件，以触发打开抽屉，默认值为 click
fillSpace	手风琴完全占据所有容器的高度，默认为 false
header	选择标题元素，默认值为 a
navigation	激活手风琴导航，默认值为 false
navigationFilter	默认情况下该属性打开 href 属性与 location.href 相匹配的标题所对应的抽屉。默认值为 location.href
selectedClass	应用于已打开抽屉的样式类名。默认值为 selected

手风琴定义了可定制的 change 事件，此事件在打开或者关闭手风琴中的抽屉时触发。为了响应该事件，可以使用可配置属性 change 来制定每当事件发生时所需要执行的函数。

手风琴组件包含一系列可供选择的方法，使用它们能够以编程方式控制或者操纵组件的行为，其中一些方法对于 UI 库中每个组件都有用，如 destroy()方法，该方法用于注销组件。enable()用来激活组件，而 disable()方法用来禁用组件。

1. 设计带有图标的手风琴

【示例 5】 本示例演示了如何通过手风琴折叠面板定义图标，演示效果如图 12.6 所示。

```html
<!doctype html>
<html>
<head>
<meta charset="utf-8">
<link href="jqueryui/jquery-ui.css" rel="stylesheet">
<script src="jqueryui/external/jquery/jquery.js"></script>
<script src="jqueryui/jquery-ui.js"></script>
<script type="text/javascript" >
$(function() {
    var icons = {
        header: "ui-icon-circle-arrow-e",
        headerSelected: "ui-icon-circle-arrow-s"
    };
    $( "#accordion" ).accordion({
        icons: icons
    });
});
</script>
<style type="text/css">
#accordion h3 { height:26px; margin:0; padding:0;}
</style>
</head>
<body>
<div id="accordion">
    <h3><a href="#">新闻</a></h3>
    <div>
        <p><img src="images/pic1.jpg" height="200" /></p>
    </div>
    <h3><a href="#">社区</a></h3>
    <div>
        <p><img src="images/pic2.jpg" height="200" /></p>
    </div>
    <h3><a href="#">博客</a></h3>
    <div>
        <p><img src="images/pic3.jpg" height="200" /></p>
    </div>
    <h3><a href="#">联系</a></h3>
    <div>
        <p><img src="images/pic4.jpg" height="200" /></p>
    </div>
</div>
</body>
</html>
```

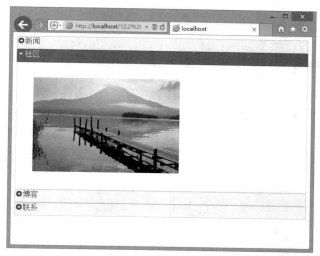

图 12.6　设计带有图标的手风琴效果

2. 折叠手风琴

【示例 6】　本示例演示了自动折叠当前打开的手风琴，只需要设置 collapsible: true 即可，详细代码如下，演示效果如图 12.7 所示。

```html
<!doctype html>
<html>
<head>
<meta charset="utf-8">
<link href="jqueryui/jquery-ui.css" rel="stylesheet">
<script src="jqueryui/external/jquery/jquery.js"></script>
<script src="jqueryui/jquery-ui.js"></script>
<script type="text/javascript" >
$(function() {
    $( "#accordion" ).accordion({
        collapsible: true
    });
});
</script>
<style type="text/css">
#accordion h3 { height:26px; margin:0; padding:0;}
</style>
</head>
<body>
<div id="accordion">
    <h3><a href="#">新闻</a></h3>
    <div>
        <p><img src="images/pic1.jpg" height="200" /></p>
    </div>
    <h3><a href="#">社区</a></h3>
    <div>
        <p><img src="images/pic2.jpg" height="200" /></p>
```

```
    </div>
    <h3><a href="#">博客</a></h3>
    <div>
        <p><img src="images/pic3.jpg" height="200" /></p>
    </div>
    <h3><a href="#">联系</a></h3>
    <div>
        <p><img src="images/pic4.jpg" height="200" /></p>
    </div>
</div>
</body>
</html>
```

图 12.7　自动折叠的手风琴面板

通过下面代码可以设置手风琴响应事件为鼠标经过，而不是默认的单击事件。

```
$(function() {
    $( "#accordion" ).accordion({
        event: "mouseover"
    });
});
```

扫一扫，看视频

12.3　对　话　框

如果需要在 Web 应用中显示简短的信息提示，或者向访问者询问，可以有两种方式：一是使用 JavaScript 原生的对话框，如 alert()或者 confirm()方法等；另一种方法是打开一个新的页面，预先定义好尺寸，并且将其样式设置为对话框风格。不过，JavaScript 提供的原生方法即不灵活，也不巧妙，它们在解决一个问题的同时，通常会产生新的问题。

jQuery UI 提供了更多功能和特性更加丰富的对话框组件，该对话框组件可以显示消息、附加内容（如图片或文字等），甚至包括交互型内容（如表单），为对话框添加按钮也更加容易，如简单的确定和取消按钮，并且可以为这些按钮定义回调函数，以便在它们被单击时做出反应。

添加对话框部件需要在页面中引入下面几个 JavaScript 文件，然后为目标对话框包含框绑定 dialog() 构造函数即可。

- ➥　jquery-1.3.js +。
- ➥　jquery.ui.core.js。
- ➥　jquery.ui.widget.js。
- ➥　jquery.ui.dialog.js。
- ➥　jquery.ui.all.css。

【示例 7】　本示例在网页中把 `<div id="dialog">` 标签转换为对话框显示，演示效果如图 12.8 所示。

图 12.8　基本对话框效果

```html
<!doctype html>
<html>
<head>
<meta charset="utf-8">
<link href="jqueryui/jquery-ui.css" rel="stylesheet">
<script src="jqueryui/external/jquery/jquery.js"></script>
<script src="jqueryui/jquery-ui.js"></script>
<script type="text/javascript" >
$(function() {
    $( "#dialog" ).dialog();
});
</script>
</head>
<body>
<div id="dialog" title="基本对话框">
    <p>对话框包含内容</p>
</div>
</body>
</html>
```

对于对话框组件来说，根据需要可以导入下面几个文件：

- ➥　jquery.ui.position.js：定位对话框。
- ➥　jquery.ui.resizable.js：调整对话框大小。
- ➥　jquery.ui.draggable.js：拖动对话框。

这些 JavaScript 文件的相关性比较低，并且只是在要求对话框尺寸可变或者可拖动的情况下才需要它们，没有这些文件组件仍然可以运行。对于该对话框来说，jquery.ui.dialog.css 样式表是必须的，当然可以根据导入其他主题或者自定义样式表。

除此之外，对话框组件的初始化方法与已经学习过的其他组件并无二致，当然在浏览器中运行该页面时，将会看到图 12.8 所示的默认的对话框。

对话框组件带有内建模式，在默认情况下是非激活的，而一旦模式被激活，将会启用一个模式覆盖层元素，覆盖对话框的父页面。而对话框将会位于该覆盖层的上面，同时页面的其他部分将位于覆盖层的下面。

这个特性的好处是可以确保对话框被关闭之前，父页面不能够进行交互，并且为要求访问者在进一步操作前必须关闭对话框提供了一个清晰的视觉指标。

改变对话框的皮肤使之与内容相适应是很容易的，可以从默认的主题样式表（jquery.ui.dialog.css）中进行修改，也可以自定义对话框样式表。

对话框组件具有大量可以配置的属性，使用这些属性，用户能够精确控制对话框功能和外观，说明如表 12.5 所示。

表 12.5　对话框组件的属性

属　　性	说　　明
autoOpen	在调用对话框时自动显示对话框，默认值为 true
bgiframe	创建 iframe 片段以防止在 IE6 中 select 元素穿过对话框显示，现在该功能需要 bgifrmae 插件，但在将来版本中该问题就不成问题了。默认值为 true
buttons	为对话框提供包含按钮的对象，默认值为{}
dialogClass	为对话框设置额外的样式类名，以指定主题，默认值为 ui-dialog
draggable	让对话框可以拖动，默认值为 true，需要导入 jquery.ui.draggable.js 文件
Height	设置对话框的初始高度，默认值为 200px
hide	设置对话框被关闭时使用的效果，默认值为 none
maxHeight	设置对话框的最大高度，默认值为 none
maxWidth	设置对话框的最大宽度，默认值为 none
minHeight	设置对话框的最小高度，默认值为 100px
minWidth	设置对话框的最小宽度，默认值为 150px
model	在对话框打开时激活其模式，默认值为 false
overlay	带有 CSS 属性的对象，用于模态覆盖层。默认值为{}
position	设置对话框在视角中的起始位置，默认值为 center
resizable	使对话框大小可改变，需要导入 jquery.ui.resizable.js 文件。默认值为 true
show	设置对话框被打开时使用的效果，默认值为 none
stack	在同时打开几个对话框时，将带有焦点的对话框移到最前面。默认值为 true
title	在对话框源元素中指定标题的替代方法。默认值为 none
width	设置对话框的初始宽度，默认值为 300px

对话框组件有很多可配置的属性，这些属性大多数是布尔型，或者是简单的字符串型，因此很容易设置和使用。在示例 1 中，对话框在页面载入时就被打开，当然可以通过 autoOpen 属性改变这种行为，以使其在某些其他事件发生时，才开始打开对话框。position 属性控制对话框被打开时出现在视角中的位置，它接收字符串或者数组值为参数。可以使用的字符串包括下面几种：

- bottom。
- center。
- left。
- right。
- top。

可以用一个数组来精确指定对话框出现时距离左上角的坐标，该坐标指定了在视角中对话框离左上角的偏移距离。

尽管可以在底层为 HTML 元素设置 title 属性，来定义对话框的标题栏标题，但是使用组件的 title 属性动态定义是首选，因为这样就能够阻止对话框在主体被覆盖的时候显示标题。

对话框的重要特性就是模态，它在组件被打开时创建一个覆盖层，位于页面内容之上，对话框界面之下，该覆盖层在对话框被关闭时将自动删除，但是在对话框处于被打开状态时，底层页面将不能够进行任何交互。

除了上面介绍的属性外，对话框组件还提供了很多个事件，专门用于特定事件执行代码的回调函数，说明如表 12.16 所示。

表 12.16　对话框组件的事件

事　件	说　明
close	对话框被关闭时执行的回调函数
drag	对话框被拖动时执行的回调函数
dragStart	对话框开始拖动时执行的回调函数
dragStop	对话框结束拖动时执行的回调函数
focus	对话框获取焦点时执行的回调函数
open	对话框被打开时执行的回调函数
resize	对话框尺寸被改变时执行的回调函数
resizeStart	对话框尺寸开始改变时执行的回调函数
resizeStop	对话框尺寸改变结束时执行的回调函数

对话框需要一些方法以实现其功能，作为开发者可以轻松打开、关闭或者注销对话框，对话框组件定义了多个基本方法，不包括其构造方法，如表 12.17 所示。

表 12.17　对话框的方法

方　法	说　明
close()	关闭或者隐藏对话框
destroy()	永久性禁用该对话框
isOpen()	确定对话框是否被打开
moveToTop()	将指定对话框置于最顶层
open()	打开对话框

1. 动态控制对话框显示

【示例8】　本示例演示了如何通过按钮控制对话框的显示，演示效果如图 12.9 所示。

```html
<!doctype html>
<html>
<head>
<meta charset="utf-8">
<link href="jqueryui/jquery-ui.css" rel="stylesheet">
<script src="jqueryui/external/jquery/jquery.js"></script>
<script src="jqueryui/jquery-ui.js"></script>
<script type="text/javascript" >
$(function() {
    $( "#dialog" ).dialog({
        autoOpen: false,
        show: "blind",
        hide: "explode"
    });
    $( "#opener" ).click(function() {
        $( "#dialog" ).dialog( "open" );
        return false;
    });
});
</script>
```

```
</head>
<body>
<button id="opener">打开对话框</button>
<div id="dialog" title="基本对话框">
    <p>对话框包含内容</p>
</div>
</body>
</html>
```

图 12.9　动态打开对话框

2. 为对话框添加按钮和覆盖层

【示例 9】　本示例演示为对话框绑定关闭对话框的按钮，并打开覆盖层，演示效果如图 12.10 所示。

```
<!doctype html>
<html>
<head>
<meta charset="utf-8">
<link href="jqueryui/jquery-ui.css" rel="stylesheet">
<script src="jqueryui/external/jquery/jquery.js"></script>
<script src="jqueryui/jquery-ui.js"></script>
<script type="text/javascript" >
$(function() {
    $("#dialog").dialog({
        modal: true,
        buttons: {
            Ok: function() {
                $(this).dialog("close")
            }
        }
    });
});
</script>
</head>
<body>
<div id="dialog" title="基本对话框">
    <p>对话框包含内容</p>
</div>
<img src="images/pic5.jpg" width="622" height="596" />
</body>
</html>
```

图 12.10　启动覆盖层和添加按钮

12.4　滑　动　条

　　滑动条组件能够实现一种美观且易于使用的界面，它能够为访问者带来直观而有吸引力的使用感受。滑动条的基本功能很简单，它的背景条代表了系列值，而通过移动背景条上的指针可以选择所需要的值。

　　滑动条仅仅由两个主要元素组成，即滑动手柄和滑动条轨道，因此该组件所需要的 HTML 元素是内嵌了 div 元素的 a 元素，此外并没有动态产生任何元素。

　　添加滑动条部件需要在页面中引入下面几个 Javascript 文件，然后为目标滑动条包含框绑定 slider() 构造函数即可。

- ↘ jquery-1.3.js +。
- ↘ jquery.ui.core.js。
- ↘ jquery.ui.widget.js。
- ↘ jquery.ui.slider.js。
- ↘ jquery.ui.mouse.js。
- ↘ jquery.ui.all.css。

【示例 10】　本示例在网页中把<div id="slider">标签转换为滑动条显示，演示效果如图 12.11 所示。

```
<!doctype html>
<html>
<head>
<meta charset="utf-8">
<link href="jqueryui/jquery-ui.css" rel="stylesheet">
<script src="jqueryui/external/jquery/jquery.js"></script>
<script src="jqueryui/jquery-ui.js"></script>
<script type="text/javascript" >
$(function() {
    $( "#slider" ).slider();
});
</script>
</head>
<body>
<div id="slider"></div>
</body>
</html>
```

图 12.11　基本滑动条效果

基本滑动条的默认行为是非常简单的，使用鼠标指针拖动滑动条上的小滑块，指针将会立刻移动到所指向的位置，而一旦指针被选中，则可以通过键盘上的左右方向键移动它。通过改写定义滑动条背景和指针的选择器（jquery.ui.slider.css），可以很容易地改变滑动条的样式。

由于滑动条还没有被配置，新的滑动条暂时还不能够做任何事情。滑动条具有内建特性，它能够自动侦测所要实现的组件是水平还是垂直的，如果想创建垂直滑动条，只需要使用一些自定义图片，并修改一些 CSS 规则即可，滑动条组件会自动完成其他工作。

滑动条组件具有大量可以配置的属性，使用这些属性，用户能够精确控制滑动条的功能和外观，说明如表 12.8 所示。

表 12.8　滑动条组件的属性

属　　性	说　　明
animate	在单击轨道时，为滑动条指针的移动激活平滑效果的动画。默认值为 false
axis	设置滑动条的方向，如果自动侦测失败的话
handle	设置滑动条指针的样式名，默认值为 "ui-slider-handle"
handles	设置滑动条指针的边界，默认值为 {}
max	设置滑动条的最大值，默认值为 100
min	设置滑动条的最小值，默认值为 0
range	在两个滑动条之间创建带有样式的区域，默认值为 false
startValue	设置滑动条指针的开始值。默认值为 0
stepping	设置每步之间的距离值
steps	设置步数

stepping 和 steps 属性在使用上是非常相似的，但是不能把它们混淆了，stepping 指的是每步之间的距离，即指针每跳移动的长度，而 steps 指的是步数，而不是它们之间的距离，这两个属性不应该在同一个实现中一起使用。

startValue 属性也是同样易于使用的，根据滑动条要代表的事物，指针的开始值可能不总是 0，如果需要让指针初始时位于轨道的中间而不是开头，可以设置 startValue:50 即可。

除了上面介绍的属性外，滑动条组件还提供了很多个事件，专门用于特定事件执行代码的回调函数，说明如表 12.9 所示。

表 12.9　滑动条组件的事件

事　　件	说　　明
change	在滑动条指针停止移动并且它的值发生改变时被调用
slide	在滑动条指针移动时被调用
start	在滑动条指针开始移动时被调用
stop	在滑动条指针停止移动时被调用

上面事件回调函数调用顺序如下：
- ↘ start。
- ↘ slide。
- ↘ stop。
- ↘ change。

这些回调函数能够根据访问者对滑动条的交互进行响应，而不是仅仅在页面上显示一条消息。

滑动条是直观而易用的，但是如果想获得超出之前所展示的效果，那么就需要它的内建方法，如表 12.10 所示。

表 12.10　滑动条的方法

方　　法	说　　明
moveTo()	将指针移动到轨道的指定值
value()	获取指针的当前值
disable()	禁用滑动条功能
enable()	激活滑动条功能
destroy()	将底层标记返回到原始状态

1. 读写滑动条的值

【示例 11】　本示例演示了如何设置滑动条的值，以及如何设置滑动条的取值范围，并获取当前滑块的值，演示效果如图 12.12 所示。

```
<!doctype html>
<html>
<head>
<meta charset="utf-8">
<link href="jqueryui/jquery-ui.css" rel="stylesheet">
<script src="jqueryui/external/jquery/jquery.js"></script>
<script src="jqueryui/jquery-ui.js"></script>
<script type="text/javascript" >
$(function() {
   $( "#slider" ).slider({
      range: "min",
      value: 50,
      min: 1,
      max: 120,
      slide: function( event, ui ) {
         $( "#value" ).val( ui.value );
      }
   });
   $( "#value" ).val( $( "#slider" ).slider( "value" ) );
});
</script>
</head>
<body>
<p>
   <label for="value">当前值:</label>
   <input type="text" id="value"  />
```

```
</p>
<div id="slider"></div>
</body>
</html>
```

图 12.12　读写滑动条的值

2. 设计垂直双滑动的滑动条

【示例 12】　下面示例演示了设置滑动条垂直显示，并定义两个滑块，分别用来控制最大值和最小值，演示效果如图 12.13 所示。

```
<!doctype html>
<html>
<head>
<meta charset="utf-8">
<link href="jqueryui/jquery-ui.css" rel="stylesheet">
<script src="jqueryui/external/jquery/jquery.js"></script>
<script src="jqueryui/jquery-ui.js"></script>
<script type="text/javascript" >
$(function() {
    $( "#slider" ).slider({
        orientation: "vertical",
        range: true,
        values: [ 17, 67 ],
        slide: function( event, ui ) {
            $( "#value" ).val( ui.values[ 0 ] + " - " + ui.values[ 1 ] );
        }
    });
    $( "#value" ).val(  $( "#slider" ).slider( "values", 0 ) + " - " +
$( "#slider" ).slider( "values", 1 ) );
});
</script>
</head>
<body>
<p>
    <label for="value">当前值:</label>
    <input type="text" id="value"  />
</p>
<div id="slider" style="height:250px;"></div>
</body>
</html>
```

图 12.13　设计垂直双滑动的滑动条

3. 设计调色板

【示例 13】　本示例演示了利用三个滑动条分别设计调色板背景色的 R、G、B 三原色，最后把三个滑动条的值混合成 RGB，演示效果如图 12.14 所示。

```
<!doctype html>
<html>
<head>
<meta charset="utf-8">
<link href="jqueryui/jquery-ui.css" rel="stylesheet">
<script src="jqueryui/external/jquery/jquery.js"></script>
<script src="jqueryui/jquery-ui.js"></script>
<script type="text/javascript" >
function hexFromRGB(r, g, b) {
    var hex = [
        r.toString( 16 ),
        g.toString( 16 ),
        b.toString( 16 )
    ];
    $.each( hex, function( nr, val ) {
        if ( val.length === 1 ) {
            hex[ nr ] = "0" + val;
        }
    });
    return hex.join( "" ).toUpperCase();
}
function refreshSwatch() {
    var red = $( "#red" ).slider( "value" ),
        green = $( "#green" ).slider( "value" ),
        blue = $( "#blue" ).slider( "value" ),
        hex = hexFromRGB( red, green, blue );
    $( "#swatch" ).css( "background-color", "#" + hex );
}
$(function() {
    $( "#red, #green, #blue" ).slider({
        orientation: "horizontal",
        range: "min",
```

```
        max: 255,
        value: 127,
        slide: refreshSwatch,
        change: refreshSwatch
    });
    $( "#red" ).slider( "value", 255 );
    $( "#green" ).slider( "value", 140 );
    $( "#blue" ).slider( "value", 60 );
});
</script>
<style type="text/css">
#red, #green, #blue { float: left; clear: left; width: 300px; margin: 15px; }
#swatch { width: 120px; height: 140px; margin-top: 18px; margin-left: 350px;
background-image: none; }
#red .ui-slider-range { background: #ef2929; }
#red .ui-slider-handle { border-color: #ef2929; }
#green .ui-slider-range { background: #8ae234; }
#green .ui-slider-handle { border-color: #8ae234; }
#blue .ui-slider-range { background: #729fcf; }
#blue .ui-slider-handle { border-color: #729fcf; }
#demo-frame > div.demo { padding: 10px !important; }
</style>
</head>
<body>
<div id="red"></div>
<div id="green"></div>
<div id="blue"></div>
<div id="swatch" class="ui-widget-content ui-corner-all"></div>
</body>
</html>
```

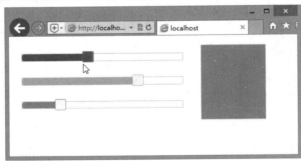

图 12.14　设计调色板

12.5　日期选择器

日期选择器组件是 jQuery UI 库中最为精致且支持文档最为丰富的组件。日期选择器组件为站点或者应用的访客们提供了非常简便的选择日期的界面，无论表单中哪个域需要输入日期，都可以为之添加一个日期选择器组件，它允许访问者使用具有吸引力的美观的组件进行输入，而与此同时后台可以根据需要获取特定格式的日期。

日期选择器组件内建的功能包括自动打开和关闭动画，以及使用键盘操作组件的界面。当按下 Ctrl 键时，使用键盘上的箭头就能够选择一个日期单元格，然后使用回车键就可以选中该日期。虽然日期选择器组件易于创建和配置，但是它是一个复杂的组件，由一系列基本元素构成。尽管日期选择器是复杂的，但是与已经学过的其他 UI 库的组件一样，可以只用一行代码就实现默认的日期选择器。

添加日期选择器部件需要在页面中引入下面几个 Javascript 文件，然后为目标日期选择器包含框绑定 datepicker()构造函数即可。

- ↘ jquery-1.3.js +。
- ↘ jquery.ui.core.js。
- ↘ jquery.ui. datepicker..js。
- ↘ jquery.ui.all.css。

【示例 14】 本示例在网页中为<input type="text" id="datepicker">文本框绑定一个日期选择器，演示效果如图 12.15 所示。

```
<!doctype html>
<html>
<head>
<meta charset="utf-8">
<link href="jqueryui/jquery-ui.css" rel="stylesheet">
<script src="jqueryui/external/jquery/jquery.js"></script>
<script src="jqueryui/jquery-ui.js"></script>
<script type="text/javascript" >
$(function() {
    $( "#datepicker" ).datepicker();
});
</script>
</head>
<body>
<p>Date: <input type="text" id="datepicker"></p>
</body>
</html>
```

图 12.15 基本日期选择器效果

基本日期选择器使用比较简单，直接在对应的文本框上调用 datepicker()函数即可。当然日期选择器组件具有大量可以配置的属性，使用这些属性，用户能够精确控制日期选择器的功能和外观，说明如表 12.11 所示。

表 12.11 日期选择器组件的属性

属　　性	说　　明
altField	为日期选择器指定可选的 input 域，所选中的日期将会被添加到该域中。默认值为空
altFormat	添加到 input 域的日期指定一个可选项的格式。默认值为空
appendText	在日期选择器 input 域的后面附加文本，以显示所选日期的格式
buttonImage	设置触发按钮所用的图片路径
buttonImageOnly	如果设置 true，则会使用图片代替触发按钮
buttonText	触发按钮上显示的文本，默认值为 "…"
changeFirstDay	当一个日期标题被单击时，重新排列日历，默认值为 true
changeMonth	下拉框显示月份变化。默认值为 true
changeYear	下拉框显示年度变化。默认值为 true
closeAltTop	在日历顶部显示关闭按钮，默认值为 true
constrainInput	限制文本框输入的必须是日期格式。默认值为 true
defaultDate	设置初始时选择器高亮显示的日期，默认值为 null
duration	设置日期选择器打开的速度，默认值为 normal
goToCurrent	将当前日期链接设置日期选择器为当前选中的日期，而不是本日日期。默认值为 false
hideIfNoPrevNext	如果没有上一页或下一页，则隐藏 Pre/Nextl 链接，默认值为 false
isRTL	将日期格式设置为从右到左。默认值为 false
mandatory	强制必须显示日期，默认值为 false
maxDate	设置能够选择的最大日期，默认值为 null
minDate	设置能够选择的最小日期，默认值为 null
navigationAsDateFormat	允许将月份名称作为 Prev、Next 和 Current 链接名称，默认值为 false
numbersOfMonths	设置单个日期选择器所显示的月份数，默认值为 1
rangeSeparator	在使用范围时设置两个日期间的分隔符，默认值为 "-"
rangeSelect	激活日期范围的选择，默认值为 false
shortYearCutiff	当使用两个数字表示月份时，该属性用于确定当前所在的地址，默认值为 "+10"
showOn	设置显示日期选择器的事件，默认值为 focus
showOtherMonths	显示上个月的最后一天和下个月的第一天，默认值为 false
showStatus	在日期选择器中显示状态条，默认值为 false
showWeeks	显示星期数，即列数，默认值为 false
showAnim	设置日期选择器打开和关闭时执行的动画，默认值为 show
showOptions	设置额外的动画配置选项，默认值为 {}
stepMonths	设置 prev 和 next 链接所前进或后退的月数，默认值为 1
yearRange	在年度下拉框中指定可选年份的范围，默认值为 "-10+10"

除了上面介绍的属性外，日期选择器组件还提供了很多个事件，专门用于特定事件执行代码的回调函数，说明如表 12.12 所示。

表 12.12 日期选择器组件的事件

事　件	说　　明
beforeShow	接收一个用于定制日期选择器的配置对象
beforeShowDay	用于预选择特定的日期
calculateWeek	改变计算一年中第几个星期的计算方法
onSelect	设置选择事件的回调函数
onChangeMonthYear	设置当前月份或者年度改变时要执行的回调函数
onClose	设置关闭事件的回调函数
statusForDate	确定状态条文本是否正确显示信息的函数

日期选择器是直观而易用的，但是如果想获得超出之前所展示的效果，那么就需要它的内建方法，如表 12.13 所示。

表 12.13 日期选择器的方法

方　　法	说　　明
change	使用配置对象改变已经存在的日期选择器
destroy	断开并删除所有关联的日期选择器
dialog	在对话框组件中打开日期选择器
disable	禁用一个文本框，并因此关联日期选择器
enable	激活一个被禁用的文本框，连同相应的日期选择器
getDate	获取当前选择的日期
hide	以编程方式关闭日期选择器
isDisabled	确定日期选择器是否被禁用
setDate	以编程方式选择日期
show	以编程方式显示日期选择器

1. 在日期选择器中显示按钮

【示例15】　本示例演示了如何在日期选择器面板中显示控制按钮，演示效果如图 12.16 所示。

```html
<!doctype html>
<html>
<head>
<meta charset="utf-8">
<link href="jqueryui/jquery-ui.css" rel="stylesheet">
<script src="jqueryui/external/jquery/jquery.js"></script>
<script src="jqueryui/jquery-ui.js"></script>
<script type="text/javascript" >
$(function() {
    $( "#datepicker" ).datepicker({
        showButtonPanel: true
    });
});
</script>
</head>
<body>
<p>Date: <input type="text" id="datepicker"></p>
</body>
</html>
```

图 12.16　在日期选择器中显示按钮

2. 在日期选择器中显示年月下拉菜单

【示例16】　本示例演示了如何在日期选择器中显示年月下拉菜单，演示效果如图 12.17 所示。

```html
<!doctype html>
<html>
<head>
<meta charset="utf-8">
<link href="jqueryui/jquery-ui.css" rel="stylesheet">
<script src="jqueryui/external/jquery/jquery.js"></script>
<script src="jqueryui/jquery-ui.js"></script>
<script type="text/javascript" >
$(function() {
    $( "#datepicker" ).datepicker({
        changeMonth: true,
        changeYear: true
    });
});
</script>
</head>
<body>
<p>Date: <input type="text" id="datepicker"></p>
</body>
</html>
```

图 12.17　在日期选择器中显示年月下拉菜单

3. 设置日期范围

【示例 17】　本示例演示了如何设置日期范围，当设置起始日期之后，则结束日期必须在起始日期之后，同时本案例还演示了如何设置连续显示三个月的日历，演示效果如图 12.18 所示。

```html
<!doctype html>
<html>
<head>
<meta charset="utf-8">
<link href="jqueryui/jquery-ui.css" rel="stylesheet">
<script src="jqueryui/external/jquery/jquery.js"></script>
<script src="jqueryui/jquery-ui.js"></script>
<script type="text/javascript" >
    $(function() {
        var dates = $( "#from, #to" ).datepicker({
            defaultDate: "+1w",
            changeMonth: true,
            numberOfMonths: 3,
            onSelect: function( selectedDate ) {
                var option = this.id == "from" ? "minDate" : "maxDate",
                    instance = $( this ).data( "datepicker" ),
                    date = $.datepicker.parseDate(
                        instance.settings.dateFormat ||
                        $.datepicker._defaults.dateFormat,
                        selectedDate, instance.settings );
                dates.not( this ).datepicker( "option", option, date );
            }
        });
    });
</script>
</head>
<body>
<label for="from">从</label>
<input type="text" id="from" name="from"/>
<label for="to">到</label>
<input type="text" id="to" name="to"/>
</body>
</html>
```

图 12.18　设置日期范围

第 13 章　jQuery UI 特效

jQuery UI 特效是独立于 jQuery UI 组件而单独开发的动画库，与其他独立组建一样，特效也需要一个单独的核心库文件提供服务，包括封装元素、控制动画等，但同时大多数特性还应有自己的源文件。在 jQuery UI 特效库中提供了众多动画特效，说明如图 13.1 所示。

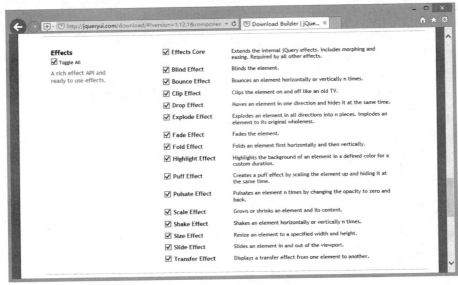

图 13.1　jQuery UI 特效（Effects）

使用特效时只需要在页面上包含核心文件（jquery.effects.core.js）和该特效本身的源文件，不过与jquery.ui.core.js 文件不同，jquery.effects.core.js 被设计为部分而非完全独立的。当单独使用核心特效文件时，可以利用它提供的颜色改变动画，如平滑地将元素的背景色转换成另一种颜色，进行样式类切换和更高级的缓存动画等。jQuery UI 特效库包含 15 种特效，简单说明如下，本章将介绍其中部分特效。

- ➘ Blind（百叶窗）：蒙蔽元素，模拟百叶窗效果。
- ➘ Bounce（弹跳）：将元素水平或垂直反弹 n 次。
- ➘ Clip（剪辑）：像旧电视一样剪切元素。
- ➘ Drop（落体）：向一个方向移动元素，同时隐藏它。
- ➘ Explode（爆炸）：将元素分解为 n 个部分，然后在所有方向上向外运动消失。
- ➘ Fade（渐隐）：淡出元素。
- ➘ Fold（折叠）：首先水平折叠元素，然后垂直折叠元素。
- ➘ Highlight（高光）：在指定时间内定义元素的背景颜色，实现突出显示。
- ➘ Puff（膨胀）：创建由向上缩放元件，并在同一时间隐藏它的效果。
- ➘ Pulsate（抖动）：通过将不透明度更改为零并返回，实现将元素脉冲化 n 次。
- ➘ Scale（缩放）：增大或缩小元素及其内容。
- ➘ Shake（摇晃）：水平或垂直摇动元素 n 次。
- ➘ Size（尺寸）：将元素调整为指定的宽度和高度。
- ➘ Slide（滑动）：将元素滑入或滑出窗口。

➥ Transfer（转换）：显示从一个元素到另一个元素的传输效果。

【学习重点】

● 正确使用特效。

● 为网页对象绑定特效。

13.1 特 效 核 心

jquery.effects.core.js 文件是 jQuery UI 特效库的核心，它可以单独使用，实际上就是在通用 jQuery 库的基础上使用，当然如果不需要其他特效的话，它可以不与特定的特效文件搭配使用。

animate() 方法是 jQuery 动画基础，它是属于 jQuery 库的，不属于 jQuery UI 库，但是 jquery.effects.core.js 文件扩展了 animate() 方法，以用来处理颜色和样式类等相关的动画。

【示例 1】 本示例演示了当单击按钮后，将使用 animate() 方法将一系列新的 CSS 属性应用到目标元素上，这样样式属性由一个常量对象以属性名值对的形式提供。演示效果如图 13.2 所示。

```html
<!doctype html>
<html>
<head>
<meta charset="utf-8">
<link href="jqueryui/jquery-ui.css" rel="stylesheet">
<script src="jqueryui/external/jquery/jquery.js"></script>
<script src="jqueryui/jquery-ui.js"></script>
<script type="text/javascript" >
$(function() {
    $( "#button" ).toggle(
        function() {
            $( "#effect" ).animate({
                backgroundColor: "#aa0000",
                color: "#fff",
                width: 500
            }, 1000 );
        },
        function() {
            $( "#effect" ).animate({
                backgroundColor: "#fff",
                color: "#000",
                width: 240
            }, 1000 );
        }
    );
});
</script>
<style type="text/css">
.toggler { width: 500px; height: 200px; position: relative; }
#button { padding: .5em 1em; text-decoration: none; }
#effect { width: 240px; height: 135px; padding: 0.4em; position: relative; background:
#fff; }
#effect h3 { margin: 0; padding: 0.4em; text-align: center; }
</style>
</head>
<body>
<div class="toggler">
```

```
    <div id="effect" class="ui-widget-content ui-corner-all">
        <h3 class="ui-widget-header ui-corner-all">动画演示</h3>
        <p>颜色动画综合演示</p>
    </div>
</div>
<a href="#" id="button" class="ui-state-default ui-corner-all">动画切换</a>
</body>
</html>
```

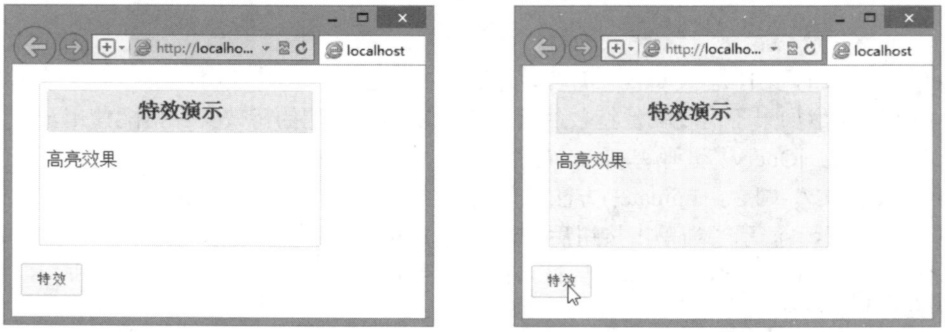

图 13.2　颜色特效效果

颜色动画可供使用的 CSS 样式属性包括：

- backgroundColor（背景色）。
- borderColor（边框色，包括任意边）。
- color（前景色）。
- outlineColor（轮廓色）。

颜色可以使用 RGB 或者 HEX 格式指定，甚至可以使用标准的颜色名称。

除了颜色外，jquery.effects.core.js 核心文件提供了整个样式类变换的动画，可用于平滑、准确地切换样式，不是以唐突、剧烈的变化方式。

【示例 2】　本示例演示了当单击按钮后，方形盒子会自动平滑地缩放，演示效果如图 13.3 所示。

```
<!doctype html>
<html>
<head>
<meta charset="utf-8">
<link href="jqueryui/jquery-ui.css" rel="stylesheet">
<script src="jqueryui/external/jquery/jquery.js"></script>
<script src="jqueryui/jquery-ui.js"></script>
<script type="text/javascript" >
   $(function() {
       $( "#button" ).click(function() {
           $( "#effect" ).toggleClass( "newClass", 1000 );
           return false;
       });
   });
</script>
<style type="text/css">
.toggler { width: 500px; height: 200px; position: relative; }
#button { padding: .5em 1em; text-decoration: none; }
#effect { position: relative; width: 240px; padding: 1em; letter-spacing: 0;
font-size: 1.2em; border: 1px solid #000; background: #eee; color: #333; }
.newClass { text-indent: 40px; letter-spacing: .4em; width: 410px; height: 100px;
```

```
padding: 30px; margin: 10px; font-size: 1.6em; }
</style>
</head>
<body>
<div class="toggler">
    <div id="effect" class="newClass ui-corner-all">尺寸缩放动画演示</div>
</div>
<a href="#" id="button" class="ui-state-default ui-corner-all">动画演示</a>
</body>
</html>
```

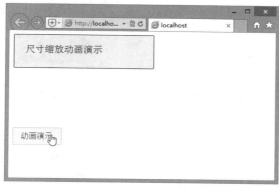

图 13.3　样式动画效果

从效果看，页面的功能和示例 1 相同，但本示例使用样式类切换的方式实现，它同样可以包含颜色样式规则。当然，还可以添加样式、移出样式、切换样式等动画。

标准的 jQuery 的 animate() 方法具有一些内建的基本缓冲功能，但是对于更高级的缓冲效果，则必须包含额外的缓冲插件。jquery.effects.core.js 文件具有所有高级缓冲选项，因此不需要再包含额外的插件，就可以完成各种复杂的任务。

13.2　高　　亮

扫一扫，看视频

高亮特效指的是任何调用该方法的元素都被设置为高亮显示效果。添加该特效需要在页面中引入下面几个 Javascript 文件。

- ↘ jquery-1.3.js +。
- ↘ jquery.effects.core.js。
- ↘ jquery.effects.highlight.js。

【示例3】　本示例演示当单击按钮之后，面板背景色会高亮显示一下，演示效果如图 13.4 所示。

```
<!doctype html>
<html>
<head>
<meta charset="utf-8">
<link href="jqueryui/jquery-ui.css" rel="stylesheet">
<script src="jqueryui/external/jquery/jquery.js"></script>
<script src="jqueryui/jquery-ui.js"></script>
<script type="text/javascript" >
$(function() {
```

```
        $( "#button" ).click(function(){
            $("#effect").effect("highlight");
        })
});
</script>
<style type="text/css">
#button { padding: .5em 1em; text-decoration: none; }
#effect { width: 240px; height: 135px; padding: 0.4em; margin:1em; }
#effect h3 { margin: 0; padding: 0.4em; text-align: center; }
</style>
</head>
<body>
<div class="toggler">
    <div id="effect" class="ui-widget-content ui-corner-all">
        <h3 class="ui-widget-header ui-corner-all">特效演示</h3>
        <p>高亮效果</p>
    </div>
</div>
<button id="button" class="ui-state-default ui-corner-all">特效</button>
</body>
</html>
```

在上面示例中高亮效果可能不是很明显，但是在高端界面中 highlight 特效适合作为帮助工具，如果有一系列动作需要以特定的顺序完成，那么高亮效果可以即时提醒访问者接下来要完成的步骤，同样它也可以用于电子版的教程或手册，以提示屏幕上的特定内容。

effect()构造函数是 jQuery UI 特效唯一接口，它不仅接收表示使用何种特效的字符串参数，还可以接收 3 个附加的参数以控制特效的功能，这些参数是可选的，说明如下。

图 13.4　高亮效果

- ➥ 一个包含附件配置属性的对象。
- ➥ 一个整数，代表了特效所持续的毫秒数，或者一个字符串，如 slow、normal、fast。
- ➥ 一个回调函数，在特效结束时执行。

【示例 4】　针对示例 3，重新设计高亮特效，让高亮效果显示 2 秒钟，同时在显示完毕后，修改段落文本内容，以便进行提示，演示效果如图 13.5 所示。

```
$(function() {
    $( "#button" ).click(function(){
        $("#effect").effect("highlight",{},2000,function(){
            $(this).children("p") .text("高亮效果已经完成");
        });
    })
});
```

图 13.5　缓慢的高亮效果

　　在上面代码中，使用一个空对象作为 effect() 构造函数的第二个参数，这是因为本示例不需要任何额外的配置信息，但是仍然需要提供一个空对象参数，以便传递第 3 个和第 4 个参数。

　　用于作为高亮特效的配置对象只包含两个配置属性，说明如表 13.1 所示。

表 13.1　高亮配置属性

属　　性	说　　明
color	设置高亮颜色，默认值为亮黄色（#ffff99）
mode	设置高亮模式，包括 show 和 hide，默认值为 show

　　【示例 5】　针对示例 4，重新设置配置参数。设置高亮色为红色，同时在高亮动画之后，隐藏高亮面板。

```
$(function() {
  $( "#button" ).click(function(){
    $("#effect").effect("highlight",{color:"red",mode:"hide"},2000,function(){
      $(this).children("p") .text("高亮效果已经完成");
    });
  })
});
```

13.3　弹　　跳

扫一扫，看视频

　　弹跳特效指的是任何调用该方法的元素都被设置为弹跳显示效果。添加该特效需要在页面中引入下面几个 Javascript 文件。

- ➘　jquery-1.3.js +。
- ➘　jquery.effects.core.js。
- ➘　jquery.effects.bounce.js。

　　【示例 6】　本示例演示当单击按钮之后，面板会上下弹跳几下，然后恢复默认显示状态，演示效果如图 13.6 所示。

```
<!doctype html>
<html>
<head>
<meta charset="utf-8">
<link href="jqueryui/jquery-ui.css" rel="stylesheet">
<script src="jqueryui/external/jquery/jquery.js"></script>
<script src="jqueryui/jquery-ui.js"></script>
```

```
<script type="text/javascript" >
$(function() {
   $( "#button" ).click(function(){
       $("#effect").effect("bounce");
   })
});
</script>
<style type="text/css">
#button { padding: .5em 1em; text-decoration: none; }
#effect { width: 240px; height: 135px; padding: 0.4em; margin:1em; }
#effect h3 { margin: 0; padding: 0.4em; text-align: center; }
</style>
</head>
<body>
<div class="toggler">
   <div id="effect" class="ui-widget-content ui-corner-all">
       <h3 class="ui-widget-header ui-corner-all">特效演示</h3>
       <p>弹跳效果</p>
   </div>
</div>
<button id="button" class="ui-state-default ui-corner-all">弹跳</button>
</body>
</html>
```

图 13.6　弹跳效果

用于作为弹跳特效的配置对象包含 4 个配置属性，说明如表 13.2 所示。

表 13.2　弹跳配置属性

属　　性	说　　明
direction	设置弹跳方向，包括"up"、"down"、"left"、"right"，默认值为"up"
distance	设置弹跳的距离，默认值为 20 像素
mode	设置弹跳模式，包括"show"、"hide"、"effect"，默认值为"effect"
times	设置弹跳次数，默认值为 5

【示例 7】　针对示例 6，重新设置配置参数。设置弹跳方向为向下，弹跳距离为 10 像素，模式为弹跳完成之后显示，弹跳次数为 2 次，同时弹跳动画持续时间为 20 毫秒，弹跳完成之后修改面板包含的提示文本，演示效果如图 13.7 所示。

```
<!doctype html>
<html>
```

```html
<head>
<meta charset="utf-8">
<link href="jqueryui/jquery-ui.css" rel="stylesheet">
<script src="jqueryui/external/jquery/jquery.js"></script>
<script src="jqueryui/jquery-ui.js"></script>
<script type="text/javascript" >
$(function() {
    $( "#button" ).click(function(){
        $("#effect").effect("bounce", {
            direction : "down",
            distance:                   10,
            mode:                       "show",
            times:                      2
        },200,function(){
            $(this).children("p") .text("弹跳效果已经完成");
        });
    })
});
</script>
<style type="text/css">
#button { padding: .5em 1em; text-decoration: none; }
#effect { width: 240px; height: 135px; padding: 0.4em; margin:1em; }
#effect h3 { margin: 0; padding: 0.4em; text-align: center; }
</style>
</head>
<body>
<div class="toggler">
    <div id="effect" class="ui-widget-content ui-corner-all">
        <h3 class="ui-widget-header ui-corner-all">特效演示</h3>
        <p>弹跳效果</p>
    </div>
</div>
<button id="button" class="ui-state-default ui-corner-all">弹跳</button>
</body>
</html>
```

图 13.7　自定义弹跳效果

13.4 摇　　晃

摇晃特效与弹跳特效类似，指的是任何调用该方法的元素都被设置为摇晃显示效果。添加该特效需要在页面中引入下面几个 JavaScript 文件。

➥ jquery-1.3.js +。

➥ jquery.effects.core.js。

➥ jquery.effects.shake.js。

【示例8】　本示例演示当单击按钮后，面板会摇晃几下，然后恢复默认状态，效果如图 13.8 所示。

```html
<!doctype html>
<html>
<head>
<meta charset="utf-8">
<link href="jqueryui/jquery-ui.css" rel="stylesheet">
<script src="jqueryui/external/jquery/jquery.js"></script>
<script src="jqueryui/jquery-ui.js"></script>
<script type="text/javascript" >
$(function() {
    $("img").click(function(){
        $(this).effect("shake");
    })
});
</script>
</head>
<body>
<img src="images/5.jpg" width="300" />
</body>
</html>
```

图 13.8　摇晃效果

作为摇晃特效的配置对象包含 3 个配置属性，说明如表 13.3 所示。

表 13.3　摇晃配置属性

属　　性	说　　明
direction	设置摇晃方向，包括"up"、"down"、"left"、"right"，默认值为" left "
distance	设置摇晃的距离，默认值为 20 像素
times	设置摇晃次数，默认值为 3

扫一扫，看视频

13.5 转　换

转换特效与其他特效不同，它并非直接影响目标元素，而是将特定元素的轮廓传送到另一个指定的元素中。添加该特效需要在页面中引入下面几个 JavaScript 文件。

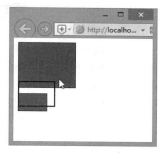

> ➥ jquery-1.3.js +
> ➥ jquery.effects.core.js
> ➥ jquery.effects.transfer.js

【示例 9】　本示例演示了当单击 div 盒子时，会自动把自己转换为另一个盒子的轮廓，并设置动画持续时间为 1000 毫秒，演示效果如图 13.9 所示。

图 13.9　转换效果

```html
<!doctype html>
<html>
<head>
<meta charset="utf-8">
<link href="jqueryui/jquery-ui.css" rel="stylesheet">
<script src="jqueryui/external/jquery/jquery.js"></script>
<script src="jqueryui/jquery-ui.js"></script>
<script type="text/javascript" >
$(function() {
    $("div").click(function () {
        var i = 1 - $("div").index(this);
        $(this).effect("transfer", {
            to: $("div").eq(i)
        }, 1000);
    });
});
</script>
<style type="text/css">
div.green { margin: 0px; width: 100px; height: 80px; background: green; border: 1px
solid black; position: relative; }
div.red { margin-top: 10px; width: 50px; height: 30px; background: red; border: 1px
solid black; position: relative; }
.ui-effects-transfer { border: 2px solid black; }
</style>
</head>
<body>
<div class="green"></div>
<div class="red"></div>
</body>
</html>
```

用于作为转换特效的配置对象包含两个配置属性，说明如表 13.4 所示。

表 13.4　转换配置属性

属　　性	说　　明
className	为代表传送对象的元素应用的类样式
to	设置要转换的匹配元素

13.6 缩　放

缩放特效用于缩小或者放大指定的元素。添加该特效需要在页面中引入下面几个 JavaScript 文件。

➥ jquery-1.3.js +。

➥ jquery.effects.core.js。

➥ jquery.effects.scale.js。

【示例 10】　本示例演示了当单击 div 盒子时，该盒子会自动水平放大一倍宽度，动画演示持续时间为 1000 毫秒，演示效果如图 13.10 所示。

```html
<!doctype html>
<html>
<head>
<meta charset="utf-8">
<link href="jqueryui/jquery-ui.css" rel="stylesheet">
<script src="jqueryui/external/jquery/jquery.js"></script>
<script src="jqueryui/jquery-ui.js"></script>
<script type="text/javascript" >
$(function() {
    $("img").click(function () {
        $(this).effect("scale", {
            percent: 200,
            direction: 'horizontal'
        }, 1000);
    });
});
</script>
</head>
<body>
<img src="images/4.jpg" width="300" />
</body>
</html>
```

图 13.10　缩放效果

用于作为缩放特效的配置对象包含 5 个配置属性，说明如表 13.5 所示。

表 13.5 缩放配置属性

属 性	说 明
direction	设置缩放的方向，包括"both"、"vertical"、"horizontal"，默认值为"both"，即高和宽同时缩放
from	设置缩放元素的开始类型，对象类型，如{ height: .., width: .. }，默认为空对象
origin	设置消失点，数组类型，可用于 show/hide 动画，默认值为['middle','center']
percent	设置缩放元素结束时的尺寸，默认值为 0，百分比单位
scale	设置缩放的区域，包括'both'、'box'、'content'，默认值为"both"

扫一扫，看视频

13.7 爆 炸

爆炸特效是一种真正令人惊叹的特效，它可以使目标元素在彻底消失前分解为指定数目的切片，该特效易于使用，只需要极少数的代码和配置属性。添加该特效需要在页面中引入下面几个 Javascript 文件。

➥ jquery-1.3.js +。

➥ jquery.effects.core.js。

➥ jquery.effects.explode.js。

【示例 11】 本示例演示了当单击网页中的图片时，图片会以爆炸形式，在 1000 毫秒内快速消失，演示效果如图 13.11 所示。

图 13.11 爆炸效果

```
<!doctype html>
<html>
<head>
<meta charset="utf-8">
<link href="jqueryui/jquery-ui.css" rel="stylesheet">
<script src="jqueryui/external/jquery/jquery.js"></script>
<script src="jqueryui/jquery-ui.js"></script>
<script type="text/javascript" >
$(function() {
    $("img").click(function () {
        $(this).hide("explode", 1000);
    });
});
</script>
</head>
<body>
<img src="images/1.jpg" width="300" />
</body>
</html>
```

用于作为爆炸特效的配置对象包含两个配置属性，说明如表 13.6 所示。

表 13.6 爆炸配置属性

属 性	说 明
mode	设置爆炸的模式，包括"show"、"hide"，默认值为"hide"
pieces	设置爆炸时产生的碎片数，默认值为 9

【示例 12】 本示例演示了当单击网页中的图片时，图片会以爆炸形式，在 1000 毫秒内快速被炸飞为 16 片，然后慢慢合并在一起，演示效果如图 13.12 所示。

```html
<!doctype html>
<html>
<head>
<meta charset="utf-8">
<link href="jqueryui/jquery-ui.css" rel="stylesheet">
<script src="jqueryui/external/jquery/jquery.js"></script>
<script src="jqueryui/jquery-ui.js"></script>
<script type="text/javascript" >
$(function() {
    $("img").click(function () {
        $(this).effect("explode", {
            pieces: 16,
            mode: "show"
        }, 1000);
    });
});
</script>
</head>
<body>
<img src="images/1.jpg" width="300" />
</body>
</html>
```

图 13.12　自定义爆炸效果

13.8　抖　　动

抖动特效是一种与元素透明度相关的特效，它能够按指定的次数短暂降低元素透明度，使其看起来如同脉动效果一般。添加该特效需要在页面中引入下面几个 JavaScript 文件。

- ❑ jquery-1.3.js +。
- ❑ jquery.effects.core.js。
- ❑ jquery.effects.pulsate.js。

【示例 13】 本示例演示了当单击网页中的图片时，图片会以抖动形式，在 2000 毫秒内快速闪现 3次，演示效果如图 13.13 所示。

```html
<!doctype html>
<html>
```

```
<head>
<meta charset="utf-8">
<link href="jqueryui/jquery-ui.css" rel="stylesheet">
<script src="jqueryui/external/jquery/jquery.js"></script>
<script src="jqueryui/jquery-ui.js"></script>
<script type="text/javascript" >
$(function() {
    $("img").click(function () {
        $(this).effect("pulsate", {
            times:3
        }, 2000);
    });
});
</script>
</head>
<body>
<img src="images/3.jpg" width="400" />
</body>
</html>
```

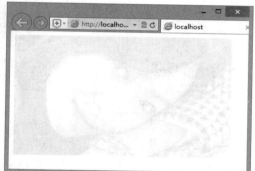

图 13.13　抖动效果

用于作为抖动特效的配置对象包含两个配置属性，说明如表 13.7 所示。

表 13.7　抖动配置属性

属　　性	说　　明
mode	设置抖动的模式，包括"show"、"hide"，默认值为"show"
times	设置抖动次数，默认值为 5

13.9　落　　体

扫一扫，看视频

　　落体特效非常简单，它帮助元素实现从页面中下落的效果，该特效同时会调整元素的高度和透明度，落体特效应用的场合比较多，如提示信息、弹出对话框等。添加该特效需要在页面中引入下面几个 JavaScript 文件。

➥　jquery-1.3.js +。

➥　jquery.effects.core.js。

➥ jquery.effects.drop.js。

【示例 14】 本示例演示了当单击网页中的 div 盒子，它就会自动下落，并渐隐消失，演示效果如图 13.14 所示。

```html
<!doctype html>
<html>
<head>
<meta charset="utf-8">
<link href="jqueryui/jquery-ui.css" rel="stylesheet">
<script src="jqueryui/external/jquery/jquery.js"></script>
<script src="jqueryui/jquery-ui.js"></script>
<script type="text/javascript" >
$(function() {
    $("img").click(function () {
        $(this).hide("drop", { direction: "down" }, 1000);
    });
});
</script>
</head>
<body>
<img src="images/5.jpg" width="200" />
</body>
</html>
```

图 13.14 落体效果

🔊 提示：

通过 hide()、show()等动画方法，然后通过设置动画方式，即 jQuery UI 特效类型字符串，也可以使用 effect() 构造函数来设计，例如针对示例 14 也可以这样调用，代码如下。后面几种特效用法类似，就不再一一说明。

```javascript
$(function() {
    $("div").click(function () {
        $(this).effect("drop", {
            direction: "down",
            mode: "hide",
        }, 1000);
    });
});
```

用于作为落体特效的配置对象包含 2 个配置属性，说明如表 13.8 所示。

表 13.8　落体配置属性

属　　性	说　　明
mode	设置落体的模式，包括"show"、"hide"，默认值为" hide"
direction	设置落体方向，包括"left"、"right"、"up"、"down"，默认值为"left"

扫一扫，看视频

13.10　滑　　动

上面介绍的几种特效主要控制元素的透明度，下面几种特效不再控制元素的透明度，而是以各种方式显示或者隐藏元素。滑动特效使元素在显示或者隐藏时具有向页面中或者页面外滑行的效果，这与落体特效很相似，但是它们的主要区别在于并不利用元素的透明度。添加滑动特效需要在页面中引入下面几个 JavaScript 文件。

➥ jquery-1.3.js +
➥ jquery.effects.core.js
➥ jquery.effects.slide.js

【示例 15】　本示例演示当单击网页中图片时，它会自动向下滑动，并消失，演示效果如图 13.15 所示。

```html
<!doctype html>
<html>
<head>
<meta charset="utf-8">
<link href="jqueryui/jquery-ui.css" rel="stylesheet">
<script src="jqueryui/external/jquery/jquery.js"></script>
<script src="jqueryui/jquery-ui.js"></script>
<script type="text/javascript" >
$(function() {
    $("img").click(function () {
        $(this).hide("slide", { direction: "down" }, 2000);
    });
});
</script>
</head>
<body>
<img src="images/5.jpg" width="300" />
</body>
</html>
```

图 13.15　滑动效果

295

用于作为滑动特效的配置对象包含 3 个配置属性，说明如表 13.9 所示。

表 13.9 滑动配置属性

属　性	说　明
mode	设置滑动的模式，包括"show"、"hide"，默认值为"show"
direction	设置滑动方向，包括"left"、"right"、"up"、"down"，默认值为"left"
distance	设置滑动距离，默认值为 el.outerWidth。可设置为任意整数，小于元素的宽度/高度，根据设置方向来设置

扫一扫，看视频

13.11 剪　　辑

剪辑特效与滑动特效很相似，主要的不同之处在于，滑动特效是通过使目标元素的一边向另一边移动来获取滑动效果，而剪辑特效则通过将目标元素的两边向中心移动来实现。添加剪辑特效需要在页面中引入下面几个 JavaScript 文件。

- ↘ jquery-1.3.js +
- ↘ jquery.effects.core.js
- ↘ jquery.effects.clip.js

【示例 16】　本示例演示了当单击网页中图片时，它会自动从两侧向中间进行剪辑，最后消失，演示效果如图 13.16 所示。

```html
<!doctype html>
<html>
<head>
<meta charset="utf-8">
<link href="jqueryui/jquery-ui.css" rel="stylesheet">
<script src="jqueryui/external/jquery/jquery.js"></script>
<script src="jqueryui/jquery-ui.js"></script>
<script type="text/javascript" >
$(function() {
    $("img").click(function () {
        $(this).hide("clip", { direction: "horizontal" }, 1000);
    });
});
</script>
</head>
<body>
<img src="images/2.jpg" width="400" />
</body>
</html>
```

图 13.16 剪辑效果

用于作为剪辑特效的配置对象包含两个配置属性，说明如表 13.10 所示。

表 13.10　剪辑配置属性

属　　性	说　　明
mode	设置剪辑的模式，包括"show"、"hide"，默认值为"hide"
direction	设置剪辑方向，包括"vertical"、"horizontal"，默认值为"vertical"

扫一扫，看视频

13.12　百　叶　窗

百叶窗特效与滑动特效几乎一模一样。从视觉效果上看，两种特效的目标元素的行为都是相同的，并且它们的代码文件也非常相似，这两种特效的主要区别在于百叶窗特效只能够指定特效的方向轴，而不是实际的方向。添加百叶窗特效需要在页面中引入下面几个 JavaScript 文件。

➤ jquery-1.3.js +。

➤ jquery.effects.core.js。

➤ jquery.effects.blind.js。

【示例 17】　本示例演示当单击网页中图片时，图片自动向左侧收缩，最后消失，演示效果如图 13.17 所示。

```html
<!doctype html>
<html>
<head>
<meta charset="utf-8">
<link href="jqueryui/jquery-ui.css" rel="stylesheet">
<script src="jqueryui/external/jquery/jquery.js"></script>
<script src="jqueryui/jquery-ui.js"></script>
<script type="text/javascript" >
$(function() {
    $("img").click(function () {
        $(this).hide("blind", { direction: "horizontal" }, 1000);
    });
});
</script>
</head>
<body>
<img src="images/1.jpg" width="400" />
</body>
</html>
```

图 13.17　百叶窗效果

用于作为百叶窗特效的配置对象包含两个配置属性，说明如表 13.11 所示。

表 13.11　百叶窗配置属性

属　　性	说　　明
mode	设置百叶窗的模式，包括"show"、"hide"，默认值为"hide"
direction	设置百叶窗方向，包括"vertical"、"horizontal"，默认值为"vertical"

13.13　折　　叠

折叠是一种简洁的特效，它能够使元素如一张纸一样被折叠起来，其具体实现方式是将指定的元素底部移到距离顶边 15 个像素的位置，然后再将元素右边线完全移动到左边线的位置。在该特效的第一个阶段，元素被缩小到距离顶边距离可以由 API 所开放的配置属性设置，该属性接收一个整型值，在实际应用中可以将该距离设置为合适的大型。添加折叠特效需要在页面中引入下面几个 JavaScript 文件。

➥　jquery-1.3.js +。
➥　jquery.effects.core.js。
➥　jquery.effects.fold.js。

【示例 18】　本示例演示了当单击网页中图片时，它会自动向上和向左折叠图片，最后消失，演示效果如图 13.18 所示。

```html
<!doctype html>
<html>
<head>
<meta charset="utf-8">
<link href="jqueryui/jquery-ui.css" rel="stylesheet">
<script src="jqueryui/external/jquery/jquery.js"></script>
<script src="jqueryui/jquery-ui.js"></script>
<script type="text/javascript" >
$(function() {
   $("img").click(function () {
      $(this).hide("fold", {}, 1000);
   });
});
</script>
</head>
<body>
<img src="images/3.jpg" width="400" />
</body>
</html>
```

图 13.18　折叠效果

用于作为折叠特效的配置对象包含 3 个配置属性，说明如表 13.12 所示。

表 13.12　折叠配置属性

属　性	说　明
horizFirst	设置是否先在水平方向先折叠，默认值为 false
mode	设置动画模式，包括"show"、"hide"，默认值为"hide"
size	设置元素被折叠的尺寸，整型，默认值为 15

第 14 章　浏览器和导航开发

前面介绍了如何自定义 jQuery 插件，本章将介绍一些与浏览器、导航相关的实用插件，抛砖引玉，帮助用户找到解决 Web 开发中可能会遇到的技术难题的办法。

【学习重点】
- 使用浏览器插件。
- 使用菜单插件。
- 使用导航插件。

14.1　浏览器开发

本节精选几款实用的浏览器插件，处理客户端浏览器开发难点，简化代码编写。

扫一扫，看视频

14.1.1　浏览器智能检测

jQuery Browser（浏览器智能检测）插件专注于客户端浏览器的检测。使用该插件可以获取一些关于用户当前使用的浏览器，以及操作系统和其可用插件的信息。该插件基于原型对象 jquery.browser 进行扩展，可以直接在 jQuery 中调用 browser 子对象。

jQuery Browser 插件提供一个完整的浏览器检查，支持以下设备或功能：

- iPhone、iPad、iPod。
- 移动设备。
- 触摸设备。
- 获取操作系统、浏览器名称和版本号。
- 检测浏览器插件。
- 检测浏览器是否支持 HTML5。
- 检测浏览器是否支持 CSS3。

jQuery Browser 插件还提供了一些额外的功能函数：

- 获得当前路径。
- 得到当前文件的基本名称。
- 获取主机名称、域名、协议和主机（对于 cookies 来说没有 www）。
- 获取 innerWitdh（viewWidth）和 innerHeight（viewHeight）属性值。
- 获取屏幕宽度和高度。
- 返回文件信息，包括基本名称、目录名、文件名、文件类型、filelink、pathlink 和物理路径。

下面结合案例演示 jQuery Browser 插件的使用。

1. 检查当前浏览器

【示例 1】　全面系统地检测浏览器的相关技术信息。

```
<!doctype html>
<html>
<head>
<meta charset="utf-8">
<!-- 导入 jQuery 库文件 -->
```

```
<script type="text/javascript" src="jquery/jquery-1.11.0.js"></script>
<!-- 导入 jQuery Browser 插件文件 -->
<script type="text/javascript" src="plugins/jQuery Browser.js"></script>
<!-- jQuery Browser 插件应用 -->
<script type="text/javascript">
var dbg = ";
for ( var k in $.browser ) {
    if ( typeof( $.browser[k] ) == 'function' ) {
        continue;
    }
    if ( typeof( $.browser[k] ) !== 'object' ) {
        dbg += k + '\t:' + $.browser[k] + '<br />';
    }
    else {
        dbg += k + ':' + ( ( $.browser[k] ) ? true : false ) + '<br />';
        for ( var kk in $.browser[k] ) {
            dbg += '\t' + k + '.' + kk + '\t= ' + $.browser[k][kk] + '<br />';
        }
    }
}
$(function(){
    $(".info").html(dbg);
})
</script>
</head>
<body>
<h1>检查当前浏览器</h1>
<p class="info"></p>
</body>
</html>
```

在浏览器中预览，效果如图 14.1 所示。

图 14.1 获取客户端浏览器的信息

2. 获取文件信息

【示例 2】 获取文件信息，完整代码如下。

```html
<!doctype html>
<html>
<head>
<meta charset="utf-8">
<!-- 导入 jQuery 库文件 -->
<script type="text/javascript" src="jquery/jquery-1.11.0.js"></script>
<!-- 导入 jQuery Browser 插件文件 -->
<script type="text/javascript" src="plugins/jQuery Browser.js"></script>
<!-- jQuery Browser 插件应用 -->
<script type="text/javascript">
//获取站点下相对路径文件的信息
var infos = $.browser.fileinfo('path/tothefile/filename.ext');
var dbg = ";
for (var k in infos) {                    //遍历该文件信息，并进行显示
    dbg += k+':'+infos[k]+'<br/>';
}
$(function(){
    $(".info").html(dbg);
})
</script>
</head>
<body>
<h1>获取文件信息</h1>
<p class="info"></p>
</body>
</html>
```

在浏览器中预览，效果如图 14.2 所示。

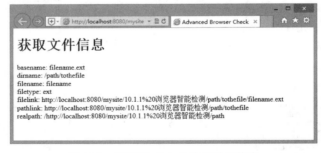

图 14.2 获取站点内文件的详细信息

扫一扫，看视频

14.1.2 强制渲染

用户有时会遇到当使用 JavaScript 动态改变样式时，部分浏览器并没有任何反应，浏览器的渲染引擎不能即时重绘页面，导致动态改变 CSS 样式无法显示。这时必须手动强制浏览器进行重绘，即单击“刷新”按钮刷新页面。出现这种问题的原因可能是浏览器的引擎工作机制问题。不过，用户可以使用 Force redraw（强制渲染）插件来解决这个问题。

【示例 3】 在本示例中当为页面元素定义动态样式，为了兼容部分浏览器的“懒惰”行为，不妨在后面添加一行命令，强制浏览器重新渲染该元素样式。

```
<!doctype html>
<html>
<head>
<meta charset="utf-8">
<script type="text/javascript" src="jquery/jquery-1.11.0.js"></script>
<script type="text/javascript" src="plugins/jquery.forceredraw-1.0.3.js"></script>
<script type="text/javascript">
$(function(){
    $("p.info").css({ color: "#ff0011", background: "blue" });
    $("p.info").forceRedraw();
})
</script>
</head>
<body>
<h1>强制浏览器重新渲染页面</h1>
<p class="info"></p>
</body>
</html>
```

如果上述解决方案不起作用，可以通过强制改变该元素的填充，重绘为 1 毫秒，然后重新恢复默认填充效果，这样就可以解决比较顽固的浏览器行为。具体代码就是把上面代码中的$("p.info"). forceRedraw();改为下面代码。

```
$(function(){
    $("p.info").css({ color: "#ff0011", background: "blue" }); ;
    $("p.info").forceRedraw(true);
})
```

也就是说在 forceRedraw()函数中传递一个 true 逻辑值。

14.1.3 浏览器插件检测

Web 开发中经常需要检测用户浏览器是否安装了指定插件，并根据检测结果进行相应的处理。jQuery browser plugin detection（浏览器插件检测）插件能够帮助解决这个问题，该插件扩展了 jQuery.browser 对象，允许用户检测浏览器是否安装了指定插件。可检测的插件包括：

扫一扫，看视频

- ↘ Flash
- ↘ Silverlight
- ↘ PDF
- ↘ Java
- ↘ Quicktime
- ↘ Windows Media Player
- ↘ Shockwave
- ↘ Realplayer

【插件用法】

```
jQuery.browser.flash                              //Flash
jQuery.browser.sl                                 //Silverlight
jQuery.browser.pdf                                //PDF format
jQuery.browser.java                               //Java
jQuery.browser.qtime                              //Quicktime
jQuery.browser.wmp                                //Windows Media Player
jQuery.browser.shk                                //Shockwave
```

```
jQuery.browser.rp                                    //Realplayer
```

如果对应属性返回值为 true，则表示当前浏览器支持该插件，否则表示不支持。

【示例 4】 在本示例中，应用该插件检测当前浏览器支持的多媒体类型，演示效果如图 14.3 所示。

```html
<!doctype html>
<html>
<head>
<meta charset="utf-8">
<script type="text/javascript" src="jquery/jquery-1.3.2.js"></script>
<script type="text/javascript" src="plugins/jquery.plugin.1.0.3.js"></script>
<script type="text/javascript">
$(function(){
    var dbg = "当前浏览器支持：<br/>";
    $.browser.flash && (dbg +="Flash<br/>");
    $.browser.sl && (dbg +="Silverlight<br/>");
    $.browser.pdf && (dbg +="PDF<br/>");
    $.browser.java && (dbg +="Java<br/>");
    $.browser.qtime && (dbg +="Quicktime<br/>");
    $.browser.wmp && (dbg +="Windows Media Player<br/>");
    $.browser.shk && (dbg +="Shockwave<br/>");
    $.browser.rp && (dbg +="Realplayer<br/>");
    $(".info").html(dbg);
})
</script>
</head>
<body>
<h1>浏览器插件检测</h1>
<p class="info"></p>
</body>
</html>
```

IE 浏览器

Firefox 浏览器

图 14.3 检测当前浏览器支持的多媒体类型

14.2 菜 单 开 发

菜单是网站的导航器，缺少了菜单会让浏览者在网站中迷失方向。从实用角度分析，设计友好的菜单能够给用户带来更好的体验。

14.2.1　使用 jMenu 菜单

jMenu 是一个水平导航菜单插件，支持无限级子菜单。jMenu 插件需要 jQuery 用户界面插件支持（jQuery UI），并支持该库的所有效果，如淡入或 slideDown 的影响。

整个 jMenu 插件脚本、结构和样式分别独立设计，菜单的结构比较干净，菜单的外观样式和感觉可以通过独立的 CSS 样式表文件进行控制，以方便用户更新而不触及 JavaScript 代码。

该插件包含 4 个文件、3 个 JavaScript 脚本文件和 1 个 CSS 样式表文件，简单说明如下：

- jquery.js：jQuery 库文件。
- jquery-ui.js：jQuery 用户界面库文件。注意，该文件仅在添加菜单的动态效果时有效，否则可以不用导入，如打开或者关闭子菜单的动态效果。
- jMenu.jquery.js：jMenu 插件脚本文件。
- jMenu.jquery.css：jMenu 菜单的外观 CSS 样式表文件。用户可以通过该文件控制菜单的外观效果。

注意：

> 用户必须包含两个箭头图标文件：**arrow_down.png** 和 **arrow_right.png**。把这两个箭头图标图像放置在相应目录下，并确保在 **jMenu.jquery.css** 文件中正确设置图标文件的路径。

使用前先导入下面文件：

```
<!-- 包含 CSS 样式表文件 -->
<link href=" jMenu.jquery.css " rel="stylesheet" type="text/css" media=";screen"/>
<!-- 包含相应的 JS 脚本文件 -->
<script type="text/javascript" src="jquery.js" ></script>
<script type="text/javascript" src="jquery-ui.js" ></script>
<script type="text/javascript" src="jMenu.jquery.js" ></script>
```

【示例 5】　设计 jMenu 多级菜单。

第 1 步，新建文档，构建一个类似下面的菜单结构。

```
<ul id="jMenu">
    <li><a class="fNiv">Niveau 1</a> <!-- 不要忘记这个 fNiv 类，该类只用在第一级链接上-->
        <ul>
            <li class="arrow"></li>
            <!-仅仅支持这个箭头图标 arrow_down.png -->
            <li><a>Niveau 2</a></li>
            <li><a>Niveau 2</a></li>
            <li><a>Niveau 2</a>
                <ul>
                    <li><a>Niveau 3</a></li>
                    <li><a>Niveau 3</a></li>
                    <li><a>Niveau 3</a></li>
                    <li><a>Niveau 3</a></li>
                </ul>
            </li>
            <li><a>Niveau 2</a></li>
        </ul>
    </li>
</ul>
```

第 2 步，简单调用 jMenu 插件。例如，在下面的代码中演示如何简单地调用 jMenu 插件，演示效果如图 14.4 所示。

```
<!doctype html>
<html>
```

```
<head>
<meta charset="utf-8">
<!-- 导入 jMenu 插件的样式表文件 -->
<link href="plugins/jMenu.jquery.css" rel="stylesheet" type="text/css" media="all" />
<!-- 导入 jQuery 库文件 -->
<script type="text/javascript" src="jquery/jquery-1.11.0.js"></script>
<!-- 导入 jQuery UI 库文件 -->
<script type="text/javascript" src="plugins/jquery-ui.js"></script>
<!-- 导入 jMenu 插件文件 -->
<script type="text/javascript" src="plugins/jMenu.jquery.js"></script>
<script type="text/javascript">
$(function(){
    $("#jMenu").jMenu();                        //简单调用 jMenu 插件
})
</script>
</head>
<body>
<h1>jMenu 多级菜单</h1>
<ul id="jMenu" style="margin-left:10em;">
    <li><a class="fNiv">分类菜单 1</a>
        <ul>
            <li class="arrow"></li>
            <li><a>分类菜单 1.2</a>
                <ul>
                    <li><a>分类菜单 1.3</a></li>
                    <li><a>分类菜单 1.3</a></li>
                    <li><a>分类菜单 1.3</a></li>
                    <li><a>分类菜单 1.3</a></li>
                    <li><a>分类菜单 1.3</a>
                        <ul>
                            <li><a>分类菜单 1.4</a></li>
                            <li><a>分类菜单 1.4</a></li>
                            <li><a>分类菜单 1.4</a></li>
                            <li><a>分类菜单 1.4</a>
                                <ul>
                                    <li><a>分类菜单 1.5</a></li>
                                    <li><a>分类菜单 1.5</a></li>
                                    <li><a>分类菜单 1.5</a>
                                        <ul>
                                            <li><a>分类菜单 1.6</a></li>
                                            <li><a>分类菜单 1.6</a></li>
                                            <li><a>分类菜单 1.6</a></li>
                                            <li><a>分类菜单 1.6</a></li>
                                            <li><a>分类菜单 1.6</a></li>
                                        </ul>
                                    </li>
                                </ul>
                            </li>
                            <li><a>分类菜单 1.4</a></li>
                            <li><a>分类菜单 1.4</a></li>
                        </ul>
                    </li>
```

```
            <li><a>分类菜单 1.3</a></li>
        </ul>
    </li>
    <li><a>分类菜单 1.2</a></li>
    <!-- 省略的多个多级嵌套的列表结构 -->
  </ul>
</body>
</html>
```

图 14.4　jMenu 多级菜单

📢 提示：

jMenu 插件包含多个参数，用来设计复杂特效的多级菜单，说明如表 14.1 所示。

表 14.1　jMenu 插件参数说明

参　数	数据类型	默　认　值	说　明
ulWidth	Integer/String	auto	固定子菜单的宽度，auto 表示继承父元素的宽度
absoluteTop	Integer	30px	设置第一级子元素距离父元素的顶部距离
absoluteLeft	Integer	0px	设置第一级子元素距离父元素的左侧距离
effectSpeedOpen	Integer	350ms	设置打开子菜单的向下滑动和渐显时间
effectSpeedClose	Integer	350ms	设置关闭子菜单的向上滑动和渐隐时间
effectTypeOpen	String	slide	设置打开子菜单的动画类型，包括 slide、fade，允许为空
effectTypeClose	String	slide	设置关闭子菜单的动画类型，包括 slide、fade，允许为空
effectOpen	String	linear	设置打开子菜单的动画效果，可以设置所有 jQuery UI 特效
effectClose	String	linear	设置关闭子菜单的动画效果，可以设置所有 jQuery UI 特效
TimeBeforeOpening	Integer	200ms	设置在打开子菜单之前的等待时间
TimeBeforeClosing	Integer	200ms	设置在关闭子菜单之前的等待时间
animatedText	Boolean	false	设置是否开启动画，当鼠标指针经过时显示动画效果，即左侧补白（paddingLeft）发生变化，可以与下面 paddingLeft 参数配合使用
paddingLeft	Integer	7px	设置当鼠标指针经过时菜单文本向右偏移

【示例 6】　自定义 jMenu 多级菜单。以示例 2 为基础，设置子菜单宽度为 180 像素，动画效果为显示/隐藏子菜单，时间为 400 毫秒，以滑动方式呈现，在启动动画前后短暂停留一点时间，并开启鼠标指针经过菜单项时的动画效果，演示效果如图 14.5 所示。

```
$(function(){
    $("#jMenu").jMenu({
        ulWidth : '180px',
        effects : {
            effectSpeedOpen : 400,
            effectSpeedClose : 400,
            effectTypeOpen : 'slide',
            effectTypeClose : 'slide',
            effectOpen : 'linear',
            effectClose : 'linear'
        },
        TimeBeforeOpening : 150,
        TimeBeforeClosing : 300,
        animatedText : true,
        paddingLeft: 1
    });
})
```

图 14.5　自定义 jMenu 多级菜单

14.2.2　uiSelect 下拉菜单

扫一扫，看视频

uiSelect 是一个下拉菜单插件，让用户轻松设计所有形式的下拉菜单的样式。uiSelect 插件包含 3 个参数，简单说明如下：

（1）第一个参数是一个对象，该对象包含两个属性值，其中 leftOffset 表示左侧偏移距离，topOffset 表示顶部偏移距离，取值为整数，单位为像素，不需要设置单位。

（2）第二个参数是一个字符串，该字符串表示一个<div>标签的 ID 值，uiSelect 插件在脚本中将插入一个 div 标签，标签的 ID 值就是根据 uiSelect()方法的第二个参数来确定的。通过这个 ID 标签，可以在 uiSelect 插件的辅助样式表中设置下拉菜单的替代包含框的样式。

（3）第三个参数是一个字符串，该字符串表示<input>标签的 ID 值，uiSelect 插件在脚本中将插入一个<input type="text" />标签，标签的 ID 值就是根据 uiSelect()方法的第三个参数来确定的。通过这个 ID 标签，可以在 uiSelect 插件的辅助样式表中设置下拉菜单的替代文本框的样式。

【插件用法】

第 1 步，下载 jquery.uiSelect.1.0.js 文件，并保存到本地目录下。

第 2 步，在页面中导入 jQuery 库文件和 jquery.uiSelect.1.0.js 插件文件。另外设计 uiSelect.css 样式表文件，该样式表文件用来控制 uiSelect 下拉菜单的显示样式。

第3步，在文档中构建下拉列表结构，并调用 uiSelect 插件，把该插件绑定到下拉列表结构上即可。该插件的用法代码如下。

```
$('#selectMenu').uiSelect({leftOffset: -10, topOffset: 0},'uiList','uiInput');
```

【示例7】　在本示例中设计一个简单的下拉菜单，并绑定 uiSelect 插件，演示效果如图 14.6 所示。

```
<!doctype html>
<html>
<head>
<meta charset="utf-8">
<!-- 导入 uiSelect 插件的样式表文件 -->
<link href="plugins/uiSelect.css" rel="stylesheet" type="text/css" media="all" />
<!-- 导入 jQuery 库文件 -->
<script type="text/javascript" src="jquery/jquery-1.4.4.js"></script>
<!-- 导入 uiSelect 插件文件 -->
<script type="text/javascript" src="plugins/jquery.uiSelect.1.0.js"></script>
<script type="text/javascript">
$(function(){
    $('#selectMenu').uiSelect({leftOffset: -10, topOffset: 0},'uiList','uiInput');
    //调用 uiSelect 插件
})
</script>
</head>
<body>
<h1>uiSelect 下拉菜单</h1>
<select name="selectMenu" id="selectMenu" size="1">
    <option value="#1">菜单 1</option>
    <option value="#2">菜单 2</option>
    <option value="#3">菜单 3</option>
    <option value="#4">菜单 4</option>
    <option value="#5">菜单 5</option>
    <option value="#6">菜单 6</option>
</select>
</body>
</html>
```

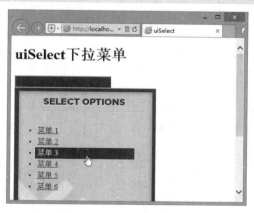

图 14.6　uiSelect 下拉菜单

📢 注意：

在 uiSelect 插件的样式表中包含一个下拉列表包含框的背景样式图像，在使用时应确保该样式中的背景图像引用路径正确，当然也可以自定义背景图像，或者直接使用背景颜色进行设计。

14.2.3 Apycom 弹出菜单

Apycom 弹出菜单插件提供一组完美的 jQuery Popup 菜单，Apycom 弹出菜单插件所开发的 jQuery Popup 菜单可以创造完美的视觉效果。它具有如下特点：

- 无限菜单级别。
- 平稳过渡。
- 兼容 IE 6、IE 7、IE 8，以及现代标准浏览器，如 Firefox、Safari 和 Opera 等。
- 兼容 XHTML。
- 简单和干净的界面。
- 优雅的弹出下拉效果。
- 完全访问，即使关闭 JavaScript，也能够作为纯 CSS 菜单完美显示。
- 可通过 CSS 定制菜单样式。

【插件用法】

第 1 步，访问 http://apycom.com/网站，选择一种风格的菜单样式，下载到本地。

第 2 步，下载并解压压缩包之后，把 images 文件夹中的背景图像复制到本地目录下，同时复制 menu.css 和 menu.js 文件到本地任意目录下。应确保 menu.css 样式表文件中的背景图像正确链接到 images 文件夹中的对应文件。可以修改 URL 相对路径。

第 3 步，新建网页文件，分别导入 Popup 菜单的样式表文件和插件脚本文件，同时还应确保导入 jQuery 库文件，具体代码如下。

```
<link href="plugins/menu.css" rel="stylesheet" type="text/css" media="all" />
<script type="text/javascript" src="jquery/jquery-1.4.4.js"></script>
<script type="text/javascript" src="plugins/menu.js"></script>
```

第 4 步，在页面中构建一个符合下面结构特点的 HTML 代码片段即可。

```
<div id="menu" style="margin-left:8em;">
   <ul class="menu">
      <li><a href="#" class="parent"><span>Product Info</span></a>
         <div>
            <ul>
               <li><a href="#" class="parent"><span>Sub Item 1</span></a>
                  <div>
                     <ul>
                        <li><a href="#"><span>Sub Item 1.1</span></a></li>
                        <li><a href="#"><span>Sub Item 1.2</span></a></li>
                     </ul>
                  </div>
               </li>
               <li><a href="#" class="parent"><span>Sub Item 2</span></a>
                  <div>
                     <ul>
                        <li><a href="#"><span>Sub Item 2.1</span></a></li>
                        <li><a href="#"><span>Sub Item 2.2</span></a></li>
                     </ul>
                  </div>
               </li>
            </ul>
         </div>
      </li>
   </ul>
</div>
```

该结构具有如下几个特点：

- <ul>标签必须包含在<div>标签中。
- </li>标签建议包含<a>标签，<a>标签内嵌套<span>标签。
- 最外层的<div>标签的 ID 值为 menu。
- 最外层的<ul>标签的类名为 menu。

该插件不需要调用，直接导入插件的脚本文件即可。

【示例 8】 在本示例中设计了一个简洁、淡雅的 Popup 菜单效果，效果如图 14.7 所示。

```html
<!doctype html>
<html>
<head>
<meta charset="utf-8">
<!-- 导入 Popup 插件的样式表文件 -->
<link href="plugins/menu.css" rel="stylesheet" type="text/css" media="all" />
<!-- 导入 jQuery 库文件 -->
<script type="text/javascript" src="jquery/jquery-1.11.0.js"></script>
<!-- 导入 Popup menu 插件文件 -->
<script type="text/javascript" src="plugins/menu.js"></script>
</head>
<body>
<h1>Popup 弹出菜单</h1>
<div id="menu" style="margin-left:8em;">
    <ul class="menu">
        <li><a href="#" class="parent"><span>Product Info</span></a>
        <!-- 省略菜单结构，其结构特点可以参阅上面代码段 -->
        </li>
        <li><a href="#"><span>Help</span></a></li>
        <li class="last"><a href="#"><span>Contacts</span></a></li>
    </ul>
</div>
</body>
</html>
```

图 14.7　jQuery Popup 菜单演示效果

14.2.4　Smartango 内容菜单

Smartango context menu（内容菜单）是一款 jQuery 内容菜单插件，它提供了一种快捷导航菜单的解决方案。

扫一扫，看视频

【插件用法】

第 1 步，访问官网，下载最新版本的插件压缩文件。在本地解压之后，可以看到 3 个文件，复制其中的 jquery.contextmenu.js 插件脚本文件和 contextmenu.css 插件辅助样式表文件到本地站点目录中。

第 2 步，在页面头部导入 3 个文件：jQuery 库文件、Smartango context menu 插件文件和样式表设计文件，代码如下。

```
<link href="plugins/contextmenu.css" rel="stylesheet" type="text/css" media="all" />
<script type="text/javascript" src="jquery/jquery-1.4.4.js"></script>
<script type="text/javascript" src="plugins/jquery.contextmenu.js"></script>
```

第 3 步，为页面元素绑定 contextmenu()方法，调用 Smartango context menu 插件。contextmenu()方法包含 3 个参数：

（1）第一个参数，表示内容菜单所应用的对象，该对象包含多个响应选项以及对应的响应函数。

（2）第二个参数，设置内容菜单的响应方式，包含 3 个关键字 right、hold 和 hover，这些关键字必须通过字符串形式进行传递，分别表示右击、鼠标左键按下超时，以及鼠标经过超时。超时时间可以通过最后一个参数进行设置。

（3）第三个参数，设置超时时间，为字符串类型，以毫秒为单位，用来定义 hold 和 hover 类型的超时时间。

【示例 9】　在本示例中，为页面中的所有图像都绑定一个右键快捷菜单，以便浏览者能够了解每幅图像的大小、图像源，还可以缩放图像，或者查看原图像。完整代码如下，演示效果如图 14.8 所示。

```
<!doctype html>
<html>
<head>
<meta charset="utf-8">
<link href="plugins/contextmenu.css" rel="stylesheet" type="text/css" media="all" />
<script type="text/javascript" src="jquery/jquery-1.11.0.js"></script>
<script type="text/javascript" src="plugins/jquery.contextmenu.js"></script>
<script type="text/javascript">
function getsizex(e,el) {//获取当前图像的宽，并临时弹出显示条显示
    var img = $(el);
    if(img.size()>0) {
    var top = $(window).scrollTop() + ($(window).height()/2 - 30);
    var left = $(window).scrollLeft() + ($(window).width()/2 - 200);
    var sdiv = $("<div/>")
        .html(img.width())
        .css({"position":'absolute','margin':'auto',
            "opacity":0.5,'top':top,'left':left,
            'width':'100px','z-index':1000,'color':'#fff',
            'text-shadow': 'rgba(0,0,0,.4) 0 2px 0',
            'font-size':'28px','font-weight':'bolder','background':'#000','text-a
lign':'center'});
        $("body").append(sdiv);
        sdiv.animate({"opacity":'1.0'},2000,
        function(){sdiv.remove();});
    }
}
function getsizey(e,el) {                      //获取当前图像的高，并临时弹出显示条显示
```

```
    var img = $(el);
    if(img.size()>0) {
    var top = $(window).scrollTop() + ($(window).height()/2 - 30);
    var left = $(window).scrollLeft() + ($(window).width()/2 - 200);
    var sdiv = $("<div/>")
        .html(img.height())
        .css({"position":'absolute','margin':'auto',
            "opacity":0.5,'top':top,'left':left,
            'width':'100px','z-index':1000,'color':'#fff',
            'text-shadow': 'rgba(0,0,0,.4) 0 2px 0',
            'font-size':'28px','font-weight':'bolder','background':'#000','text-a
lign':'center'});
        $("body").append(sdiv);
        sdiv.animate({"opacity":'1.0'},2000,
        function(){sdiv.remove();});
    }
}
function zoomout(e,el) {                    //缩小当前图像一倍
    var img = $(el);
    img.height(img.height()/2);
    img.width(img.width()/2);
}
function zoomin(e,el) {                     //放大当前图像一倍
    var img = $(el);
    img.height(img.height()*2);
    img.width(img.width()*2);
}
function getsrc(e,el) {                     //获取当前图像的源
    alert(el.src);
}
function showfullsize(e,el) {//获取原图像，把它插入到文档中，并绑定一个事件，当单击该对象
                            //时，则删除这临时插入的图像对象
    var img = $(el);
    if(img.size()>0) {
        var top = window.pageYOffset ;//+ ($(window).height()/2 - 30);
        var left = window.pageXOffset ;//+ ($(window).width()/2 - 200);
        var sdiv = $("<img>").attr('src',img.attr('src'))
            .css({"position":'absolute','margin':'auto',
                "opacity":0.2,'top':top,'left':left,
                'z-index':1000});
            $("body").append(sdiv);
            sdiv.animate({"opacity":'1.0'},3000)
            .click(function(){$(this).remove();});
    }
}
$(function(){
```

```
    $(".info img").contextmenu({ //为包含框中的所有图像绑定内容快捷菜单
        //定义快捷菜单选项，并为这些选项绑定调用函数
        //调用函数不要包含小括号，否则就会被执行
        //每个调用函数默认都包含两个参数，其中第一个参数表示事件对象，第二个参数表示当前对
        //象，利用这个参数可以在函数中对当前对象执行各种操作
        '图像宽度':getsizex,
        '图像高度':getsizey,
        '缩小图像':zoomout,
        '放大图像':zoomin,
        '查看图像源':getsrc,
        '浏览原图（再次单击可清除）':showfullsize
    },
    'right',                            //定义快捷菜单的响应类型，这里定义为右击
    "");                                //设置延迟响应时间为空，则表示单击即进行响应
})
</script>
</head>
<body>
<h1>Smartango 内容菜单</h1>
<p class="info">
    <img src="images/pic1.jpg" width="204" />
    <img src="images/pic2.jpg" width="204" />
    <img src="images/pic3.jpg" width="204" />
    <img src="images/pic4.jpg" width="204" />
    <img src="images/pic5.jpg" width="204" />
</p>
</body>
</html>
```

（a） 右击选择快捷命令

图 14.8　Smartango 内容菜单演示效果

（b）使用快捷命令快速放大图像

图 14.8　Smartango 内容菜单演示效果（续）

📢 注意：

如果要使自定义弹出的快捷菜单符合个人网站风格，读者可以单独设计 contextmenu.css 样式表文件。

【示例 10】　可以设置按下鼠标左键不放，延迟 1000 ms 之后显示快捷菜单，具体代码如下。

```
$(function(){
    $(".info img").contextmenu({//为包含框中的所有图像绑定内容快捷菜单
        //定义快捷菜单选项，并为这些选项绑定调用函数
        //调用函数不要包含小括号，否则就会被执行
        //每个调用函数默认都包含两个参数，其中第一个参数表示事件对象，
        //第二个参数表示当前对象
        //利用这个参数可以在函数中对当前对象执行各种操作
        '图像宽度':getsizex,
        '图像高度':getsizey,
        '缩小图像':zoomout,
        '放大图像':zoomin,
        '查看图像源':getsrc,
        '浏览原图（再次单击可清除）':showfullsize
    },
    'hold',1000);
})
```

14.3　导航开发

在 jQuery 众多插件中最不缺的应该就是导航插件了，下面这些导航插件不失为经典的插件。

14.3.1　jqDock 码头导航

jqDock 码头导航插件能够模仿 OS X 桌面导航样式。

【插件用法】

第 1 步，访问官网，下载该插件的压缩文件，然后在本地解压。

扫一扫，看视频

第 2 步，打开 js 文件夹，复制 fisheye-iutil.js 和 jquery.jqDock.min.js 文件到本地站点目录中。

提示，fisheye（鱼眼）也是一个 jQuery 插件，它提供了一种非常光滑、无延迟的滑动效果，用户可以访问 http://interface.eyecon.ro/docs/fisheye，了解 fisheye 插件的详细情况。

第 3 步，在 CSS 文件夹中复制 all-examples.css 文件到站点目录下，更名为 jqDock.css。在 images 文件夹中把所有背景图像都复制过来。

📢 注意：

> 该插件的脚本依赖 jQuery1.3.2 及其以上库文件的支持，能够兼容 IE6 浏览器，即使在关闭 Javascript 情况下，依然能够确保其优美显示。

第 4 步，在页面头部区域导入上述 3 个文件，以及 jQuery 库文件。

```html
<link href="plugins/jqDock.css" rel="stylesheet" type="text/css" media="all" />
<script type="text/javascript" src="jquery/jquery-1.4.4.js"></script>
<script type="text/javascript" src="plugins/fisheye-iutil.js"></script>
<script type="text/javascript" src="plugins/jquery.jqDock.min.js"></script>
```

第 5 步，构建一个简洁的导航结构，并确保在每个导航选项中都包含导航标签，由<span>标签负责包含，以及一个导航图标，这些对象都被包含在<a>标签内。整个导航结构装在两层<idv>标签包含框中。

```html
<div id="dock">
    <div class="dock-container">
      <a class="dock-item" href="#"><span>Home</span><img src="images/home.png" /></a>
        <a class="dock-item" href="#"><span>Email</span><img src="images/email.png"/></a>
        <a class="dock-item" href="#"><span>Port</span><img src="images/portfolio.png" /> </a>
        <a class="dock-item" href="#"><span>Music</span><img src="images/music.png"/></a>
        <a class="dock-item" href="#"><span>Video</span><img src="images/video.png"/></a>
        <a class="dock-item" href="#"><span>History</span><img src="images/history.png" /> </a>
        <a class="dock-item" href="#"><span>Calendar</span><img src="images/calendar.png" /></a>
        <a class="dock-item" href="#"><span>Links</span><img src="images/link.png"/></a>
        <a class="dock-item" href="#"><span>RSS</span><img src="images/rss.png" alt="rss" /></a>
        <a class="dock-item" href="#"><span>RSS2</span><img src="images/rss2.png" alt="rss" /></a>
    </div>
</div>
```

第 6 步，在页面初始化函数中绑定 fisheye 和 jqDock 插件即可，演示效果如图 14.9 所示。

```html
<script type="text/javascript">
$(function(){
    $('#dock').Fisheye({
        maxWidth: 30,
        items:'a',
        itemsText:'span',
        container:'.dock-container',
        itemWidth:50,
        proximity:60,
        alignment:'left',
```

```
        valign:'bottom',
        halign :'center'
    });
    var jqDockOpts = {align: 'left', duration: 200, labels: 'tc', size: 48, distance:
85};
    $('#jqDock').jqDock(jqDockOpts);
})
</script>
```

图 14.9　jqDock 码头导航效果

📢 提示：

jqDock 插件函数也包含多个参数，简单说明如下：

❯ align：设置图标对齐方式。

❯ duration：定义动画时间，单位为毫秒（ms）。

❯ labels：设置标签。

❯ size：设置图标尺寸。

❯ distance：设置图标偏移距离。

14.3.2　AnythingSlider 预览导航

AnythingSlider 是一个预览导航插件，俗称灯箱广告，即在一个固定区域，循环显示几段内容，这种方式很像旧时的拉洋片，在 2009 年这种效果大行其道，AnythingSlider 就是众多 jQuery 预览插件中的佼佼者。它具有如下特点：

❯ 幻灯片的 HTML 内容可以显示任何内容。

❯ 幻灯片有上/下滑动箭头。

❯ 动态添加导航标签，可以添加任意数量的幻灯片。

❯ 有可选的自定义函数的格式文本导航。

❯ 自动播放，可以开始播放或停止。

❯ 每张幻灯片可直接链接到特定的幻灯片。

❯ 无限连续滑动，即使播放到最后一张幻灯片。

❯ 提供暂停、自动播放、悬停选项。

❯ 可以以静态文本链接到特定的幻灯片。

【插件用法】

第 1 步，下载 AnythingSlider 插件到本地并进行解压，然后在页面头部区域导入 jQuery 库文件、AnythingSlider 插件文件、AnythingSlider 样式文件，以及两个可选的特效辅助插件。

```
<!-- 导入 AnythingSlider 插件文件的样式表文件-->
```

```
<link type="text/css" href="plugins/anythingslider.css" rel="stylesheet" media=
"screen" />
<!-- 导入 jQuery 库文件 -->
<script type="text/javascript" src="jquery/jquery-1.11.0.js"></script>
<!-- 导入 AnythingSlider 插件文件 -->
<script type="text/javascript" src="plugins/jquery.anythingslider.js"></script>
<!--导入可选动画特效插件 -->
<script type="text/javascript" src="plugins/jquery.easing.1.2.js"></script>
<script type="text/javascript" src="plugins/swfobject.js"></script>
```

第 2 步，在页面初始化函数中调用 anythingSlider 插件文件，为列表框元素绑定 anythingSlider();函数。

```
<script type="text/javascript">
$(function () {
    $('#slider1').anythingSlider();
});
</script>
```

第 3 步，在页面中编写一个简单的列表框结构，页面演示效果如图 14.10 所示。

```
<ul id="slider1">
    <li><img src="images/pic2.jpg" /></li>
    <li><img src="images/pic3.jpg" /></li>
    <li><img src="images/pic4.jpg" /></li>
    <li><img src="images/pic5.jpg" /></li>
</ul
```

图 14.10　anythingSlider 预览导航的预览效果 1

anythingSlider 插件包含多个参数，用来设置复杂的预览导航效果，简单说明如表 14.2 所示。

表 14.2　anythingSlider 插件参数说明

参　　数	默 认 值	说　　明
width	null	设置预览框的宽度
height	null	设置预览框的高度
resizeContents	true	如果为 true，则将调整预览框大小以适应显示的内容
tooltipClass	tooltip	定义导航和启动/停止按钮类名，用来控制导航按钮的样式

（续）

参　数	默 认 值	说　明
theme	default	定义预览框的主题样式名
themeDirectory	css/theme-{themeName}.css	设置主题样式的 CSS 文件
startPanel	1	设置初始化面板
hashTags	true	是否通过 URL 改变标签
enableKeyboard	true	是否启动键盘方向键控制导航
buildArrows	true	是否构建向前和向后控制按钮
toggleArrows	false	如果为 true，则一边导航箭头将滑出隐藏显示
buildNavigation	true	是否构建导航按钮条
enableNavigation	true	是否启动导航按钮功能
toggleControls	false	是否动态显示播放按钮
appendControlsTo	null	是否增加控制按钮
navigationFormatter	null	是否显式详细信息
forwardText	&raquo;	向前控制文本
backText	&laquo;	向后控制文本
enablePlay	true	播放控制按钮是否可用
autoPlay	true	是否自动播放预览效果
autoPlayLocked	false	是否锁定播放
startStopped	false	是否强制播放
pauseOnHover	true	鼠标指针经过是否暂停
resumeOnVideoEnd	true	是否继续播放视频
stopAtEnd	false	是否自动停止播放
playRtl	false	是否从右向左播放
startText	Start	设置"开始"按钮的标签文本
stopText	Stop	设置"停止"按钮的标签文本
delay	3000	自动播放中动画转换延迟时间
resumeDelay	15000	继续自动播放延迟时间
animationTime	600	动画播放时间长度
easing	swing	定义动画类型

【**示例 11**】　在本示例中，定义预览导航框大小为 400×300px，设计导航框样式主题为 metallic，显示效果如图 14.11 所示。

```
<!doctype html>
<html>
<head>
<meta charset="utf-8">
<link type="text/css" href="plugins/anythingslider.css" rel="stylesheet" media=
"screen" />
<script type="text/javascript" src="jquery/jquery-1.11.0.js"></script>
<script type="text/javascript" src="plugins/jquery.anythingslider.js"></script>
<script type="text/javascript">
$(function () {
```

```
    $('#slider1').anythingSlider({
       width        : 400,
       height       : 300,
       startStopped : true,
       toggleControls : true,
       theme        : 'metallic',
    });
});
</script>
<script type="text/javascript" src="plugins/jquery.easing.1.2.js"></script>
<script type="text/javascript" src="plugins/swfobject.js"></script>
</head>
<body>
<h1>AnythingSlider 预览导航</h1>
<ul id="slider1">
   <li><img src="images/pic2.jpg" /></li>
   <li><img src="images/pic3.jpg" /></li>
   <li><img src="images/pic4.jpg" /></li>
   <li><img src="images/pic5.jpg" /></li>
</ul>
</body>
</html>
```

图 14.11　anythingSlider 预览导航的预览效果 2

第 15 章　表 格 开 发

　　一般来说，表格是由一个可选的标题行开始，后面跟随一行或多行数据，每一行数据由一个或多个单元格构成，单元格可以按行或列进行分组，也可以进行合并，通过行组或列组可以对数据进行分组控制，单元格中可以包含任何内容，如标题、列表、段落、表单和图像等。

　　表格结构简洁、明了，拥有特殊的布局模型，使用表格显示数据有序、高效。作为重要的网页设计工具，表格一直受到开发人员的青睐。本章主要讲解如何使用 jQuery 和 jQuery 插件来提升表格的用户体验，增强表格的交互能力。

【学习重点】
- 表格排序。
- 表格分页。
- 表格过滤。
- 表格编辑。

15.1　表 格 排 序

　　表格排序的实现途径包括两种：一种是在数据生成时由服务器负责排序；另一种是在数据显示时由 JavaScript 脚本负责动态排序。本节主要介绍如何直接使用 Javascript 进行排序。

扫一扫，看视频

15.1.1　设计适合排序的表格结构

　　依据设计习惯，当用户单击表格标题行时，表格能够根据单击列的数据进行排序，因此在开发之前，用户需要考虑三个问题：

　　（1）把表格的列标题设计为按钮，为其绑定 click 事件，以便触发排序函数，实现按照相应的列进行排序。

　　（2）使用<thead>和<tbody>对表格数据进行行分组，以方便 JavaScript 有针对性地操作数据行。

　　（3）构建符合数据排序的表格结构，既要考虑表格的扩展性，还要考虑方法的通用性。在动态表格中，用户无法预知表格数据的长度和宽度，同时也无法预知用户对表格的额外要求，如添加表格页脚，对数据进行分组。另外，还要确保表格在不同的网页环境中都能够正确显示和有效交互。

　　【示例1】　本例设计了一个简单的表格结构，通过<thead>和<tbody>标签对数据行进行分组，避免数据行和标题行的混淆，通过<th>和<td>标签有效减少单元格互用。HTML 结构代码如下：

```
<table>
    <thead>
        <tr>
            <th>ID</th>
            <th>产品名称</th>
            <th>标准成本</th>
            <th>列出价格</th>
            <th>单位数量</th>
            <th>最小再订购数量</th>
            <th>类别</th>
```

```
        </tr>
    </thead>
    <tbody>
        <tr>
            <td>1</td>
            <td>苹果汁</td>
            <td>5.00</td>
            <td>30.00</td>
            <td>10 箱 x 20 包</td>
            <td>10</td>
            <td>饮料</td>
        </tr>
        <tr>
            <td>3</td>
            <td>蕃茄酱</td>
            <td>4.00</td>
            <td>20.00</td>
            <td>每箱 12 瓶</td>
            <td>25</td>
            <td>调味品</td>
        </tr>
        …
        <tr>
            <td>81</td>
            <td>绿茶</td>
            <td>4.00</td>
            <td>20.00</td>
            <td>每箱 20 包</td>
            <td>25</td>
            <td>饮料</td>
        </tr>
    </tbody>
</table>
```

在上面代码中，因为结构雷同，数据行代码没有全部显示。

然后，在网页头部区域添加<style>标签，定义内部样式表，对表格进行适当美化。

其中要考虑几个常用类样式的设计工作：

- ➘ td.sorted：设计排序列单元格的背景色，以便高亮显示排序列。
- ➘ th.sorted-asc：设计排序列标题单元格箭头提示的背景图像标识，提示升序排序。
- ➘ th.sorted-desc：设计排序列标题单元格箭头提示的背景图像标识，提示降序排序。
- ➘ tr.even, tr.first：设计隔行换色的显示样式，即单行背景样式。
- ➘ tr.odd, tr.second：设计隔行换色的显示样式，即双行背景样式。
- ➘ tr.third：设计特殊行背景样式。

CSS 样式代码如下：

```
<style type="text/css">
table { font-size:12px; width:100%; table-layout:fixed; empty-cells:show; border-
collapse: collapse; margin:0 auto; border:1px solid #cad9ea; color:#666; }
th { background-image: url(images/th_bg1.gif); background-repeat:repeat-x; height:
30px; cursor:pointer; }
td { height:20px; }
```

```
td, th { border:1px solid #cad9ea; padding:0 1em 0; }
td.sorted { background: #ffd; }
th.sorted-asc { background: url('images/icons/arrow_up.png') no-repeat 0 50%; }
th.sorted-desc { background: url('images/icons/arrow_down.png') no-repeat 0 50%; }
tr.even, tr.first { background-color: #fff; }
tr.odd, tr.second { background-color: #f5fafe; }
tr.third { background-color: #ccc; }
</style>
```

初步设计后的表格样式效果如图 15.1 所示。

图 15.1 设计的表格样式

15.1.2 实现基本排序功能

对表格进行排序时，可以使用 JavaScript 预定义方法实现。

➘ reverse()：颠倒数组中元素的顺序。

➘ sort()：对数组元素进行排序。

在对表格进行排序之前，用户应该注意两个问题：

➘ 并不是页面中所有表格都需要排序。

➘ 并不是表格中每列都需要排序。

在设计之初，可以为需要排序的表格做一个标记，方便 JavaScript 捕获，同时为排序列进行标记，以方便 JavaScript 进行处理。本例为表格设计一个排序类进行标识，对于需要排序的列添加一个类标记。

修改后的 HTML 表格结构代码如下：

```
<table class="sortable">
    <thead>
        <tr>
            <th class="sort-alpha">ID</th>
            <th class="sort-alpha">产品名称</th>
            <th class="sort-alpha">标准成本</th>
            <th class="sort-alpha">列出价格</th>
            <th class="sort-alpha">单位数量</th>
            <th class="sort-alpha">最小再订购数量</th>
```

```
        <th class="sort-alpha">类别</th>
      </tr>
    </thead>
    …
</table>
```

以\<table class="sortable">和\<th class="sort-alpha">标签中类标记，就可以添加脚本实现基本的排序功能了。JavaScript 脚本代码如下。

```
$.fn.alternateRowColors = function() {
    $('tbody tr:odd', this).removeClass('even').addClass('odd');
    $('tbody tr:even', this).removeClass('odd').addClass('even');
    return this;
};
$(function() {
    $('table.sortable').each(function() {
        var $table = $(this);
        $table.alternateRowColors();
        $table.find('th').each(function(column) {
            if($(this).is('.sort-alpha')) {
                $(this).addClass('clickable').hover(function() {
                    $(this).addClass('hover');
                }, function() {
                    $(this).removeClass('hover');
                }).click(function() {
                    var rows = $table.find('tbody > tr').get();
                    rows.sort(function(a, b) {
                        var a = $(a).children("td").eq(column).text().toUpperCase();
                        var b = $(b).children("td").eq(column).text().toUpperCase();
                        if(a < b)
                            return -1;
                        if(a > b)
                            return 1;
                        return 0;
                    });
                    $.each(rows, function(index, row) {
                        $table.children('tbody').append(row);
                    });
                });
            }
        });
    });
})
```

在实现数据排序之前，先为 jQuery 对象扩展一个简单方法：alternateRowColors()。

在上面代码中，使用 each()方法进行显式迭代，而不是直接使用$('table.sortable th.sort-alpha').click() 选择并为每个带有 sort-alpha 类的标题单元格绑定 click 事件处理程序。

由于 each()方法会向它的回调函数中传递迭代索引，使用它可以方便地捕获到一个关键信息，即单击标题的列索引，在后面使用这个列索引来找到每个数据行中相关单元格。

在找到带有 sort-alpha 类的标题单元之后，接下来取得一个包含所有数据行的数组，这是一个通过 get()方法将 jQuery 对象转换为一个 DOM 节点数组，之所以要进行这样的转换，这是因为虽然 jQuery 对象在多方面与数组类似，但是它不具有任何本地数组的方法，如 sort()方法。

调用 sort()方法比较简单，它通过比较相关单元格的文本，实现对表格行进行排序，这里主要根据 each()方法的回调函数中参数可以传递 th 在 table 中的列序号，并通过这个列序号获取该列的 tbody 包含的该列单元格。

考虑到文本大小写问题，因此在比较时应该区分大小写。最后，通过循环遍历排序后的数组，将表格行重新插入到表格中。注意，因为 append()方法不会复制节点，而是移动表格行，因此可以看到表格数据行重新排序。

由于在排序过程中表格行被打乱顺序重新进行显示，最初设计的隔行换色的样式发生了混乱，当完成表格数据行排序之后，应该重新设置隔行换色的背景样式，在完成表格排序之后，重新调用 alternateRowColors()方法。实现排序的效果如图 15.2 所示。

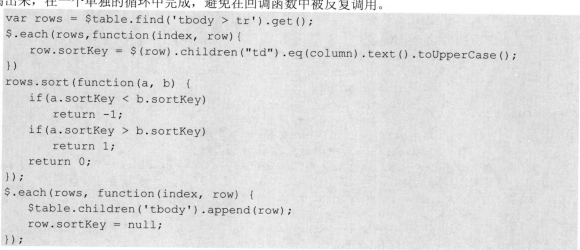

图 15.2 初步实现的排序效果

15.1.3 优化排序性能

直接调用 JavaScript 的 sort 方法进行排序，当表格数据比较多，运行速度会比较慢。解决方法是预先计算用于比较的关键字，可以提取每个排序单元格中的关键字计算，并将这个过程从迭代回调函数中抽离出来，在一个单独的循环中完成，避免在回调函数中被反复调用。

```javascript
var rows = $table.find('tbody > tr').get();
$.each(rows,function(index, row){
    row.sortKey = $(row).children("td").eq(column).text().toUpperCase();
})
rows.sort(function(a, b) {
    if(a.sortKey < b.sortKey)
        return -1;
    if(a.sortKey > b.sortKey)
        return 1;
    return 0;
});
$.each(rows, function(index, row) {
    $table.children('tbody').append(row);
    row.sortKey = null;
});
```

在一个循环中，把所有占用资源的工作全部完成，并把计算的结果保存到每个单元格的新属性中，这个属性并非是 DOM 预定义属性，但是考虑到每个单元格都需要这样一个关键字，通过属性的方式保存，当调用回调函数进行比较时，可以直接读取每个单元格的这个新属性值，避免重复计算。

当完成排序操作之后，应该删除 sortKey 属性，以便手动释放内存，避免大量的 sortKey 属性值占用系统资源，导致内存泄漏。

15.1.4 优化类型排序

扫一扫，看视频

sort()默认排序方式是根据字符编码顺序进行计算，当然不同数据类型的数据可能希望采用其他类型排序方式，如日期、数字和货币等。根据这些数据类型的特点，可以在关键字计算中进行处理。

实现代码如下：

```javascript
$.fn.alternateRowColors = function() {
    $('tbody tr:odd', this).removeClass('even').addClass('odd');
    $('tbody tr:even', this).removeClass('odd').addClass('even');
    return this;
};
$(function() {
    $('table.sortable').each(function() {
        var $table = $(this);
        $table.alternateRowColors();
        $table.find('th').each(function(column) {
            var findSortKey;
            if($(this).is('.sort-alpha')) {
                findSortKey = function($cell) {
                    return $cell.text().toUpperCase();
                };
            } else if($(this).is('.sort-numeric')) {
                findSortKey = function($cell) {
                    var key = parseFloat($cell.text().replace(/^[^\d.]*/, ''));
                    return isNaN(key) ? 0 : key;
                };
            } else if($(this).is('.sort-date')) {
                findSortKey = function($cell) {
                    return Date.parse('1 ' + $cell.text());
                };
            }
            if(findSortKey) {
                var rows = $table.find('tbody > tr').get();
                $(this).addClass('clickable').hover(function() {
                    $(this).addClass('hover');
                }, function() {
                    $(this).removeClass('hover');
                }).click(function() {
                    $.each(rows, function(index, row) {
                        row.sortKey = findSortKey($(row).children('td').eq(column));
                    });
                    rows.sort(function(a, b) {
                        if(a.sortKey < b.sortKey)
                            return -1;
                        if(a.sortKey > b.sortKey)
```

```
                    return 1;
                return 0;
            });
            $.each(rows, function(index, row) {
                $table.children('tbody').append(row);
                row.sortKey = null;
            });
            $table.alternateRowColors().trigger('repaginate');
        });
    }
    });
});
})
```

对于货币数据来说，在比较之前应该去掉货币前缀符号，然后根据需要进行比较计算；对于数字类型来说，需要使用 parseFloat() 把值进行类型转换，如果不能够转换，则需要使用 isNaN() 方法检测是否为非数字值，然后把它替换为数字 0，避免 NaN 值对 sort() 函数造成错误；对于日期类型，由于表格中包含的值不完整，需要对日期格式进行补充至完整。

最后，根据列数据类型在表格的列标题结构中添加排序的类标识，代码如下。

```
<table class="sortable">
  <thead>
    <tr>
        <th class="sort-numeric">ID</th>
        <th class="sort-alpha">产品名称</th>
        <th class="sort-numeric">标准成本</th>
        <th class="sort-numeric">列出价格</th>
        <th class="sort-alpha">单位数量</th>
        <th class="sort-numeric">最小再订购数量</th>
        <th class="sort-alpha">类别</th>
    </tr>
  </thead>
</table>
```

15.1.5　完善视觉交互效果

扫一扫，看视频

良好的视觉体验应该对表格的动态排序进行提示，只有这样用户才能觉察到数据排序已经发生了变化。这里有两个问题需要读者思考：

第一，应该即时标识排序的列和排序的方式。

第二，应该对排序列数据进行高亮显示，以方便用户阅读。

根据上述思考，可以通过突出显示最近用于排序的列，把用户的注意力吸引到很可能包含相关信息的表格部分。既然已经知道了当前列在表格中的位置，因此只需要为当前列单元格添加一个样式类即可。核心代码如下：

```
$table.find('td').removeClass('sorted').filter(':nth-child(' + (column + 1) + ')').
addClass('sorted')
```

在上面代码中，首先清除表格中所有单元格中包含的 sorted 样式类，然后为当前列单元格添加 sorted 样式类，注意列序号的调用。

与排序有关的一个重要视觉设计，就是列数据的升序和降序，当然要实现降序和升序的切换，可以在 sort() 方法中的回调函数中进行切换，只需要改变返回值即可，这里通过一个方向变量进行动态控制。

```
rows.sort(function(a, b) {
    if(a.sortKey < b.sortKey)
        return -newDirection;
    if(a.sortKey > b.sortKey)
        return newDirection;
    return 0;
});
```

如果 newDirection 等于 1，则按正常的排序方式进行排序，如果等于-1，则切换排序方式，实现降序排列。然后在代码初始化中对该变量进行初始化声明，并适当与列标题的 sorted-asc 样式类进行绑定。

```
var newDirection = 1;
if($(this).is('.sorted-asc')) {
    newDirection = -1;
}
```

在排序处理之后，再根据这个临时变量，为列标题添加对应的样式类，同时应该清理掉其他列中绑定的升降样式类。

```
$table.find('th').removeClass('sorted-asc').removeClass('sorted-desc');
var $sortHead = $table.find('th').filter(':nth-child(' + (column + 1) + ')');
if(newDirection == 1) {
    $sortHead.addClass('sorted-asc');
} else {
    $sortHead.addClass('sorted-desc');
}
```

最后，整个表格排序的完整代码如下：

```
<script src="jQuery/jquery-1.6.4.js" type="text/javascript"></script>
<script type="text/javascript" >
$.fn.alternateRowColors = function() {
    $('tbody tr:odd', this).removeClass('even').addClass('odd');
    $('tbody tr:even', this).removeClass('odd').addClass('even');
    return this;
};
$(function() {
    $('table.sortable').each(function() {
        var $table = $(this);
        $table.alternateRowColors();
        $table.find('th').each(function(column) {
            var findSortKey;
            if($(this).is('.sort-alpha')) {
                findSortKey = function($cell) {
                    return $cell.find('.sort-key').text().toUpperCase() +"+ $cell.
text().toUpperCase();
                };
            } else if($(this).is('.sort-numeric')) {
                findSortKey = function($cell) {
                    var key = parseFloat($cell.text().replace(/^[^\d.]*/,"));
                    return isNaN(key) ? 0 : key;
                };
            } else if($(this).is('.sort-date')) {
                findSortKey = function($cell) {
                    return Date.parse('1 ' + $cell.text());
                };
```

```
            }
        if(findSortKey) {
            $(this).addClass('clickable').hover(function() {
                $(this).addClass('hover');
            }, function() {
                $(this).removeClass('hover');
            }).click(function() {
                var newDirection = 1;
                if($(this).is('.sorted-asc')) {
                    newDirection = -1;
                }
                var rows = $table.find('tbody > tr').get();
                $.each(rows, function(index, row) {
                    row.sortKey = findSortKey($(row).children('td').eq(column));
                });
                rows.sort(function(a, b) {
                    if(a.sortKey < b.sortKey)
                        return -newDirection;
                    if(a.sortKey > b.sortKey)
                        return newDirection;
                    return 0;
                });
                $.each(rows, function(index, row) {
                    $table.children('tbody').append(row);
                    row.sortKey = null;
                });
                $table.find('th').removeClass('sorted-asc').removeClass('sorte
d-desc');
                var $sortHead = $table.find('th').filter(':nth-child(' + (column
 + 1) + ')');
                if(newDirection == 1) {
                    $sortHead.addClass('sorted-asc');
                } else {
                    $sortHead.addClass('sorted-desc');
                }
                $table.find('td').removeClass('sorted').filter(':nth-child(' +
(column + 1) + ')').addClass('sorted');
                $table.alternateRowColors().trigger('repaginate');
            });
        }
    });
    });
})
</script>
```

15.1.6　使用 tablesorter 插件

前面几节主要介绍了如何使用 JavaScript 实现表格排序的基本方法，下面为用户推荐一款比较实用的表格排序的 jQuery 插件。

tablesorter 是一个表格排序插件，它针对符合标准的表格结构，在表格结构中必须包含<thead>和<tbody>标签。在不需要页面刷新的情况下，tablesorter 插件能够根据列数据类型进行排序。

扫一扫，看视频

tablesorter 插件具有如下特点：

- 能够根据多列数据进行排序。
- 能够自动分析 text（文本）、URIs（URL 字符串）、integers（整数）、currency（货币）、floats（浮点数）、IP addresses（IP 地址）、dates（日期，ISO 格式，包括长短两种日期格式)、time（时间）等数据格式，也可以轻松自定义数据类型，并根据这些数据类型进行排序。
- 支持二次隐性排序，如根据其他标准进行排序时，也维护字母排序。
- 可以通过 widget 系统扩充。
- 跨浏览器支持，包括 IE 6.0+、FF 2.0+、Safari 2.0+、Opera 9.0+。
- 源代码小巧、灵活。

【插件用法】

第 1 步，访问 http://tablesorter.com/，下载 tablesorter 插件文件包。

第 2 步，在本地解压之后复制 jquery.tablesorter.js 到本地站点中，然后在页面中导入该插件文件。

```html
<script type="text/javascript" src="jquery/jquery-1.11.0.js"></script>
<script type="text/javascript" src="plugins/jquery.tablesorter.js"></script>
```

第 3 步，构建表格结构。表格结构必须符合标准，且包含<thead>和<tbody>标签。

```html
<table id="grid">
    <thead>
        <tr>
            <th nowrap="nowrap">排名</th>
            <th nowrap="nowrap">校名</th>
            <th nowrap="nowrap">总得分</th>
            <th nowrap="nowrap">人才培养总得分</th>
            <th nowrap="nowrap">研究生培养得分</th>
            <th nowrap="nowrap">本科生培养得分</th>
            <th nowrap="nowrap">科学研究总得分</th>
            <th nowrap="nowrap">自然科学研究得分</th>
            <th nowrap="nowrap">社会科学研究得分</th>
            <th nowrap="nowrap">所属省份</th>
            <th nowrap="nowrap">分省排名</th>
            <th nowrap="nowrap">学校类型</th>
        </tr>
    </thead>
    <tbody>
        <tr>
            <td>1</td>
            <td>清华大学 </td>
            <td>296.77</td>
            <td>128.92</td>
            <td>93.83</td>
            <td>35.09</td>
            <td>167.85</td>
            <td>148.47</td>
            <td>19.38</td>
            <td width="16">京 </td>
            <td width="12">1 </td>
            <td>理工 </td>
        </tr>
        …
    </tbody>
</table>
```

第 4 步，在页面初始化函数中调用 tablesorter()函数即可。

【示例 2】 在本示例中，导入 jQuery 库文件、tablesorter 插件文件并为表格绑定 tablesorter 插件，这样单击列标题时会自动按该列进行排序，演示效果如图 15.3 所示。

```html
<!doctype html>
<html>
<head>
<meta charset="utf-8">
<link href="images/table.css" rel="stylesheet" type="text/css" media="all" />
<!-- 导入 jQuery 库文件 -->
<script type="text/javascript" src="jquery/jquery-1.10.0.js"></script>
<!-- 导入 tablesorter 插件文件 -->
<script type="text/javascript" src="plugins/jquery.tablesorter.js"></script>
<script type="text/javascript">
$(function(){
    $('table#grid').tablesorter();          //绑定 tablesorter()函数
})
</script>
</head>
<body>
<h1>tablesorter 表格排序</h1>
<table id="grid">
    <!-- 省略表格数据和结构 -->
</table>
</body>
</html>
```

图 15.3　tablesorter 表格排序

🔊 提示：

用户可以在 tablesorter()函数中传递值，直接初始化排序列和排序方法。例如，下面代码将根据表格的第 1、2 列进行排序，排序方法是升序。

```html
<script type="text/javascript">
$(function(){
    $('table#grid').tablesorter({
        sortList: [[0,0], [1,0]]
    });
})
</script>
```

参数 sortList 表示排序列以及排序方式，它以二维数组的方式定义多列排序选项，并指定每列排序的方法。除了这个参数外，tablesorter 插件还包含多个参数，这些参数说明如表 15.1 所示。

表 15.1　tablesorter 插件参数说明

参　数	数据类型	默　认　值	说　明
sortList	Array	null	一个列排序和方向的数组，格式为[[columnIndex，sortDirection]，...]其中 columnIndex 是列的索引序号，从左到右以 0 开始，SortDirection 取值为 0 表示升序，取值为 1 表示降序。例如，[[0,0]，[1,0]]
sortMultiSortKey	String	shiftKey	用于选择一个以上的多列排序列的键。取值包含 shiftKey 、ctrlKey、altKey
textExtraction	String 或 Function	simple	定义使用哪种方法来提取一个单元格的数据表进行排序。取值包括 simple 、complex 和自定义函数。使用复杂的方法可以在较大的表中写自己的文本提取函数
headers	Object	null	定义每一列的排序控制指令
sortForce	Array	null	用于添加额外的强制排序，将被追加到用户的动态选择。例如，可用于按字母顺序进行排序后，其他用户选择的排序，在处理如因同一日期或货币值的行的结果。它可以帮助防止出现好像是随机次要排序数据
widthFixed	Boolean	false	指示是否 tablesorter 应适用于固定宽度的表列
cancelSelection	Boolean	true	指示是否 tablesorter 应在表头（TH）的文本禁止选择，使头部像一个按钮
cssHeader	String	header	定义表头样式表
cssAsc	String	headerSortUp	定义按升序排序时表头的样式名
cssDesc	String	headerSortDown	定义按降序排序时表头的样式名
debug	Boolean	false	是否应显示调试运行 tablesorter 的有用信息

【示例 3】　在本示例中通过为 cssAsc 和 cssDesc 参数指定不同的样式，设计当对列进行排序时，能够自动提示当前数据排序的列以及排序的方向，演示效果如图 15.4 所示。

```html
<!doctype html>
<html>
<head>
<meta charset="utf-8">
<link href="images/table.css" rel="stylesheet" type="text/css" media="all" />
<script type="text/javascript" src="jquery/jquery-1.11.0.js"></script>
<script type="text/javascript" src="plugins/jquery.tablesorter.js"></script>
<script type="text/javascript">
$(function(){
    $('table#grid').tablesorter({
        cancelSelection:true,              //禁止选区表头
        cssAsc:"up",                       //设置升序样式
        cssDesc:"down"                     //设置降序样式
    });
})
</script>
<style type="text/css">
th.up { background: url(images/asc.gif) no-repeat right center; color:red;}
th.down { background: url(images/desc.gif) no-repeat right center; color:red;}
</style>
</head>
<body>
```

```
<h1>tablesorter 表格排序</h1>
<table id="grid">
    <!-- 省略表格数据和结构 -->
</table>
</body>
</html>
```

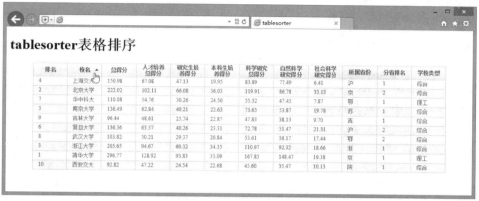

图 15.4　tablesorter 表格排序

15.2　表　格　分　页

数据分页多发生在服务器端，通过与服务器端交互，由服务器控制显示的页数和分页数据。或者通过 Ajax 完成分页任务。本节主要介绍如何使用 jQuery 实现表格分页的方法。

15.2.1　使用服务器分页

扫一扫，看视频

使用服务器端分页的设计思路：利用 SQL 字符串查询出需要的数据，然后根据一定的分页逻辑，以记录集对象的分页属性来确定每次从服务器端发送给客户端的记录数和逻辑页记录集在整个查询的记录集中的位置。

【示例 4】　设计每页显示记录数为 5 条，整个记录集包含 14 条记录。当页面初次加载时显示前 5 条记录，当单击"下一页"按钮，会向服务器端发送一个请求，并通过 Ajax 技术异步与服务器进行数据交互，然后在客户端显示出来，演示效果如图 15.5 所示。

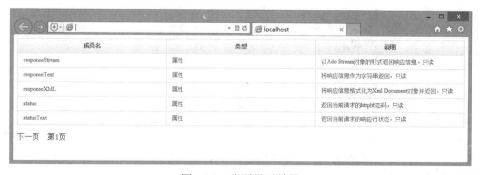

图 15.5　分页显示效果

333

图 15.5　分页显示效果（续）

第 1 步，设计一个简单的 Access 数据库，名称为 data.mdb，数据库中包含一个数据表，名称为 xmlhttp，数据表结构如图 15.6 所示，数据表记录如图 15.7 所示。

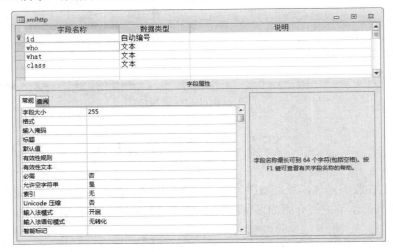

图 15.6　数据表结构

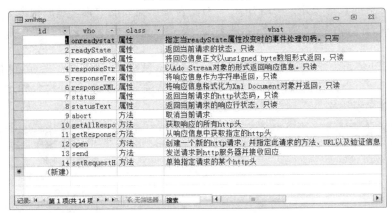

图 15.7　数据表数据

xmlhttp 表中包含 4 个字段：id（自动编号数据类型，序列号，由数据库自动生成）、who（字符串数据类型，表示成员名称）、class（字符串数据类型，表示成员类型，如属性或方法）和 what（字符串数据类型，表示对成员的说明）。

第 2 步，编写后台脚本，处理 Ajax 异步请求，并进行响应。后台脚本（test.asp）设计思路：获取客户端传递过来的参数值（指定查询的记录数），使用 ADO 定义一个记录集，连接到后台数据库，并查询指定记录数的记录集。然后利用 while 循环体遍历记录集，逐条读取记录，把记录集转换为 XML 格式字符串。最后把 XML 文档响应给客户端。

asp 脚本文件(test.asp)的完整代码如下：

```
<?xml version="1.0" encoding="gb2312"?>
<%
Response.ContentType = "text/xml"     '定义 XML 文档文本类型
set conn = Server.CreateObject("adodb.connection")
data = Server.mappath("data.mdb") '获取数据库的物理路径
conn.Open "driver={microsoft access driver (*.mdb)};"&"dbq="&data '利用数据库连接对
象打开数据库
coun=CInt(Request("coun"))     '获取客户端传递过来的参数，并转为数值，以便进行运算
%>
<%
coun=CInt(Request("coun"))     '获取客户端传递过来的记录集指针位置
if coun<1 then coun = 1         '如果记录集指针小于 1，则设置为 1，避免指针溢出
if coun>14 then coun =14        '如果记录集指针大于 14，则设置为 14，避免指针溢出
%>
<% '定义并打开记录集
set rs = Server.CreateObject("adodb.recordset")     '定义记录集对象
sql ="select * from xmlhttp"     '定义 SQL 查询字符串
rs.CursorType=3                         '设置指针类型为 3，这样可以来回移动指针
rs.CursorLocation = 3                   '设置记录集锁定类型为 3
rs.open sql,conn,2,1                    '打开记录集
rs.AbsolutePosition = coun     '把记录集的指针移到参数指定的位置
%>
<!-- 以下脚本和代码都是用来输出 XML 文档结构和数据信息的 -->
<data count="<%=coun%>" >
<!-- 输出根节点，并定义一个属性，<%=coun%>表示 ASP 脚本输出的意思 -->
<%
n=0
while (not rs.eof) and (n<5)     '循环读取记录集中当前指针开始的两条记录
%>
    <item id="<%=rs("id")%>">               <!-- 输出子节点 -->
        <who><%=trim(rs("who")) %></who><!-- 输出孙子节点 -->
        <class><%=trim(rs("class")) %></class><!-- 输出孙子节点 -->
        <what><%=trim(rs("what")) %></what><!-- 输出孙子节点 -->
    </item>
<%
n = n + 1         '递增循环次数
rs.movenext       '向下移动记录集指针，以读取下一条记录
wend
%>
</data>           <!-- 输出根节点的结束节点 -->
```

在上面 ASP 输出语句中，其中<%= %>表示一种快速输出方法，它能够很自由地在文档中输出脚本变量信息。另外<%=trim(rs("who")) %>表示输出记录集中指定字段的值，trim()函数表示清除左右两侧的空格。

第 3 步，完成后台设计后，再设计前台结构和脚本。前台结构如下所示（index.html）：

```
<body onload="check();">
<div id="info"></div>
```

```
<p><span class="btn" id="up" onclick="check(1)">上一页</span> <span class="btn"
id="down" onclick="check(2)">下一页</span>    <span>第<span
class="red" id="cur">1</span>页</span></p>
</body>
```

在 body 中绑定异步处理函数，实现页面初始化显示"第 1 页"记录。然后在标题标签中嵌套一个 span 用来动态输出显示当前页数，在后面定义两个按钮（span 元素），绑定异步处理函数，分别设置传递值为 1 和 2，以告诉脚本当前按钮是往前还是往后翻页操作。

第 4 步，根据翻页按钮的操作来计算翻页后的记录集指针位置。由于已经知道每页显示记录数以及总记录集数，所以设计的代码就比较直观了。具体实现代码如下：

```
function check(n){//异步处理函数，参数值为操作按钮的标识编号
    var coun = 1; //默认显示第一条记录
    var cur = parseInt(document.getElementById( "cur" ).innerHTML); //获取标题中的
                                                                    //span 元素

    document.getElementById( "up" ).style.display = "none"; //默认隐藏"上一步"按钮，
                                                             //避免错误操作

    if(n==1) {//如果参数值为 1，表示当前单击按钮为"上一步"
        coun = (cur-1)*5-1;     //计算将要显示记录集指针位置
        document.getElementById( "cur" ).innerHTML =cur-1;        //计算上一页是
                                                                  //第几页

        document.getElementById( "down" ).style.display = "inline";//显示"下一页"
                                                                    //按钮

        //如果当前页数为 2 或小于 2，则说明单击之后将翻到第一页，所以隐藏"上一页"按钮
        if(cur<=2){
            document.getElementById( "up" ).style.display = "none";
        }else {//否则显示"上一页"按钮
            document.getElementById( "up" ).style.display = "inline";
        }
    }
    if(n==2){                          //如果参数值为 2，表示当前单击按钮为"下一步"
        coun = (cur+1)*5-1; //计算将要显示记录集指针位置
        document.getElementById( "cur" ).innerHTML =cur+1;          //计算下一页是第几页
        document.getElementById( "up" ).style.display = "inline";//显示"上一页"按钮
        //如果当前页数为 6 或大于 6，则说明单击之后将翻到最后一页，所以隐藏"下一页"按钮
        if(cur>=6) {
            document.getElementById( "down" ).style.display = "none";
        }else {//否则显示"下一页"按钮
            document.getElementById( "down" ).style.display = "inline";
        }
    }
    request.open( "GET", "test.asp?coun=" + coun, true );   //打开服务器连接，并传递
                                                            //指针位置值

    request.onreadystatechange = updatePage; //绑定回调函数
    request.send( null );                    //发送请求
}
```

第 5 步，定义回调函数。该函数不需要传递参数，代码如下：

```
function updatePage(){
    var info = document.getElementById( "info" );
    if( request.readyState == 1 ){
        info.innerHTML = "<img src='../images/loading.gif' />，连接中......";
```

```
    }
    else if( request.readyState == 2 || request.readystate == 3 ){
        info.innerHTML = "<img src='../images/loading.gif' />，读数据......";
    }else if( request.readyState == 4 ) {
        if( request.status == 200 ){
            xml = request.responseXML;
            info.innerHTML = showXml( xml );
        }else
        alert( request.status );
    }
}
```

15.2.2　使用 JavaScript 实现分页

扫一扫，看视频

JavaScript 实现分页仅是一种客户端特效，它与服务器端分页有着本质不同，JavaScript 实现分页的数据实际上都已经存在于客户端，只是在视觉上进行隐藏和显示处理，而服务器端分页只是分页响应数据给客户端。下面介绍如何通过 JavaScript 对浏览器中的已经存在的表格进行分页。

【操作步骤】

第 1 步，先从显示特定数据页开始，如仅显示表格中前 10 行数据（即第 1 页），实现代码如下：

```
$(function() {
    $('table.paginated').each(function() {
        var currentPage = 0;
        var numPerPage = 10;
        var $table = $(this);
        $table.find('tbody tr').show()
            .slice(0, currentPage * numPerPage)
            .hide()
            .end()
            .slice((currentPage + 1) * numPerPage)
            .hide()
            .end();
    });
});
```

首先，为分页表格绑定一个类标识（paginated），这样就可以在脚本中针对$('table.paginated')进行处理。这里有两个控制变量：currentPage 指定当前显示的页，从 0 开始；numPerPage 指定每页要显示的数据行。

在.each()参数中回调函数体内的 this 指向当前表格（table 元素），故需要使用$()构造函数把它转换为 jQuery 对象。利用 tbody 元素作为标识符，把标题和数据行分离出来，使用 show()显示所有数据行，然后调用 slice()方法过滤出指定范围前的数据行，并把它们隐藏起来，为了统一操作对象，在调用 hide()方法后，调用 end()方法恢复最初操作的 jQuery 对象。以同样的方式，隐藏特定范围后面的所有行。

第 2 步，为了方便用户选择分页，还需要动态设置分页指示按钮，虽然使用超链接来实现分页指向功能，但是这违反了 Javascript 动态控制的原则，反而让超链接的默认行为影响用户操作，容易导致误操作。为此这里通过脚本形式动态创建几个 DOM 元素，并通过数字标识作为分页向导。

```
var numRows = $table.find('tbody tr').length;
var numPages = Math.ceil(numRows / numPerPage);
var $pager = $('<div class="pager"></div>');
for(var page = 0; page < numPages; page++) {
    $('<span class="page-number">' + (page + 1) + '</span>').appendTo($pager).
addClass('clickable');
}
```

通过数据行数除以每页显示的行数，即可得到分页的页数。如果得到的结果不是整数，必须使用Math.ceil()方法向上舍入，以确保显示最后一页。然后根据这个数字，就可以为每个分页创建导航按钮，并把这个新的导航按钮附加到表格前面，演示效果如图 15.8 所示。

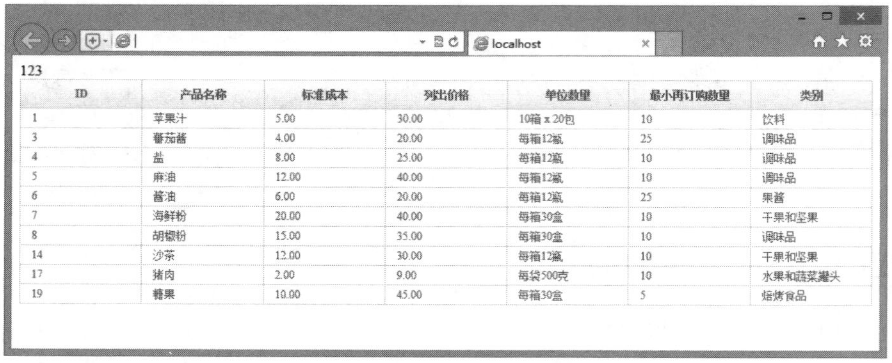

ID	产品名称	标准成本	列出价格	单位数量	最小再订购数量	类别
1	苹果汁	5.00	30.00	10箱 x 20包	10	饮料
3	蕃茄酱	4.00	20.00	每箱12瓶	25	调味品
4	盐	8.00	25.00	每箱12瓶	10	调味品
5	麻油	12.00	40.00	每箱12瓶	10	调味品
6	酱油	6.00	20.00	每箱12瓶	25	果酱
7	海鲜粉	20.00	40.00	每箱30盒	10	干果和坚果
8	胡椒粉	15.00	35.00	每箱30盒	10	调味品
14	沙茶	12.00	30.00	每箱12瓶	10	干果和坚果
17	猪肉	2.00	9.00	每袋500克	10	水果和蔬菜罐头
19	糖果	10.00	45.00	每箱30盒	5	焙烤食品

图 15.8　分页导航

第 3 步，在内部样式表中设计按钮的样式，以方便用户操作，其中样式类 active 表示当前激活的分页按钮，此时的按钮演示效果如图 15.9 所示。

```
<style type="text/css">
.page-number { padding: 0.2em 0.5em; border: 1px solid #fff; cursor:pointer; display:
inline-block; }
.active { background: #ccf; border: 1px solid #006; }
</style>
```

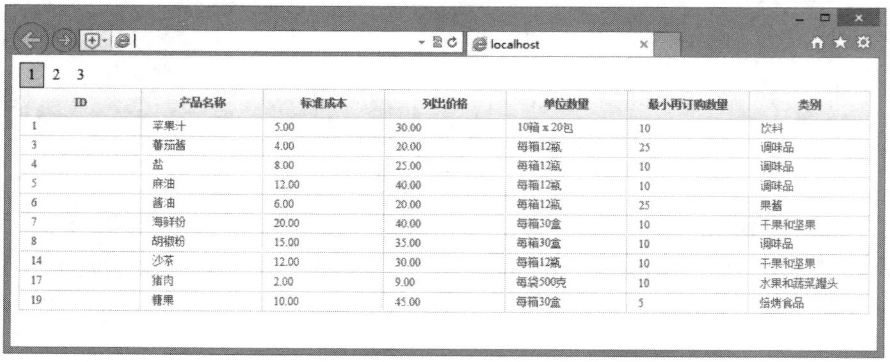

ID	产品名称	标准成本	列出价格	单位数量	最小再订购数量	类别
1	苹果汁	5.00	30.00	10箱 x 20包	10	饮料
3	蕃茄酱	4.00	20.00	每箱12瓶	25	调味品
4	盐	8.00	25.00	每箱12瓶	10	调味品
5	麻油	12.00	40.00	每箱12瓶	10	调味品
6	酱油	6.00	20.00	每箱12瓶	25	果酱
7	海鲜粉	20.00	40.00	每箱30盒	10	干果和坚果
8	胡椒粉	15.00	35.00	每箱30盒	10	调味品
14	沙茶	12.00	30.00	每箱12瓶	10	干果和坚果
17	猪肉	2.00	9.00	每袋500克	10	水果和蔬菜罐头
19	糖果	10.00	45.00	每箱30盒	5	焙烤食品

图 15.9　分页导航按钮

第 4 步，要实现分页导航功能，需要实现动态更新 currentPage 变量，同时运行上面的分页脚本，为此可以把上面的代码封装到一个函数中，每当单击导航按钮时，更新 currentPage 变量，并调用该函数。

在循环体中为每个按钮绑定 click 事件处理函数，由于创建了一个闭包体，闭包体内引用了外部的 currentPage 变量，当每个循环改变时，该变量的值就会发生变化，新的值将会影响到每个按钮上绑定的闭包体（click 事件处理函数）。解决方法为：使用 jQuery 事件对象添加自定义数据，该数据在最终调用时仍然有效。

```
for(var page = 0; page < numPages; page++) {
    $('<span class="page-number">' + (page + 1) + '</span>').bind('click', {
        'newPage' : page
    }, function(event) {
        currentPage = event.data['newPage'];
        //省略分页函数
```

```
    })
}
```

　　在 for 循环体内，为每个导航按钮绑定一个 click 事件处理函数，并通过事件对象的 data 属性为其传递动态的当前页数值，这样 click 事件处理函数所形成的闭包体就不再直接引用外部的变量，而是通过事件对象的属性来获取当前页信息，从而避免了闭包的缺陷。

　　第 5 步，为了突出显示当前页，可以在 click 事件中添加一行代码，为当前导航按钮添加一个样式类，以激活当前按钮，方便用户浏览。

```
for(var page = 0; page < numPages; page++) {
    $('<span class="page-number">' + (page + 1) + '</span>').bind('click', {
        'newPage' : page
    }, function(event) {
        currentPage = event.data['newPage'];
        //省略分页函数
        $(this).addClass('active').siblings().removeClass('active');
    }).appendTo($pager).addClass('clickable');
}
```

　　第 6 步，最后需要把这个分页导航插入到网页中，同时把分页函数绑定到 repaginate 事件处理函数中，这样就可以通过$table.trigger('repaginate')方法快速调用。整个表格分页功能的完整代码如下，最终演示效果如图 15.10 所示。

```
$(function() {
    $('table.paginated').each(function() {
        var currentPage = 0;
        var numPerPage = 10;
        var $table = $(this);
        $table.bind('repaginate', function() {
            $table.find('tbody tr').show().slice(0, currentPage * numPerPage).
hide().end().slice((currentPage + 1) * numPerPage).hide().end();
        });
        var numRows = $table.find('tbody tr').length;
        var numPages = Math.ceil(numRows / numPerPage);
        var $pager = $('<div class="pager"></div>');
        for(var page = 0; page < numPages; page++) {
            $('<span class="page-number">' + (page + 1) + '</span>').bind('click', {
                'newPage' : page
            }, function(event) {
                currentPage = event.data['newPage'];
                $table.trigger('repaginate');
                $(this).addClass('active').siblings().removeClass('active');
            }).appendTo($pager).addClass('clickable');
        }
        $pager.find('span.page-number:first').addClass('active');
        $pager.insertBefore($table);
        $table.trigger('repaginate');
    });
});
```

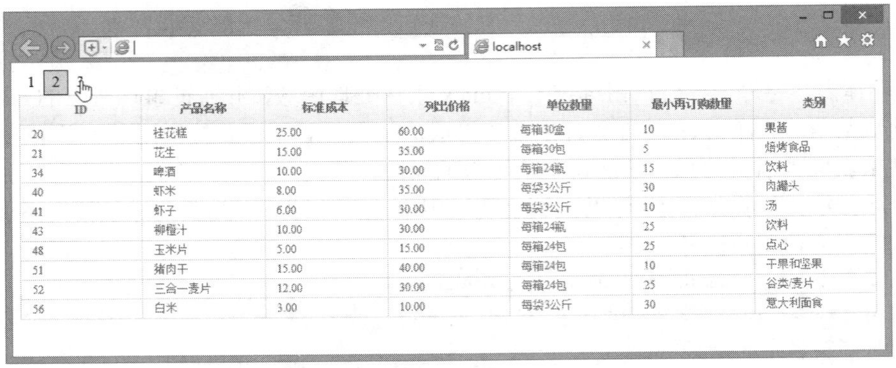

ID	产品名称	标准成本	列出价格	单位数量	最小再订购数量	类别
20	桂花糕	25.00	60.00	每箱30盒	10	果酱
21	花生	15.00	35.00	每箱30包	5	焙烤食品
34	啤酒	10.00	30.00	每箱24瓶	15	饮料
40	虾米	8.00	35.00	每袋3公斤	30	肉罐头
41	虾子	6.00	30.00	每袋3公斤	10	汤
43	柳橙汁	10.00	30.00	每箱24瓶	25	饮料
48	玉米片	5.00	15.00	每箱24包	25	点心
51	猪肉干	15.00	40.00	每箱24包	10	干果和坚果
52	三合一麦片	12.00	30.00	每箱24包	25	谷类/麦片
56	白米	3.00	10.00	每袋3公斤	30	意大利面食

图 15.10　表格分页导航

扫一扫，看视频

15.2.3　使用 Pagination 插件分页

Table Pagination 是一款轻量级表格分页插件，该 jQuery 插件用于创建一个分页显示的表格样式，用户可以自定义分页设置的各种选项，以满足自己的显示需要。

【插件用法】

第 1 步，下载 Table Pagination 插件，并解压到本地目录。

第 2 步，复制 jquery.tablePagination.0.2.js 文件到站点目录下，然后在页面中导入本插件即可使用。

【示例 5】　本示例演示了在默认设置情况下直接调用该插件为表格进行分页的应用，示例演示效果如图 15.11 所示。

```
<!doctype html>
<html>
<head>
<meta charset="utf-8">
<link href="images/table.css" rel="stylesheet" type="text/css" media="all" />
<!-- 导入 jQuery 库文件 -->
<script type="text/javascript" src="jquery/jquery-1.11.0.js"></script>
<!-- 导入 Table Pagination 插件文件 -->
<script type="text/javascript" src="plugins/jquery.tablePagination.0.2.js"></script>
<script type="text/javascript">
$(function(){
    $('table#grid').tablePagination();  //按默认设置调用该插件
})
</script>
<style type="text/css">
#tablePagination {/*设计分页导航条外框的样式*/
    text-align:center;
    font-size:12px;
    margin:6px auto;
    height: 20px;
    line-height:20px;
}
</style>
</head>
<body>
<h1>Pagination 表格分页显示</h1>
<table id="grid">
```

```
    <thead>
        <tr>
            <th nowrap="nowrap">排名</th>
            <th nowrap="nowrap">校名</th>
            <th nowrap="nowrap">总得分</th>
            <th nowrap="nowrap">人才培养总得分</th>
            <th nowrap="nowrap">研究生培养得分</th>
            <th nowrap="nowrap">本科生培养得分</th>
            <th nowrap="nowrap">科学研究总得分</th>
            <th nowrap="nowrap">自然科学研究得分</th>
            <th nowrap="nowrap">社会科学研究得分</th>
            <th nowrap="nowrap">所属省份</th>
            <th nowrap="nowrap">分省排名</th>
            <th nowrap="nowrap">学校类型</th>
        </tr>
    </thead>
    <tbody>
        <tr>
            <td>1</td>
            <td>清华大学 </td>
            <td>296.77</td>
            <td>128.92</td>
            <td>93.83</td>
            <td>35.09</td>
            <td>167.85</td>
            <td>148.47</td>
            <td>19.38</td>
            <td width="16">京 </td>
            <td width="12">1 </td>
            <td>理工 </td>
        </tr>
        <!-- 省略表格数据和结构 -->
    </tbody>
</table>
</body>
</html>
```

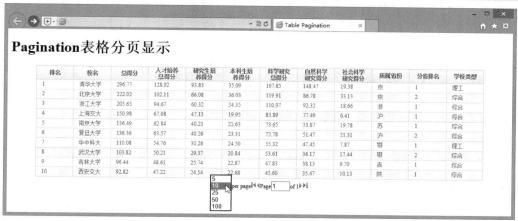

图 15.11 Pagination 表格分页显示 1

提示：

> Table Pagination 插件包含多个参数，用来定制分页显示的相关选项，简单说明如下。
> - **firstArrow**：定义首页按钮图像的 URL，默认值为 ./images/first.gif。
> - **prevArrow**：定义"上一页"按钮图像的 URL，默认值为 ./images/prev.gif。
> - **lastArrow**：定义"最后一页"按钮图像的 URL，默认值为 ./images/last.gif。
> - **nextArrow**：定义"下一页"按钮图像的 URL，默认值为 ./images/next.gif。
> - **rowsPerPage**：设置每页显示的行数，默认值为 5。
> - **currPage**：设置当前显示第几页，默认值为 1，即显示第一页。
> - **optionsForRows**：定义下拉列表中显示的页数，默认值为[5,10,25,50,100]，即显示 5、10、25、50、100，当选择这些选项时，可以设置每页显示的行数。
> - **ignoreRows**：设置被忽略的行数，默认值为[]，即显示所有行数。

【示例 6】 为 tablePagination()函数传递如下参数：设置表格默认每页显示 5 行，当前页为第 2 页，演示效果如图 15.12 所示。

```javascript
<script type="text/javascript">
$(function(){
    $('table#grid').tablePagination({
        currPage : 2,
        optionsForRows : [2,3,5],
        rowsPerPage : 5
    });
})
</script>
```

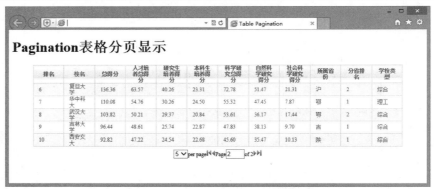

图 15.12　Pagination 表格分页显示 2

提示：

> 用户可以在 **jquery.tablePagination.0.2.js** 文件中修改导航条的结构，也可以汉化其中的英文标签。

15.3　表格过滤

当表格显示大量数据时，如果允许用户根据需要仅显示特定内容的数据行，能够提升表格的可用性。

15.3.1　快速过滤

使用 Javascript 实现表格数据过滤的基本功能很简单，即通过检索用户输入的关键字，把匹配的行隐

扫一扫，看视频

藏或者显示出来，没有被匹配的行显示或者隐藏起来。

```
var elems =$('table.filter').find("tbody > tr")
elems.each(function() {
    var elem = jQuery(this);
    jQuery.uiTableFilter.has_words(getText(elem), words, false) ? matches(elem) :
noMatch(elem);
});
```

在上面几行代码中，首先找到要检索的数据行，这里主要是根据 table 和过滤类确定要过滤的表格，并根据 tbody 元素确定检索的数据行。遍历数据行，使用用户输入的过滤关键字与每行单元格数据进行匹配，如果返回 true，则执行显示操作，否则执行隐藏操作。其中 getText()是一个内部函数，用户获取指定行中单元格包含的文本。

```
var getText = function(elem) {
    return elem.text()
}
```

has_words()是数据过滤插件的一个工具函数，该函数主要检测用户输入关键字与数据行文本是否匹配，代码如下：

```
jQuery.uiTableFilter.has_words = function(str, words, caseSensitive) {
    var text = caseSensitive ? str : str.toLowerCase();
    for(var i = 0; i < words.length; i++) {
        if(text.indexOf(words[i]) === -1)
            return false;
    }
    return true;
}
```

该工具函数首先根据一个 caseSensitive 参数，确定是否把数据行文本执行小写转换，然后遍历用户输入的关键字数组，执行匹配计算，如果不匹配，则返回 false，否则返回 true。

matches()和 noMatch()是两个简单的显示和隐藏数据行内部函数，代码如下：

```
var matches = function(elem) {
    elem.show()
}
var noMatch = function(elem) {
    elem.hide();
    new_hidden = true
}
```

15.3.2 多关键字匹配

扫一扫，看视频

如果当用户输入多个关键字，则数据过滤器应该允许对多个关键字的协同处理，首先可以通过 JavaScript 的 split()方法把用户输入的短语以空格符为分隔符劈开，然后转换为数组。

```
var words = phrase.toLowerCase().split(" ");
```

执行数据过滤的事件一般设置为键盘松开时触发，当用户在搜索框中输入关键字时，会即时触发并更新过滤数据。为了避免因为用户输入空格键而触发重复的数据过滤操作，则设置一个检测条件，当输入字符之后，去除最后一个空格符，如果等于上次输入的字符，则说明当前输入的是空格，则可以不做重复检测，这样就能够提高过滤效率。具体代码如下：

```
if((words.size > 1) && (phrase.substr(0, phrase_length - 1) === this.last_phrase)) {
    if(phrase[-1] === " ") {
        this.last_phrase = phrase;
        return false;
```

```
    }
    var words = words[-1];
    // 获取可见数据行
    var elems = jq.find("tbody > tr:visible")
}
```

在上面代码中将根据用户输入的多个关键字进行处理，关键字之间通过空格符进行分隔，同时当输入最新关键字时，代码只处理可视的数据行，对于已经隐藏的数据行将忽略不计。

扫一扫，看视频

15.3.3　列过滤

在过滤器函数中包含一个列参数，允许用户仅就特定列数据进行过滤，实现的代码如下：

```
f(column) {
    var index = null;
    jq.find("thead > tr:last > th").each(function(i) {
        if($(this).text() == column) {
            index = i;
            return false;
        }
    });
    if(index == null)
        throw ("given column: " + column + " not found")
    getText = function(elem) {
        return jQuery(elem.find(("td:eq(" + index + ")"))).text()
    }
}
```

参数 column 表示列标题，代码首先遍历表格的列标题，匹配参数 column 列的下标位置，然后利用该下标值，重写 getText() 内部函数，则执行匹配操作时，仅就该下标列的文本进行匹配检测。

15.3.4　自定义表格过滤插件

上面几节介绍了表格过滤的基本功能实现，下面就可以把这个数据过滤器的各个部分功能代码组合在一起，放置在 jQuery 工具函数中，完成代码如下：

扫一扫，看视频

```
jQuery.uiTableFilter = function(jq, phrase, column, ifHidden) {
    var new_hidden = false;
    if(this.last_phrase === phrase)
        return false;
    var phrase_length = phrase.length;
    var words = phrase.toLowerCase().split(" ");
    var matches = function(elem) {
        elem.show()
    }
    var noMatch = function(elem) {
        elem.hide();
        new_hidden = true
    }
    var getText = function(elem) {
        return elem.text()
    }
    if(column) {
        var index = null;
```

```
        jq.find("thead > tr:last > th").each(function(i) {
            if($(this).text() == column) {
                index = i;
                return false;
            }
        });
        if(index == null)
            throw ("given column: " + column + " not found")
        getText = function(elem) {
            return jQuery(elem.find(("td:eq(" + index + ")"))).text()
        }
    }
    if((words.size > 1) && (phrase.substr(0, phrase_length - 1) === this.last_phrase)){
        if(phrase[-1] === " ") {
            this.last_phrase = phrase;
            return false;
        }
        var words = words[-1];
        var elems = jq.find("tbody > tr:visible")
    } else {
        new_hidden = true;
        var elems = jq.find("tbody > tr")
    }
    elems.each(function() {
        var elem = jQuery(this);
        jQuery.uiTableFilter.has_words(getText(elem), words, false) ? matches(elem) :
noMatch(elem);
    });
    last_phrase = phrase;
    if(ifHidden && new_hidden)
        ifHidden();
    return jq;
};
jQuery.uiTableFilter.last_phrase = ""
jQuery.uiTableFilter.has_words = function(str, words, caseSensitive) {
    var text = caseSensitive ? str : str.toLowerCase();
    for(var i = 0; i < words.length; i++) {
        if(text.indexOf(words[i]) === -1)
            return false;
    }
    return true;
}
```

完成工具函数的设计，就可以在文档中设计一个文本输入框和一个需要过滤的表格，代码如下：

```
<form>数据过滤: <input name="filter" id="filter" value="" maxlength="30" size="30"
type="text"></form>
<table class="filter">
    <thead>
        <tr>
            <th>ID</th>
            <th>产品名称</th>
            <th>标准成本</th>
```

```
            <th>列出价格</th>
            <th>单位数量</th>
            <th>最小再订购数量</th>
            <th>类别</th>
        </tr>
    </thead>
    <tbody>
        …
    </tbody>
</table>
```

在文档头部的<script>标签中为文本框绑定过滤器函数，设计当用户在文本框中输入字符后，键盘按键抬起时，触发该工具函数$.uiTableFilter()，并把表格和当前文本框的输入值传递给它。最后示例演示效果如图 15.13 所示。

```
$(function() {
    var theTable = $('table.filter')
    $("#filter").keyup(function() {
        $.uiTableFilter(theTable, this.value);
    })
})
```

图 15.13　表格过滤

15.3.5　使用 uiTableFilter 插件

uiTableFilter 是一款表格数据行过滤插件。

【插件用法】

第 1 步，下载 uiTableFilter 插件到本地后，解压并复制 jquery.uitablefilter.js 文件到本地站点。

第 2 步，在页面中导入 uiTableFilter 插件文件，然后就可以调用并绑定插件到具体的表格上。具体用法如下：

```
$.uiTableFilter( table, phrase )
```

该函数包含两个必选参数：第一个参数为 jQuery 对象，即使用 jQuery 方法匹配的表格，或者多个表格数据行；第二个参数表示匹配的关键字，以字符串形式传递。另外，还包含两个可选参数，分别设置限制列和隐藏元素。

【示例 7】 在本示例中，通过文本框允许用户动态输入过滤关键字，然后使用 uiTableFilter 插件根据输入的关键字过滤表格行，示例演示效果如图 15.14 所示。

```html
<!doctype html>
<html>
<head>
<meta charset="utf-8">
<link href="images/table.css" rel="stylesheet" type="text/css" media="all" />
<!-- 导入 jQuery 库文件 -->
<script type="text/javascript" src="jquery/jquery-1.11.0.js"></script>
<!-- 导入 uiTableFilter 插件文件 -->
<script type="text/javascript" src="plugins/jquery.uitablefilter.js"></script>
<script type="text/javascript">
$(function(){
    var theTable = $('table.# grid')          //获取表格的 jQuery 对象
    $("#filter").keyup(function() {           //当在文本框中输入文本后
        $.uiTableFilter( theTable, this.value );  //调用 uiTableFilter 插件
    })
})
</script>
</head>
<body>
<h1>uiTableFilter 表格行过滤</h1>
<p class="info">
    <form id="filter-form">过滤关键字：
        <input name="filter" id="filter" value="" maxlength="30" size="30" type="text">
    </form>
</p>
<table id="grid">
    <tr>
        <th nowrap="nowrap">排名</th>
        <th nowrap="nowrap">校名</th>
        <th nowrap="nowrap">总得分</th>
        <th nowrap="nowrap">人才培养总得分</th>
        <th nowrap="nowrap">研究生培养得分</th>
        <th nowrap="nowrap">本科生培养得分</th>
        <th nowrap="nowrap">科学研究总得分</th>
        <th nowrap="nowrap">自然科学研究得分</th>
        <th nowrap="nowrap">社会科学研究得分</th>
        <th nowrap="nowrap">所属省份</th>
        <th nowrap="nowrap">分省排名</th>
        <th nowrap="nowrap">学校类型</th>
    </tr>
    <tr>
        <td>1</td>
        <td>清华大学 </td>
        <td>296.77</td>
        <td>128.92</td>
        <td>93.83</td>
        <td>35.09</td>
        <td>167.85</td>
```

```
        <td>148.47</td>
        <td>19.38</td>
        <td width="16">京 </td>
        <td width="12">1 </td>
        <td>理工 </td>
    </tr>
    …
</table>
</body>
</html>
```

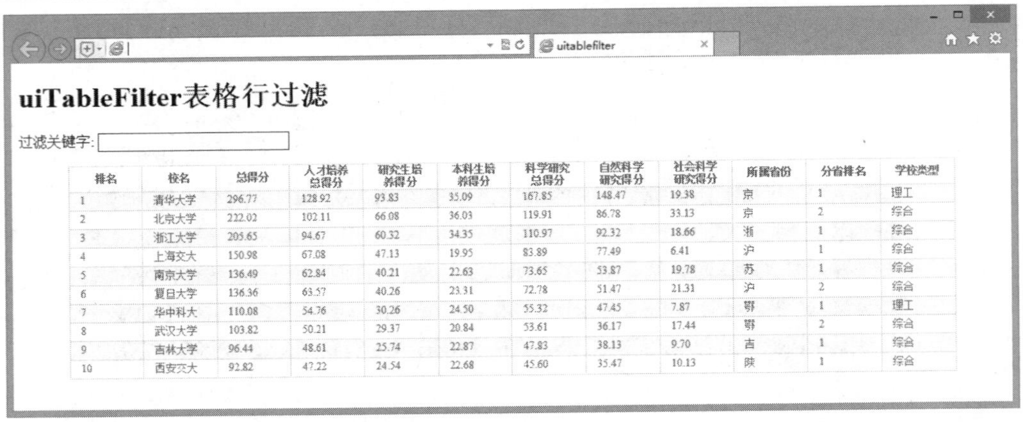

（a）过滤前

（b）过滤后

图 15.14　uiTableFilter 表格行过滤演示效果

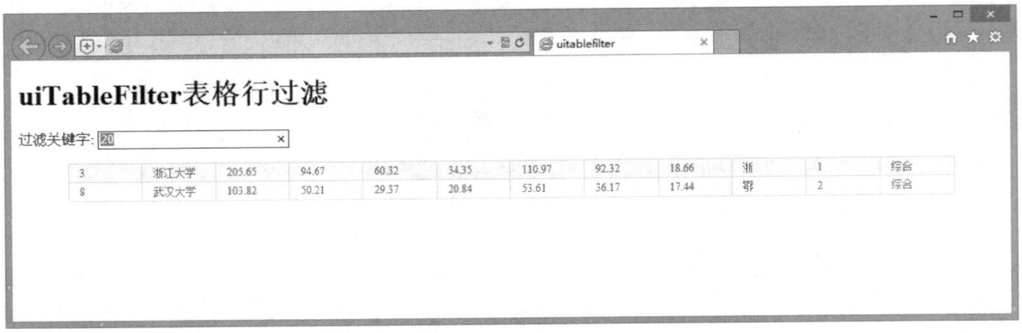

15.4　表 格 编 辑

　　表格编辑功能主要包括数据编辑、验证和存储。本节将重要讲解如何实现表格的直接编辑，不涉及表格编辑后的输入验证和存储处理。

15.4.1　实现表格编辑功能

　　当用户单击单元格时，单元格显示为可编辑状态，数据可以允许删除、修改或者增删。

　　设计思路：在单元格的 click 事件处理函数中，获取单元格数据，动态创建一个文本框，文本框的值为单元格的数据，然后把该文本框嵌入到单元格中，并清除单元格中原始数据。

实现代码如下：

```
var orig_text = td.text();
var w = td.width();
var h = td.height();
td.css({
    width : w + "px",
    height : h + "px",
    padding : "0",
    margin : "0"
});
td.html('<form name="td-editor" action="javascript:void(0);">'+'<input type= "text"
name="td_edit" value="' + td.text() + '"' + ' style="margin:0px;padding:0px;
border:0px;width:'+w+'px;height:'+h+'px;">'+'</input></form>');
```

在上述代码中，首先保存单元格原始数据，获取单元格的高度和宽度，再显式定义单元格的高、宽和清除空隙，避免清除原始数据后，单元格大小发生变化。然后使用 html()方法在单元格中绑定一个 <form>和<input>标签，在标签内部通过样式属性定义输入文本框的大小与单元格大小一致，并清除间距。

当数据编辑完成之后，需要把文本框清除掉，并使用编辑后的值更新单元格的原始值。实现代码如下：

```
function restore(e) {
    var val = td.find(':text').attr('value')
    td.html("");
    td.text(val);
}
```

在执行恢复单元格数据过程中，可以预留两个接口函数，以便用户通过参数传递功能函数，如验证或数据存储操作。完善代码如下：

```
function restore(e) {
    var val = td.find(':text').attr('value')
    if(options.dataVerify) {
        var value = options.dataVerify.call(this, val, orig_text, e, td);
        if(value === false) {
            return false;
        }
        if(value !== null && value !== undefined)
            val = value;
    }
    td.html("");
    td.text(val);
    if(options.editDone)
        options.editDone(val, orig_text, e, td)
    bind_mouse_down(td_edit_wrapper);
}
```

options.dataVerify 作为一个参数，为数据验证提供接口，只有当验证函数返回值为 true，才允许编辑操作成功完成，否则禁止编辑并返回。

options.editDone 也是一个参数，为数据编辑完成后的回调函数，在回调函数中可以执行一些附加的任务或者功能。

当完成数据编辑之后，需要调用 restore()函数，把数据恢复为表格数据，并清除表单元素。此时可以在添加的表单元素中绑定的提交、鼠标按下、失去焦点等事件中绑定 restore()函数。

```
td.html('<form name="td-editor" action="javascript:void(0);">'+'<input type= "text"
name="td_edit" value="' + td.text() + '"' + ' style="margin:0px;padding:0px;
border:0px;width:'+w+'px;height:'+h+'px;">'+'</input></form>').find
```

```
('form').submit(restore).mousedown(restore).blur(restore);
```

15.4.2 自定义表格编辑插件

在该插件函数中，定义两个事件处理函数：bind_mouse_down()函数负责绑定鼠标按下事件处理函数，unbind()函数将注销该事件。代码如下：

```
function unbind() {
    return jq.find(options.find).die('mousedown.uiTableEdit');
}
function bind_mouse_down(mouseDn) {
    unbind().live('mousedown.uiTableEdit', mouseDn);
}
```

考虑到表格数据编辑的扩展性，这里留给用户一个接口，允许自定义单元格编辑个性定制功能。如果用户提供了 mouseDown 这个参数函数，则将调用该函数，并检测返回值，如果为 false，则结束程序。否则调用单元格编辑函数，执行编辑操作。代码如下：

```
var td_edit_wrapper = !options.mouseDown ? td_edit : function() {
    if(options.mouseDown.apply(this, arguments) == false)
        return false;
    td_edit.apply(this, arguments);
};
```

由于 FireFox 在获取焦点时，存在一个 Bug，即该浏览器在稍稍延迟之后，才能够获取焦点，为此需要定义一个获取焦点函数，并在延迟 50 毫秒之后调用这个延迟函数。代码如下：

```
function focus_text() {
    td.find('input:text').get(0).focus()
}
setTimeout(focus_text, 50);
```

如果用户按下 ESC 键，应该能够允许用户退出表格数据编辑状态，添加如下 checkEscape 函数，以及调用该函数的事件处理函数代码：

```
function checkEscape(e) {
    if(e.keyCode === 27) {
        td.html("");
        td.text(orig_text);
        bind_mouse_down(td_edit_wrapper);
    }
}
td.html('<form name="td-editor" action="javascript:void(0);">'+'<input type= "text"
name="td_edit" value="'+td.text()+'"'+'style="margin:0px;padding:0px; border:0px;
width:'+w+'px;height:'+h+'px;">'+'</input></form>').find
('form').submit(restore).mousedown(restore).blur(restore).keypress(checkEscape);
```

在该插件函数起始部分，应该对参数对象进行处理，并根据 options.off 参数值，确定是否执行编辑操作。代码如下：

```
options = options || {}
options.find = options.find || 'tbody > tr > td'
if(options.off) {
    unbind().find('form').each(function() {
        var f = $(this);
        f.parents("td:first").text(f.find(':text').attr('value'));
        f.remove();
    });
```

```
        return jq;
}
```

到目前为止，表格编辑的功能基本实现，下面就可以把各个部分的功能代码组合在一起，放置在 jQuery 工具函数中，完成代码如下：

```
jQuery.uiTableEdit = function(jq, options) {
    function unbind() {
        return jq.find(options.find).die('mousedown.uiTableEdit');
    }
    options = options || {}
    options.find = options.find || 'tbody > tr > td'
    if(options.off) {
        unbind().find('form').each(function() {
            var f = $(this);
            f.parents("td:first").text(f.find(':text').attr('value'));
            f.remove();
        });
        return jq;
    }
    function bind_mouse_down(mouseDn) {
        unbind().live('mousedown.uiTableEdit', mouseDn);
    }
    function td_edit() {
        var td = jQuery(this);
        function restore(e) {
            var val = td.find(':text').attr('value')
            if(options.dataVerify) {
                var value = options.dataVerify.call(this, val, orig_text, e, td);
                if(value === false) {
                    return false;
                }
                if(value !== null && value !== undefined)
                    val = value;
            }
            td.html("");
            td.text(val);
            if(options.editDone)
                options.editDone(val, orig_text, e, td)
            bind_mouse_down(td_edit_wrapper);
        }
        function checkEscape(e) {
            if(e.keyCode === 27) {
                td.html("");
                td.text(orig_text);
                bind_mouse_down(td_edit_wrapper);
            }
        }
        var orig_text = td.text();
        var w = td.width();
        var h = td.height();
        td.css({
            width : w + "px",
```

```
                height : h + "px",
                padding : "0",
                margin : "0"
        });
        td.html('<form name="td-editor" action="javascript:void(0);">' + '<input
type="text" name="td_edit" value="' + td.text() + '"' + ' style="margin:0px;padding:
0px;border:0px;width: ' + w + 'px;height:' + h + 'px;">' + '</input></form>').find
('form').submit(restore).mousedown(restore).blur(restore).keypress(checkEscape);
        function focus_text() {
            td.find('input:text').get(0).focus()
        }
        setTimeout(focus_text, 50);
        bind_mouse_down(restore);
    }
    var td_edit_wrapper = !options.mouseDown ? td_edit : function() {
        if(options.mouseDown.apply(this, arguments) == false)
            return false;
        td_edit.apply(this, arguments);
    };
    bind_mouse_down(td_edit_wrapper);
    return jq;
}
```

在文档头部的<script>标签中为文本框绑定编辑器函数，最后示例演示效果如图 15.15 所示。

```
$(function() {
    var theTable = $('.tableEdit')
    $.uiTableEdit( theTable )
})
```

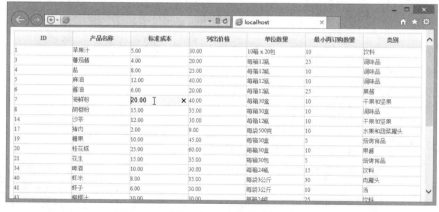

图 15.15   表格编辑

15.4.3   使用 tableRowCheckboxToggle 插件

tableRowCheckboxToggle 是一个小巧的表格行复选框，应用该插件后，当单击表格行可以显示该行被选中状态，再次单击可以取消勾选。

【插件用法】

下载该插件之后，在页面中导入插件文件即可，不需要调用，也不用绑定和设置参数。不过，需要读者在表格行中嵌入<input type="checkbox" id="checkme1" />复选框序列，并为奇数行和偶数行定义

扫一扫，看视频

odd_row 和 even_row 样式类即可。

　　【示例 8】　　在本示例中，为表格添加一个复选框，这样当用户单击某行后会自动选中复选框，再次单击该行，则取消勾选，演示效果如图 15.16 所示。

```html
<!doctype html>
<html>
<head>
<meta charset="utf-8">
<link href="images/table.css" rel="stylesheet" type="text/css" media="all" />
<script type="text/javascript" src="jquery/jquery-1.11.0.js"></script>
<script type="text/javascript" src="plugins/tableRowCheckboxToggle.js"></script>
<style type="text/css">
tr.odd_row { background-color: #e4f2fb;}
tr.even_row { background-color: #f8f8f8;}
tr.odd_row:hover,tr.even_row:hover,tr.odd_row:hover a,tr.even_row:hover a {
    background-color: #FFD900;
}
</style>
</head>
<body>
<h1>tableRowCheckboxToggle 表格行复选框</h1>
<table id="grid">
    <thead>
        <tr>
            <th nowrap="nowrap"></th>
            <th nowrap="nowrap">排名</th>
            <th nowrap="nowrap">校名</th>
            <th nowrap="nowrap">总得分</th>
            <th nowrap="nowrap">人才培养总得分</th>
            <th nowrap="nowrap">研究生培养得分</th>
            <th nowrap="nowrap">本科生培养得分</th>
            <th nowrap="nowrap">科学研究总得分</th>
            <th nowrap="nowrap">自然科学研究得分</th>
            <th nowrap="nowrap">社会科学研究得分</th>
            <th nowrap="nowrap">所属省份</th>
            <th nowrap="nowrap">分省排名</th>
            <th nowrap="nowrap">学校类型</th>
        </tr>
    </thead>
    <tbody>
        <tr class="odd_row">
        <td><input type="checkbox" id="checkme1" /></td>
        <td>1</td>
        <td>清华大学 </td>
        <td>296.77</td>
        <td>128.92</td>
        <td>93.83</td>
        <td>35.09</td>
        <td>167.85</td>
        <td>148.47</td>
        <td>19.38</td>
        <td width="16">京 </td>
```

```
        <td width="12">1 </td>
        <td>理工 </td>
    </tr>
    <tr class="even_row">
        <td><input type="checkbox" id="checkme2" /></td>
        <td>2</td>
        <td>北京大学 </td>
        <td>222.02</td>
        <td>102.11</td>
        <td>66.08</td>
        <td>36.03</td>
        <td>119.91</td>
        <td>86.78</td>
        <td>33.13</td>
        <td>京 </td>
        <td>2 </td>
        <td>综合 </td>
    </tr>
    <!-- 省略表格数据和结构 -->
    </tbody>
</table>
</body>
</html>
```

图 15.16 tableRowCheckboxToggle 表格行复选框

15.4.4 使用 TableDnD 插件

TableDnD 是一款很实用的表格行拖动插件，在页面中使用鼠标可以任意拖动显示表格行的位置。

【插件用法】

下载并解压 tablednd.js 文件到本地站点，然后在页面中导入插件文件。在页面初始化函数中初始化 TableDnD 类，并把页面表格传递给它即可。

【示例9】 在本示例中，仅用几行脚本，即可让表格行自动被拖动换行显示，演示效果如图 15.17 所示。

```
<!doctype html>
<html>
<head>
<meta charset="utf-8">
```

```
<link href="images/table.css" rel="stylesheet" type="text/css" media="all" />
<script type="text/javascript" src="jquery/jquery-1.11.0.js"></script>
<script type="text/javascript" src="plugins/tablednd.js"></script>
<script type="text/javascript">
$(function(){
    var table = document.getElementById('grid');//获取表格
    var tableDnD = new TableDnD();                    //初始化 TableDnD 类函数
    tableDnD.init(table);                              //调用 init()初始化函数，绑定表格即可
})
</script>
</head>
<body>
<h1>TableDnD 拖曳表格行</h1>
<table id="grid">
   <!-- 省略表格数据和结构 -->
</table>
</body>
</html>
```

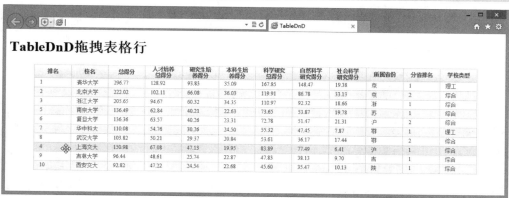

图 15.17　TableDnD 拖曳表格行

15.4.5　使用 uiTableEdit 插件

uiTableEdit 是一款很实用的表格数据编辑插件。

【插件用法】

下载并解压 jquery.uitableedit.js 文件到本地站点，然后在页面中导入插件文件。在页面初始化函数中调用 uiTableEdit，并把表格传递给该函数即可。

```
$(function(){
    var t = $('table')
    $.uiTableEdit( t )
})
```

【示例 10】　在本示例中，为页面中的表格绑定 uiTableEdit 插件，这样当单击表格单元格时，会自动显示一个文本框，在文本框中输入数据，再次单击即可实现编辑单元格，演示效果如图 15.18 所示。

```
<!doctype html>
<html>
<head>
<meta charset="utf-8">
<link href="images/table.css" rel="stylesheet" type="text/css" media="all" />
```

扫一扫，看视频

```
<!-- 导入 jQuery 库文件 -->
<script type="text/javascript" src="jquery/jquery-1.4.4.js"></script>
<!-- 导入 uiTableEdit 插件文件 -->
<script type="text/javascript" src="plugins/jquery.uitableedit.js"></script>
<script type="text/javascript">
$(function(){
    var t = $('table')                      //选择表格
    $.uiTableEdit( t )                      //调用 uiTableEdit 函数，并绑定到表格上
})
</script>
</head>
<body>
<h1>uiTableEdit 表格编辑</h1>
<table id="grid">
    <!-- 省略表格数据和结构 -->
</table>
</body>
</html>
```

图 15.18　uiTableEdit 表格编辑

📢 提示：

uiTableEdit()方法包含两个参数：第一个参数表示要编辑的表格；第二参数为可选参数，以对象结构的形式用来设置相关操作属性。对第二个参数简单说明如下。

- ❯ off：布尔值，关闭或者开启表格编辑行为。
- ❯ find：设置操作的对象，默认值为 tbody > tr > td。
- ❯ mousedown：鼠标左键被按下的回调函数。如果该函数返回值为 false，则不允许编辑单元格数据。
- ❯ dataVerify：当表格单元格数据被修改后的回调函数，如果该函数返回值为 false，则该单元格处于可编辑状态。
- ❯ editDone：当编辑之后，是显示原数据，还是编辑后的数据。
- ❯ arguments：单元格显示的新数据。

第 16 章　表 单 开 发

在网站设计中表单无处不在，从登录、注册到联系表、调查表，从电商网站到企业首页等。表单是网页交互的工具，是浏览者与服务器进行通信的载体。设计专业的表单能够提高网页交互的效率和用户体验。本章将通过实例讲解如何设计出具有可用性的优质网页表单。

【学习重点】
- 设计易用性表单。
- 表单验证。
- 增强表单功能。

16.1　设 计 表 单

表单包含很多控件，如文本框、单选按钮、复选框、下拉菜单和按钮等，每个控件在表单中所起到的作用也是各不相同的。UI 设计的一个核心，就是让表单更可用、易用和好用。

扫一扫，看视频

16.1.1　设计表单结构

好用的表单应该从结构设计开始，在没有 CSS 和 JavaScript 支持下，让表单结构趋于完善、功能健全，然后考虑使用 CSS 和 JavaScript 改善表单设计。记住渐进增强的设计原则：努力为大部分用户提供额外功能外，还应该照顾全体用户的基本需求。

【示例 1】　本示例将创建一个联系表，用来与用户建立联系。通过对表单外观和行为做渐进性增强，使读者能直观认识表单设计可用性的基本方法。完整代码如下，演示效果如图 16.1 所示。

```
<!doctype html>
<html>
<head>
<meta charset="utf-8">
</head>
<body>
<form id="contact" action="index.html" method="get">
    <fieldset>
        <legend>个人信息</legend>
        <ol>
            <li>
                <label for="name">姓名</label>
                <input class="required" type="text" name="name" id="name" />
                <span>(必填)</span></li>
            <li>
                <label for="email">邮箱</label>
                <input class="required" type="text" name="email" id="email" />
                <span>(必填)</span></li>
            <li>如何保持联系？ (至少选择一种)
                <ul>
                    <li>
```

```
                        <label>
                            <input type="checkbox" name="by-contact-type" value="E-mail"
id="by-email" />
                            Email</label>
                        <input class="conditional" type="text" name="email" id="email" />
                        <span>(当勾选前面复选框后，则必须填写 Email 信息)</span></li>
                    <li>
                        <label>
                            <input type="checkbox" name="by-contact-type" value="Phone"
id="by-phone" />
                            电话</label>
                        <input class="conditional" type="text" name="phone" id="phone" />
                        <span>(当勾选前面复选框后，则必须填写电话号码)</span></li>
                    <li>
                        <label>
                            <input type="checkbox" name="by-contact-type" value="QQ"
id="by-qq" />
                            QQ</label>
                        <input class="conditional" type="text" name="qq" id="qq" />
                        <span>(当勾选前面复选框后，则必须填写 QQ 号码 d)</span></li>
                </ul>
            </li>
        </ol>
    </fieldset>
</form>
</body>
</html>
```

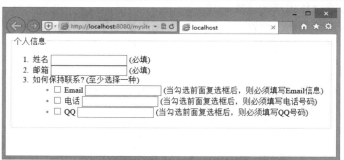

图 16.1　设计联系表单

　　在上面示例代码中，每个表单控件都包含在一个列表项(<li>)中，最后都包含在一个有序列表(<ol>)中，而复选框以及对应的文本字段被包含在一个嵌套的无序列表（<ul>）中。使用<label>标签标出每个字段的名称，对于文本字段，<label>标签放在<input>标签前面；对于复选框，<label>标签包含<input>标签。

　　本例主要从三个方面增强表单的可用性：

- ❯　修改 DOM，以便灵活地为<legend>元素应用样式。
- ❯　把必填的字段提示信息改为星号，把特殊字段修改为双星号。将这两个必填字段的标签修改为粗体字，同时在表单前面添加星号和双星号注释文字。
- ❯　在页面加载时隐藏每个复选框对应的文本输入框，当用户选择或者取消复选框时能够动态切换这些文本框，让它们显示或者隐藏。

16.1.2 设计分组标题

<legend>标签表示为 fieldset 分组元素定义标题，该标签在不同浏览器中解析效果存在差异。本例通过 JavaScript 把页面中的每个<legend>标签移出，换成标题标签。

【操作步骤】

第 1 步，以 16.1.1 节示例所设计的表单结构为基础。在页面<head>内使用<script>导入 jQuery 库文件。

```
<script src="jquery/jquery-3.1.1.js" type="text/javascript"></script>
```

第 2 步，继续在<head>内使用<script>定义 JavaScript 代码块，输入下面的 JavaScript 代码。

```
$(function() {
    $('fieldset').each(function(index) {
        var heading = $('legend', this).remove().text();
    });
})
```

使用 each()方法遍历文档中所有的<legend>标签，使用 text()方法获取该标签包含的文本，然后把<legend>标签移出文档。由于文档中包含多个表单，每个表单可能包含多个<legend>标签，因此简单使用 jQuery 的隐式迭代机制。同时要注意，由于每次迭代一个<fieldset>标签都会设置一个变量 heading，故需要使用 this 关键字限制匹配的范围，以确保每次只取得一个<legend>标签中的文本。

第 3 步，创建 h3 元素，插入到每个<fieldset>标签的开始位置，同时把保存到临时变量 heading 中的标题信息放入其中。

```
$(function() {
    $('fieldset').each(function(index) {
        var heading = $('legend', this).remove().text();
        $('<h3></h3>')
        .text(heading)
        .prependTo(this);
    });
})
```

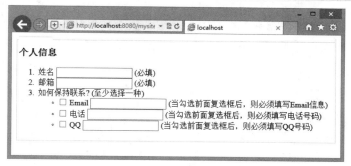

图 16.2 设计表单分组标题

16.1.3 设计提示信息

为了增加对必填字段的控制，在设计表单时，为必填字段添加 required 类。通过 required 类统一控制必填字段样式和行为。对于联系方式文本框都添加 conditional 类，以便对这些文本框进行控制。

【操作步骤】

第 1 步，以 16.1.2 节示例的 JavaScript 脚本为基础，继续输入如下代码。

```
$(function() {
```

```
//设置必填提示信息
var requiredFlag = '*';
var requiredKey = $('input.required:first').next('span').text();
requiredKey = requiredFlag + requiredKey.replace(/^\((.+)\)$/,"$1");
//设置必写提示信息
var conditionalFlag = '**';
var conditionalKey = $('input.conditional:first').next('span').text();
conditionalKey = conditionalFlag + conditionalKey.replace(/\((.+)\)/,"$1");
//附加信息
$('form :input').filter('.required')
.next('span').text(requiredFlag).end()
.prev('label').addClass('req-label');
$('form :input').filter('.conditional')
.next('span').text(conditionalFlag);
})
```

在上面代码中，先设置两个变量，分别用来存储对应的提示星号，并利用它们组合新的提示信息。由于星号很难吸引用户的注意力，还应该为它们添加加粗样式，即通过 prev()方法获取前面的 span 标签，并为它绑定一个样式类 req-label，并为 req-label 样式类声明.req-label { font-weight:bold;)。

第 2 步，为了方便选择<label>标签，在上面代码行中调用end()方法恢复上一次选择器所匹配的jQuery对象，即从.next('span')匹配的 span 元素返回到上一步的 filter('.required') 匹配的 input 文本框，只有这样.prev('label')才能够找到文本框前面的 span 元素。在生成保存的提示信息之前，还应该把原始提示信息保存到变量中，并通过正则表达式去掉前后的括号。演示效果如图 16.3 所示。

图 16.3　设计必填信息

第 3 步，最后尝试把原始提示信息和标记符号一同放到表单的上面，以方便进行注释。

```
$(function() {
    $('fieldset').each(function(index) {
        var heading = $('legend', this).remove().text();
        $('<h3></h3>')
        .text(heading)
        .prependTo(this);
    });
    var requiredFlag = '*';
    var requiredKey = $('input.required:first').next('span').text();
    requiredKey = requiredFlag + requiredKey.replace(/^\((.+)\)$/,"$1");
    var conditionalFlag = '**';
    var conditionalKey = $('input.conditional:first').next('span').text();
    conditionalKey = conditionalFlag + conditionalKey.replace(/\((.+)\)/,"$1");
    $('form :input').filter('.required')
    .next('span').text(requiredFlag).end()
    .prev('label').addClass('req-label');
    $('form :input').filter('.conditional')
    .next('span').text(conditionalFlag);
    //添加注释信息
    $('<p></p>')
    .addClass('field-keys')
```

```
    .append(requiredKey + '<br/>')
    .append(conditionalKey)
    .insertBefore('#contact');
})
```

在上面代码中，首先创建一个 p 元素，为该标签添加 field-keys 样式类，将 requiredKey 和 conditionalKey 变量存储的信息附加到该标签中，最后将该段落标签添加到联系表单的前面，演示效果如图 16.4 所示。

扫一扫，看视频

图 16.4　添加注释信息

16.1.4　设计条件字段

条件字段就是当用户勾选了对应的复选框，才会显示该复选框后面的文本框，要求输入联系信息。

【操作步骤】

第 1 步，以 16.1.3 节示例的 JavaScript 脚本为基础，继续输入下面的代码。首先，隐藏所有的文本框，此时演示效果如图 16.5 所示。

```
$('input.conditional').hide().next('span').hide();
```

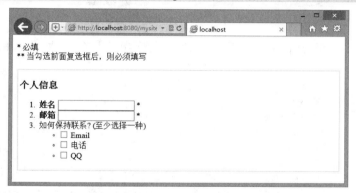

图 16.5　隐藏文本字段

第 2 步，为复选框添加 click 事件，当勾选复选框时显示对应的文本框，在执行过程中还应该检测复选框是否被选中，如果被选中，则显示文本框，否则不显示。

```
$('input.conditional').hide().each(function() {
    var $thisInput = $(this);
    var $thisFlag = $thisInput.next('span').hide();
    $thisInput.prev('label').find(':checkbox').click(function() {
        if (this.checked) {
            $thisInput.show().addClass('required');
            $thisFlag.show();
            $(this).parent('label').addClass('req-label');
        } else {
            $thisInput.hide().removeClass('required').blur();
            $thisFlag.hide();
            $(this).parent('label').removeClass('req-label');
        };
    });
});
```

在上面代码中，先保存当前文本输入字段和当前标记的变量，当用户单击复选框时，检查复选框是否被选中，如果选中，则显示文本框，显示提示标记，并为父元素<label>标签添加 req-label 样式类，加粗显示标签文本。

一般在检测复选框时，可以通过在 each()方法的回调函数中使用 this 关键字，可以直接访问当前 DOM 节点，如果不能够访问 DOM 节点，则可以使用$('selector').is(':checked')来代替，因为 is()方法返回值为布尔值。如果复选框被取消勾选，则应该隐藏文本框字段，并清除父元素的 req-label 样式类。演示效果如图 16.6 所示。

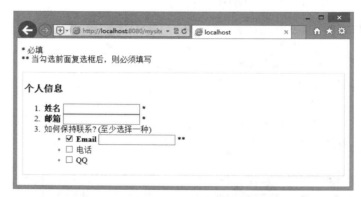

图 16.6　显示条件文本字段

第 3 步，最后使用 CSS 在内部样式表中定义简单的样式，适当美化联系表单，演示效果如图 16.7 所示。

```
<style type="text/css">
.req-label { font-weight:bold; }
h3 { background:#3CF; margin:0; padding:0.3em 0.5em; }
ul, ol { list-style-type:none; padding:0.5em; margin:0; }
ul { margin-left:1.5em; }
li { margin:4px; }
#contact { position:relative; }
p { position:absolute; right:1em; top:2em; background:#CFC; padding:1em; }
</style>
```

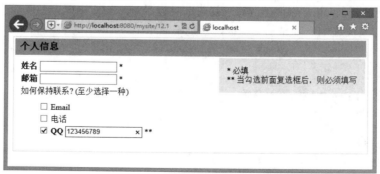

图 16.7　美化后的联系表单样式

16.1.5　使用 checkbox 插件

扫一扫，看视频

jQuery checkbox 是一个轻量级复选框皮肤插件，它能够个性化呈现复选框或单选按钮的样式。

【插件用法】

第 1 步，下载并解压插件压缩包，然后把其中的 4 幅背景图像、2 个 CSS 样式表文件，以及 jquery.checkbox.js 文件复制到本地站点相应目录下。

📢 **注意：**

> 在 jquery.checkbox.css、jquery.safari-checkbox.css 样式表文件中根据实际情况调整背景图像的 URL 值，确保 CSS 能够正确链接到 checkbox.png 和 safari-checkbox.png 文件。

第 2 步，在 jquery.checkbox.js 文件中，修改 empty 参数值，确保 empty.png 能够正确链接，也可以在 checkbox()方法中进行设置。

```
/*默认设置*/
var settings = {
    cls: 'jquery-checkbox',  /* checkbox */
    empty: 'images/empty.png'  /* checkbox */
};
```

【示例 2】 在本示例中，使用 jQuery checkbox 插件对复选框进行皮肤设计，效果如图 16.8 所示。

```
<!doctype html>
<html>
<head>
<meta charset="utf-8">
<!-- 导入 jQuery checkbox 插件样式表辅助文件 -->
<link href="css/jquery.checkbox.css" rel="stylesheet" type="text/css" media="all" />
<link href="css/jquery.safari-checkbox.css" rel="stylesheet" type="text/css" media="all" />
<!-- 导入 jQuery 库文件 -->
<script type="text/javascript" src="jquery/jquery-1.11.0.js"></script>
<!-- 导入 jQuery checkbox 插件文件 -->
<script type="text/javascript" src="plugins/jquery.checkbox.js"></script>
<script type="text/javascript">
$(function(){
    $('input:checkbox').checkbox({
        empty: 'images/empty.png'                //重新设置空格图像的路径
    });
    $('#check').click(function(){                //为前两个复选框建立联系
        jQuery('#check1').attr('disabled',jQuery('#check1').attr('disabled')?false:
true );
    });
})
</script>
</head>
<body>
<h1>checkbox 复选框</h1>
<form action="" method="post" id="autotab" class="p1">
    <label>你喜欢什么？ <br />
        <input name="checkbox.1.1" type="checkbox" id="check" checked>玩电脑（如
        <input name="checkbox.1.2" type="checkbox" id="check1">上网）
        <input name="checkbox.1.3" type="checkbox" disabled>睡觉（当然不用选了）
        <input name="checkbox.1.4" type="checkbox" disabled checked>运动（是人都喜欢
运动）
    </label>
</form>
</body>
</html>
```

图 16.8　新设计的复选框皮肤效果

【示例 3】　可以设计 Safari 风格的复选框样式。例如，在示例 2 中添加如下参数即可，演示效果如图 16.9 所示。

```
$(function(){
    $('input:checkbox').checkbox({
        empty: 'images/empty.png',          //重新设置空格图像的路径
        cls:'jquery-safari-checkbox'        //重新设置空格图像的路径
    });
    $('#check').click(function(){           //为前两个复选框建立联系
        jQuery('#check1').attr('disabled',jQuery('#check1').attr('disabled')?false:
true );
    });
})
```

图 16.9　新设计的 Safari 风格复选框

【示例 4】　jQuery checkbox 插件也可以设计单选按钮的皮肤样式。在本示例中，直接为单选按钮绑定 checkbox()方法，演示效果如图 16.10 所示。

```
<script type="text/javascript">
$(function(){
    $('input:radio').checkbox({
        empty: 'images/empty.png'
    });
})
</script>

<form action="" method="post" id="autotab" class="p1">
    <label>你现在住在哪里？<br />
        <input name="radio.1" value="1" type="radio">北京  
        <input name="radio.1" value="2" type="radio" checked>上海  
        <input name="radio.1" value="3" type="radio">广州  
        <input name="radio.1" value="4" type="radio">其他
    </label>
</form>
```

图 16.10 新设计的单选按钮皮肤效果

📢 注意:

用户可以自己设计复选框或者单选按钮的皮肤样式。在 Photoshop 中设计复选框在激活、选中、未选中，以及鼠标指针经过前后的动态效果，然后重设皮肤样式表文件即可，如图 16.11 所示。

图 16.11 设计皮肤样式背景图像

扫一扫，看视频

16.1.6 使用 jqTransform 插件

jqTransform 插件提供了多种表单域皮肤设计选项。

【插件用法】

下载并解压插件压缩包，然后把其中的图像文件夹（img）、jqtransform.css 样式表文件以及 jquery.jqtransform.js 文件复制到本地站点相应目录下。

注意，在 jqtransform.css 样式表文件中要根据背景图像文件的实际存放位置进行重新设置，确保背景图像的 URL 正确。

【示例 5】 在本示例中，分别引入 jquery.jqtransform.js 和 jqtransform.css 文件，为表单绑定 jqTransform()方法即可，jqTransform 表单皮肤样式效果如图 16.12 所示。

```html
<!doctype html>
<html>
<head>
<meta charset="utf-8">
<!-- 导入 jqTransform 插件样式表辅助文件 -->
<link href="css/jqtransform.css" rel="stylesheet" type="text/css" media="all" />
<!-- 导入 jQuery 库文件 -->
<script type="text/javascript" src="jquery/jquery-1.4.4.js"></script>
<!-- 导入 jqTransform 插件文件 -->
<script type="text/javascript" src="plugins/jquery.jqtransform.js"></script>
<script type="text/javascript">
$(function(){
    $("form").jqTransform();                //为表单绑定 jqTransform()方法
})
</script>
<style type="text/css">
form { background:#fff; }
</style>
</head>
<body>
<h1>jqTransform 表单样式</h1>
<form action="" method="POST" class="p1">
```

```
        <div class="rowElem">
            <label>姓名:</label>
            <input type="text" name="inputtext"/>
        </div>
        <div class="rowElem">
            <label>密码:</label>
            <input type="password" />
        </div>
        <div class="rowElem">
            <label>是否同意: </label>
            <input type="checkbox" name="chbox" id="">
        </div>
        <div class="rowElem">
            <label>性别:</label>
            <input type="radio" id="" name="question" value="oui" checked >
            <label>男</label>
            <input type="radio" id="" name="question" value="non" >
            <label>女</label>
        </div>
        <div class="rowElem">
            <label>回执 :</label>
            <textarea cols="40" rows="12" name="mytext"></textarea>
        </div>
        <div class="rowElem">
            <label>级别 :</label>
            <select name="select">
                <option value="">1 </option>
                <option value="opt1">2 </option>
            </select>
        </div>
        <div class="rowElem">
            <label>月下独酌 :</label>
            <select name="select2" >
                <option value="opt1">花间一壶酒，独酌无相亲。</option>
                <option value="opt2">举杯邀明月，对影成三人。</option>
                <option value="opt1">月既不解饮，影徒随我身。</option>
                <option value="opt2">暂伴月将影，行乐须及春。 </option>
            </select>
        </div>
        <div class="rowElem">
            <input type="submit" value="提　交" />
            <input type="reset" value="重　设" />
            <input type="button" value="确　认" />
        </div>
</form>
</body>
</html>
```

图 16.12 jqTransform 表单皮肤样式效果

16.2 表 单 验 证

表单验证是网站的防火墙，用于保护提交数据的合法性和安全性，保证站点能够正确、准确地运行。

扫一扫，看视频

16.2.1 表单验证基础

表单验证的任务可以归纳为下面几种类型：

- ❯ 必填字段检查。
- ❯ 范围校验。
- ❯ 比较验证。
- ❯ 格式验证。
- ❯ 特殊验证。

必填字段检查是最基本的任务。常规设计中包括 3 种状态：输入框获取焦点提示；输入框失去焦点验证错误提示；输入框失去焦点验证正确提示。首先确定输入框是否是必填项，然后就是提示消息的显示位置。

范围校验稍微复杂一些，在校验中需要做如下区分：输入的数据类型为字符串、数字和时间。如果是字符串，则比较字符串的长短；对数字和时间来说，则比较值的大小。

比较验证相对简单，无须考虑输入内容，只需要引入一个正则表达式就可以了。

格式验证和特殊验证，都必须通过正则表达式才能够完成。

1. 必填字段检查

以 16.1.4 节最终完善示例为基础，在联系表单中设计当用户按下 Tab 键，或者在输入字段外单击时，Javascript 能够检查每个必填字段是否为空。

为了简化演示，可以为必填字段添加 required 类，当必填字段被隐藏后，将移出这些类。有了 required 类后，就可以在用户没有填写字段时给出提示，这些提示信息被动态添加到对应字段的后面，并定义 warning 类，以便统一设计提示信息样式。

```
if ($(this).is('.required')) {
    var $listItem = $(this).parents('li:first');
    if (this.value =='') {
        var errorMessage = '必须填写';
        if ($(this).is('.conditional')) {
            errorMessage = '当勾选了前面复选框后,' + errorMessage;
        };
        $('<span></span>')
          .addClass('error-message')
          .text(errorMessage)
          .appendTo($listItem);
        $listItem.addClass('warning');
    };
};
```

上面代码将在每个表单输入字段后发生 blur 事件时，检测 required 类，然后检查空字符串，如果都为 true，则提示错误信息，并把这个错误信息添加到父元素 li 中。如果想对条件文本字段进行检测，并显示不同的提示信息，则可以在对应的复选框被选中后，显示对应的错误提示信息，演示效果如图 16.13 所示。

图 16.13　检测必填字段

注意：

要考虑到当用户取消勾选复选框之后，能够自动取消错误提示信息，或者当用户再次填写信息时，能够自动清除这个提示信息。

2. 格式验证

格式验证包括电子邮件、电话和信用卡等，格式验证需要用到正则表达式。下面以电子邮件的格式化验证为例进行说明。

```
if ($(this).is('#email')) {
    var $listItem = $(this).parents('li:first');
    if (this.value != "&& !/.+@.+\.[a-zA-Z]{2,4}$/.test(this.value)) {
        var errorMessage = '电子邮件格式不正确';
        $('<span></span>')
          .addClass('error-message')
          .text(errorMessage)
            .appendTo($listItem);
        $listItem.addClass('warning');
    };
};
```

在上面代码中，首先检测电子邮件字段，然后把父列表项保存到一个变量中，再用两个条件检测该值是否为空，以及是否匹配正则表达式。如果检测成功，将创建一个错误信息，将这条信息插入到<span>标签，并把错误信息和标签添加到父列表项中，同时为父列表项添加 warning 类。

设计正则表达式时，为了使检测更精确，需要查找电子邮件中的"@"和"."这两个特殊字符标识，以及"."字符后面应该有 2～4 个字符来表示域名扩展符。演示效果如图 16.14 所示。

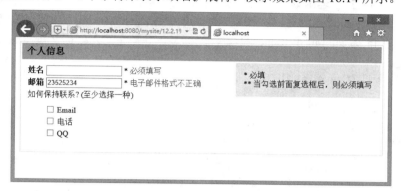

图 16.14　格式验证

考虑到每次验证时，用户可能补写信息，此时代码应该即时擦除对应的错误提示信息，因此在这两段代码前面对错误提示信息进行清除，避免一旦出现了错误信息就一直在那显示的问题。

```javascript
$('form :input').blur(function() {
  $(this).parents('li:first').removeClass('warning')
  .find('span.error-message').remove();
  if ($(this).is('.required')) {
    var $listItem = $(this).parents('li:first');
    if (this.value =="") {
      var errorMessage = '必须填写';
      if ($(this).is('.conditional')) {
        errorMessage = '当勾选了前面复选框后,' + errorMessage;
      };
      $('<span></span>')
        .addClass('error-message')
        .text(errorMessage)
        .appendTo($listItem);
      $listItem.addClass('warning');
    };
  };
  if ($(this).is('#email')) {
    var $listItem = $(this).parents('li:first');
    if (this.value != "" && !/.+@.+\.[a-zA-Z]{2,4}$/.test(this.value)) {
      var errorMessage = '电子邮件格式不正确';
      $('<span></span>')
        .addClass('error-message')
        .text(errorMessage)
        .appendTo($listItem);
      $listItem.addClass('warning');
    };
  };
});
```

3. 提交检测

在上面检测中，都是基于用户把焦点置于对应文本框之中，然后移开之后发生的。但是如果用户根本就没有接触过这些字段，而直接提交表单，那么就会发生很多问题。因此，有必要在用户提交表单时，对整个表单的信息进行一次检测，防止错填或者漏填信息。

在表单的 submit()事件处理函数中，先移除不存在的元素，然后在后面再动态添加，因为这些信息都是动态显示的。在触发 blur 事件之后，获取当前表单中包含的 warning 类的总数，如果存在 warning 类，就创建一个新的 id 为 submit-message 的<div>的标签，并把它插入到提交按钮的前面，方便阅读，最后阻止表单提交。

```
$('form').submit(function() {
    $('#submit-message').remove();
    $(':input.required').trigger('blur');
    var numWarnings = $('.warning', this).length;
    if (numWarnings) {
        var fieldList = [];
        $('.warning label').each(function() {
            fieldList.push($(this).text());
        });
        $('<div></div>')
            .attr({
                'id': 'submit-message',
                'class': 'warning'
            })
        .append('请重新填写下面'+numWarnings+'个字段:<br/>')
        .append('&bull; ' + fieldList.join('<br />&bull;'))
        .insertBefore('#send');
        return false;
    };
});
```

在上面代码中，首先定义一个空数组 fieldList，然后去掉每个带 warning 类的元素的后代<label>标签，将该标签中的文本使用 JavaScript 本地 push 函数推到 fieldList 数组中，这样每个标签中的文本就构成了 fieldList 数组中的一个独立元素。然后，修改 submit-message 元素，将 fieldList 数组中的内容添加到这个<div>标签中，并使 JavaScript 本地函数 join()将数组转换为字符串，将每个数组元素与一个换行符和一个圆点符号连接在一起。这个 HTML 标记只是显示而不具有语义性，而且可以随时废弃，因此不需要过分考虑动态信息的语义结构问题。提交检测演示效果如图 16.15 所示。

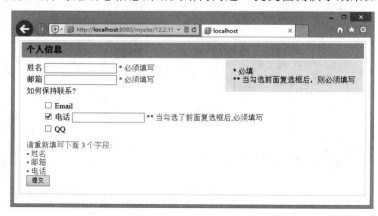

图 16.15　提交检测效果

16.2.2　使用 jQuery Validation 插件

在众多 jQuery 插件中，jQuery Validation 是比较古老的插件了，自从 2006 年发布以来，这个插件经过不断升级和改进，功能已经很完善了，并提供了丰富的 API 文档。jQuery Validation 提供了比较完美的表单输入验证服务，并提供大量的定制选项，允许用户自己编写方法。

【插件用法】

下载 *jquery.validate.js* 插件文件到本地站点相应目录下。在页面中引入该插件，然后绑定到表单上，并分别为不同的表单域设置验证的 class 类型即可。

【示例 6】　在本示例中，分别使用 jQuery Validation 插件验证最少必填字符、Email 和 URL 信息，演示效果如图 16.16 所示。

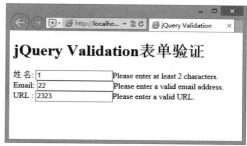

图 16.16　jQuery Validation 表单验证效果

```
<!doctype html>
<html>
<head>
<meta charset="utf-8">
<!-- 导入 jQuery 库文件 -->
<script type="text/javascript" src="jquery/jquery-1.4.4.js"></script>
<!-- 导入 jQuery Validation 插件文件 -->
<script type="text/javascript" src="plugins/jquery.validate.js"></script>
<script type="text/javascript">
$(function(){
    $("form").validate();                  //给表单绑定 jQuery Validation 插件
})
</script>
<style type="text/css"></style>
</head>
<body>
<h1>jQuery Validation 表单验证</h1>
<form action="" method="POST" class="niceform p1">
    <div>
        <label>姓 名:</label>
        <input type="text" name="inputtext" class="required" minlength="2"/>
    </div>
    <div>
        <label>Email:</label>
        <input id="cemail" name="email" class="required email" />
    </div>
    <div>
        <label> URL :</label>
        <input id="curl" name="url" class="url" value="" />
    </div>
</form>
</body>
</html>
```

🔊 **提示：**

对于文本框来说，当在页面中引入和绑定 **jQuery Validation** 插件之后，只需要在文本框中设置相应的 class 属性值即可，不需要进行复杂的设置。对于复选框和单选按钮的验证，可以通过 validate 属性进行设置即可。

16.2.3　使用 validationEngine 插件

validationEngine 是一个不错的表单验证插件，该插件能够在发生错误时显示，将创建一个 div 元素，显示在右上角的位置。这样，用户就不必担心 HTML 结构。

【插件用法】

下载 validationEngine 插件，解压之后复制 validationEngine. jquery.css、jquery.validationEngine-en.js 和 jquery.validationEngine. js 到本地站点内，其中 validationEngine.jquery.css 是错误提示信息的样式控制文件，jquery.validationEngine-en.js 是错误提示语言版本，可以对它进行汉化。

图 16.17　validationEngine 表单插件验证效果

【示例 7】　在本示例中，使用 validationEngine 插件验证电话号码，演示效果如图 16.17 所示。

```
<!doctype html>
<html>
<head>
<meta charset="utf-8">
<!-- 导入 validationEngine 插件样式表文件 -->
<link href="css/validationEngine.jquery.css" rel="stylesheet" type="text/css"
media="all" />
<!-- 导入 jQuery 库文件 -->
<script type="text/javascript" src="jquery/jquery-1.4.4.js"></script>
<!-- 导入 validationEngine 插件语言版本文件 -->
<script type="text/javascript" src="plugins/jquery.validationEngine-en.js"></script>
<!-- 导入 validationEngine 插件文件 -->
<script type="text/javascript" src="plugins/jquery.validationEngine.js"></script>
<script type="text/javascript">
$(function(){
    $("form").validationEngine();          //绑定 validationEngine 插件
})
</script>
<style type="text/css"></style>
</head>
<body>
<h1>validationEngine 表单验证</h1>
<form action="" method="POST" class="niceform p1">
    <fieldset>
        <legend>电话验证</legend>
        <label> +103-304-340-4300-043<br/>
            +1 305 768 23 34 ext 23<br/>
            +1 (305) 768-2334 extension 703<br/>
            +1 (305) 768-2334 x703<br/>
            <span>Telephone : </span>
            <input value="+1 305 768 23 34 ext 23"  class="validate[required,
custom[phone]] text-input" type="text" name="telephone"  id="telephone" />
        </label>
    </fieldset>
```

```
</form>
</body>
</html>
```

validationEngine 插件也是通过在 class 属性中添加特殊验证类来实现的。例如，在上面代码中通过指定 validate 数组为必填和手机号码格式（class="validate[required,custom[phone]] text-input"），text-input 指定是文本输入验证。关于 validationEngine 插件的更多验证方法可以参考压缩包提供的文档和示例。

16.3　增 强 表 单

在默认状态下，表单可能无法满足设计需求，用户需要借助 JavaScript 改善和增强表单功能，以提升用户体验。

扫一扫，看视频

16.3.1　使用 Elastic 插件

Elastic 是一款功能专一的表单插件，它可以控制页面内表单域（<textarea>标签）的自动伸缩，以适应包含的文本。

【插件用法】

下载并把 jquery.elastic.js 插件文件复制到站点内，然后导入到页面，并绑定到指定的<textarea>标签或者所有<textarea>标签即可。

【示例 8】　在本示例中，绑定 Elastic 插件之后，如果在文本域中输入文本，会看到文本域自动调整高度以适应所包含的文本，演示效果如图 16.18 所示。

```
<!doctype html>
<html>
<head>
<meta charset="utf-8">
<!-- 导入 jQuery 库文件 -->
<script type="text/javascript" src="jquery/jquery-1.11.0.js"></script>
<!-- 导入 Elastic 插件文件 -->
<script type="text/javascript" src="plugins/jquery.elastic.js"></script>
<script type="text/javascript">
$(function(){
    $('textarea').elastic();
})
</script>
<style type="text/css">
textarea.input { border: 1px solid #A5C2C8; padding: 4px; width: 600px;}
</style>
</head>
<body>
<h1>Elastic 弹性文本域</h13>
<p id="info"><textarea class="input">请您随意输入大量文本。</textarea></p>
</body>
</html>
```

图 16.18　Elastic 弹性文本域

扫一扫，看视频

16.3.2　使用 Autotab 插件

　　Autotab 是一款功能专一的表单插件，它提供了自动跳格功能，当用户输入的字符数一旦超出已定义的最大长度，则会根据事先设置的目标自动跳转到相应元素上，省却了用户按 Tab 键的麻烦。如果按退格键，可以连续清理多个跳格文本框的内容；按 Esc 键可以快速清理关联文本框中所有内容。另外，该插件还提供了对文本框输入内容进行过滤的功能。

　　【插件用法】

　　下载并把 jquery.autotab-1.1b.js 插件文件复制到站点内，然后导入到页面，为页面表单元素绑定 autotab_magic() 方法即可。

图 16.19　Autotab 自动 Tab 文本框

　　【示例 9】　在本示例中，当在第一个文本框中输入 3 个字符之后，会自动跳转到第 2 个文本框，让用户继续输入字符，当超过 3 个字符后，又会自动跳转到下一个文本框，演示效果如图 16.19 所示。

```
<!doctype html>
<html>
<head>
<meta charset="utf-8">
<!-- 导入 jQuery 库文件 -->
<script type="text/javascript" src="jquery/jquery-1.11.0.js"></script>
<!-- 导入 Autotab 插件文件 -->
<script type="text/javascript" src="plugins/jquery.autotab-1.1b.js"></script>
<script type="text/javascript">
$(function(){
    $('#autotab').submit(function(){
        return false;
    });
    $('#autotab :input').autotab_magic();            //为页面文本框绑定 Autotab 插件
})
</script>
<style type="text/css">
textarea.input { border: 1px solid #A5C2C8; padding: 4px; width: 600px;}
</style>
</head>
<body>
<h1>Autotab 自动 Tab 文本框</h1>
<p id="info">
```

```
<form action="" method="post" id="autotab">
    <label>请输入验证码:
        <input type="text" name="num1" id="num1" maxlength="3" size="3" />-
        <input type="text" name="num2" id="num2" maxlength="3" size="3" />-
        <input type="text" name="num3" id="num3" maxlength="4" size="4" />-
        <input type="text" name="num4" id="num4" maxlength="3" size="3" />-
        <input type="text" name="num5" id="num5" maxlength="3" size="3" />-
        <input type="text" name="num6" id="num6" maxlength="4" size="4" />
    </label>
</form>
</p>
</body>
</html>
```

autotab_magic()方法能够在所有匹配元素之间进行自动切换，功能类似于 Tab 键。另外，Autotab 插件通过 autotab_filter()方法提供了对文本框的值过滤的功能。

【示例 10】 在本示例中，如果为匹配的文本框调用 autotab_filter()，并设置文本框的值只能够为数字，则当输入字符时会被自动清除，要求重新输入。

```
<script type="text/javascript">
$(function(){
    $('#autotab').submit(function(){
        return false;
    });
    $('#autotab :input').autotab_magic().autotab_filter('numeric');
})
</script>
```

16.3.3 使用 maskedInput 插件

在填写表单时，对于一些复杂格式的文本框，如果没有提示性的说明，很容易出错。虽然输入后进行验证可以纠错，但会给用户带来障碍和麻烦，不符合表单易用性的设计宗旨。

maskedInput 是一款专一的输入框面罩插件，它允许用户更加容易地根据固定宽度输入特定格式的数据，如电话、日期和邮编等。

【插件用法】

下载 maskedInput 插件，解压并复制 jquery.maskedinput-1.2.2.js 文件到本地站点，在页面中导入该文件，然后构建一个表单结构，并把 maskedInput 插件绑定到该文本框上，并为其传递一个特定格式的数据，如 99/99/9999、(999) 999-9999。在这个特定格式数据中，字符的含义说明如下：

　　❑　a 代表一个字母字符，包括 A～Z 和 a～z。

　　❑　9 代表一个数字字符，包括 0～9。

　　❑　*表示一个字母或数字字符，包括 A～Z、a～z 和 0～9。

【示例 11】 在本示例中，为两个文本框分别绑定 maskedInput 插件，设置输入信息的格式为日期和电话，演示效果如图 16.20 所示。

图 16.20　maskedInput 屏蔽输入框演示效果

```
<!doctype html>
<html>
<head>
<meta charset="utf-8">
```

```
<!-- 导入 jQuery 库文件 -->
<script type="text/javascript" src="jquery/jquery-1.4.4.js"></script>
<!-- 导入 maskedInput 插件文件 -->
<script type="text/javascript" src="plugins/jquery.maskedinput-1.2.2.js"></script>
<script type="text/javascript">
$(function(){
    $('#date').mask('99/99/9999');          //在文本框上绑定 maskedInput 插件的 mask()方法
    $('#phone').mask('(999) 999-9999'); //并传递数据格式模式
})
</script>
<style type="text/css">
label { display:block; margin:4px; }
</style>
</head>
<body>
<h1>maskedInput 屏蔽输入框</h1>
<form id="form1" action="" class="p1">
    <label>日期:
        <input id="date" type="text" tabindex="1" />
        99/99/9999</label>
    <label>电话:
        <input id="phone" type="text" tabindex="3" />
        (999) 999-9999</label>
</form>
</div>
</body>
</html>
```

【示例 12】 如果不喜欢使用下画线作为占位符('_')字符,则可以传递一个可选的参数给 maskedInput 插件的 mask()方法。例如,在下面脚本中将定义以 "?" 为占位符,演示效果如图 16.21 所示。

```
$(function(){
    $('#date').mask('99/99/9999');
    $('#phone').mask('(999) 999-9999', {
        placeholder:"?"                    //定义 "?" 为占位符
    });
})
```

图 16.21　自定义 maskedInput 插件的占位符演示效果

【示例 13】 可以自定义模式,这样就可以限制用户的输入范围。例如,电话区号一般以 0 开头,而月份的数字不能够大于 13,为了避免用户随意输入数字,可以自定义一个格式模式,限制用户在输入月份时第一个数字必须是 0 或者 1,而区号的第一个数字必须是 0,实现的代码如下,演示效果如图 16.22 所示。

```
$(function(){
```

```
$.mask.definitions['0']='[0]';               //设置数字 0 的模式为必须输入数字 0
$.mask.definitions['1']='[01]';              //设置数字 1 的模式为必须输入数字 0 或者 1
$('#date').mask('19/99/9999');               //定义第一个数字为模式 1
$('#phone').mask('(099) 999-9999');          //定义第一个数字为模式 0
})
```

图 16.22　自定义 maskedInput 插件的模式演示效果

16.3.4　使用 passwordStrength 插件

passwordStrength 插件能够根据用户输入的密码，以图形化方式显示密码的强度。

【插件用法】

下载并解压插件压缩包，确保下载密码强度指标背景图（progressImg1.gif 和 progressImg2.gif），如图 16.23 所示。

图 16.23　passwordStrength 密码强度指标背景图

然后在应用页面中把指标背景图控制的 CSS 类样式导入。

【示例 14】　在本示例中，演示当输入不同的密码时，会自动侦测密码的强度，并通过 CSS 控制显示密码强度指示，演示效果如图 16.24 所示。

```
<!doctype html>
<html>
<head>
<meta charset="utf-8">
<!-- 导入 jQuery 库文件 -->
<script type="text/javascript" src="jquery/jquery-1.11.0.js"></script>
<!-- 导入 passwordStrength 插件文件 -->
<script type="text/javascript" src="plugins/passwordStrength.js"></script>
<script type="text/javascript">
$(function(){
    $('input[name="password"]').passwordStrength();       //绑定 passwordStrength 插件
})
</script>
<style type="text/css">
/*密码强度指标背景图像显示控制类样式集合*/
/*根据 JavaScript 脚本计算密码的强度，然后调用对应的类样式，控制指标背景图像的显示*/
.is0{background:url(images/progressImg1.png) no-repeat 0 0;width:138px;height:
7px;margin:10px 0 0
```

377

```
104px;}
.is10{background-position:0 -7px;}
.is20{background-position:0 -14px;}
.is30{background-position:0 -21px;}
.is40{background-position:0 -28px;}
.is50{background-position:0 -35px;}
.is60{background-position:0 -42px;}
.is70{background-position:0 -49px;}
.is80{background-position:0 -56px;}
.is90{background-position:0 -63px;}
.is100{background-position:0 -70px;}
 #autotab input { width:138px; }
</style>
</head>
<body>
<h1>Autotab 自动 Tab 文本框</h1>
<form action="" method="post" id="autotab" class="p1">
    <label>请输入密码:
        <input type="password" name="password" />
        <div id="passwordStrengthDiv" class="is0"></div>
    </label>
</form>
</body>
</html>
```

图 16.24 密码强度效果演示 1

也可以为 passwordStrength()方法传递一组参数,用来设置密码强度指标背景图像应该在哪个元素中显示,以及密码强度级别,即可以调用类样式,从而满足个性化指标强度演示效果定义。

【示例 15】 在本示例中,分别调整页面初始化函数,以及密码强度指标类样式,演示效果如图 16.25 所示。

```
<script type="text/javascript">
$(function(){
    $('input[name="password"]').passwordStrength({
        targetDiv: '#passwordStrengthDiv',              //以选择符字符串形式指定指标
                                                        //背景图像显示的元素
        classes : Array('is10','is20','is30','is40')    //以数组形式指定指标分级所用
                                                        //到的类样式
    });
})
</script>
<style type="text/css">
.is0{background:url(images/progressImg2.png) no-repeat 0 0;width:27px;height:30px;
```

```
display:inline-block;}
.is10{background-position:-27px 0;}
.is20{background-position:-53px 0;}
.is30{background-position:-79px 0;}
.is40{background-position:-106px 0;}
</style>
```

16.3.5　使用 formToWizard 插件

formToWizard 是一款小巧的表单填写向导插件。模仿桌面应用软件中的向导来帮助用户完成大容量表单填写任务。

【插件用法】

下载 formToWizard 插件，解压并复制 formToWizard.js 文件到本地站点，在页面中导入该文件，然后构建一个类似下面的表单结构，并把 formToWizard 插件绑定到该表单上即可。

图 16.25　密码强度效果演示 2

```
<form id="SignupForm" action="">
    <fieldset>
        <-- input fields -->
    </fieldset>
    <fieldset>
        <-- input fields -->
    </fieldset>
    <fieldset>
        <-- input fields -->
    </fieldset>
</form>
```

【示例 16】　在本示例中，为个人信息表单绑定 formToWizard 插件，让其更适合用户的信息输入，演示效果如图 16.26 所示。

```
<!doctype html>
<html>
<head>
<meta charset="utf-8">
<!-- 导入 jQuery 库文件 -->
<script type="text/javascript" src="jquery/jquery-1.11.0.js"></script>
<!-- 导入 formToWizard 插件文件 -->
<script type="text/javascript" src="plugins/formToWizard.js"></script>
<script type="text/javascript">
$(function(){
    $("#form1").formToWizard({ submitButton: 'SaveAccount' })  //在表单上绑定 form
ToWizard 插件
})
</script>
<style type="text/css">
/*包含框样式*/
#wrap { margin:1em 4em; font-size:12px; padding:1em 1em; border:solid 1px #fff; }
fieldset { border:none; width:320px; }
legend{font-size:18px;margin:0px;padding:10px 0px;color:#b0232a; font-weight: bold;}
label { display:block; margin:15px 0 5px; }
input[type=text], input[type=password] { width:300px; padding:5px; border:solid 1px
#000; }
/*导航按钮样式*/
```

```
.prev, .next { background-color:#b0232a; padding:5px 10px; color:#fff; text-decora
tion:none; }
.prev:hover, .next:hover { background-color:#000; text-decoration:none; }
.prev { float:left; }
.next { float:right; }
/*步骤标签样式*/
#steps { list-style:none; width:100%; overflow:hidden; margin:0px; padding:0px; }
#steps li { font-size:24px; float:left; padding:10px; color:#b0b1b3; }
#steps li span { font-size:11px; display:block; }
#steps li.current { color:#000; }
#makeWizard {background-color:#b0232a; color:#fff; padding:5px 10px; text-decora
tion:none; font-size:18px; }
#makeWizard:hover { background-color:#000; }
</style>
</head>
<body>
<h1>formToWizard 表单填充向导</h1>
<div id="wrap">
    <form id="form1" action="">
        <fieldset>
            <legend>登录信息</legend>
            <label for="Name">昵称</label>
            <input id="Name" type="text" />
            <label for="Email">Email</label>
            <input id="Email" type="text" />
            <label for="Password">密码</label>
            <input id="Password" type="password" />
        </fieldset>
        <fieldset>
            <legend>公司信息</legend>
            <label for="CompanyName">公司名称</label>
            <input id="CompanyName" type="text" />
            <label for="Website">公司网址</label>
            <input id="Website" type="text" />
            <label for="CompanyEmail">公司邮箱</label>
            <input id="CompanyEmail" type="text" />
        </fieldset>
        <fieldset>
            <legend>个人信息</legend>
            <label for="NameOnCard">真实姓名</label>
            <input id="NameOnCard" type="text" />
            <label for="CardNumber">身份证号</label>
            <input id="CardNumber" type="text" />
            <label for="CreditcardMonth">发卡日期</label>
            <select id="CreditcardMonth">
                <option value="1">1</option>
                <option value="2">2</option>
                <option value="3">3</option>
                <option value="4">4</option>
                <option value="5">5</option>
                <option value="6">6</option>
                <option value="7">7</option>
                <option value="8">8</option>
                <option value="9">9</option>
```

```html
            <option value="10">10</option>
            <option value="11">11</option>
            <option value="12">12</option>
        </select>
        <select id="CreditcardYear">
            <option value="2009">2009</option>
            <option value="2010">2010</option>
            <option value="2011">2011</option>
        </select>
        <label for="Address1">地址 1</label>
        <input id="Address1" type="text" />
        <label for="Address2">地址 2</label>
        <input id="Address2" type="text" />
        <label for="City">城市</label>
        <input id="City" type="text" />
        <label for="Country">国家</label>
        <select id="Country">
            <option value="CA">Canada</option>
            <option value="US">United States of America</option>
            <option value="GB">United Kingdom (Great Britain)</option>
            <option value="AU">Australia</option>
            <option value="JP">Japan</option>
        </select>
    </fieldset>
    <div>
        <input id="SaveAccount" type="button" value="提交表单" />
    </div>
  </form>
</div>
</body>
</html>
```

图 16.26　formToWizard 表单填充向导效果演示

16.3.6　使用 datePicker 插件

datePicker 是一个干净、小巧的 jQuery 插件，可以帮助用户轻松地添加日期输入功能，在页面中简

扫一扫，看视频

单引用即可使用，该插件从底层设计，灵活、可扩展。

【插件用法】

第 1 步，下载 datePicker.css、jquery.datePicker.js 和 date.js 文件，其中 datePicker.css 控制日期选择器面板样式，jquery.datePicker.js 定义日期选择器行为，而 date.js 文件负责计算日历。

第 2 步，在页面头部区域引入下面的文件。

```html
<!-- jQuery -->
<script type="text/javascript" src=" jquery/jquery.min.js"></script>
<!-- required plugins -->
<script type="text/javascript" src="scripts/date.js"></script>
<!--[if IE]><script type="text/javascript" src="scripts/jquery.bgiframe.js"> </script>
<![endif]-->
<!-- jquery.datePicker.js -->
<script type="text/javascript" src="scripts/jquery.datePicker.js"></script>
```

第 3 步，在页面中为文本框绑定 datePicker 插件。

【示例 17】 在本示例中，使用 date Picker 插件设计一个简单的日期选择器功能，演示效果如图 16.27 所示。

```html
<!doctype html>
<html>
<head>
<meta charset="utf-8">
<link href="css/datePicker.css" rel="stylesheet" type="text/css" media="all" />
<script type="text/javascript" src="jquery/jquery-1.4.4.js"></script>
<script type="text/javascript" src="plugins/date.js"></script>
<script type="text/javascript" src="plugins/jquery.datePicker.js"></script>
<script type="text/javascript">
$(function(){
    $('#date').datePicker();
})
</script>
<style type="text/css">
/*创建小日历图标 */
a.dp-choose-date {
    float: left; display: block;
    width: 16px; height: 16px;
    padding: 0; margin: 5px 3px 0;
    text-indent: -2000px; overflow: hidden;
    background: url(images/calendar.png) no-repeat;
}
a.dp-choose-date.dp-disabled {background-position: 0 -20px; cursor: default;}
input.dp-applied { width: 140px;float: left;}
form { height:80px; }
#dp-popup h2 { background:none; }
form label { float: left; }
</style>
</head>
<body>
<h1>datePicker 日期选择器</h1>
<form action="" method="POST" class="p1">
    <label>添加日期: </label>
    <input value="" type="text" name="date" id="date" />
```

```
</form>
</body>
</html>
```

图 16.27　datePicker 日期选择器效果

第 17 章　jQuery Mobile 基础

jQuery Mobile 是一套基于 jQuery 的移动应用界面开发框架，以网页的形式呈现类似于移动应用的界面。当用户使用智能手机或平板电脑，通过浏览器访问基于 jQuery Mobile 开发的移动应用网站时，将获得与本机应用接近的用户体验。用户不需要在本机安装额外的应用程序，直接通过浏览器就可以打开这样的移动应用。本章先介绍移动 Web 设计的基本特点，然后概述 jQuery Mobile，最后通过一个简单的实例介绍如何使用 jQuery Mobile，为后面深入学习打好基础。

【学习重点】
- 了解 Web 移动开发的特点。
- 了解 jQuery Mobile。
- 安装 jQuery Mobile。

17.1　移动开发概述

17.1.1　移动设备统计分析

拥有全面的用户数据，无疑能帮助我们做出更符合用户需求的产品。内部数据能帮我们精确了解目标用户群的特征；而外部数据能告诉我们大环境下的手机用户使用状况，并且能在内部数据不够充分的时候给予一些非常有用的信息。

从外部数据来看，国内浏览器品牌市场占有率前三甲依次为：苹果 Safari、谷歌 Android 和 Opera Mini。当然，作为中国的 Web 移动应用开发者，不能忽视强大的山寨机市场，这类手机通常使用的是 MTK 操作系统。国内易观智库发布的数据显示：QQ 浏览器、UC 浏览器及百度浏览器占据中国第三方手机浏览器市场前三名。

17.1.2　手机浏览器兼容性测试结果概要

以下所说的"大多数"是指在测试过的机型中，发生此类状况的手机占比达 50%及以上，"部分"为 20%～50%；"少数"为 20%及以下。而这个概率也仅限于所测试过的机型，虽然这里采集的样本尽量覆盖各种特征的手机，但并不代表所有手机的情况。

1. HTML 部分

（1）大多数手机不支持的特性：表单元素的 disable 属性。

（2）部分手机不支持的特性有：

↘　button 标签。

↘　input[type=file]标签。

↘　iframe 标签。

虽然只有部分手机不支持这几个标签，但因为这些标签在页面中往往具有非常重要的功能，所以属于高危标签，要谨慎使用。

（3）少数手机不支持的特性有：select 标签。

该标签如果被赋予比较复杂的 CSS 属性，可能会导致显示不正常，如 vertical-align:middle。

2. CSS 部分

大部分手机不支持的特性有：

- font-family 属性：因为手机基本上只安装了宋体这一种中文字体。
- font-family:bold：对中文字符无效，但一般对英文字符是有效的。
- font-style: italic：对中文字符无效，但一般对英文字符是有效的。
- font-size 属性：如 12px 的中文和 14px 的中文看起来一样大，当字符大小为 18px 的时候也许能看出来一些区别。
- white-space/word-wrap 属性：无法设置强制换行，所以当网页有很多中文的时候，需要特别关注不要让过多连写的英文字符撑开页面。
- background-position 属性：但背景图片的其他属性设定是支持的。
- position 属性。
- overflow 属性。
- display 属性。
- min-height 和 min-weidth 属性。

部分手机不支持的特性有：

- height 属性：对 height 的支持不太好。
- pading 属性。
- margin 属性：更高比例的手机不支持 margin 的负值。

少数手机不支持的特性有：对 CSS 完全不支持。

3. JavaScript 部分

部分手机支持基本的 DOM 操作、事件等。支持（包括不完全支持）JavaScript 的手机比例大约在一半左右，当然，对于开发人员来说，最重要的不是这个比例，而是要如何做好 JavaScript 的优雅降级。

4. 其他部分

- 部分手机不支持 png8 和 png24，所以尽量使用 jpg 和 gif 的图片。
- 对于平滑的渐变等精细的图片细节，部分手机的色彩支持度并不能达到要求，所以慎用有平滑渐变的设计。
- 部分手机对于超大图片，既不进行缩放，也不显示横向滚动条。
- 少数手机在打开超过 20KB 大小的页面时，会显示内存不足。

17.1.3　开发中可能遇到的问题

现把开发中可能遇到的问题归纳如下。

（1）手机网页编码需要遵循什么规范？

遵循 XHTML Mobile Profile 规范（WAP-277-XHTMLMP-20011029-a.pdf），简称为 XHTML MP，也就是通常说的 WAP2.0 规范。 XHTMLMP 是为不支持 XHTML 的全部特性且资源有限的客户端所设计的。它以 XHTML Basic 为基础，加入了一些来自 XHTML 1.0 的元素和属性。这些内容包括一些其他元素和对内部样式表的支持。与 XHTML Basic 相同，XHTML MP 是严格的 XHTML 1.0 子集。

（2）网页文档推荐使用的扩展名是什么？

推荐命名为 xhtml，按 WAP2.0 的规范标准写成 html/htm 等也是可以的。但少数手机对 html 支持得不好。

（3）为什么现今大多数的网站一行字数上限为 14 个中文字符？

由于手持设备的特殊性，其页面中实际文字大小未必是我们在 CSS 中设定的文字大小，尤其是在第三方浏览器中，如 Nokia5310，其内置浏览器页面内文字大小与 CSS 设定相符，但是第三方浏览器 OperaMini 与 UCWEB 页面内文字大小却大于 CSS 设定。经测试，其文本大概在 16px 左右。 假如屏幕分辨率宽度为 240px，去除外边距，那么其一行显示 14 个字以内，是比较保险（避免文本换行）的做法。

（4）使用 WCSS 还是 CSS？

WCSS（WAP Cascading Style Sheet 或称 WAP CSS）是移动版本的 CSS 样式表。它是 CSS2 的一个子集，去掉了一些不适于移动互联网特性的属性，并加入一些具有 WAP 特性的扩展（如 -wap-input-format/-wap-input-required/display:-wap-marquee 等）。需要留意的是，这些特殊的属性扩展并不是很实用，所以在实际的项目开发当中，不推荐使用 WCSS 特有的属性。

（5）为什么要避免空值属性？

如果属性值为空，在 Web 页面中是完全没有问题的，但是在大部分手机网页上会报错。

（6）网页大小的限制是多少？

建议低版本页面不超过 15KB，高版本页面不超过 60KB。

（7）用手机模拟器和第三方手机浏览器的在线模拟器来测试页面是不是靠谱？

有条件的话，建议在手机实体上进行测试，因为目标客户群的手机设备总是在不断变化的，这些手机模拟器通常不能完全正确地模拟页面在手机上的显示情况，如图片色彩、页面大小限制等就很难在模拟器上测试出来。当然，一些第三方手机浏览器的在线模拟器还是可以进行测试的，第三方浏览器相对来说受手机设备的影响较小。

17.2　jQuery Mobile 概述

jQuery Mobile 是基于 jQuery、JavaScript、HTML5 和 CSS3 发展而成的移动应用用户界面系统。基于 jQuery Mobile 开发的移动应用，体积轻量，用户体验与界面风格统一，并兼容大量移动平台。在前端页面的呈现方面，jQuery Mobile 实现了界面美化和对移动设备浏览器的兼容。

17.2.1　为什么要选择 jQuery Mobile

如果通过移动设备终端的浏览器登录网站直接使用产品或应用，那么面临的最大问题就是各移动终端设备浏览器的兼容性，这些浏览器的种类比传统的 PC 端还要多，且调试更为复杂。解决这些兼容性问题、开发出一个可以跨移动平台的应用，需要引入一个优秀、高效的 jQuery Mobile 框架。

jQuery 一直以来都是非常流行的 JavaScript 类库，然而一直以来它都是为桌面浏览器设计的，没有特别为移动应用程序设计。jQuery Mobile 是一个新的项目，用来添补 jQuery 在移动设备应用上的缺憾。它是基于 jQuery 框架并提供了一定范围的用户接口和特性，以便于开发人员在移动应用上使用。使用该框架可以节省大量的 Javascript 代码开发时间。

确切来说，jQuery Mobile 是专门针对移动终端设备的浏览器开发的 Web 脚本框架，它在强悍的 jQuery 和 jQuery UI 基础之上，统一用户系统接口，能够无缝隙运行于所有流行的移动平台之上，并且易于进行主题化的设计与建造，是一个轻量级的 Web 脚本框架。它的出现，打破了传统 JavaScript 对移动终端设备脆弱支持的局面，使开发一个跨移动平台的 Web 应用真正成为可能。

17.2.2　jQuery Mobile 移动平台的兼容性

jQuery Mobile 以"Write Less, Do More"作为目标，为所有主流的移动操作系统平台提供了高度统一的 UI 框架，jQuery 的移动框架可以为所有流行的移动平台设计一个高度定制和品牌化的 Web 应用程序，而不必为每个移动设备编写独特的应用程序或操作系统。

jQuery Mobile 目前支持的移动平台包括：苹果公司的 iOS（iPhone、iPad、iPod Touch）、Android、Black Berry OS6.0、惠普 WebOS、Mozilla 的 Fennec 和 Opera Mobile，此外包括 Windows Mobile、Symbian 和 MeeGo 在内的更多移动平台。

17.2.3 jQuery Mobile 的功能

jQuery Mobile 的主要功能简单概括如下：

- jQuery Mobile 为开发移动应用程序提供了非常简单的用户接口。
- 用户接口的配置是标记驱动的，意味着开发人员可以在 HTML 中建立大量的程序接口而不需要写一行 Javascript 代码。
- 提供了一些自定义的事件用来探测移动和触摸动作，如 tap（单击）、tap-and-hold（单击并按住）、swipe（滑动）、orientation change（旋转）。
- 可以使用一些加强的功能，这时需要参照设备浏览器支持列表。
- 使用预设主题可以轻松定制应用程序外观。

17.2.4 jQuery Mobile 的特性

jQuery Mobile 为开发移动应用程序提供十分简单的应用接口，而这些接口的配置则是由标记驱动的，开发者在 HTML 页中无须使用任何 JavaScript 代码，就可以建立大量的程序接口。使用页面元素标记驱动是 jQuery Mobile 众多特点之一。概括而言，jQuery Mobile 的主要特性包括：

（1）强大的 Ajax 驱动导航。

无论是页面数据的调用还是页面间的切换，都是采用 Ajax 进行驱动的，从而保持了动画转换页面的干净与优雅。

（2）以 jQuery 和 jQuery UI 为框架核心。

jQuery Mobile 的核心框架是建立在 jQuery 基础之上的，并且利用了 jQuery UI 的代码与运用模式，使熟悉 jQuery 语法的开发者能通过最小的学习曲线迅速掌握。

（3）强大的浏览器兼容性。

jQuery Mobile 继承了 jQuery 的兼容性优势，目前所开发的应用兼容于所有主要的移动终端浏览器，使开发者集中精力做功能开发，而不需要考虑复杂的浏览器兼容性问题。

目前 jQuery Mobile 1.0.1 版本支持绝大多数的台式机、智能手机、平板和电子阅读器的平台，此外，对有些不支持的智能手机与旧版本的浏览器，通过渐进增强的方法，将逐步实现完全支持。jQuery Mobile 兼容所有主流的移动平台，如 iOS、Android、BlackBerry、Palm WebOS、Symbian、Windows Mobile、BaDa、MeeGo，以及所有支持 HTML 的移动平台。

（4）框架轻量级。

jQuery Mobile 最新的稳定版本压缩后的体积大小为 24KB，与之相配套的 CSS 文件压缩后的体积大小为 6KB，框架的轻量级将大大加快程序执行时的速度。基于速度考虑，对图片的依赖也降到最小。

（5）HTML5 标记驱动。

jQuery Mobile 采用完全的标记驱动而不需要 JavaScript 的配置。快速开发页面，满足最小化的脚本能力需求。

（6）渐进增强。

jQuery Mobile 采用完全的渐进增强原则，通过一个全功能的 HTML 网页，以及一个额外的

JavaScript 功能层，提供顶级的在线体验。即使移动浏览器不支持 JavaScript，基于 jQuery Mobile 的移动应用程序仍能正常的使用。其核心内容和功能支持所有的手机、平板电脑和桌面平台，而较新的移动平台能获得更优秀的用户体验。

（7）自动初始化。

通过在一个页面的 HTML 标签中使用 data-role 属性，jQuery Mobile 可以自动初始化相应的插件，这些都基于 HTML5。同时，通过使用 mobilize()函数自动初始化页面上的所有 jQuery 部件。

（8）具有易用性。

为了使这种广泛的手机支持成为可能，所有在 jQuery Mobile 中的页面都是基于简洁、语义化的 HTML 构建，这样可以确保能兼容于大部分支持 Web 浏览的设备。在这些设备解析 CSS 和 JavaScript 的过程中，jQuery Mobile 使用了先进的技术并借助 jQuery 和 CSS 本身的能力，以一种不明显的方式将语义化的页面转化成富客户端页面。一些简单易操作的特性（如 WAI-ARIA）通过框架已经紧密集成进来，以给屏幕阅读器或者其他辅助设备（主要指手持设备）提供支持。

通过这些技术的使用，jQuery Mobile 官方网站尽最大努力来保证残障人士也能够正常使用基于 jQuery Mobile 构建的页面。

（9）支持触摸与其他鼠标事件。

jQuery Mobile 提供了一些自定义的事件，用来侦测用户的移动触摸动作，如 tap（单击）、tap-and-hold（单击并按住）、swipe（滑动）等事件，极大提高了代码开发的效率。为用户提供鼠标、触摸和光标焦点简单的输入法支持，增强了触摸体验和可主题化的本地控件。

（10）提供强大的主题。

jQuery Mobile 提供强大的主题化框架和 UI 接口。借助于主题化的框架和 ThemeRoller 应用程序，jQuery Mobile 可以快速地改变应用程序的外观或自定义一套属于产品自身的主题，有助于树立应用产品的品牌形象。

17.3　安装 jQuery Mobile

在使用 jQuery Mobile 框架之前，需要先获取与 jQuery Mobile 相关的插件文件。如果直接使用 Dreamweaver CC 可视化方式设计移动页面，可以不用手动安装，Dreamweaver CC 会自动完成相关插件文件的捆绑。

17.3.1　下载插件文件

要运行 jQuery Mobile 移动应用页面需要包含 3 个相关框架文件，分别为：

➤　jQuery.js：jQuery 主框架插件，目前稳定版本为 1.12。

➤　jQuery.Mobile.js：jQuery Mobile 框架插件，目前最新版本为 1.4。

➤　jQuery.Mobile.css：与 jQuery Mobile 框架相配套的 CSS 样式文件，最新版本为 1.4。

有两种方法需要获取相关文件，分别为：下载相关插件文件和使用 URL 方式加载相应文件。

方法一：登录 jQuery Mobile 官方网站（http://jquerymobile.com），单击右上角的 Download jQuery Mobile 区域的 Latest stable 按钮下载最新稳定版本，当前最新稳定版本为 1.4.5，如图 17.1 所示。

扫一扫，看视频

图 17.1　下载 jQuery Mobile 压缩包

　　如果单击 Custom download 按钮，可以自定义下载，在 jQuery Mobile 下载页面中，可以选择需要下载的版本、框架文件，如图 17.2 所示。

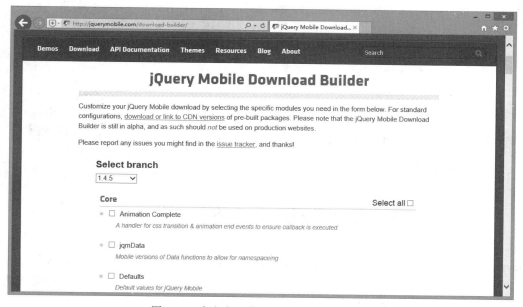

图 17.2　自定义下载 jQuery Mobile 压缩包

📢 提示：

也可以访问 http://code.jquery.com/mobile/ 页面，获取 jQuery Mobile 全部文件，包含压缩前后的 JavaScript 与 CSS 样式和实例文件。

　　方法二：除在 jQuery Mobile 下载页面下载对应文件外，jQuery Mobile 还提供了 URL 方式从 jQuery CDN 下载插件文件。在页面头部区域<head>标签内加入下列代码，同样可以执行 jQuery Mobile 移动应用页面。

```
<link rel="stylesheet" href="http://code.jquery.com/mobile/1.4.5/jquery.mobile-
1.4.5.min.css" />
```

```
<script src="http://code.jquery.com/jquery-1.10.2.min.js"></script>
<script src="http://code.jquery.com/mobile/1.4.5/jquery.mobile-1.4.5.min.js"></script>
```

通过 URL 加载 jQuery Mobile 插件的方式使版本的更新更加及时，但由于是通过 jQuery CDN 服务器请求的方式进行加载，在执行页面时必须时时保证网络的畅通，否则，不能实现 jQuery Mobile 移动页面的效果。

17.3.2　初始化配置

移动设备浏览器对 HTML5 标准的支持程度要远远优于 PC 设备，因此使用简洁的 HTML5 标准可以更加高效地进行开发，免去了兼容问题。

【示例】　新建 HTML5 文档，在头部区域的<head>标签中按顺序引入框架文件，要注意加载顺序。

```
<!DOCTYPE HTML>
<html>
<head>
<title>标题</title>
<meta charset="UTF-8">
<link rel="stylesheet" type="text/css" href="jquery.mobile/jquery.mobile-1.4.5.min.css">
<script src="jquery-1.10.2.min.js"></script>
<script src="jquery.mobile/jquery.mobile-1.4.5.min.js"></script>
</head>
<body>
</body>
</html>
```

提示：

为了不使编码乱码，建议定义文档编码为 utf-8：

```
<meta http-equiv="Content-Type" content="text/html; charset=utf-8" />
```

或者

```
<meta charset="utf-8" />
```

17.4　实战案例：设计第一个移动页面

jQuery Mobile 的工作原理：提供可触摸的 UI 小部件和 Ajax 导航系统，使页面支持动画式切换效果。以页面中的元素标记为事件驱动对象，当触摸或单击时进行触发，最后在移动终端的浏览器中实现一个个应用程序的动画展示效果。

与开发桌面浏览中的 Web 页面相似，构建一个 jQuery Mobile 页面也十分容易。jQuery Mobile 通过<div>元素组织页面结构，根据元素的 data-role 属性设置角色。每一个拥有 data-role 属性的<div>标签就是一个容器，它可以放置其他的页面元素。

下面通过一个简单实例介绍如何开发第一个 jQuery Mobile 页面。

【操作步骤】

第 1 步，启动 Dreamweaver CC，新建 HTML5 文档，在<head>标签中导入 3 个 jQuery Mobile 框架文件。

第 2 步，在网页文档<body>标签中，通过多个<div>标签定义移动页面的结构。在主体区域输入 HTML 代码结构，设计一个单页视图，如图 17.3 所示。

```
<div id="page1" data-role="page">
    <div data-role="header">
        <h1>jQuery Mobile</h1>
    </div>
    <div data-role="content" class="content">
        <p>Hello World!</p>
    </div>
    <div data-role="footer">
        <h1><a href="http://jquerymobile.com/">http://jquerymobile.com/</a></h1>
    </div>
</div>
```

```
1   <!doctype html>
2   <html>
3   <head>
4   <meta charset="utf-8">
5   <title></title>
6   <link href="jquery.mobile/jquery.mobile-1.4.0-beta.1/jquery.mobile-1.4.0-beta.1.css" rel="stylesheet" type="text/css">
7   <script type="text/javascript" src="jquery.mobile/jquery-1.9.1.js"></script>
8   <script type="text/javascript" src="jquery.mobile/jquery.mobile-1.4.0-beta.1/jquery.mobile-1.4.0-beta.1.js"></script>
9   </head>
10  <body>
11  <div id="page1" data-role="page">
12      <div data-role="header">
13          <h1>jQuery Mobile</h1>
14      </div>
15      <div data-role="content" class="content">
16          <p>Hello World!</p>
17      </div>
18      <div data-role="footer">
19          <h1><a href="http://jquerymobile.com/">http://jquerymobile.com/</a></h1>
20      </div>
21  </div>
22  </body>
23  </html>
```

设计页面视图
结构

安装三个jQuery Mobile框
架文件

图 17.3 设计 jQuery Mobile 页面

在 jQuery Mobile 中，每个<div>标签都可以作为一个容器，并根据
data-role 属性值，确定容器的角色。data 属性是 HTML5 的一个新增特征，
通过自定义 data 属性，可以扩展 HTML 功能，如果 data-role 的属性值为
header，则该<div>标签就被定义为页眉区域，jQuery Mobile 据此执行特
定样式的渲染，显示这个<div>标签为视图页眉区域的效果。

第 3 步，在头部区域添加<meta>标签，定义视图尺寸，以保证页面可
以在浏览器中完全填充，代码如下所示。

```
<meta name="viewport" content="width=device-width,initial-scale=1" />
```

第 4 步，保存文档，然后在移动设备浏览器中预览，显示效果如图
17.4 所示。上面的代码使用 HTML5 结构编写一个 jQuery Mobile 页面，
在页面中输出"Hello World!"字样。

📢 提示：

为了更好地在 PC 端浏览 jQuery Mobile 页面在移动终端的执行效果，可以下
载 Opera 公司的移动模拟器 Opera Mobile Emulator，下载地址为：
http://cn.opera.com/developer/tools/mobile/，目前最新的版本为 12.0。也可以
使用 iBBDemo 模拟 iPhone 浏览器进行测试。

用户也可以通过 https://app.mobile1st.com/网站在线测试移动页面设计的效果。

图 17.4 jQuery Mobile 页面预
览效果

📢 注意：

由于 jQuery Mobile 已经全面支持 HTML5 结构，因此，\<body\>主体元素的代码也可以修改为以下代码：

```
<section id="page1" data-role="page">
    <header data-role="header">
        <h1>jQuery Mobile</h1>
    </header>
    <div data-role="content" class="content">
        <p>Hello World!</p>
    </div>
    <footer data-role="footer">
        <h1><a href="http://jquerymobile.com/">http://jquerymobile.com/</a></h1>
    </footer>
</section>
```

上述代码执行后的效果与修改前完全相同。

在 jQuery Mobile 中，如果将页面元素的 data-role 属性值设置为 page，则该元素成为一个容器，即页面的某块区域。在一个页面中，可以设置多个元素成为容器，虽然元素的 data-role 属性值都为 page，但它们对应的 ID 值是不允许相同的。

在 jQuery Mobile 中，将一个页面中的多个容器当作多个不同的页面，它们之间的界面切换是通过增加一个\<a\>元素并将该元素的 href 属性值设为"#"加对应 ID 值的方式来进行。详细讲解请参阅后面章节的内容。

第 18 章　设计移动页面和对话框

灵活使用页面和对话框是学习 jQuery Mobile 移动开发的第一步。页面和对话框就好像一个容器，移动应用的页面元素都要放在这个容器中。jQuery Mobile 支持单页页面和多页页面，本章将重点介绍 jQuery Mobile 页面结构设计和应用。

【学习重点】
- 定义单页结构和多页结构。
- 定义页面标题。
- 链接到内部页面或外部页面。
- 建立和关闭对话框。
- 熟悉页面切换方式。

18.1　设　计　页　面

jQuery Mobile 页面结构包括两种类型：单页页面和多页页面。基于 jQuery Mobile 开发 Web 移动应用时，如果一个网页只包含一个页面视图，那么就应该使用单页结构；而一个网页中包含多个页面视图，并能够通过链接在多个视图间进行跳转，则应该使用多页结构。

📢 提示：

在 jQuery Mobile 中，网页和页面是两个不同的概念，网页表示一个 HTML 文档，而页面表示在移动设备中一个可视区域，即一个视图。一个网页文件中可以仅包含一个视图，也可以包含多个视图。

扫一扫，看视频

18.1.1　定义单页

jQuery Mobile 提供了标准的页面结构模型：在<body>标签中插入一个<div>标签，为该标签定义 data-role 属性，设置为 page，利用这种方式可以设计一个视图。

📢 提示：

视图一般包含了三个基本的结构，分别是 data-role 属性为 header、content、footer 的三个子容器，它们用来定义标题、内容和页脚三个页面组成部分，用以包裹移动页面包含的不同内容。

【示例 1】　在本示例中将创建一个 jQuery Mobile 单页模板，并在页面组成部分中分别显示其对应的容器名称。

第 1 步，启动 Dreamweaver CC，选择"文件" | "新建"命令，打开"新建文档"对话框，如图 18.1 所示。在该对话框中选择"空白页"项，设置页面类型为 HTML，设置文档类型为 HTML5，然后单击"创建"按钮，完成文档的创建操作。

第 2 步，按 Ctrl+S 快捷键，保存文档为 index.html。选择"窗口" | "CSS 设计器"命令，打开"CSS 设计器"面板，在"源"选项标题栏中单击加号按钮 ➕，从弹出的下拉菜单中选择"附加现有的 CSS 文件"命令，打开"使用现有的 CSS 文件"对话框，链接已下载的样式表文件 jquery.mobile-1.4.0-beta.1.css，设置如图 18.2 所示。

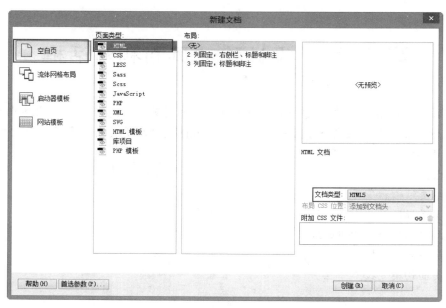

图 18.1　新建 HTML5 类型文档

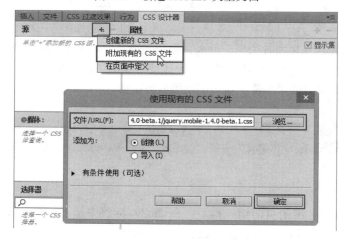

图 18.2　链接 jQuery Mobile 样式表文件

第 3 步，切换到代码视图，在头部可以看到新添加的<link>标签，使用<link>标签链接外部的 jQuery Mobile 样式表文件。然后，在该行代码下面手写如下代码，导入 jQuery 库文件和 jQuery Mobile 脚本文件。

```
<script type="text/javascript" src="jquery.mobile/jquery-1.9.1.js"></script>
<script type="text/javascript" src="jquery.mobile/jquery.mobile-1.4.0-beta.1/
jquery.mobile-1.4.0-beta.1.js"></script>
```

第 4 步，在<body>标签中手写输入下面的代码，定义页面基本结构。

```
<div data-role="page">
    <div data-role="header">页标题</div>
    <div data-role="content">页面内容</div>
    <div data-role="footer">页脚</div>
</div>
```

◀» 提示：

jQuery Mobile 应用了 HTML5 标准的特性，在结构化的页面中完整的页面结构分为 header、content 和 footer 三个主要区域。

```
<div data-role="page">
    <div data-role="header"></div>
    <div data-role="content"></div>
    <div data-role="footer"></div>
</div>
```

data-role="page"表示当前 div 是一个页面（Page），在一个屏幕中只会显示一个 Page，header 定义标题，content 表示内容块，footer 表示页脚。data-role 属性还可以包含其他参数，详细说明如表 18.1 所示。

图 18.1　data-role 参数表

参　　数	说　　明
Page	页面容器，其内部的 mobile 元素将会继承这个容器上所设置的属性
header	页面标题容器，这个容器内部可以包含文字、返回按钮和功能按钮等元素
footer	页面页脚容器，这个容器内部也可以包含文字、返回按钮和功能按钮等元素
content	页面内容容器，这是一个很宽的容器，内部可以包含标准的 html 元素和 jQuery Mobile 元素
controlgroup	将几个元素设置成一组，一般是几个相同的元素类型
fieldcontain	区域包裹容器，用增加边距和分割线的方式将容器内的元素和容器外的元素明显分隔
navbar	功能导航容器，通俗地讲就是工具条
listview	列表展示容器，类似手机中联系人列表的展示方式
list-divider	列表展示容器的表头，用来展示一组列表的标题，内部不可包含链接
button	按钮，将链接和普通按钮的样式设置成为 jQuery Mobile 的风格
none	阻止框架对元素进行渲染，使元素以 html 原生的状态显示，主要用于 form 元素

◀» 注意：

一般情况下，移动设备的浏览器默认以 900px 的宽度显示页面，这种宽度会导致屏幕缩小，页面放大，不适合网页浏览。如果在页面中添加<meta>标签，设置 content 属性值为"width=device-width,initial-scale=1"，可以使页面的宽度与移动设备的屏幕宽度相同，更适合用户浏览。因此，建议在<head>中添加一个名称为 viewport 的<meta>标签，并设置标签的 content 属性，代码如下：

```
<meta name="viewport" content="width=device-width,initial-scale=1" />
```

上面一行代码的功能就是设置移动设备中浏览器缩放的宽度与等级。

第 5 步，针对上面的代码，另存为 index1.html，然后在编辑窗口中，把"页标题"格式化为"标题 1"，把"页脚"格式化为"标题 4"，把"页面内容"格式化为"段落"文本，设置如图 18.3 所示。

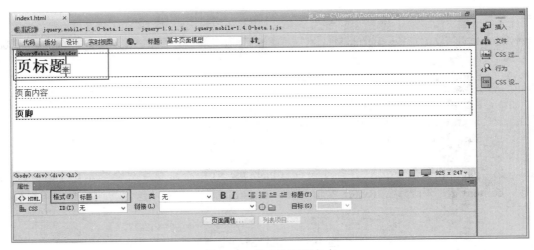

图 18.3　格式化页面文本

第 6 步，在移动设备浏览器中预览，显示效果如图 18.4 所示。

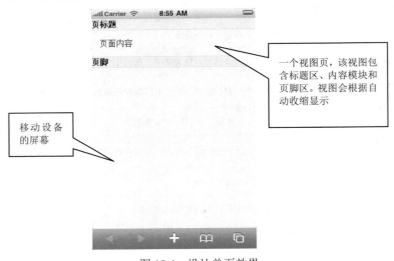

一个视图页，该视图包含标题区、内容模块和页脚区。视图会根据自动收缩显示

移动设备的屏幕

图 18.4　设计单页效果

18.1.2　定义多页

扫一扫，看视频

　　多页结构就是一个文档可以包含多个标签属性 data-role 为 page 的容器。视图之间各自独立，并拥有唯一的 ID 值。当页面加载时，会同时加载；容器访问时，以锚点链接实现，即内部链接"#"加对应 ID 值的方式进行设置。单击该链接时，jQuery Mobile 将在文档中寻找对应 ID 的容器，以动画的效果切换至该容器中，实现容器间内容的互访。

◀» 提示：

　　这种结构模型的优势为可以使用普通的链接标签，不需要任何复杂配置就可以优雅地工作，并且可以很方便地使一些富媒体应用本地化。另外，在 jQuery Mobile 页面中，通过 Ajax 功能可以很方便地自动读取外部页面，支持使用一组动画效果进行页面间的相互切换。也可以通过调用对应的脚本函数，实现预加载、缓存、创建和跳转页面的功能。同时，支持将页面以对话框的形式展示在移动终端的浏览器中。

【示例 2】　本示例使用 Dreamweaver CC 快速设计一个多页结构的文档。

第 1 步，启动 Dreamweaver CC，新建 HTML5 文档，保存为 index.html。在页面中添加 2 个 data-role

属性为 page 的<div>标签，定义 2 个页面容器。用户在第一个容器中选择需要查看的新闻列表，单击某条新闻后，切换至第二个容器，显示所选新闻的详细内容。

第 2 步，在头部完成 jQuery Mobile 技术框架的导入工作，代码如下。具体路径和版本，读者应该根据个人设置而定。

```
<link href="jquery.mobile/jquery.mobile-1.4.0-beta.1/jquery.mobile-1.4.0-beta.1.
css" rel="stylesheet" type="text/css">
<script type="text/javascript" src="jquery.mobile/jquery-1.9.1.js"></script>
<script type="text/javascript" src="jquery.mobile/jquery.mobile-1.4.0-beta.1/
jquery.mobile-1.4.0-beta.1.js"></script>
```

第 3 步，配置页面视图，在头部位置输入下面的代码，设置页面在不同设备中都是满屏显示。

```
<meta name="viewport" content="width=device-width,initial-scale=1" />
```

第 4 步，模仿 18.1.1 节介绍的单页结构模型，完成首页视图设置，代码如下：

```
<div data-role="page" id="home">
    <div data-role="header">
        <h1>新闻早报</h1>
    </div>
    <div data-role="content">
        <p><a href="#new1">jQuery Mobile 1.4.0 Beta 发布</a></p>
    </div>
    <div data-role="footer">
        <h4>©2014 jm.cn studio</h4>
    </div>
</div>
```

第 5 步，在首页视图底部输入下面代码，设计详细页视图，代码如下：

```
<div data-role="page" id="new1">
    <div data-role="header">
        <h1>jQuery Mobile: Touch-Optimized Web Framework for Smartphones & Tablets
</h1>
    </div>
    <div data-role="content">
    <p><img src="images/devices.png" style="width:100%" alt=""/></p>
        <p>A unified, HTML5-based user interface system for all popular mobile device
platforms, built on the rock-solid jQuery and jQuery UI foundation. Its lightweight
code is built with progressive enhancement, and has a flexible, easily themeable
design. </p>
    </div>
    <div data-role="footer">
        <h4>©2014 jm.cn studio</h4>
    </div>
</div>
```

在上面代码中包含了两个 Page 视图页：主页（ID 为 home）和详细页（ID 为 new1）。从首页链接跳转到详细页面采用的是链接地址为#new1。jQuery Mobile 会自动切换链接的目标视图显示到移动浏览器中。该框架会隐除第一个包含 data-role="page"的<div>标签以外的其他视图页。

第 6 步，在移动浏览器中预览，在屏幕中首先看到图 18.5（a）所示的视图效果，单击超链接文本，会跳转到第二个视图页面，效果如图 18.5（b）所示。

（a）首页视图效果　　　　　　　　　　　　　　（b）详细页视图效果

图 18.5　设计多页结构效果

提示：

> 在本例页面中，从第一个容器切换至第二个容器时，采用的是"#"加对应 ID 值的内部链接方式。因此，在一个网页中，不论相同框架的 Page 容器有多少，只要对应的 ID 值是唯一的，就可以通过内部链接的方式进行容器间的切换。在切换时，jQuery Mobile 会在文档中寻找对应的 ID 容器，然后通过动画的效果切换到该页面中。

从第一个容器切换至第二个容器后，如果想要从第二个容器返回第一个容器，有下列两种方法：

- 在第二个容器中，增加一个<a>标签，通过内部链接"#"加对应 ID 的方式返回第一个容器。
- 在第二个容器的最外层框架<div>元素中，添加一个 data-add-back-btn 属性。该属性表示是否在容器的左上角增加一个"回退"按钮，默认值为 false，如果设置为 true，将出现一个返回按钮，单击该按钮，回退上一级的页面显示。

注意：

> 如果是在一个页面中，通过"#"加对应 ID 的内部链接方式，可以实现多容器间的切换，但如果不在一个页面，此方法将失去作用。因为在切换过程中，先要找到页面，再去锁定对应 ID 容器的内容，而并非直接根据 ID 切换至容器中。

【示例 3】　Dreamweaver CC 提供了构建多页视图的页面快速操作方式，具体操作步骤如下。

第 1 步，选择"文件"|"新建"命令，打开"新建文档"对话框，在该对话框中选择"启动器模板"项，设置示例文件夹为"Mobile 起始页"，示例页为"jQuery Mobile（本地）"，设置文档类型为 HTML5，然后单击"创建"按钮，完成文档的创建操作，如图 18.6 所示。

第 2 步，按 Ctrl+S 快捷键，保存文档为 index3.html。此时，Dreamweaver CC 会弹出对话框提示保存相关的框架文件，如图 18.7 所示。

第 3 步，在编辑窗口中，可以看到 Dreamweaver CC 新建了包含 4 个页面的 HTML5 文档，其中第一个页面为导航列表页，第 2～4 页为具体的详细页面。在站点中新建了 jquery-mobile 文件夹，包括了所有需要的相关技术文件和图标文件，如图 18.8 所示。

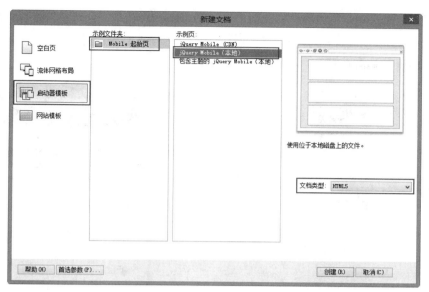

图 18.6　新建 jQuery Mobile 起始页

图 18.7　复制相关文件

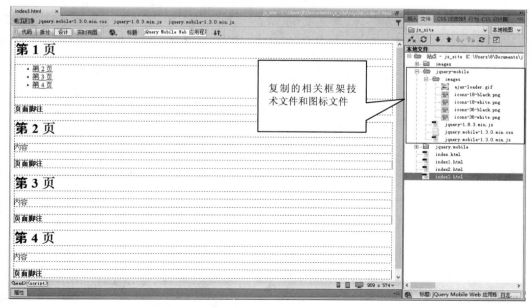

图 18.8　使用 Dreamweaver CC 新建 jQuery Mobile 起始页

第 4 步，切换到代码视图，可以看到大致相同的 HTML 结构代码，此时用户可以根据需要删除部分页结构，或者添加更多页结构，也可以删除列表页结构。并根据需要输入页面显示内容。在默认情况下，jQuery Mobile 起始页预览效果如图 18.9 所示。

(a) 列表页（首页）视图效果　　　　　　　　　(b) 第 2 页视图效果

图 18.9　jQuery Mobile 起始页预览效果

扫一扫，看视频

18.1.3　定义外部页

虽然在一个文档中可以实现多页视图显示效果，但是如果把全部代码写在一个文档中，会延缓页面加载的时间，也造成大量代码冗余，且不利于功能的分工、维护以及安全性设计。因此，在 jQuery Mobile 中，可以采用创建多个文档页面，并通过外部链接的方式，实现页面相互切换的效果。

【操作步骤】

第 1 步，启动 Dreamweaver CC，新建 HTML5 文档。选择"文件"|"新建"命令，打开"新建文档"对话框，在该对话框中选择"启动器模板"项，设置示例文件夹为"Mobile 起始页"，示例页为"jQuery Mobile（本地）"，设置文档类型为 HTML5，然后单击"创建"按钮，完成文档的创建操作。

第 2 步，按 Ctrl+S 快捷键，保存文档为 index.html。此时，Dreamweaver CC 会弹出对话框提示保存相关的框架文件，单击"确定"按钮，把相关的框架文件复制到本地站点。

第 3 步，在编辑窗口中，拖选第 2～4 页视图结构，然后按 Delete 键删除，如图 18.10 所示。

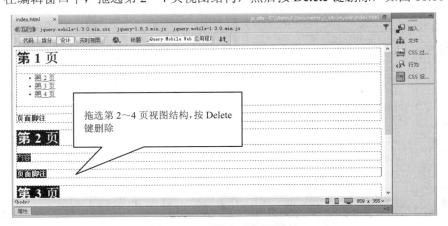

图 18.10　删除部分视图结构

第 4 步，修改标题、链接列表和页脚文本，删除第 4 页链接。然后把第 2 页的内部链接 "#page2" 改为 "page2.html"，同样把第 3 页的内部链接 "#page3" 改为 "page3.html"，设置如图 18.11 所示。

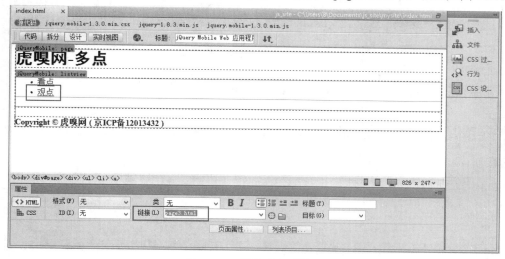

图 18.11　设计列表页效果

第 5 步，切换到代码视图，在头部位置添加视图元信息，设置页面视图与设备屏幕宽度一致，代码如下：

```
<meta name="viewport" content="width=device-width,initial-scale=1" />
```

第 6 步，把 index.html 另存为 page2.html。在 index.html 文档窗口内，选择 "文件" | "另存为" 命令，在打开的 "另存为" 对话框中设置另存为文档名称为 page2.html。

第 7 步，修改标题为新闻看点 "微信公众平台该改变了！"，删除列表视图结构，选择 "插入" | "图像" | "图像" 命令，插入 images/2.jpg，然后在代码视图中删除自动设置的 width="700" 和 height= "429"。

第 8 步，选中图像，在 "CSS 设计器" 面板中单击 "源" 标题栏右侧的加号按钮 ，从弹出的下拉菜单中选择 "在页面中定义" 项，然后在 "选择器" 标题栏右侧单击加号按钮 ，自动添加一个选项器，自动命名为 "#page div p img"，在 "属性" 列表框中设置 width 为 100%，设置如图 18.12 所示。

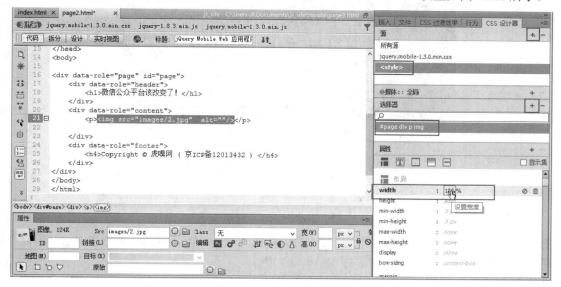

图 18.12　在页面中插入图像并定义宽度为 100%显示

第 9 步，在窗口中换行输入二级标题和段落文本，完成整个新闻内容的版面设置，如图 18.13 所示。

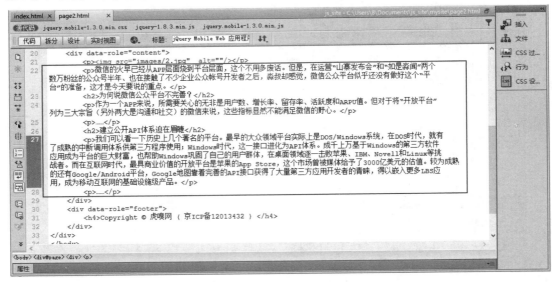

图 18.13　设计页面正文内容

第 10 步，以同样的方式，把 page2.html 另存为 page3.html，并修改该页面标题和内容正文内容，设计效果如图 18.14 所示。

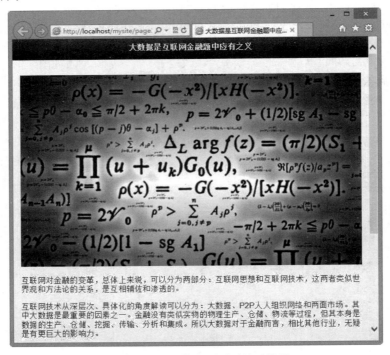

图 18.14　设计第 3 页页面显示效果

第 11 步，在移动设备中预览该首页，可以看到图 18.15（a）所示的效果，单击并按住"看点"列表项，即可滑动到第 3 页面，显示效果如图 18.15（b）所示。

（a）列表视图页面效果

（b）外部第 3 页显示效果

图 18.15　在多个网页之间跳转

提示：

> 在 jQuery Mobile 中，如果单击并按住一个指向外部页面的超级链接，jQuery Mobile 将自动分析该 URL 地址，产生一个 Ajax 请求。在请求过程中，会弹出一个显示进度的提示框。如果请求成功，jQuery Mobile 将自动构建页面结构，注入主页面的内容。同时，初始化全部的 jQuery Mobile 组件，将新添加的页面内容显示在浏览器中。如果请求失败，jQuery Mobile 将弹出一个错误信息提示框，数秒后该提示框自动消失，页面也不会刷新。

如果不想采用 Ajax 请求的方式打开一个外部页面，只需要在链接标签中定义 rel 属性，设置 rel 属性值为 external，该页面将脱离整个 jQuery Mobile 的主页面环境，以独自打开的页面效果在浏览器中显示。

如果采用 Ajax 请求的方式打开一个外部页面，注入主页面的内容也是以 Page 为目标，视图以外的内容将不会被注入主页面中，另外，必须确保外部加载页面 URL 地址的唯一性。

18.2　设计对话框

对话框是 jQuery Mobile 模态页面，也称为模态对话框，它是一个带有圆角标题栏和关闭按钮的浮动层，以独占方式打开，背景被遮罩层覆盖，只有关闭对话框后，才可以执行其他界面操作。

18.2.1　定义对话框

扫一扫，看视频

对话框是交互设计中基本构成要件，在 jQuery Mobile 中创建对话框十分方便，只需要在指向页面的链接标签中添加 data-rel 属性，并将该属性值设置为 dialog。当单击该链接时，打开的页面将以一个对话框的形式呈现。单击对话框中的任意链接时，打开的对话框将自动关闭，单击"回退"按钮可以切换至上一页。

【操作步骤】

第 1 步，启动 Dreamweaver CC，新建 HTML5 文档。选择"文件"|"新建"菜单命令，打开"新建文档"对话框，在该对话框中选择"启动器模板"项，设置示例文件夹为"Mobile 起始页"，示例页为"jQuery Mobile（本地）"，设置文档类型为 HTML5，然后单击"创建"按钮，完成文档的创建操作。

第 2 步，按 Ctrl+S 快捷键，保存文档为 index.html。此时，Dreamweaver CC 会弹出对话框提示保存相关的框架文件，单击"确定"按钮，把相关的框架文件复制到本地站点。

第3步，在编辑窗口中，拖选第2页到第4页视图结构，然后按 Delete 键删除。

第4步，切换到代码视图，修改标题、链接信息和页脚文本，设置<a>标签为外部链接，地址为 "dialog.html"，并添加 data-rel="dialog"属性声明，定义打开模态对话框，设置如图 18.16 所示。

图 18.16　设计首页链接

第5步，另存 index.html 为 dialog.html，在保持 HTML5 文档基本结构的基础上，定义一个单页视图结构，设计模态对话框视图。定义标题文本为"主题"，内容信息为"简单对话框！"，如图 18.17 所示。

图 18.17　设计模态对话框视图

第6步，最后，在移动设备中预览该首页，可以看到图 18.18（a）所示的效果，单击并按住"打开对话框"链接，即可显示模态对话框，显示效果如图 18.18（b）所示。该对话框以模式的方式浮在当前页的上面，背景深色，四周是圆角的效果，左上角自带一个"×"关闭按钮，单击该按钮，将关闭对话框。

（a）链接模态对话框

（b）打开简单的模态对话框效果

图 18.18 范例效果

提示：

模态对话框会默认生成关闭按钮，用于回到父级页面。在脚本能力较弱的设备上也可以添加一个带有 data-rel="back"的链接来实现关闭按钮。针对支持脚本的设备可以直接使用 href="#"或者 data-rel="back"来实现关闭。还可以使用内置的 close 方法来关闭模态对话框，如$('.ui-dialog').dialog('close')。

注意：

由于模态对话框是动态显示的临时页面，所以这个页面不会被保存在哈希表内，这就意味着无法后退到这个页面。例如，在 A 页面中单击一个链接打开 B 对话框，操作完成并关闭对话框，然后跳转到 C 页面，这时候单击浏览器的"后退"按钮，将回到 A 页面，而不是 B 页面。

18.2.2 定义关闭对话框

扫一扫，看视频

在打开的对话框中，可以使用自带的关闭按钮关闭打开的对话框，此外，在对话框内添加其他链接按钮，将该链接的 data-rel 属性值设置为 back，单击该链接也可以实现关闭对话框的功能。

【操作步骤】

第 1 步，启动 Dreamweaver CC，复制 18.2.1 节示例文件 index.html 和 dialog.html。

第 2 步，保留 index.html 文档结构不动，打开 dialog.html 文档，在<div data-role="content">容器内插入段落标签<P>，在新段落行中嵌入一个超链接，定义 data-rel="back"属性。代码如下，操作如图 18.19 所示。

```
<a href="#" data-role="button"
        data-rel="back"
        data-theme="a">关闭
</a>
```

第 3 步，在移动设备中预览该首页，可以看到图 18.20（a）所示的效果，点击并按住"打开对话框"链接，即可显示模态对话框，显示效果如图 18.20（b）所示。该对话框以模式的方式浮在当前页的上面，单击对话框中的"关闭"按钮，可以直接关闭打开的对话框。

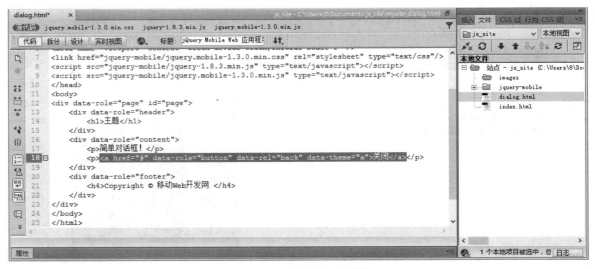

图 18.19 定义关闭对话框

（a）链接模态对话框

（b）打开关闭对话框效果

图 18.20 范例效果

🔊 提示：

本例在对话框中将链接元素的**"data-rel"**属性设置为**"back"**，单击该链接将关闭当前打开的对话框。这种方法在不支持 JavaScript 代码的浏览器中，同样可以实现对应的功能。另外，编写 JavaScript 代码也可以实现关闭对话框的功能，代码如下：

```
$('.ui-dialog').dialog('close') ;
```

18.3 实 战 案 例

本节将通过多个案例实战演练 jQuery Mobile 页面和对话框的设计技巧。

18.3.1　设计弹出框

弹出框是 jQuery Mobile 新版本增加的组件，与模态对话框效果类似，但是功能和实现方式不同。模态对话框是视图页，使用 data-rel="dialog"类型的链接打开；弹出框是在当前视图内打开一个弹出层，使用 data-rel="popup"类型的链接打开。

创建一个弹出框方法如下：

第 1 步，使用<div>标签定义一个包含框，添加一个 data-role="popup"属性，定义包含框为弹出层。

第 2 步，在超级链接<a>标签中，定义 href 属性值为弹出层包含框的 id，指定单击超级链接打开弹出层。

第 3 步，在<a>标签中添加属性 data-rel="popup"，定义链接类型为弹出框，即单击超级链接，将打开弹出框。

本示例设计 6 个按钮，为这 6 个按钮绑定链接，设置链接类型为 data-rel="popup"，然后在 href 属性中分别绑定 6 个不同的弹出层包含框。然后，在页面底部定义 6 个弹出框，前面 3 个不包含标题框，后面 3 个包含标题框。在标题框中添加一个关闭按钮：定义链接类型为"back"，即返回页面，关闭浮动层；定义 <a> 标签角色为按钮（data-role="button"）；定义主题为 a，显示图标为"delete"，使用 data-iconpos="notext"定义不显示链接文本；使用 class="ui-btn-left"类定义按钮显示位置，代码如下：

```
<a href="#" data-rel="back" data-role="button" data-theme="a" data-icon="delete"
data-iconpos="notext" class="ui-btn-left">Close</a>
```

在弹出框中，可以使用 data-role="header"定义标题栏，此时可以把弹出层视为一个独立的"视图页面"；最后，可以使用 data-dismissible="false"属性定义背景层不响应点击事件。案例演示效果如图 18.21 所示。

（a）设置不同形式的弹出框

（b）简单的弹出框

（c）包含标题的弹出框

图 18.21　设计弹出框

示例完整代码如下：

```
<!doctype html>
<html>
<head>
<meta charset="utf-8">
<meta name="viewport" content="width=device-width,initial-scale=1" />
<link  href="jquery-mobile/jquery.mobile.theme-1.3.0.min.css"  rel="stylesheet"
type="text/css">
<link  href="jquery-mobile/jquery.mobile.structure-1.3.0.min.css"  rel="stylesheet"
```

```
type="text/css">
<script src="jquery-mobile/jquery-1.8.3.min.js" type="text/javascript"></script>
<script  src="jquery-mobile/jquery.mobile-1.3.0.min.js"  type="text/javascript">
</script>
</head>
<body>
<div data-role="page">
    <div data-role="header">
        <h1>弹出框</h1>
    </div>
    <div data-role="content">
        <a href="#popup1" data-rel="popup" data-role="button">右边关闭</a>
        <a href="#popup2" data-rel="popup" data-role="button">左边关闭</a>
        <a href="#popup3" data-rel="popup" data-role="button" >禁用关闭</a>
        <a href="#popup4" data-rel="popup" data-role="button">右边关闭（带标题）</a>
        <a href="#popup5" data-rel="popup" data-role="button">左边关闭（带标题）</a>
        <a href="#popup6" data-rel="popup" data-role="button" >禁用关闭（带标题）</a>
        <div data-role="popup" id="popup1" class="ui-content" style="max-width:
280px">
            <a href="#" data-rel="back" data-role="button" data-theme="a" data-icon=
"delete" data-iconpos="notext" class="ui-btn-right">Close</a>
            <p><img src="images/p6.jpg" width="100%" /></p>
        </div>
        <div data-role="popup" id="popup2" class="ui-content" style="max-width:
280px">
            <a href="#" data-rel="back" data-role="button" data-theme="a" data-icon=
"delete" data-iconpos="notext" class="ui-btn-left">Close</a>
            <p><img src="images/p5.jpg" width="100%" /></p>
        </div>
        <div data-role="popup" id="popup3" class="ui-content" style="max-width:
280px" data-dismissible="false">
            <a href="#" data-rel="back" data-role="button" data-theme="a" data-icon=
"delete" data-iconpos="notext" class="ui-btn-left">Close</a>
            <p><img src="images/p4.jpg" width="100%" /></p>
        </div>
        <div data-role="popup" id="popup4" class="ui-content" style="max-width:
280px">
            <div data-role="header" data-theme="a" class="ui-corner-top">
                <h1>弹出框</h1>
            </div>
            <a href="#" data-rel="back" data-role="button" data-theme="a" data-icon=
"delete" data-iconpos="notext" class="ui-btn-right">Close</a>
            <p>单击右侧按钮可以关闭对话框</p>
        </div>
        <div data-role="popup" id="popup5" class="ui-content" style="max-width:
280px">
            <div data-role="header" data-theme="a" class="ui-corner-top">
                <h1>弹出框</h1>
            </div>
            <a href="#" data-rel="back" data-role="button" data-theme="a" data-icon=
"delete" data-iconpos="notext" class="ui-btn-left">Close</a>
            <p>单击左侧按钮可以关闭对话框</p>
```

```
        </div>
        <div data-role="popup" id="popup6" class="ui-content" style="max-width:
280px" data-dismissible="false">
            <div data-role="header" data-theme="a" class="ui-corner-top">
                <h1>弹出框</h1>
            </div>
            <a href="#" data-rel="back" data-role="button" data-theme="a" data-icon=
"delete" data-iconpos="notext" class="ui-btn-left">Close</a>
                <p>单击屏幕空白区域无法关闭</p>
        </div>
    </div>
</div>
</body>
</html>
```

18.3.2　设计视图渐变背景

在页面中使用 data-role="page"属性可以定义页面视图容器，也可以使用 data-theme 属性设置主题，让页面拥有不同的颜色，但很多时候，还需要更加绚丽的方式。

直接使用 CSS 设置背景图片是一个非常好的方法，可是会使页面加载缓慢。这时就可以使用 CSS 的渐变效果。本例设计一个单页页面视图，然后通过 CSS3 渐变定义页面背景显示为过渡效果，如图 18.22 所示。

示例完整代码如下：

```
<!doctype html>
<html>
<head>
<meta charset="utf-8">
<meta name="viewport" content="width=device-width,initial-scale=1" />
<link href="jquery-mobile/jquery.mobile.theme-1.3.0.min.css" rel="stylesheet" type=
"text/css">
<link href="jquery-mobile/jquery.mobile.structure-1.3.0.min.css" rel="stylesheet"
type="text/css">
<script src="jquery-mobile/jquery-1.8.3.min.js" type="text/javascript"></script>
<script src="jquery-mobile/jquery.mobile-1.3.0.min.js" type="text/javascript">
</script>
<style type="text/css">
.bg-gradient{
    background-image:-webkit-gradient(        /*兼容 WebKit 内核浏览器*/
        linear,left bottom,left top,          /*设置渐变方向为纵向*/
        color-stop(0.22,rgb(12,12,12)),       /*上方颜色*/
        color-stop(0.57,rgb(153,168,192)),    /*中间颜色*/
        color-stop(0.84,rgb(23,45,67))        /*底部颜色*/
    );
    background-image:-moz-linear-gradient(    /*兼容 Firefox*/
        90deg,                                /*角度为 90°，即方向为上下*/
        rgb(12,12,12),                        /*上方颜色*/
        rgb(153,168,192),                     /*中间颜色*/
        rgb(23,45,67)                         /*底部颜色*/
    );
}
```

```
</style>
</head>
<body>
<div data-role="page" id="page"  class="bg-gradient">
    <div data-role="header">
        <h1>页面渐变背景样式</h1>
    </div>
    <div data-role="content"><img src="images/bg1.png" width="100%" /></div>
</div>
</body>
</html>
```

从图 18.22 可以看出，页面中确实实现了背景的渐变，在 jQuery Mobile 中只要是可以使用背景的地方就可以使用渐变，如按钮或列表等。渐变的方式主要分为线性渐变和放射性渐变，本例中使用的是线性渐变。

📢 提示：

由于各浏览器对渐变效果的支持程度不同，因此必须对不同的浏览器做出一些区分。

图 18.22　设计页面渐变背景样式

18.3.3　设计页面切换方式

不管是页面还是对话框，在呈现的时候都可以设定其切换方式，以改善用户体验，这可以通过在链接中声明 data-transition 属性为期望的切换方式来实现。实现页面切换的代码如下：

```
<a href="#new1" data-transition="pop">jQuery Mobile </a>
```

上面内部链接将以从中心渐显展开的方式弹出视图页面。

data-transition 属性支持的参数说明如表 18.2 所示。

表 18.2　data-transition 参数表

参　　数	说　　明
slide	从右到左切换（默认）
slideup	从下到上切换
slidedown	从上到下切换
pop	以弹出的形式打开一个页面
fade	以渐变褪色的方式切换
flip	旧页面翻转飞出，新页面飞入
turn	横向翻转
flow	缩小并以幻灯方式切换
slidefade	淡出方式显示，横向幻灯方式退出
none	无动画效果

📢 注意：

旋转弹出等一些效果在 Android 早期版本中支持得不是很好。旋转弹出特效需要移动设备浏览器能够支持 3D CSS，但是早期 Android 操作系统并不支持这些。

【示例 4】　作为一款真正具有使用价值的应用，首先应该至少有两个页面，通过页面的切换来实现更多的交互。例如，手机人人网，打开以后先进入登录页面，登录后会有新鲜事。然后拉开左边的面板，能看到相册、悄悄话、应用之类的其他内容。页面的切换是通过链接来实现的，这跟 HTML 完全一样。有所不同的是，本示例演示了 jQuery Mobile 不同页面切换的效果比较，示例代码如下，演示效果如图 18.23 所示。

（a）相册列表

（b）弹出显示

图 18.23　设计页面切换效果

➥ index.html

```html
<!doctype html>
<html>
<head>
<meta charset="utf-8">
<meta name="viewport" content="width=device-width,initial-scale=1" />
<link href="jquery-mobile/jquery.mobile.theme-1.3.0.min.css" rel="stylesheet" type=
"text/css">
<link href="jquery-mobile/jquery.mobile.structure-1.3.0.min.css" rel="stylesheet"
type="text/css">
<script src="jquery-mobile/jquery-1.8.3.min.js" type="text/javascript"></script>
<script src="jquery-mobile/jquery.mobile-1.3.0.min.js" type="text/javascript">
</script>
</head>
<body>
<div data-role="page">
    <div data-role="header">
        <h1>页面过渡效果</h1>
    </div>
    <div data-role="content">
        <a href="index1.html" data-role="button">默认切换（渐显）</a>
        <!--使用默认切换方式，效果为渐显-->
        <a data-role="button" href="index1.html" data-transition="fade" data-
direction="reverse">fade（渐显）</a><!-- data-transition="fade" 定义切换方式渐显-->
        <a data-role="button" href="index1.html" data-transition="pop" data-
direction="reverse">pop（扩散）</a> <!-- data-transition="pop" 定义切换方式扩散-->
        <a data-role="button" href="index1.html" data-transition="flip" data-
direction="reverse">flip（展开）</a><!-- data-transition="flip" 定义切换方式展开-->
        <a data-role="button" href="index1.html" data-transition="turn" data-
direction="reverse">turn（翻转覆盖）</a> <!-- data-transition="turn" 定义切换方式翻转
覆盖-->
```

```
        <a data-role="button" href="index1.html" data-transition="flow" data-
direction="reverse">flow（扩散覆盖）</a> <!-- data-transition="flow" 定义切换方式扩散
覆盖-->
        <a data-role="button" href="index1.html" data-transition="slidefade" >
slidefade（滑动渐显）</a>
    <!-- data-transition="slidefade" 定义切换方式滑动渐显-->
        <a data-role="button" href="index1.html" data-transition="slide" data-
direction="reverse">slide（滑动）</a>    <!-- data-transition="slide" 定义切换方式滑
动-->
        <a data-role="button" href="index1.html" data-transition="slidedown" >
slidedown（向下滑动）</a><!-- data-transition="slidedown" 定义切换方式向下滑动-->
        <a data-role="button" href="index1.html" data-transition="slideup" >slideup
（向上滑动）</a>
    <!-- data-transition="slideup" 定义切换方式向上滑动-->
        <a data-role="button" href="index1.html" data-transition="none" data-
direction="reverse">none（无动画）</a><!-- data-transition="none" 定义切换方式"无"-->
    </div>
</div>
</body>
</html>
```

➘ index1.html

```
<!doctype html>
<html>
<head>
<meta charset="utf-8">
<meta name="viewport" content="width=device-width,initial-scale=1" />
<link href="jquery-mobile/jquery.mobile.theme-1.3.0.min.css" rel="stylesheet" type=
"text/css">
<link href="jquery-mobile/jquery.mobile.structure-1.3.0.min.css" rel="stylesheet"
type="text/css">
<script src="jquery-mobile/jquery-1.8.3.min.js" type="text/javascript"></script>
<script src="jquery-mobile/jquery.mobile-1.3.0.min.js" type="text/javascript">
</script>
</head>
<body>
<div data-role="page" id="page" data-add-back-btn="true" data-back-btn-text="返回">
    <div data-role="header">
        <h1>页面过渡效果</h1>
    </div>
    <div data-role="content"><img src="images/bg.jpg" width="100%"/></div>
</div>
</body>
</html>
```

🔊 提示：

如果在目标页面中显示后退按钮，也可以在链接中加入 **data-direction="reverse"** 属性，这个属性和
data-back="true" 作用相同。

第 19 章　设计高级移动页面

使用 jQuery Mobile 开发的 Web 移动应用与传统网页的使用场景不尽相同。移动网络可能不够稳定，移动设备浏览器处理网页的速度比 PC 更慢，所以在进行 Web 移动应用开发时，JavaScript 的实现方式也不同于传统的网页程序。这些区别很多是源于性能的考虑，在开发时需要格外留心。

【学习重点】
● 　初始化事件响应。
● 　通过预加载和缓存改善用户体验。
● 　使用命名锚记。
● 　参数传递。
● 　页面加载消息。

19.1　页面初始化

扫一扫，看视频

页面初始化是指页面下载完成、DOM 对象被加载到浏览器之后触发的初始化事件，这个初始化操作通过$(document).ready()事件实现。

$(document).ready()事件会在所有 DOM 对象加载完成后触发，但是整个 HTML 网页文件只触发一次，而不管网页是否为多页视图。在实际应用中，往往需要针对多页模板中的不同页面执行不同页面级别的初始化。当第一次呈现每个页面视图时，都将执行一次 pageinit 初始化事件。此外，在启动 jQuery Mobile 的时候，会触发 mobileinit 事件。

在 jQuery Mobile 中，这 3 种初始化事件是有所区别的，具体说明如下：

↘ 　mobileinit：启动 jQuery Mobile 时触发该事件。

↘ 　$(document).ready()：HTML 页面 DOM 对象加载完成时触发此事件。

↘ 　pageinit：初始化完成某个视图页面时，触发此事件。

初始化事件的触发顺序：

第 1 步，首先触发 mobileinit。

第 2 步，触发$(document).ready()。

第 3 步，每当第一次打开某个视图页面时，触发 pageinit 事件。例如，打开第一个视图页面时，会触发其 pageinit 事件；当跳转到第二个视图页面时，会触发第二个页面的 pageinit 事件。

📢 注意：

> mobileinit、$(document).ready()和 pageinit 只能触发一次。如果从当前 HTML 文件的另一个页面模板跳转回之前已经访问过的页面，则不会重复触发初始化事件。

> 如果希望多次触发初始化事件的目的，可以使用 trigger()函数触发。例如：
> `<a href="#" onClick="$(document).trigger('mobileinit')">触发 mobileinit 事件</a>`

📢 提示：

> 另外，jQuery Mobile 也支持 onload 事件，它表示当所有相关内容加载完成时，会触发 onload 事件。因为受到图片等内容的影响，onload 事件的触发时间比较晚。虽然在页面开发中也会用到 onload 事件，但在 jQuery Mobile 开发中，主要使用的是 mobileinit、$(document).ready()和 pageinit 这 3 种初始化事件。

【示例 1】 本示例设计包含 2 个页面视图的 HTML 文档，通过内部链接把两个页面链接在一起。然后在 JavaScript 脚本中分别测试 mobileinit、$(document).ready()和 pageinit 事件的触发时机。详细代码如下，演示效果如图 19.1 所示。

```html
<!doctype html>
<html>
<head>
<meta charset="utf-8">
<meta name="viewport" content="width=device-width,initial-scale=1" />
<link href="jquery-mobile/jquery.mobile.theme-1.3.0.min.css" rel="stylesheet"
type="text/css">
<link href="jquery-mobile/jquery.mobile.structure-1.3.0.min.css" rel="stylesheet"
type="text/css">
<script src="jquery-mobile/jquery-1.8.3.min.js" type="text/javascript"></script>
<script src="jquery-mobile/jquery.mobile-1.3.0.min.js" type="text/javascript">
</script>
<script>
$(document).ready(function(e){
    alert("触发$(document).ready 事件");
})
$(document).live("mobileinit", function(){
    alert("触发 mobileinit 事件");
});
$(document).delegate("#page1", "pageinit", function(){
    alert("触发页面 1 的 pageinit 事件");
})
$(document).delegate("#page1", "pageshow", function(){
    alert("触发页面 1 的 pageshow 事件");
})
$(document).delegate("#page2", "pageinit", function(){
    alert("触发页面 2 的 pageinit 事件");
})
</script>
</head>
<body>
<div data-role="page" id="page1">
    <div data-role="header">
        <h1>第一页</h1>
    </div>
    <div data-role="content">
        <ul data-role="listview" data-inset="true">
            <li><a href="#" onClick="$(document).trigger('mobileinit')">触发 mobileinit
事件</a></li>
            <li><a href="#page2">进入第 2 页</a></li>
        </ul>
    </div>
</div>
<div data-role="page" id="page2">
    <div data-role="header">
        <h1>第二页</h1>
    </div>
    <div data-role="content"> <a data-role="button" href="#page1">返回第 1 页</a>
</div>
</div>
</body>
</html>
```

图 19.1　页面初始化事件演示效果

19.2　预加载和缓存

　　为了提高页面在移动终端的访问速度，jQuery Mobile 支持页面缓存和预加载技术。当一个被链接的页面设置好预加载后，jQuery Mobile 将在加载完成当前页面后自动在后台进行预加载设置的目标页面。另外，使用页面缓存的方法，可以将访问过的 Page 视图都缓存到当前的页面文档中，下次再访问时，就可以直接从缓存中读取，而无须再重新加载页面。

19.2.1　页面预加载

扫一扫，看视频

　　相对于 PC 设备，移动终端系统配置一般都比较低，在开发移动应用程序时，要特别关注页面在移动终端浏览器中的加载速度。如果速度过慢，用户体验就会大打折扣。因此，在移动开发中对需要链接的页面进行预加载是十分有必要的，当一个链接的页面设置成预加载模式时，在当前页面加载完成之后，目标页面也被自动加载到当前文档中，这样就可以提高页面的访问速度。

　　【示例 2】　打开 18.1.3 节关于外部页面链接的示例文件（index.html），为外部链接的超链接标签 `<a>` 添加 data-prefetch 属性，设置该属性值为 true，如图 19.2 所示。

图 19.2　设置目标页预加载处理

在浏览器中预览 index.html 文档，查看加载后的 DOM 结构，会发现链接的目标文档 page2.html 和 page3.html 已经被预加载了，嵌入到当前 index.html 文档中并隐藏显示，如图 19.3 所示。

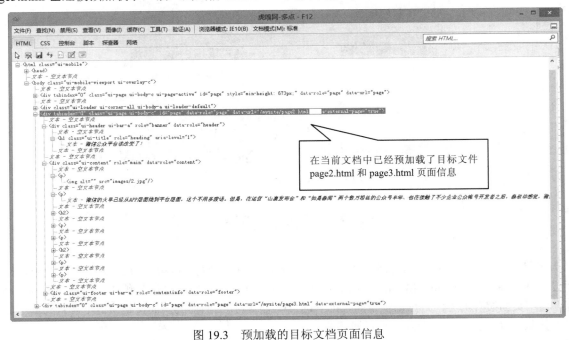

图 19.3　预加载的目标文档页面信息

📢 提示：

> 在 jQuery Mobile 中，实现页面预加载的方法有两种：
> ❧ 在需要链接页面的标签中添加 data-prefetch 属性，设置属性值为 true，或不设置属性值。设置该属性值之后，jQuery Mobile 将在加载完成当前页面以后，自动加载该链接元素所指的目标页面，即 href 属性的值。
> ❧ 调用 JavaScript 代码中的全局性方法 $.mobile.loadPage() 来预加载指定的目标 HTML 页面，其最终的效果与设置元素的 data-prefetch 属性一样。

在实现页面的预加载时，会同时加载多个页面，从而导致预加载的过程需要增加 HTTP 访问请求压力，这可能会延缓页面访问的速度，因此，页面预加载功能应谨慎使用，不要把所有外部链接都设置为预加载模式。

19.2.2　页面缓存

扫一扫，看视频

jQuery Mobile 允许将访问过的历史内容写入页面文档的缓存中，当再次访问时，不需要重新加载，只要从缓存中读取就可以。

【示例 3】　打开 19.2.1 节关于外部页面链接的示例文件（index.html），在<div data-role="page" id="page">标签中添加 data-dom-cache 属性，设置属性值为 true，可以将该页面的内容注入文档的缓存中，如图 19.4 所示。

这样在移动设备中预览上面的示例，jQuery Mobile 将把对应页视图容器中的全部内容写入缓存中。

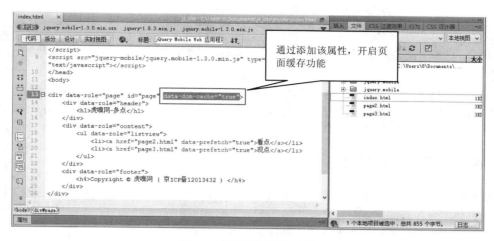

图 19.4 设置页面缓存功能

📢 提示:

如果将页面内容写入文档缓存中,jQuery Mobile 提供了以下两种方式:

↘ 在需要被缓存的视图页标签中添加 data-dom-cache 属性,设置该属性值为 true,或不设置属性值。该属性的功能是将对应的容器内容写入缓存中。

↘ 通过 JavaScript 代码设置一个全局性的 jQuery Mobile 属性值为 ture。

```
$.mobile.page.prototype.options.domCache = true;
```

上面一行代码可以将当前文档全部写入缓存中。

📢 注意:

开启页面缓存功能将会使 DOM 内容变大,可能导致某些浏览器打开的速度变得缓慢。因此,当开启缓存功能之后,应及时清理缓存内容。

19.3 使 用 锚 记

命名锚记可以用来标记页面中的位置。当单击指向命名锚记的超级链接时,页面将跳转到命名锚记的位置。

↘ 定义锚记的方法:

```
<a name="anchor">命名锚记</a>
```

↘ 定位到锚记的方法:

```
<a href="#anchor">定位到命名锚记</a>
```

在默认情况下,jQuery Mobile 自动通过 Ajax 方式处理链接单击请求,而 HTML 语法定义的命名锚记在 jQuery Mobile 中是不可以直接使用。

【示例 4】 本示例在页面底部定义一个锚记,然后设计从页面顶部跳转到页面底部。如果没有对命名锚记进行特定处理,则单击包含有命名锚记的链接后,不会出现任何跳转。

```
<div data-role="page" id="page1">
    <div data-role="header">
        <h1>命名锚记</h1>
    </div>
    <div data-role="content">
        <a href="#anchor" data-role="button">跳转到锚记位置</a>
```

```
      <div style="height:1000px;"></div>
      <a name="anchor" data-role="button" id="anchor">命名锚记位置</a></p>
   </div>
</div>
```

📣 提示：

用户可以使用特殊方法实现 HTML 锚记功能：设置 ajaxLinksEnabled(false)，禁用 jQuery Mobile 的 Ajax 特性，这样就可以正常使用命名锚记。但是这会造成异常，并且多页视图之间的跳转，或者预取页面之间跳转也会出现异常，所以不建议使用。

19.3.1 在单页视图中定义锚记

在单页视图中可以模拟实现命名锚记的效果，实现方法为：使用 JavaScript 脚本，模拟实现命名锚记的跳转。具体实现步骤如下。

第 1 步，在定义锚记的标签中添加两个特殊的属性，代码如下：

```
<a class="scroll" href="#anchor"></a>
```

其中 class="scroll" 作为特殊的钩子，用于区分锚记和非锚记的超级链接<a>标签，href="#anchor"用来定义锚记要跳转的目标标签，以 ID 名称作为钩子。

第 2 步，在定位的目标标签中定义 id 值，代码如下：

```
<a id="anchor"></a>
```

第 3 步，在 JavaScript 脚本中为，获取定义 class="scroll" 的 a 元素，然后为其绑定 click 和 vclick 的事件。

第 4 步，在事件处理函数中，通过 href="#anchor"获取定位的目标标签。

第 5 步，使用 jQuery 的 offsetTop 属性获取目标标签的纵坐标偏离值。

第 6 步，调用$.mobile.silentScroll()函数，滚动页面到目标标签的位置。

【示例 5】　以示例 4 为基础，根据上面介绍的 6 步设计一个单页视图锚记的简单演示案例，完整代码如下，演示效果如图 19.5 所示。

```
<script>
$(function(){
    $('a.scroll').bind('click vclick', function(ev){
        var target = $($(this).attr('href')).get(0).offsetTop;
        $.mobile.silentScroll(target);
        return false;
    });
})
</script>

<body>
<div data-role="page" id="page1">
    <div data-role="header">
        <h1>命名锚记</h1>
    </div>
    <div data-role="content">
        <a class="scroll" href="#anchor" data-role="button">跳转到锚记位置</a>
        <div style="height:1000px;"></div>
        <a id="anchor" data-role="button">命名锚记位置</a>
    </div>
</div>
</body>
```

（a）初始页面　　　　　　　　　　（b）跳转到页面底部

图 19.5　设计单页视图锚记

扫一扫，看视频

19.3.2　在多页视图中定义锚记

在多页视图中命名锚记的实现方式与单页视图基本一样，不同之处在于单页模板的命名锚记跳转为当前页面内，而多页模板需要跳转到指定页面的命名锚记位置。这样，多页模板中超级链接指向的命名锚记地址需要增加页面 id，使用时首先解析跳转的目标页面 id，以及跳转到的命名锚记目标对象 id。

【示例 6】　继续以示例 5 为基础，设计包含 2 个页面视图的网页文件。结构代码如下：

```
<div data-role="page" id="page1">
    <div data-role="header">
        <h1>第一页</h1>
    </div>
    <div data-role="content">
        <a class="page-scroll" href="#page2-anchor" data-role="button">跳转到锚记位
置</a>
    </div>
</div>
<div data-role="page" id="page2">
    <div data-role="header">
        <h1>第二页</h1>
    </div>
    <div data-role="content">
        <a id="anchor" data-role="button">命名锚记位置</a>
    </div>
</div>
```

在第一页中，定义<a>标签的 class 为"page-scroll"，href 为"#page2-anchor"，该值包含两部分，第一部分为要跳转页面的 id 值，第二部分为要跳转的目标标签的 id 值。

然后，在 JavaScript 脚本中输入下面的代码：

```
<script>
$(function(){
    $('a.page-scroll').bind('click vclick', function(ev){
        var href = $(this).attr('href');       //获取超级链接的 href 值
        var parts = href.split('-');           //劈开 href 字符串
        var page=parts[0];                     //获取目标页面 id 值
```

```
        var id="#"+parts[1];                    //获取定位目标 id 值
        $.mobile.changePage($(page));           //跳转到目标页面
         var target=$(id).get(0).offsetTop;     //获取目标标签的 y 轴偏移坐标
        $.mobile.silentScroll(target);          //滚到目标标签位置
        return false;
    });
})
</script>
```

在上面的代码中，当触发绑定在超级链接<a class="page-scroll" href="#page2-anchor"></a>上的 click 或 vclick 事件时，JavaScript 将会解析 href 属性值"#page2-anchor"，该属性值由两个部分构成：前半部分为页面 id，用于页面跳转；后半部分为命名锚记 id，将被传入 silentScroll ()函数中，模拟命名锚记实现跳转。两个部分通过分隔号'-'进行分割。当触发 click 或者 vclick 的事件响应函数时，会将 href 属性值所包含的两个部分解析出来，再分别使用。

📢 提示：

有别于单页视图，多页视图中的超级链接地址被解析后，指向命名锚记的 DOM 对象 id 没有包含"#"。在解析之后，获取了所要跳转的页面地址。命名锚记处理程序通过将"#"和页面 Ajax 地址拼接在一起，然后再通过调用 changePage()函数实现页面跳转。

保存页面之后，在设置浏览器中预览，则显示效果如图 19.6 所示。

(a) 第一个页面　　　　　　　　　　　(b) 跳转到第二个页面锚点位置

图 19.6　设计多页视图锚记

19.4　传递参数

在单页视图中使用基于 HTTP 的方式通过 POST 和 GET 请求传递参数，而在多页视图中不需要与服务器进行通信，通常在多页页面中以下面三种方法来实现页面间的参数传递。

➥　GET 方式：在前一个页面生成参数并传入下一个页面，然后在下一个页面中进行 GET 内容解析。

➥　通过 HTML5 的 Web Storage 进行参数传递。

➥　在当前网页中定义全局变量，在前一个页面将所需传递的参数内容赋值到变量中，在后一个页面从变量中将参数取出来。这种方式的程序灵活性较弱，不推荐使用，故不再详细介绍。

19.4.1　以 GET 方式传递参数

通过 HTTP　GET 方式将需要传递的参数附加在页面跳转的 URL 后面，然后在下一个页面中从 URL 地址中将相应参数值解析出来，并将相应参数赋值到相应 JavaScript 变量上，以实现参数传递。

【示例 7】　本示例将详细解释如何实现 GET 方式传递参数，完整代码如下：

```html
<!doctype html>
<html>
<head>
<meta charset="utf-8">
<meta name="viewport" content="width=device-width,initial-scale=1" />
<link href="jquery-mobile/jquery.mobile.theme-1.3.0.min.css" rel="stylesheet"
type="text/css">
<link href="jquery-mobile/jquery.mobile.structure-1.3.0.min.css" rel="stylesheet"
type="text/css">
<script src="jquery-mobile/jquery-1.8.3.min.js" type="text/javascript"></script>
<script src="jquery-mobile/jquery.mobile-1.3.0.min.js" type="text/javascript">
</script>
<script>
//获取 GET 参数函数，参数 name 表示需要查询的字段
function getParameterByName(name){
    //截取当前 URL 中"?"后面的字符串，然后通过正则表达式匹配出"?"
    //或"&"与"="分隔符之间的名值字符串，且名称为参数指定的字符串
    var match = RegExp('[?&]' + name + '=([^&]*)').exec(window.location.search);
    //返回匹配的字符串，并进行转码，替换掉其中的加号"+"
    return match && decodeURIComponent(match[1].replace(/\+/g, ' '));
}
//在第二个页面显示时，调用该事件函数，在事件函数中调用上面函数，获取指定参数值
$('#page2').live('pageshow', function(event, ui){
    alert("传递给第二个页面的参数: " + getParameterByName('parameter'));
});
</script>
</head>
<body>
<div data-role="page" id="page1">
    <div data-role="header">
        <h1>第一页</h1>
    </div>
    <div data-role="content">
        <a href="?parameter=1#page2" rel="external" data-role="button">下一页 1</a>
        <a href="?parameter=2#page2" rel="external" data-role="button">下一页 2</a>
    </div>
</div>
<div data-role="page" id="page2">
    <div data-role="header">
        <h1>第二页</h1>
    </div>
    <div data-role="content">
        <a href="#page1" id="anchor" data-role="button">返回</a>
    </div>
</div>
</body>
```

```
</html>
```

首先，定义超级链接，生成 HTTP GET 方式的 URL 地址和进行参数赋值的代码结构通常会是这样的形式：

```
<a href="?parameter=1#page2" re1="external" data-role="button">下一页 1</a>
```

在基于 GET 方式进行参数传递的时候，参数定义在前，而 Ajax 指向的页面 DOM 对象 id 在后。在这段代码中，参数传递数值 1 在前，而跳转到的# page2 这个页面的 Ajax 页面信息放在参数值之后。

下一个页面在接收来自前一个页面的参数传递时，可以通过正则表达式解析以问号（?）开始的部分。问号通常是 URL 页面和参数之间的分割符号，问号之前为页面地址，问号之后为参数部分。将参数部分的内容解析出来，就可以获得相应的参数名称和内容。

保存页面，在移动设备中预览，则显示如图 19.7 所示。这种参数处理方式在大多数支持 HTML4 和 HTML5 的浏览器环境下可以正常运行，在移动设备的兼容性会比较好。

（a）确定向第二个页面传递参数　　　　　（b）显示从第一个页面获取的参数

图 19.7　使用 GET 方式传递参数

📢 注意：

> 访问的页面形式为外部链接形式 rel="external"，否则页面间的参数传递将无法正常执行。

扫一扫，看视频

19.4.2　通过 HTML5 Web Storag 传递参数

Web Storage 是 HTML5 定义的基于浏览器的存储方法，包含两部分：

- sessionStorage 是将存储内容以会话的形式存储在浏览器中，由于是会话级别的存储，当浏览器关闭之后，sessionStorage 中的内容会全部消失。
- localStorage 是基于持久化的存储，类似于传统 HTML 开发中 cookie 的使用，除非主动删除 localStorage 中的内容，否则将不会删除。

在 jQuery Mobile 中实现页面间参数传递时，一般不使用 localStorage，而是使用 sessionStorage。因为 localStorage 将内容持久化存储在本地，这在页面间传递参数通常是不必要的。

【示例 8】　本示例使用 sessionstorage 进行多页视图中各个页面间参数传递，完整代码如下，演示效果同示例 7。

```
<!doctype html>
<html>
<head>
```

```
<meta charset="utf-8">
<meta name="viewport" content="width=device-width,initial-scale=1" />
<link href="jquery-mobile/jquery.mobile.theme-1.3.0.min.css" rel="stylesheet" type=
"text/css">
<link href="jquery-mobile/jquery.mobile.structure-1.3.0.min.css" rel="stylesheet"
type="text/css">
<script src="jquery-mobile/jquery-1.8.3.min.js" type="text/javascript"></script>
<script src="jquery-mobile/jquery.mobile-1.3.0.min.js" type="text/javascript"> </script>
<script>
$('#page2').live('pageshow', function(event, ui){
    alert("传递给第二个页面的参数: " + sessionStorage.name);
});
</script>
</head>
<body>
<div data-role="page" id="page1">
   <div data-role="header">
      <h1>第一页</h1>
   </div>
   <div data-role="content">
     <a href="#page2" onclick="sessionStorage.name=1" data-role="button">下一页
1</a>
     <a href="#page2" onclick="sessionStorage.name=2" data-role="button">下一页
2</a>
   </div>
</div>
<div data-role="page" id="page2">
   <div data-role="header">
      <h1>第二页</h1>
   </div>
   <div data-role="content">
      <a href="#page1" data-role="button">返回</a>
   </div>
</div>
</body>
</html>
```

19.5 加载消息

　　加载消息是改善用户体验设计的一种措施。当从一个页面跳转到另一个页面的时候，如果移动网络的速度慢或者需要加载的页面尺寸过大，将会造成加载时间过长，这时通过呈现加载消息将有助于改善人机交互界面。jQuery Mobile 提供了默认的加载动画提示，当页面加载失败时会呈现 Error Loading Page 提示信息。

19.5.1　自定义加载消息

在默认情况下，加载的消息内容为 loading，加载错误消息的内容为 Error Loading Page。用户可以根据需要定制加载消息的内容，例如，使用中文呈现页面加载错误消息，这可以通过绑定 mobileinit 事件对 loadingMessage 和 pageLoadErrorMessage 重新赋值来实现。

【示例9】　定义加载消息为中文字符的脚本代码如下。

```
$(document).bind("mobileinit", function(){
    $.mobile.pageLoadErrorMessage="页面加载错误";
    $.mobile.loadingMessage="页面正在加载中";
    $.mobile.loadingMessageTextVisible=true;
    $.mobile.loadingMessageTheme="d";
});
```

📢 注意：

由于 mobileinit 在 jQuery Mobile JavaScript 库加载之后马上进行加载，所以定义 pageLoadErrorMessage 的 JavaScript 代码段需要放在引用 jQuery Mobile JavaScript 文件之前，否则将无法正常运行。

【示例10】　本示例通过 mobileinit 初始化事件绑定实现 pageLoadErrorMessage 的自定义消息。需要注意的是，mobileinit 的绑定必须在引用 jQuery 库之后、引用 Query Mobile 库之前的位置。

```
<!doctype html>
<html>
<head>
<meta charset="utf-8">
<meta name="viewport" content="width=device-width,initial-scale=1" />
<link href="jquery-mobile/jquery.mobile.theme-1.3.0.min.css" rel="stylesheet" type="text/css">
<link href="jquery-mobile/jquery.mobile.structure-1.3.0.min.css" rel="stylesheet" type="text/css">
<script src="jquery-mobile/jquery-1.8.3.min.js" type="text/javascript"></script>
<script>
$(document).bind("mobileinit", function(){
    $.mobile.pageLoadErrorMessage="页面加载错误";
});
</script>
<script src="jquery-mobile/jquery.mobile-1.3.0.min.js" type="text/javascript">
</script>
</head>
<body>
<div data-role="page">
    <div data-role="header">
        <h1>页面加载</h1>
    </div>
    <div data-role="content">
        <p>返回首页面: <a href="notexisting.html">index.html<a></p>
    </div>
</div>
</body>
</html>
```

🔊 提示：

加载错误的消息也可以绑定在 pageinit、pageshow 或者 onclick 事件以实现定制化错误消息。下面的代码基于 pageinit 事件自定义加载消息。

```
$("#page").live("pageinit", function(){
    $.mobile.pageloadErrorMessage="页面加载错误.";
    $.mobile.loadingMessage="页面加成过程中";
});
```

除了能够自定义文字内容外，还可以设定加载消息是否支持动画，以及加载消息和加载错误消息的风格样式。加载消息的风格样式可以分别基于加载中的消息和加载错误的消息两类属性进行定制。常用的加载消息属性如表 19.1 所示，常用的加载错误消息属性如表 19.2 所示。

图 19.1   常用的加载消息属性

属 性	说 明
loadingMessage	设置自定义加载消息，默认为 loading
loadingMessageTextVisible	如果将该属性设置为 true，则表示任何情况下加载消息均会被显示
loadingMessageTheme	设置加载消息的呈现风格，默认风格为 a

图 19.2   常用的加载错误消息属性

属 性	说 明
pageLoadErrorMessage	当通过 Ajax 加载页面发生错误时呈现的页面加载错误消息，默认值为 Error Loading Page
pageLoadErrorMessageTheme	设置加载错误消息的呈现风格，默认风格为 e，表示淡黄色背景的消息框

【示例 11】   在本示例中，使用 Dreamweaver CC 新建一个 HTML 页面，在页面中增加一个<a>标签，将该标签的 href 属性值设置为一个不存在的页面文件 news.html。用户单击该元素时，将显示自定义的错误提示信息，效果如图 19.8 所示。

（a）页面初始化预览效果

（b）错误提示信息

图 19.8   自定义错误提示信息

【操作步骤】

第 1 步，启动 Dreamweaver CC，选择"文件"|"新建"命令，打开"新建文档"对话框。在该对话框中选择"空白页"项，设置页面类型为 HTML，设置文档类型为 HTML5，然后单击"创建"按钮，

完成文档的创建操作。

第 2 步，按 Ctrl+S 快捷键，保存文档为 index.html。

第 3 步，选择"插入"|"jQuery Mobile"|"页面"命令，打开"页面"对话框，在该对话框中设置页面的 ID 值，同时设置页面视图是否包含标题栏和页脚栏。保持默认设置，单击"确定"按钮，完成在当前 HTML5 文档中插入页面视图结构，设置如图 19.9 所示。

在编辑窗口中，可以看到 Dreamweaver CC 新建了一个页面，页面视图包含标题栏、内容框和页脚栏，同时在"文件"面板的列表中可以看到复制的相关库文件。

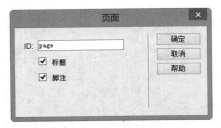

图 19.9 设置"页面"对话框

第 4 步，选中内容栏中的"内容"文本，清除内容栏内的文本，然后输入三级标题"修改配置"，定义一个超链接，链接到 news.html，如图 19.10 所示。

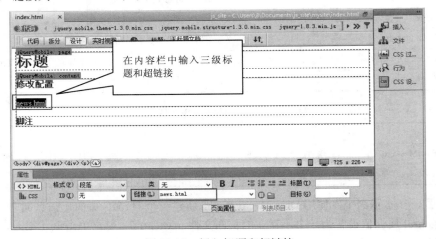

图 19.10 插入标题和超链接

第 5 步，切换到代码视图，在头部区域输入下面的脚本代码。

```
<script>
$(document).bind("mobileinit", function() {
    $.extend($.mobile, {
        loadingMessage: '加载中...',
        pageLoadErrorMessage: '找不到对应页面！'
    });
});
</script>
```

为文档注册 mobileinit 事件，在 mobileinit 初始化事件回调函数中使用$.extend()工具函数为$.mobile 重置两个配置参数：loadingMessage 和 pageLoadErrorMessage，这两个配置变量都是 jQuery Mobile 的配置参量。整个修改过程是在 mobileinit 事件中完成的。

第 6 步，在头部位置添加如下元信息，定义视图宽度与设备屏幕宽度保持一致。

```
<meta name="viewport" content="width=device-width,initial-scale=1"/>
```

第 7 步，完成设计之后，在移动设备中预览 index.html 页面，当单击超链接选项，将会显示错误提示信息。

◀💬 注意：

> 由于 mobileinit 事件是在页面加载时立刻触发，因此，无论是在页面上直接编写 JavaScript 代码，还是引用 JS 文件，都必须将它放到 jquery.mobile 脚本文件之前，否则代码无效，如图 19.11 所示。

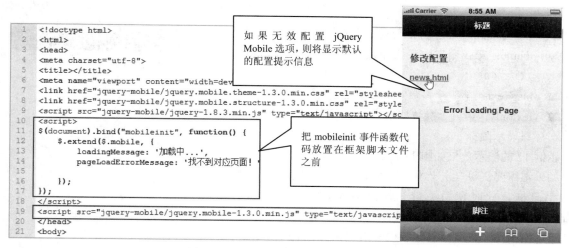

图 19.11　正确放置配置参数代码位置

🔊 提示：

在上面示例中，借助$.mobile 对象，在 mobileinit 事件中通过下列两行代码，分别修改了页面加载时和加载出错时的提示信息，代码如下：

```
$.extend($.mobile, {
    loadingMessage: '加载中...',
    pageLoadErrorMessage: '找不到对应页面！'
});
```

上述代码调用了 jQuery 中的$.extend()方法进行扩展，实际上也可以使用$.mobile 对象直接对各配置值进行设置，例如上述代码可以这样修改：

```
$(document).bind("mobileinit", function() {
    $.mobile.loadingMessage = '加载中...';
    $.mobile.pageLoadErrorMessage = '找不到对应页面！';
});
```

通过在 mobileinit 事件中加入上述代码中的任意一种，都可以实现修改默认配置项 loadingMessage 和 pageLoadErrorMes sage 的显示内容。

19.5.2　管理加载消息

在某些情况下，需要根据应用场景而触发不同的消息。例如，当在 jQuery Mobile 中通过延迟加载从服务器获取某个列表信息时，则可能会显示个性化信息"列表加载中…"，而不是统一的"页面加载中…"消息。

【示例 12】　如果想通过程序触发加载消息，可以使用$.mobile.showPageLoadingMsg()方法。实现代码如下：

```
<div data-role="page">
    <div data-role="header">
        <h1>标题</h1>
    </div>
    <div data-role="content">
        <a href="#" onClick="$.mobile.showPageLoadingMsg('b','显示自定义消息框',
true); ">启动自定义消息框</a>
    </div>
```

扫一扫，看视频

```
</div>
```

showPageLoadingMsg()方法包含 3 个参数，具体说明如下：

- ➤ theme：第一个参数定义加载消息时，界面呈现风格，默认为 a。
- ➤ msgText：第二个参数定义加载消息显示的文字。
- ➤ textonly：第三个参数如果为 true，则只显示文字，否则只显示图标。

示例 12 的演示效果如图 19.12 所示。

如果不需要实现自定义消息，而仅仅在程序需要的时候触发加载消息框，此时使用不带有任何参数的 $.mobile.showPageLoadingMsg()方法就可以了。

图 19.12　使用脚本显示自定义消息框

【示例 13】　与页面跳转过程中的加载消息不同，通过程序触发的加载消息框是不会自动关闭的，如果没有通过程序加以控制，消息框将始终在页面上。要想关闭消息框，可以使用 $.mobile.hidePageLoadingMsg()。代码如下：

```
<div data-role="page">
    <div data-role="header">
        <h1>标题</h1>
    </div>
    <div data-role="content">
        <a href="#" onClick="$.mobile.showPageLoadingMsg('b', '显示自定义消息框',
true); " data-role="button">启动自定义消息框</a>
        <a href="#" onClick="$.mobile.hidePageLoadingMsg();" data-role="button">
单击关闭消息框</a>
    </div>
</div>
```

📢 提示：

使用 JavaScript 调用 $.mobile.showPageloadingMsg()，并通过参数自定义消息框在 jQuery Mobile 1.0 和 1.1.0 这两个版本下的呈现是不同的。在 jQuery Mobile 1.0 中，通常只能呈现默认消息框，而在 1.1.0 中可以实现自定义消息。如果在 jQuery Mobile 1.0 下进行自定义消息实现，则需要封装到相对复杂的 JavaScript 函数中来实现。

19.6　实　战　案　例

本节将通过多个案例演示页面设计的实战技巧。

19.6.1　设计电子书阅读器

扫一扫，看视频

本示例将通过多页面视图设计一个电子书阅读器。运行之后，默认显示为图 19.13（a）所示的界面。在该实例文档页面中包含 4 个 page 控件，默认只有第一个 page 中的内容被显示了出来，可以通过单击页面中的目录按钮依次切换到内容视图页面，显示效果如图 19.13（b）所示。

(a) 目录视图页　　　　　　　(b) 内容视图页

图 19.13　设计的电子书阅读器

本示例完整代码如下：

```
<!doctype html>
<html>
<head>
<meta charset="utf-8">
<meta name="viewport" content="width=device-width,initial-scale=1" />
<link  href="jquery-mobile/jquery.mobile.theme-1.3.0.min.css"  rel="stylesheet"
type="text/css">
<link  href="jquery-mobile/jquery.mobile.structure-1.3.0.min.css"  rel="stylesheet"
type="text/css">
<script src="jquery-mobile/jquery-1.8.3.min.js" type="text/javascript"></script>
<script  src="jquery-mobile/jquery.mobile-1.3.0.min.js"  type="text/javascript">
</script>
</head>
<body>
<div data-role="page" id="home" data-title="首页">
   <div data-role="header" data-position="fixed">
      <a href="#">返回</a>
      <h1>《红楼梦》目录</h1>
      <a href="#">设置</a>
   </div>
   <div data-role="content">
      <ul data-role="listview">
         <li><a href="#page_1">第一回</a></li>
         <li><a href="#page_2">第二回</a></li>
         <li><a href="#page_3">第三回</a></li>
         <li><a href="#page_1">第四回</a></li>
         <li><a href="#page_2">第五回</a></li>
         <li><a href="#page_3">第六回</a></li>
         <li><a href="#page_1">第七回</a></li>
         <li><a href="#page_2">第八回</a></li>
         <li><a href="#page_3">第九回</a></li>
         <li><a href="#page_1">第十回</a></li>
      </ul>
   </div>
</div>
```

```
        <div data-role="footer" data-position="fixed">
            <h1>电子书阅读器</h1>
        </div>
    </div>
<!--首页-->
<div data-role="page" id="page_1" data-title="第一回">
    <div data-role="header" data-position="fixed">
        <a href="#home">返回</a>
        <h1>第一回</h1>
        <a href="#">设置</a>
    </div>
    <div data-role="content">
        <h1>第一回 甄士隐梦幻识通灵 贾雨村风尘怀闺秀</h1>
        <h4>僧道谈论绛珠仙草为神瑛侍者还泪之事。僧道度脱甄士隐女儿英莲未能如愿。甄士隐与贾雨村
结识。英莲丢失；士隐出家，士隐解"好了歌"。 </h4>
    </div>
    <div data-role="footer" data-position="fixed">
        <h1>《红楼梦》</h1>
    </div>
</div>
<div data-role="page" id="page_2" data-title="第二回">
    <div data-role="header" data-position="fixed">
        <a href="#home">返回</a>
        <h1>第二回</h1>
        <a href="#">设置</a>
    </div>
    <div data-role="content">
        <h1>第二回 贾夫人仙逝扬州城 冷子兴演说荣国府</h1>
        <h4>士隐丫头娇杏被雨村看中。雨村发迹后先娶娇杏为二房，不久扶正。雨村因贪酷被革职，给巡
盐御史林如海独生女儿林黛玉教书识字。 冷子兴和贾雨村谈论贾府危机；谈论宝玉聪明淘气，常说"女儿是
水做的骨肉，男子是泥做的骨肉，我见了女儿便清爽，见了男子便觉浊臭逼人"，谈论邪正二气及大仁大恶之
人。 </h4>
    </div>
    <div data-role="footer" data-position="fixed">
        <h1>《红楼梦》</h1>
    </div>
</div>
<div data-role="page" id="page_3" data-title="第三回">
    <div data-role="header" data-position="fixed">
        <a href="#home">返回</a>
        <h1>第三回</h1>
        <a href="#">设置</a>
    </div>
    <div data-role="content">
        <h1>第三回 贾雨村夤缘复旧职 林黛玉抛父进京都 </h1>
        <h4>黛玉母逝，贾母要接外孙女黛玉；林如海写信给贾政为雨村谋求复职。 黛玉进贾府，不肯多说
一句话，多行一步路，怕被人耻笑。贾母疼爱林黛玉；"凤辣子"出场；王夫人要黛玉不要招惹宝玉；宝黛相
会，一见如故。 </h4>
    </div>
    <div data-role="footer" data-position="fixed">
        <h1>《红楼梦》</h1>
    </div>
```

```
  </div>
  </body>
  </html>
```

本示例分别为 page 控件加入了两个属性 id 和 data-title。id 的作用就是区分各个 page，按照 jQuery Mobile 的官方说明文档，当一个页面中有多个 page 控件时，将会优先显示 id 为 home 的视图页，如果没有则会按照代码中的先后顺序，对第一个 page 中的内容进行渲染。

```
<div data-role="page" id="page_1" data-title="第一回">
    ......
</div>
```

在视图页中，可以定义链接指向某个 page，在 HTML 中以"#"开头的通常都是指 id，此处用来确定单击后页面会转向哪一个 page 控件，这种用法其实在原生 HTML 中已经存在了。

```
<a href="#page_1">第一回</a>
```

data-title 属性相当于原生 HTML 中的<title>标签，这里不过是为页面中的每一个 page 都建立了一个 title 而已。

◀)) 提示：

> 使用多视图设计页面，会出现延迟现象，尤其是在一个页面刚刚被加载时，常常伴有屏幕闪烁的现象。针对这一现象，不只是 jQuery Mobile，一切基于 HTML5 的开发框架暂时都无法解决，但是却可以想办法避免。本例在页面间进行切换时速度明显比之前所用到的那种在多个 HTML 文件之间切换的方式快了许多，这是因为本例将多个 page 控件放在同一个 HTML 文件中，虽然仅显示了一个 page，但实际上其他 page 早已经在后台完成了渲染，另外，由于不需要再重复读取 HTML 文件，因此切换的速度加快了许多。

◀)) 注意：

> 使用多视图设计 Web 应用，虽然这种方法非常好，但是还是建议用户多采取传统的在多个文件间切换的方式。因为当需要将应用借助 PhoneGap 进行打包时，这种在一个页面中加入多个 page 控件的方式，能够有效地提高应用运行的效率。但是在开发传统的 Web 应用时不推荐使用这种方法，原因有两点：第一是因为从服务端读取数据的时间远比页面加载的时间要长，因此提高的效率完全可以忽略；第二，对于新手来说，多个 page 嵌套就意味着更加复杂的逻辑，尤其是一些需要频繁对数据库进行读取的应用，很容易使初学者手忙脚乱。

19.6.2　设计 BBS 界面

本案例使用 jQuery Mobile 实现一个 BBS 主界面，该页面简洁、漂亮，主题排列一目了然，效果如图 19.14 所示。

首先，使用 Dreamweaver 新建一个 HTML5 文档，保存为 index.html，然后在<head>头部区域导入 jQuery Mobile 库文件。然后在<body>区域定义一个单页面视图<div data-role="page">。在该视图的<div data-role="content">内容容器中定义一个列表视图。

图 19.14　设计的 BBS 主界面

```
<ul data-role="listview" data-filter="true" data-filter-
placeholder="Search fruits..." data-inset="true">
</ul>
```

在列表视图中使用<li data-role="list-divider">列表项目分离多个论坛主题。整个示例的结构代码如下：

```
<body>
<div data-role="page">
   <div data-role="header" data-position="fixed"> <a href="#" data-icon="info">
关于</a>
      <h1>jQuery Mobile<br>中文社区</h1>
```

```
            <a href="#" data-icon="home">主页</a> </div>
    <div data-role="content">
        <ul data-role="listview" data-filter="true" data-filter-placeholder=
"Search fruits..." data-inset="true">
            <li data-role="list-divider">jQuery Mobile 开发区</li>
            <li> <a href="#">新手入门</a> </li>
            <li> <a href="#">开发资料大全</a> </li>
            <li> <a href="#">实例教程</a> </li>
            <li> <a href="#">扩展插件</a> </li>
            <li data-role="list-divider">jQuery Mobile 问答区</li>
            <li> <a href="#">问题解答</a> </li>
            <li> <a href="#">测试专辑</a> </li>
            <li data-role="list-divider">jQuery Mobile 项目外包</li>
            <li> <a href="#">人才招聘</a> </li>
            <li> <a href="#">插件交易</a> </li>
        </ul>
    </div>
    <div data-role="footer" data-position="fixed">
        <div data-role="navbar">
            <ul>
                <li><a href="#" data-icon="gear">注册</a></li>
                <li><a href="#" data-icon="check">登录</a></li>
                <li><a href="#" data-icon="alert">版规</a></li>
            </ul>
        </div>
    </div>
</div>
</body>
```

19.6.3　设计记事本

扫一扫，看视频

网上比较流行印象笔记，它为开发者提供了开放的 API，本节案例使用 jQuery Mobile 和 PhoneGap 来实现一款简单的记事本应用，这里仅仅设计界面部分，效果如图 19.15 所示。

（a）记事列表　　　　　　　　　　　（b）新建记事

图 19.15　设计记事本

本例使用两个视图页进行设计，其中第一个 page 控件用于显示记事列表，另一个 page 控件用于添加记事，结构如下：

```
<div data-role="page" id="home" data-title="记事本">
    <div data-role="header" data-position="fixed"></div>
    <div data-role="content"></div>
    <div data-role="footer" data-position="fixed"></div>
</div>
<div data-role="page" id="new" data-title="新建记事本">
    <div data-role="header" data-position="fixed"> </div>
    <div data-role="content"></div>
    <div data-role="footer" data-position="fixed"></div>
</div>
```

然后，使用列表视图<ul data-role="listview">在第一个视图页中显示记事列表，在第二个视图页中使用<form>插入一个表单，设计在第一个页面中单击"新建"按钮，可以跳转到第二个页面，记事完毕，单击"提交"按钮，或者单击"返回"按钮，再次返回到首页列表视图下。

整个示例的完整代码如下：

```
<!doctype html>
<html>
<head>
<meta charset="utf-8">
<meta name="viewport" content="width=device-width,initial-scale=1" />
<link href="jquery-mobile/jquery.mobile.theme-1.3.0.min.css" rel="stylesheet"
type="text/css">
<link href="jquery-mobile/jquery.mobile.structure-1.3.0.min.css" rel="stylesheet"
type= z"text/css">
<script src="jquery-mobile/jquery-1.8.3.min.js" type="text/javascript"></script>
<script src="jquery-mobile/jquery.mobile-1.3.0.min.js" type="text/javascript">
</script>
<body>
<div data-role="page" id="home" data-title="记事本">
    <div data-role="header" data-position="fixed">
        <h1>记事本</h1>
        <a href="#new" data-icon="custom">新建</a>
    </div>
    <div data-role="content">
        <ul data-role="listview">
            <li><a href="#">
                <h1>2016/5/1 星期日</h1>
                <p>你站在桥上看风景，看风景的人在楼上看你，明月装饰了你的窗子，你装饰了别人的梦。
</p></a></li>
            <li><a href="#">
                <h1>2016/5/2 星期一</h1>
                <p>从明天起，做一个幸福的人，喂马，劈柴，周游世界；从明天起，关心粮食和蔬菜；我
有一所房子，面向大海，春暖花开</p></a></li>
            <li><a href="#">
                <h1>2016/5/3 星期二</h1>
                <p>参观科技馆</p></a></li>
            ……
        </ul>
    </div>
    <div data-role="footer" data-position="fixed"></div>
```

```html
</div>
<div data-role="page" id="new" data-title="新建记事本">
    <div data-role="header" data-position="fixed">
        <h1>新建记事本</h1>
        <a href="#home" data-icon="back">返回</a>
    </div>
    <div data-role="content">
        <form>
            <label for="note">请输入内容:</label>
            <textarea name="note" id="note" style="height:100%; min-height:200px">
</textarea>
        </form>
    </div>
    <div data-role="footer" data-position="fixed">
        <div data-role="navbar">
            <ul><li><a href="#" data-icon="arrow-u">保存</a></li></ul>
        </div>
    </div>
</div>
</body>
</html>
```

第 20 章　设计弹出页面

弹出页面是 jQuery Mobile 1.2.0 开始支持的新特性。使用弹出页面，能够快速开发出用户体验更好的移动应用。基于弹出页面，开发者可以定制浮在移动设备浏览器之上的对话框、菜单、提示框、表单、相册和视频，甚至可以集成第三方的地图组件。

【学习重点】

● 认识弹出页面。

● 熟悉不同形式的弹出效果。

● 集成弹出图片、视频和覆盖面板等高级应用。

● 定制弹出页面样式。

20.1　定义弹出页面

扫一扫，看视频

弹出页面包括弹出对话框，弹出菜单或嵌套菜单，弹出表单、图片、视频，弹出覆盖面板、地图等不同的形式。几乎所有能够用来"弹出"的页面元素，都可以通过一定方式应用到弹出页面上。

📢 提示：

> 在 jQuery Mobile 1.1.1 版本及其早期版本中，仅支持丰富的页面切换，没有提供在一个页面中弹出一个浮动页面或者对话框的功能，在 jQuery Mobile 1.2.0 及其之后的版本中实现对弹出对象的支持。

与模态对话框不同，当用户打开一个弹出框时，一个提示框将在当前页面呈现出来，而不需要跳转到其他页面。

弹出页面包括弹出按钮和弹出框两个部分，具体实现步骤如下：

第 1 步，定义弹出按钮。弹出按钮通常基于一个超级链接来实现，在超级链接中，设置属性 data-rel 为"popup"，表示以弹出页面方式打开所指向的内容。

```
<a href="#popupTooltip" data-rel="popup" data-role="button" data-inline="true">
提示框</a>
```

第 2 步，定义弹出框。弹出框部分通常是一个 div 的 DOM 容器，这个容器标签一般为<div>，声明 data-role 属性，设置值为 popup，表示以弹出方式呈现其中的内容。

```
<div data-role="popup" id="popupTooltip"></div>
```

与在多页视图中打开对话框或者页面的方式一样，超级链接中 href 属性值所指向的地址是页面 DOM 容器的 id 值。当单击超级链接时，则打开弹出页面。因为超级链接的 data-rel 设置为 popup，以及页面的 data-role 也设置为 popup，则这样的页面将以弹出页面的形式打开。

【示例 1】　本示例代码定义了一个最简单的弹出页，弹出页仅包含简单的文本，没有进行任何设置，效果如图 20.1 所示。

```
<div data-role="page">
   <div data-role="header">
      <h1>定义弹出页</h1>
   </div>
   <div data-role="content">
      <a class="ui-btn ui-corner-all ui-shadow ui-btn-inline" href="#popupBasic"
data-transition="pop" data-rel="popup">打开弹出页</a>
```

```
        <div id="popupBasic" data-role="popup">
            <p>这是一个最简单的弹出框，没有任何设置</p>
        </div>
    </div>
</div>
```

 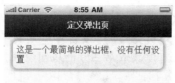

（a）单击触发超级链接　　　　　　（b）弹出框（简单的弹出页效果）

图 20.1　定义简单的弹出页

最简单的弹出页就是一个弹出框，包含一段文字，相当于一个简单的提示框。要关闭提示框，只需要在屏幕空白位置点击，或者按 Esc 键退出弹出框。

20.2　使用弹出页面

很多用户界面都适合使用弹出页，如提示框、菜单、嵌套菜单、表单、对话框等。本节将介绍常用弹出页应用场景。

20.2.1　菜单和嵌套菜单

弹出菜单有助于用户在操作过程中选择功能或切换页面。在 jQuery Mobile 中，设计弹出菜单，可以使用弹出页面来实现，若要实现弹出菜单的功能，只要将包含有菜单的列表视图加入到弹出页面的 div 容器中即可。

【示例 2】　本示例演示了如何快速定义一个简单的弹出菜单。该弹出菜单通过超级链接触发，主要代码如下，演示效果如图 20.2 所示。

```
<div data-role="page">
    <div data-role="header">
        <h1>定义弹出菜单</h1>
    </div>
    <div data-role="content">
        <a  class="ui-btn ui-corner-all ui-shadow ui-btn-inline ui-icon-gear
ui-btn-icon-left ui-btn-a" href="#popupMenu" data-transition="slideup" data-rel=
"popup">弹出菜单</a>
        <div id="popupMenu" data-role="popup" data-theme="b">
            <ul style="min-width: 210px;" data-role="listview" data-inset="true">
                <li data-role="list-divider">选择命令</li>
                <li><a href="#">查看代码</a></li>
                <li><a href="#">编辑</a></li>
                <li><a href="#">禁用</a></li>
                <li><a href="#">删除</a></li>
            </ul>
        </div>
    </div>
</div>
```

（a）单击触发超级链接

（b）弹出菜单效果

图 20.2　定义弹出菜单

如果需要分类显示菜单，则可以为分类条目设置 data-role 属性为 divider 来实现。菜单分类显示的样式可以参照上面的代码。如果菜单高度比较小，那么分类之后便于大家识别和定位。如果菜单条目很多，这个设计就不方便了。如果菜单高度超过移动设备浏览器的高度，操作菜单时还需要滚动屏幕，这样很容易误碰到菜单之外的区域，而关闭菜单。在菜单条目很多的场景下，使用嵌套菜单能够获得更好的用户体验。

【示例 3】　本示例设计把多个列表项目分别放在一个折叠组中，定义折叠组包含两个折叠项目，每个项目下面包含多个子项目，效果如图 20.3 所示。

```html
<a class="ui-btn ui-corner-all ui-shadow ui-btn-inline ui-icon-bars ui-btn-icon-left ui-btn-b" href="#popupNested" data-transition="pop" data-rel="popup">弹出折叠菜单</a>
<div id="popupNested" data-role="popup" data-theme="none">
    <div style="margin: 0px; width: 300px;" data-role="collapsibleset" data-theme="b" data-expanded-icon="arrow-d" data-collapsed-icon="arrow-r" data-content-theme="a">
        <div data-role="collapsible" data-inset="false">
        <h2>列表标题 1</h2>
            <ul data-role="listview">
                <li><a href="#" data-rel="dialog">列表内容 11</a></li>
                <li><a href="#" data-rel="dialog">列表内容 12</a></li>
            </ul>
        </div><!-- /折叠项 -->
        <div data-role="collapsible" data-inset="false">
        <h2>列表标题 2</h2>
            <ul data-role="listview">
                <li><a href="#" data-rel="dialog">列表内容 21</a></li>
                <li><a href="#" data-rel="dialog">列表内容 22</a></li>
            </ul>
        </div><!-- /折叠项 -->
    </div><!-- /折叠组 -->
</div><!-- /弹出页 -->
```

（a）单击触发超级链接

（b）弹出折叠菜单效果

图 20.3　定义弹出折叠菜单

要实现嵌套菜单，可以通过在弹出页面中嵌入折叠列表。折叠列表是 jQuery Mobile 1.2.0 开始支持的。在将折叠列表装入弹出页面的 div 容器之后，通过单击弹出页面的超级链接按钮就可以打开这个嵌套菜单。

◀)) 注意:

> 嵌套菜单是通过集成折叠列表实现的。与折叠列表的使用约束一样，嵌套菜单只支持一级嵌套，而不支持多级嵌套。

菜单和嵌套菜单的超级链接设计与所有其他弹出页面的超级链接按钮几乎是一样的。需要注意的是，在超级链接按钮中，增加值为 popup 的属性 data-rel，然后将超级链接地址指向弹出菜单的 DOM 容器 id 即可。

20.2.2 表单

在 jQuery Mobile 1.2.0 之前的表单中，只能在页面中嵌入表单。如果将表单嵌入在一个弹出页面中，那么表单的内容将更加突出。和所有的 HTML 表单操作一样，在提交弹出表单的内容时，表单内容都可以提交到 Web 服务器进行进一步处理。

【示例4】 要实现弹出表单，只需在弹出页面的 div 容器中加入表单即可。本示例演示如何在一个弹出页面中嵌入一个登录表单，实现代码如下，效果如图 20.4 所示。

```
<div data-role="content">
    <a class="ui-btn ui-corner-all ui-shadow ui-btn-inline ui-icon-check ui-btn-
icon-left ui-btn-a" href="#popupLogin" data-transition="pop" data-rel= "popup"
data-position-to="window">请登录</a>
    <div class="ui-corner-all" id="popupLogin" data-role="popup" data-theme="a">
        <form>
            <div style="padding: 10px 20px;">
                <h3>登录</h3>
                <label class="ui-hidden-accessible" for="un">用户名:</label>
                <input name="user" id="un" type="text" placeholder="用户名" value=""
data-theme="a">
                <label class="ui-hidden-accessible" for="pw">密 码:</label>
                <input name="pass" id="pw" type="password" placeholder=" 密 码 "
value="" data-theme="a">
                <button class="ui-btn ui-corner-all ui-shadow ui-btn-b ui-btn-icon-
left ui-icon-check" type="submit">确定</button>
            </div>
        </form>
    </div>
</div>
```

在上面代码中将表单的 theme 色板设置为 a，这是一种底色为深黑色的配色。用户可以尝试不同的主题色版，不同色版将呈现不同的配色效果。jQuery Mobile 默认支持 5 种色板，分别对应 data-theme 属性的 a、b、c、d、e，用户可以选择不同的色板以美化弹出效果，代码如下:

图 20.4 定义弹出表单

```
<div class="ui-corner-all" id="popupLogin" data-role="popup"
data-theme="b">
```

在弹出页面表单中，需要对表单元素距离弹出页面的边界进行定义，具体代码如下:

```
<div style="padding: 10px 20px;">
```

在弹出页面的设计中，这个表单的边距设置是必须要注意的。否则，表单元素和弹出页面会拥挤在一起而显得局促。如果不是弹出表单,通常不需要特别增加这样的边距设计。

📣 提示:

> 在未来版本中,jQuery Mobile 有可能通过增加新的 CSS 样式定义解决这个问题。如果开发者需要手工实现表单在弹出页面中的边距设定,最好能够根据不同屏幕分辨率使用 CSS3 的 Media Queries 技术选择不同的边距设定。因为普通移动屏幕和高分辨率屏幕的呈现效果可能不同,通过 CSS3 的 Media Queries 技术将可以更好地应对这样的场景。

20.2.3　对话框

弹出对话框是弹出页面最常用的功能,在之前介绍的对话框页面中,往往需要从一个页面切换到对话框页面才能显示对话框内容,而基于弹出页面对话框,用户将不需要进行页面切换就可以直接看到对话框的内容。

定义弹出对话框的方法为:声明一个 div 容器,并设置 data-role 属性为 popup,然后将弹出对话框的代码装入这个弹出页面的 div 容器中即可。当用户单击超级链接按钮时,打开的内容就是这个弹出对话框了。

【示例 5】　本示例在页面中设计一个超级链接,单击该超级链接可以打开一个对话框,设置对话框最小宽度为 400px,主题色板设置为 b,覆盖层主题色板为 a,禁用单击背景层关闭对话框,演示效果如图 20.5 所示。

图 20.5　定义弹出对话框

```
<a class="ui-btn ui-corner-all ui-shadow ui-btn-inline ui-icon-delete ui-btn-
icon-left ui-btn-b" href="#popupDialog" data-transition="pop" data-rel= "popup"
data-position-to="window">弹出对话框</a>
<div id="popupDialog" style="min-width: 400px;" data-role="popup" data-theme="b"
data-overlay-theme="a" data-dismissible="false">
    <div data-role="header" data-theme="a">
    <h1>对话框标题</h1>
    </div>
    <div class="ui-content" role="main">
        <h3 class="ui-title">提示信息</h3>
        <p>说明文字</p>
        <a class="ui-btn ui-corner-all ui-shadow ui-btn-inline ui-btn-b" href="#"
data-rel="back">取消</a>
        <a class="ui-btn ui-corner-all ui-shadow ui-btn-inline ui-btn-b" href="#"
data-transition="flow" data-rel="back">返回</a>
    </div>
</div>
```

一般情况下,弹出对话框中只包含页眉标题栏和正文内容两部分。在某些场景下,弹出对话框也可能包含页脚工具栏,但这并不常见。在本示例中,设置 data-role 属性为 header 的 div 容器所包含的内容为页眉标题栏,页眉标题栏中 h1 到 h6 标题所包含的文字将会作为标题栏的文字突出显示。

```
<div data-role="header"> </div>
```

对话框的正文被放置在 data-role 属性为 content 的 div 容器中:

```
<div data-role="content"></div>
```

如果需要设置页脚工具栏,则可以将相应内容放置于 data-role 属性为 footer 的 div 容器中:

```
<div data-role="footer"></div>
```

20.2.4　图片

在弹出图片中,图片几乎占据整个弹出页面,突出呈现在浏览器中。实现弹出图片的方法为:将图片添加在弹出页面 div 容器中。此时图片会按比例最大程度地填充整个弹出页面。

📢 注意：

> 如果图片的尺寸和浏览器的尺寸正好一致，那么可能因为没有可以触发关闭弹出页面的地方，导致用户不方便跳转回之前的页面。因此，在弹出页面中，必须包含一个关闭按钮，具体代码如下。

```
<a href="#" data-rel="back" data-role="button" data-icon="delete" data-iconpos=
"notext" class="ui-btn-right">Close</a>
```

在 Close 超级链接按钮中，将属性 data-iconpos 设置为 notext，而将 data-rel 属性设置为 back。单击 Close 按钮后，页面会返回到上一个页面，也就是退出弹出页面而回到之前的页面。

【示例 6】 定义弹出图片的完整代码如下，演示效果如图 20.6 所示。

```
<a href="#pic" data-transition="fade" data-rel="popup" data-position-to="window">
    <img style="width: 30%;" src="images/1.jpg">
</a>
<div id="pic" data-role="popup" data-theme="b" data-corners="false" data-overlay-
theme="b">
    <a href="#" data-rel="back" data-role="button" data-icon="delete" data-iconpos=
"notext" class="ui-btn-right">Close</a>
    <img style="max-height: 512px;" src="images/1.jpg">
</div>
```

图 20.6 定义弹出图片

在实际使用过程中，移动设备屏幕会在水平方向和垂直方向之间切换。随着屏幕方向的变化，图片可能会超出屏幕显示范围，此时为了不遮挡图片，需要在页面加载的时候计算屏幕尺寸，并根据屏幕尺寸减去一定的边框值，重新设置弹出图片的尺寸。

【示例 7】 本示例设计一个弹出图片效果，并在 pageinit 事件中设置图片的最大尺寸会比屏幕高度小 50px，演示效果如图 20.7 所示。

```
<!doctype html>
<html>
<head>
<meta charset="utf-8">
<meta name="viewport" content="width=device-width,initial-scale=1" />
<link  href="jquery-mobile/jquery.mobile.theme-1.3.0.min.css"  rel="stylesheet"
type="text/css">
<link  href="jquery-mobile/jquery.mobile.structure-1.3.0.min.css"  rel="stylesheet"
type="text/css">
<script src="jquery-mobile/jquery-1.8.3.min.js" type="text/javascript"></script>
<script  src="jquery-mobile/jquery.mobile-1.3.0.min.js"  type="text/javascript">
</script>
```

```
<script>
$(document).on("pageinit",function(){                        //定义页面初始化事件函数
    $("#pic").on({                                          //为图片绑定事件
        popupbeforeposition:function(){                     //在弹出页定位之前执行函数
            var maxHeight=$(window).height()-50 + "px";     //获取设备窗口的高度
            $("#pic img").css("max-height",maxHeight);      //设置图片最大高度不高于窗口
                                                            //减去50像素
        }
    })
})
</script>
</head>
<body>
<div data-role="page">
    <div data-role="header">
        <h1>使用弹出页面</h1>
    </div>
    <div data-role="content">
        <a href="#pic" data-transition="fade" data-rel="popup" data-position-to=
"window">
            <img style="width: 30%;" src="images/1.jpg">
        </a>
        <div id="pic" data-role="popup" data-theme="b" data-corners="false" data-
overlay-theme="b">
            <a href="#" data-rel="back" data-role="button" data-icon="delete" data-
iconpos="notext" class="ui-btn-right">Close</a>
            <img style="max-height: 512px;" src="images/1.jpg">
        </div>
    </div>
</div>
</body>
</html>
```

（a）竖着显示

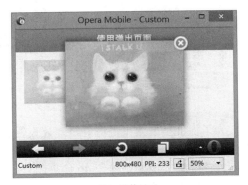

（b）横着显示

图 20.7　定义弹出图片动态显示大小

　　上图显示在移动设备中竖直和水平显示弹出图片时的效果。在水平显示时，因为屏幕比例发生变化，

此时图片高度和宽度略微发生一些调整，以便于显示。

20.2.5 视频

视频内容也可以通过弹出页面来显示，而用户可以在包含有弹出视频的页面中浏览视频内容。实现弹出视频页面与实现弹出图片的方式大致相同，只需要将播放视频的 **iframe**、**video** 或者 **embed** 标签的内容嵌入到弹出页面的 div 容器中即可。

【示例8】　本示例设计一个简单的弹出视频效果，在弹出页面中嵌入一个<video>标签，使用该标签播放一段秒拍视频，演示效果如图 20.8 所示。

```
<div data-role="page">
    <div data-role="header">
        <h1>使用弹出页面</h1>
    </div>
    <div data-role="content">
        <a href="#popupVideo" data-rel="popup" data-position-to="window" class="ui-btn ui-corner-all ui-shadow ui-btn-inline">播放视频</a>
        <div data-role="popup" id="popupVideo" data-overlay-theme="b" data-theme="a"  class="ui-content">
            <video controls autoplay loop >
                <source src="images/video.mp4" type="video/mp4">
            </video>
        </div>
    </div>
</div>
```

图 20.8　定义弹出视频效果

一般情况下，为了保证呈现效果足够好，建议设置一定的页边距，这可以通过自定义函数 scale()来实现。设计分析如下。

基于用户界面设计经验，通常会保留 30 像素的页边距。当移动设备发生垂直或者水平切换的时候，移动应用程序最好能够读取切换后的屏幕尺寸。如果视频播放器超出旋转之后的浏览器的边界，最好能够通过程序成比例缩放播放器。这与之前所介绍的弹出图片中的场景类似，不同的是这需要成比例缩放，而不能只对宽度或者高度进行缩放处理。

scale()函数也可以根据浏览器的尺寸设置合适的弹出页面显示尺寸。

【示例 9】 本示例定义一个 scale()函数，该函数能够根据参数（宽度、高度、补白、边框），与设备宽度和高度进行对比，如果弹出框大小小于设备屏幕大小，则直接使用参数设置视频的大小，否则使用设备屏幕的大小重设视频的大小，具体实现代码如下。

```
//定义弹出框大小
//参数说明：width 指定宽度，height 指定高度，padding 指定补白，border 指定边框宽度
//返回值：返回指定对象应该显示的宽度和高度
function scale( width, height, padding, border ) {
    var scrWidth = $( window ).width() - 30,        //计算设备可显示宽度
        scrHeight = $( window ).height() - 30,       //计算设备可显示高度
        ifrPadding = 2 * padding,                    //计算补白占用宽度
        ifrBorder = 2 * border,                      //计算边框宽度
        ifrWidth = width + ifrPadding + ifrBorder,   //计算显示的总宽度
        ifrHeight = height + ifrPadding + ifrBorder, //计算显示的总高度
        h, w;
    //如果显示总宽度小于设备可显示宽度，且显示总高度小于设置可显示总高度，则直接使用设备
    //可显示宽度和高度设置对象尺寸
    if ( ifrWidth < scrWidth && ifrHeight < scrHeight ) {
        w = ifrWidth;
        h = ifrHeight;
    //如果显示总宽度与设备可显示宽度的比值，小于显示总高度与设备可显示总高度的比值，则使
    //用设备可显示宽度，以及使用条件中宽度比值乘于显示总高度，来设置对象尺寸
    } else if ( ( ifrWidth / scrWidth ) > ( ifrHeight / scrHeight ) ) {
        w = scrWidth;
        h = ( scrWidth / ifrWidth ) * ifrHeight;
    //否则，使用设备可显示高度，以及使用条件中高度比值乘于显示总宽度，来设置对象尺寸
    } else {
        h = scrHeight;
        w = ( scrHeight / ifrHeight ) * ifrWidth;
    }
    //最后，以对象格式存储并返回应该设置的总宽度和总高度
    return {
        'width': w - ( ifrPadding + ifrBorder ),
        'height': h - ( ifrPadding + ifrBorder )
    };
};
```

上面 scale()函数是弹出页面中经常使用的技术。尽管 jQuery Mobile 文档推荐使用 scale()函数进行视频和地图边界设定，但是这个函数并没有包含在 jQuery Mobile 库或 jQuery 库中，用户可以直接将这个代码引用到所需要的页面中。

另一个需要注意的细节是，很多视频内容是通过嵌入第三方网站的 iframe 实现的。在进行页面初始化的时候，需要将 iframe 的高度和宽度设置为 0。在打开视频播放器，播放器页面创建完成而未呈现在浏览器界面上的时候，重新绘制 iframe 的尺寸到期望的尺寸。在关闭播放器页面时，再重新设置 iframe 的高度和宽度为 0。

然后，在页面脚本中添加如下代码：

```
//初始视频播放标签显示尺寸为 0
$( "video" )
    .attr( "width", 0 )
    .attr( "height", "auto" );
```

```
$( "video" ).css( { "width" : 0, "height" : 0 } );
$( "#popupVideo" ).on({
  popupbeforeposition: function() {    //在弹出框开始定位之前执行函数
    var size = scale( 480, 320, 0, 1 ),
      w = size.width,
      h = size.height;
    $( "#popupVideo video" )
      .attr( "width", w )
      .attr( "height", h );
    $( "#popupVideo video" )
      .css( { "width": w, "height" : h } );
  },
  popupafterclose: function() {          //在关闭弹出框后恢复设置视频尺寸显示为 0
    $( "#popupVideo video" )
      .attr( "width", 0 )
      .attr( "height", 0 );
    $( "#popupVideo video" )
      .css( { "width": 0, "height" : 0 } );
  }
});
```

📢 提示:

集成视频网站内容的方式不同,通过绑定弹出页面事件进行视频播放器尺寸设定的实现方式也略有不同。如果视频播放器通过 video 标签直接嵌套在弹出页面 div 容器中,则可以使用上面的代码。如果视频播放器通过 iframe 标签以内联框架的方式嵌套在弹出页面 div 容器中,则需要将$(>"#popupVideo embed")调整为$("#popupVideo iframe")。

最后,把上面脚本放置于文档头部区域<script>标签中,在移动设置中进行测试,显示效果如图 20.9 所示。

（a）竖着显示

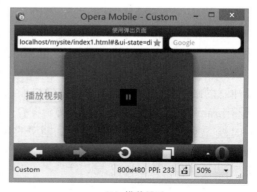
（b）横着显示

图 20.9　定义弹出视频动态显示大小

20.3　定制弹出页面

为了改善弹出页的用户体验，在使用过程中，用户可能需要对其进行定制，如显示位置、关闭按钮、切换动画和主题样式等。下面分别对其进行介绍。

20.3.1　定义显示位置

定义弹出页面的显示位置比较重要。例如，设置弹出提示框的位置后，提示框会在某个特定的 DOM 上被打开，以实现与这个 DOM 相关的帮助或提示功能。

定义弹出页面位置的方法有两种：

- ➘ 在激活弹出页面的超级链接按钮中设置 data-position-to 属性。
- ➘ 通过 JavaScript 方法对弹出页面执行 open() 操作，并在 open() 方法中设置打开弹出页面的坐标位置。

下面重点介绍第一种方法。

data-position-to 属性包括 3 个取值，具体说明如下。

- ➘ window：弹出页面在浏览器窗口中间弹出。
- ➘ original：弹出页面在当前触发位置弹出。
- ➘ #id：弹出页面在 DOM 对象所在位置被弹出。此处需要将 DOM 对象的 id 赋值给 data-position-to 属性，如 data-position-to="'#box"。

【示例 10】　本示例设计 3 个弹出框，使用 data-position-to 属性定位弹出框的显示位置，让其分别显示在屏幕中央、当前按钮上和指定对象上，主要代码如下，演示效果如图 20.10 所示。

```
<div data-role="page">
   <div data-role="header">
      <h1>定制弹出页面</h1>
   </div>
   <div data-role="content">
      <a href="#window" data-rel="popup" data-position-to="window" data-role=
"button">定位到屏幕中央</a>
      <a href="#origin" data-rel="popup" data-position-to="origin" data-role=
"button">定位到当前按钮上</a>
      <a href="#selector" data-rel="popup" data-position-to="#pic" data-role=
"button">定位到指定对象上</a>
      <div class="ui-content" id="window" data-role="popup" data-theme="a">
         <p>显示在屏幕中央</p>
      </div>
      <div class="ui-content" id="origin" data-role="popup" data-theme="a">
         <p>显示当前按钮上面</p>
      </div>
      <div class="ui-content" id="selector" data-role="popup" data-theme="a">
         <p>显示在指定图片上面</p>
      </div>
      <img src="images/1.jpg" width="50%" id="pic" />
   </div>
</div>
```

（a）显示在中央　　　　　　（b）显示在按钮上　　　　　　（c）显示在图片上

图 20.10　定义弹出框显示位置

20.3.2　定义切换动画

在弹出页面显示过程中，有 10 种动画切换效果供用户选择。当需要以动画效果呈现弹出页面时，可以在打开页面的超级链接按钮中设置 data-transition 属性为相应动画效果即可。

data-transition 属性取值以及主要动画方式说明如下。

- slide：横向幻灯方式。
- slideup：自上向下幻灯方式。
- slidedown：自下向上幻灯方式。
- pop：中央弹出。
- fade：淡入淡出。
- flip：旋转弹出。
- turn：横向翻转。
- flow：缩小并以幻灯方式切换。
- slidefade：淡出方式显示，横向幻灯方式退出。
- none：无动画效果。

【示例 11】　定义某个弹出页面以中央弹出动画方式呈现，则代码如下，显示效果如图 20.11 所示。

图 20.11　以中央弹出动画效果

```
<div data-role="page">
  <div data-role="header">
     <h1>定制弹出页面</h1>
  </div>
  <div data-role="content">
     <a  href="#window" data-rel="popup" data-role="button" data-transition=
"pop">以中央弹出动画</a>
     <div class="ui-content" id="window" data-role="popup" data-theme="d">
        <img src="images/1.jpg" id="pic" style="max-height:300px;" />
     </div>
  </div>
</div>
```

扫一扫，看视频

📢 注意:

> 并非所有动画效果都可以被移动设备所支持。例如，在早期的 Android 操作系统中，3D 的页面切换效果是不支持的，此时会以淡入淡出效果呈现弹出动画效果。

20.3.3　定义主题样式

使用 data-theme 和 data-overlay-theme 两个属性可以定义弹出页面的主题，其中前者用于设置弹出页面自身的主题和色板配色，后者主要用于设置弹出页面周边的背景颜色。

【示例 12】　本示例设置弹出页面周边背景颜色为深色（data-overlay-theme="a"），弹出框背景颜色为浅黄色（data-theme="e"），演示效果如图 20.12 所示。

```
<div data-role="page">
    <div data-role="header">
        <h1>定制弹出页面</h1>
    </div>
    <div data-role="content">
        <a href="#window" data-rel="popup" data-role="button" data-position-to=
"window">
        定义弹出页面主题</a>
        <div class="ui-content" id="window" data-role="popup" data-overlay-theme=
"a" data-theme="e" >
            <p>使用 data-theme 属性设置弹出页面自身的主题和色板。</p>
            <p>使用 data-overlay-theme 设置弹出页面周边的背景颜色。</p>
        </div>
    </div>
</div>
```

如果不设置 data-theme 属性，弹出页面将继承上一级 DOM 容器的主题和色板设定。例如，页面的 data-theme 设置为 a，那么如果不特别进行 theme 主题设定，则其下的各个弹出页面都将继承 theme 为 a 的设置。

📢 注意:

> 有别于 data-theme 属性继承自上一级 DOM 容器的主题设定，如果 data-overlay- theme 属性没有设置，那么呈现弹出页面的时候，弹出页面的周边是没有颜色覆盖的。

20.3.4　定义关闭按钮

为了方便关闭弹出页面，一般可在弹出框中添加一个关闭按钮。 要实现关闭按钮，可以在 div 容器开始的位置添加一个超级链接按钮。在这个超级链接按钮中，设置 data-rel 属性为 back，即单击这个按钮相当于返回上一页。如果希望图标位于右上角，则设置这个超级链接按钮的 class 属性为 ui-btn-right，如果希望按钮出现在左上角，则设置该属性为 ui-btn-left。

也可以设置按钮的文字和图标。如果希望只显示一个图标按钮而不包含任何文字，则设置 data-iconpos 属性为 notext。

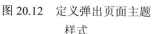

扫一扫，看视频

图 20.12　定义弹出页面主题样式

【示例 13】　本示例为弹出页面定义一个关闭按钮（data-role="button"），定义图标类型为叉（data-icon="delete"），作用是返回前一页面（data-rel="back"），使用 data-iconpos="notext"定义按钮仅显示关闭图标，使用 class="ui-btn-right"定义按钮位于弹出框右上角位置，演示效果如图 20.13 所示。

```
<div data-role="page">
```

```
    <div data-role="header">
        <h1>定制弹出页面</h1>
    </div>
    <div data-role="content">
        <a href="#window" data-rel="popup" data-role="button" data-position-to=
"window">
            添加关闭按钮</a>
        <div id="window" data-role="popup">
            <a class="ui-btn-right" href="#" data-rel="back" data-role="button"
data-icon="delete" data-iconpos="notext">Close</a>
            <p><img src="images/1.jpg" style="max-height:300px;"/></p>
        </div>
    </div>
</div>
```

图 20.13　定义弹出框按钮及其位置

【示例 14】　为弹出页面添加 data-dismissible="false"属性，可以禁止单击弹出页外区域关闭弹出页，此时只能够通过关闭按钮关闭弹出页。本示例演示代码如下：

```
<div data-role="page">
    <div data-role="header">
        <h1>定制弹出页面</h1>
    </div>
    <div data-role="content">
        <a href="#window" data-rel="popup" data-role="button" data-position-to=
"window">
            添加关闭按钮</a>
        <div id="window" data-role="popup" data-dismissible="false">
            <a class="ui-btn-right" href="#" data-rel="back" data-role="button"
data-icon="delete" data-iconpos="notext">Close</a>
            <p><img src="images/1.jpg" style="max-height:300px;"/></p>
        </div>
    </div>
</div>
```

20.4　设置属性、选项、方法和事件

本节将介绍如何设置弹出页面的属性、选项、方法和事件，它们在弹出页面高级开发中扮演着重要的角色，可以帮助用户自定义弹出页面的功能。

20.4.1　属性

属性定义在弹出页面的 DOM 对象上，用以设定弹出页面的样式、主题等内容。具体说明如下：

- data-corners：设置弹出页面外形为直角或者圆角。默认为 true，定义圆角外形。例如：
  `<div id="window" data-role="popup" data-corners="false">`。
- data-overlay-theme：设置弹出页面周边的色板。色板的设定将影响周围区域的背景颜色，如果不设置，则弹出页面周围没有背景色。可以参考 20.3.3 节示例内容。
- data-position-to：设置弹出页面的位置。默认值为 original，表示触发在当前位置。如果为 window，则表示位于浏览器中央；如果设置为某个 DOM 对象 id，则弹出页面将会呈现在这个 DOM 对象上方。可参考 20.3.1 节示例内容。
- data-shadow：设置弹出页面周边是否有阴影效果。默认为 true，有阴影效果。如果为 false，则没有阴影效果。例如：
  `<div id="window" data-role="popup" data-shadow="false">`
- data-theme：设置弹出页面主题样式。默认为空，即主题样式继承自上一层容器。可参考 20.3.3 节示例内容。
- data-transition：设置弹出页面的动画效果。默认为 none，没有动画效果。这个属性不是设置在弹出页面的 div 容器上，而是设置在打开弹出页面的超级链接按钮上。可参考 20.3.2 节示例内容。

注意：

除了弹出页面动画切换效果是在超级链接按钮之上设定的，其他与弹出页面相关的属性都是在弹出页面的 div 容器上设置的。

20.4.2　选项

部分弹出页面选项与属性的实现效果是类似的。选项通常是通过 JavaScript 对所有弹出页面进行设置，或者通过特定筛选器对筛选出的弹出页面进行设置，具体说明如表 20.1 所示。

表 20.1　弹出页面选项与属性对照表

选　项	属　性	功　能
corners	data-corners	设置弹出窗口外形为直角或者圆角
overlayTheme	data-overlay-theme	设置弹出页面周边的色板，其设定将影响周围区域的背景颜色
positionTo	data-position-to	设置弹出页面的位置
shadow	data-shadow	设置弹出页面以阴影方式显示
theme	data-theme	设置弹出页面的主题样式
transition	data-transition	设置弹出页面的动画效果

在弹出页面中，还有一些选项没有对应的属性定义，这些选项在开发过程中经常用到，具体说明如下。

- initSelector：用于自定义弹出页面的 CSS 选择器。设置 initSelector 之后，所设置的 DOM 将被呈现为弹出页面。
- tolerance：用于设置弹出页面距离浏览器边界的最小尺寸。默认为 30,15,30,150。如果不设置，则表示使用默认值；如果设置 1 个值，则表示四边的边距都采用设置值；如果设置 2 个值，则表示第一个值用于上边距和下边距，第二个值用于左边距和右边距；如果设置 4 个值，则表示第一个值用于上边距，第二个用于右边距，第三个用于下边距，第四个用于左边距。

20.4.3　方法

对于弹出页面而言，可以通过 JavaScript 语句操作 open() 和 close() 这两个方法来打开和关闭弹出页面。在打开弹出页面时，可以设置如下选项。

- x：打开弹出页面的 x 坐标。
- y：打开弹出页面的 y 坐标。
- transition：打开弹出页面的动画效果。
- positionTo：打开弹出页面的位置。

如果没有设置弹出页面中的坐标位置或 positionTo 弹出页面位置属性，则默认会在当前浏览器窗口的中央打开弹出页面。这与通过超级链接按钮打开的弹出页面不同，通过超级链接按钮打开的弹出页面默认位于超级链接按钮的上方。

20.4.4　事件

打开和关闭弹出页面时，将会触发弹出页面事件，具体说明如下。

- popupbeforeposition：在弹出页面已经被处理完成而准备呈现之前，将会触发此事件。对于视频、图片、地图等的大多尺寸设置操作都在这个事件中完成。
- popupafteropen：弹出页面完全呈现完成时，将会触发此事件。
- popupafterclose：弹出页面完全关闭时，将会触发此事件。

20.5　实　战　案　例

本节将通过两个案例实战演练 jQuery Mobile 弹出页面的应用和设计技巧。

20.5.1　设计覆盖面板

覆盖面板可以作为导航工具栏的扩展，当打开它时，以半透明的遮罩效果呈现出来，在触碰面板之外的区域时，将关闭覆盖面板，在覆盖面板中，可以包含按钮、列表或其他表单元素。

要实现覆盖面板的设计，需要经过下面 3 个步骤。

第 1 步，将各种工具按钮放置在弹出页面的 div 容器内部。下面这段代码将按钮以 mini 样式放置在覆盖面板中，并设置按钮的图标样式。

```
<div data-role="popup" id="popupOverlayPanel" data-corners="false">
    <button data-theme="b" data-icon="back" data-mini="true">返回</button>
    <button data-theme="b" data-icon="grid" data-mini="true">菜单</button>
    <button data-theme="b" data-icon="plus" data-mini="true">添加</button>
</div>
```

这段代码设置了按钮的主题属性 data-theme 为 b。如果不设置，覆盖面板将继承上一级容器的主题设置。

第 2 步，为了方便触控操作，可以设置触控面板中各个按钮的边距、背景颜色和宽度等。

第 3 步，由于设置控制面板高度时，不能在 CSS 中使用 height:100%的方法来表示，所以需要通过 JavaScript 将控制面板的高度设置为与浏览器屏幕的高度一致。下面的代码将高度设置绑定在覆盖面板的 popupbeforeposition 事件上，在每次打开覆盖面板之前将覆盖面板的高度设置为与当前浏览器窗口的高度一样。具体代码如下：

```
<script>
$('#popupOverlayPanel').live('popupbeforeposition', function(){
    var h = $(window).height();
    $("#popupOverlayPanel").css("height", h);
});
</script>
```

此时就可以实现一个覆盖面板了，演示效果如图 20.14 所示。设计覆盖面板的完整代码如下：

```
<!doctype html>
<html>
<head>
<meta charset="utf-8">
<title></title>
<meta name="viewport" content="width=device-width,initial-scale=1" />
<link  href="jquery-mobile/jquery.mobile.theme-1.3.0.min.css"  rel="stylesheet"
type="text/css">
<link  href="jquery-mobile/jquery.mobile.structure-1.3.0.min.css"  rel="stylesheet"
type="text/css">
<script src="jquery-mobile/jquery-1.8.3.min.js" type="text/javascript"></script>
<script  src="jquery-mobile/jquery.mobile-1.3.0.min.js"  type="text/javascript">
</script>
<script>
$('#popupOverlayPanel').live('popupbeforeposition', function(){//在弹出页面定位之前
执行
    var h = $(window).height();                    //获取设备窗口高度
    $("#popupOverlayPanel").css("height", h);    //重设覆盖面板高度与窗口高度相同
});
</script>
<style type="text/css">
#popupOverlayPanel-popup {              /*定义覆盖面板靠右显示*/
    right: 0!important;
    left: auto!important;
}
#popupOverlayPanel {
    width: 200px;                       /*定义覆盖面板宽度为 200 像素*/
    border: 1px solid;                  /*添加 1 像素的边框*/
    border-right: none;                 /*清除右侧边框*/
    background: rgba(0,0,0,.4);         /*定义背景为半透明效果显示*/
    margin: -1px 0;                     /*通过负边界，让覆盖面板向右移位一个像素*/
}
#popupOverlayPanel .ui-btn { margin: 2em 15px; }        /*定义按钮上下边界为 2em，左右
为 15 像素*/
</style>
</head>
<body>
<div data-role="page">
    <div data-role="header">
        <h1>使用弹出页面</h1>
    </div>
```

```
    <div data-role="content">
        <a   href="#popupOverlayPanel"   data-rel="popup"   data-transition="slide"
data-position-to="window" data-role="button" data-inline="true"> 弹出覆盖面板 </a>
        <div    data-role="popup"    id="popupOverlayPanel"    data-corners="false"
data-theme="none" data-shadow="false" data-tolerance="0,0">
            <button data-theme="b" data-icon="back" data-mini="true">返回</button>
            <button data-theme="b" data-icon="grid" data-mini="true">菜单</button>
            <button data-theme="b" data-icon="plus" data-mini="true">添加</button>
        </div>
    </div>
</div>
</body>
</html>
```

（a）默认状态　　　　　　（b）显示面板

图 20.14　定义弹出覆盖面板

📢 提示：

在本示例样式表中，有一个#popupOverlayPanel-popup {}样式，该样式为覆盖面板进行定位，而示例源代码中并没有这样一个 id 标签，实际上 jQuery Mobile 在页面重构过程中，为覆盖面板<div data-role="popup" id="popupOverlayPanel">包裹了一个包含框<div class="ui-popup-container ui-popup-hidden" id="popupOverlayPanel-popup">，如图 20.15 所示。

图 20.15　覆盖面板重构后的 HTML 结构

20.5.2 设计单页相册

本例设计一个基于 jQuery Mobile 弹出页面实现的相册。单击页面中的某张图片，该图片会以对话框的形式被放大显示，演示效果如图 20.16 所示。

（a）相册列表

（b）弹出显示

图 20.16 设计相册效果

【设计步骤】

第 1 步，设计在页面中插入 6 张图片，固定宽度为 49%，在屏幕中以双列三行自然流动显示。

第 2 步，为它们定义超级链接，使用 jQuery Mobile 的 data-rel 属性定义超级链接的行为，本例设计以弹出窗口的形式打开链接，即 data-rel="popup"。

📢 提示：

> data-rel 属性包括 4 个值：back、dialog 、external、popup，具体说明如下。
> ↘ back：在历史记录中向后移动一步。
> ↘ dialog：将页面作为对话来打开，不在历史中记录。
> ↘ external：链接到另一个域。
> ↘ popup：打开弹出窗口。

第 3 步，使用属性 data-position-to="window"定义弹出窗口在当前窗口中央打开。

📢 提示：

> data-position-to 规定弹出框的位置，包括 3 个值：origin、jQuery selector、window。具体说明如下。
> ↘ origin ：默认值，在打开它的链接上弹出。
> ↘ jQuery selector：在指定元素上弹出。
> ↘ window：在窗口屏幕中间弹出。

第 4 步，使用 data-role="popup"属性定义弹出框，分别定义 id 值为"popup_1"、"popup_2"、"popup_3"、…，依次类推。同时在该包含框中插入要打开的图片，并使用行内样式定义最大高度为 512px（max-height:512px）。

第 5 步，弹出框中包含一个关闭按钮，设计其功能为关闭，并位于弹出框右上角。代码如下：

```
<a href="#" data-rel="back" data-role="button" data-icon="delete" data-iconpos=
"notext" class="ui-btn-right">Close</a>
```

第 6 步，在<a>标签中定义 href 属性值，设置其值分别为"#popup_1"、"#popup_2"、"#popup_3"、…，

依次类推。

这样就设计完毕，不需要用户编写一句 JavaScript 脚本，执行效果如图 20.16 所示。

示例完整代码如下：

```html
<!doctype html>
<html>
<head>
<meta charset="utf-8">
<meta name="viewport" content="width=device-width,initial-scale=1" />
<link href="jquery-mobile/jquery.mobile.theme-1.3.0.min.css" rel="stylesheet" type=
"text/css">
<link href="jquery-mobile/jquery.mobile.structure-1.3.0.min.css" rel="stylesheet" type=
"text/css">
<script src="jquery-mobile/jquery-1.8.3.min.js" type="text/javascript"></script>
<script src="jquery-mobile/jquery.mobile-1.3.0.min.js" type="text/javascript">
</script>
</head>
<body>
<div data-role="page">
    <a href="#popup_1" data-rel="popup" data-position-to="window">
      <img src="images/p1.jpg" style="width:49%">
    </a>
    <a href="#popup_2" data-rel="popup" data-position-to="window">
      <img src="images/p2.jpg" style="width:49%">
    </a>
    <a href="#popup_3" data-rel="popup" data-position-to="window">
      <img src="images/p3.jpg" style="width:49%">
    </a>
    <a href="#popup_4" data-rel="popup" data-position-to="window">
      <img src="images/p4.jpg" style="width:49%">
    </a>
    <a href="#popup_5" data-rel="popup" data-position-to="window">
      <img src="images/p5.jpg" style="width:49%">
    </a>
    <a href="#popup_6" data-rel="popup" data-position-to="window">
      <img src="images/p6.jpg" style="width:49%">
    </a>
    <div data-role="popup" id="popup_1">
      <a href="#" data-rel="back" data-role="button" data-icon="delete" data-
iconpos="notext" class="ui-btn-right">Close</a>
      <img src="images/p1.jpg" style="max-height:512px;" alt="pic1">
    </div>
    <div data-role="popup" id="popup_2">
      <a href="#" data-rel="back" data-role="button" data-icon="delete" data-
iconpos="notext" class="ui-btn-right">Close</a>
      <img src="images/p2.jpg" style="max-height:512px;" alt="pic2">
    </div>
    <div data-role="popup" id="popup_3">
      <a href="#" data-rel="back" data-role="button" data-icon="delete" data-
iconpos="notext" class="ui-btn-right">Close</a>
      <img src="images/p3.jpg" style="max-height:512px;" alt="pic3">
    </div>
```

```
   <div data-role="popup" id="popup_4">
      <a href="#" data-rel="back" data-role="button" data-icon="delete" data-
iconpos="notext" class="ui-btn-right">Close</a>
      <img src="images/p4.jpg" style="max-height:512px;" alt="pic4">
   </div>
   <div data-role="popup" id="popup_5">
      <a href="#" data-rel="back" data-role="button" data-icon="delete" data-
iconpos="notext" class="ui-btn-right">Close</a>
      <img src="images/p5.jpg" style="max-height:512px;" alt="pic5">
   </div>
   <div data-role="popup" id="popup_6">
      <a href="#" data-rel="back" data-role="button" data-icon="delete" data-
iconpos="notext" class="ui-btn-right">Close</a>
      <img src="images/p6.jpg" style="max-height:512px;" alt="pic6">
   </div>
</div>
</body>
</html>
```

第 21 章　移动页面布局

jQuery Mobile 为视图页面提供了强大的版式支持，有下面两种布局方法使其格式化变得更简单。

↘ 布局网格：组织内容以列的形式显示，有两列网格和三列网格等。

↘ 可折叠内容块：当单击内容块的标题，则会将其隐藏的详细内容展现出来。

多列网格布局和折叠面板控件组件可以帮助用户快速实现页面正文的内容格式化。

【学习重点】

● 网格化布局。

● 可折叠内容块。

● 折叠组。

21.1　网格化布局

在之前各章中，主要的排版布局是一栏自上而下将内容顺序列出。本节将介绍分栏布局。使用分栏方式排版，将有助于在一个有限的屏幕空间内更有序地展示更多内容。

扫一扫，看视频

21.1.1　定义网格

在移动设备浏览器中，由于显示尺寸比较小，而显示内容为大段文字或图文混排时，通常不会使用多栏排版。在高分辨率的移动设备浏览器中，分栏显示有助于更好地利用屏幕空间，提升用户体验。

📢 注意：

在一些场景下，移动设备的分辨率跨度很大，这就需要用到用户界面的响应式设计来帮助改善移动应用界面设计，这将可能需要在不同分辨率的移动设备中使用不同的分栏布局。

对于传统的桌面浏览器，通常有两种方法来实现布局设计。

↘ 通过 CSS+div 集成的方式实现版式布局。

↘ 通过定制没有框线的<table>表格实现布局设计。

不论使用哪种方式来实现布局，都可以设计富有表现力的布局。然而，这些并不完全适合移动应用的使用场景。jQuery Mobile 通过支持分栏布局，提供了简单而有效的界面排版方式。用户可以使用 jQuery Mobile 原生的布局方式快速生成界面风格统一的分栏布局。当然，如果需要更丰富的分栏方式，也可以使用其他方式进行定制化开发。

jQuery Mobile 分栏布局是通过 CSS 定义实现的，主要包含两个部分，即栏目数量以及内容所在栏目的次序，具体说明如下。

（1）定义栏目数量。

基本语法：

```
ui-grid-a、ui-grid-b、ui-grid-c、ui-grid-d
```

上面 class 表示对应的<div>或者<section>中的栏目数量，分别为二栏、三栏、四栏、五栏。例如，下面结构代码定义二栏布局。

```
<div class="ui-grid-a">
```

```
......
</div>
```

（2）定义内容块在栏目中的位置。

基本语法：

```
ui-block-a、ui-block-b、ui-block-c、ui-block-d、ui-block-e
```

上面 class 分别表示相应内容块位于第一栏、第二栏、第三栏、第四栏或者第五栏。例如，下面代码表示内容被填充于第二栏。

```
<div class="ui-grid-a">
    <div class="ui-block-b"></div>
</div>
```

注意：

这里的栏目数量是从两栏开始的，栏目数量的最大值是 5 栏，所以表示布局分为五栏的序号为 d，CSS 定义为 ui-grid-d。标记内容所在栏目的位置是从第一栏开始的，所以，第 5 栏所对应的为 e，CSS 会表示为 ui-block-e。这是用户很容易疏忽的地方。

【示例 1】 本示例演示如何使用 CSS 定义实现两栏布局。

```
<div data-role="page">
    <div data-role="header">
        <h1>两栏布局</h1>
    </div>
    <div data-role="content">
        <div class="ui-grid-a">
            <div class="ui-block-a"><p>第一栏</p></div>
            <div class="ui-block-b"><p>第二栏</p></div>
        </div>
    </div>
</div>
```

运行上面代码，则预览效果如图 21.1 所示。

提示：

在分栏布局中，各个内容的宽度通常是平均分配的。对于不同的栏数，各个分栏的宽度比例说明如下。

- ↘ 二栏布局：每栏内容所占的宽度 50%。
- ↘ 三栏布局：每栏内容所占的宽度大约 33%。
- ↘ 四栏布局：每栏内容所占的宽度 25%。
- ↘ 五栏布局：每栏内容所占的宽度 20%。

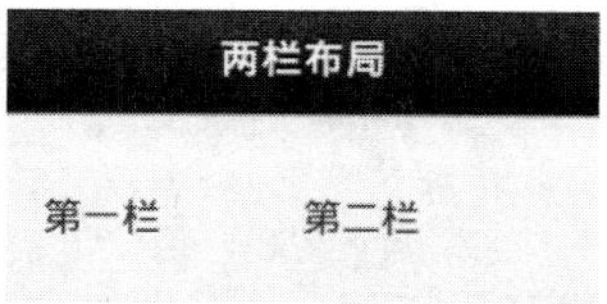

图 21.1 设计两栏布局

注意：

分栏越多，每栏在屏幕中的尺寸就越小，这在移动应用开发中需要格外小心。如果在屏幕尺寸较小的手机浏览器上显示四栏或者五栏的布局，并且每个分栏中都是相对字数较多的文字或图片内容，则可能会因为界面呈现局促而降低用户体验。如果在多栏布局中，每个分栏包含的是一个含义清晰美观的图标按钮，则可能会赢得更好的用户体验。

【示例 2】 分栏布局默认不会显示边框线。在某些应用场景中，为了能够明晰显示布局的边界，可以使用 CSS 将内容的背景设置为白色，而将边框设为实线框，设计效果如图 21.2 所示。

```
<head>
<style type="text/css">
/*自定义 CSS,用以标识两栏布局边框范围*/
.ui-content div div p{
```

```
    background-color:#fff;
    border: 1px solid #93FB40;
}
</style>
</head>
<body>
<div data-role="page">
    <div data-role="header">
        <h1>两栏布局</h1>
    </div>
    <div data-role="content">
        <div class="ui-grid-a">
            <div class="ui-block-a"><p>第一栏</p></div>
            <div class="ui-block-b"><p>第二栏</p></div>
        </div>
    </div>
</div>
</body>
```

图 21.2　设计多栏边框

【示例3】　如果需要移动应用支持更多的分栏，可以通过增加分栏来实现。在下面的五栏布局中，依次加入标记为 ui-block-c 到 ui-block-e 的 CSS 定义，实现了第三栏到第五栏的定义，演示效果如图 21.3 所示。

图 21.3　设计 5 栏布局

```
<div data-role="page">
    <div data-role="header">
        <h1>五栏布局</h1>
    </div>
    <div data-role="content">
        <div class="ui-grid-d">
            <div class="ui-block-a"><p>第一栏</p></div>
            <div class="ui-block-b"><p>第二栏</p></div>
            <div class="ui-block-c"><p>第三栏</p></div>
            <div class="ui-block-d"><p>第四栏</p></div>
            <div class="ui-block-e"><p>第五栏</p></div>
        </div>
    </div>
</div>
```

📢 注意：

> jQuery Mobile 中使用这样的方式定义分栏数量，最多可以定义 5 个分栏。如果用户需要更多的分栏布局，则需要自己开发 CSS 布局来实现。

【示例 4】　如果希望有设计多行多列布局，通常并不需要重复设置多个<div class="ui-grid-b">标签，而只需顺序排列包含有 ui-block-a/b/c/d/e 定义的 div 即可。下面示例设计一个三行三列的表格布局页面，效果如图 21.4 所示。

```
<div data-role="page">
    <div data-role="header">
        <h1>三行三列表格布局</h1>
    </div>
    <div data-role="content">
        <div class="ui-grid-b">
            <div class="ui-block-a"><p>1 行 1 栏</p></div>
            <div class="ui-block-b"><p>1 行 2 栏</p></div>
            <div class="ui-block-c"><p>1 行 3 栏</p></div>
            <div class="ui-block-a"><p>2 行 1 栏</p></div>
            <div class="ui-block-b"><p>2 行 2 栏</p></div>
            <div class="ui-block-c"><p>2 行 3 栏</p></div>
            <div class="ui-block-a"><p>3 行 1 栏</p></div>
            <div class="ui-block-b"><p>3 行 2 栏</p></div>
            <div class="ui-block-c"><p>3 行 3 栏</p></div>
        </div>
    </div>
</div>
```

图 21.4　设计 3 行 3 列表格布局

21.1.2　案例：设计两栏页面

【示例 5】　在本示例中，将要创建一个两列网格。要创建一个两列（50%/50%）布局，首先需要一个容器（class="ui-grid-a"），然后添加两个内容块（ui-block-a 和 ui-block-b 的 class）。

扫一扫，看视频

```
<div class="ui-grid-a">
    <div class="ui-block-a"></div>
    <div class="ui-block-b"> </div>
</div>
```

【操作步骤】

第 1 步，启动 Dreamweaver CC，选择"文件"|"新建"命令，打开"新建文档"对话框，在该对话框中选择"启动器模板"项，设置示例文件夹为"Mobile 起始页"，示例页为"jQuery Mobile（本地）"，设置文档类型为 HTML5，然后单击"创建"按钮，完成文档的创建操作。

第 2 步，按 Ctrl+S 快捷键，保存文档为 index.html。切换到代码视图，清除第 2、3、4 页容器结构，保留第一个页面（Page）容器，在页面容器的标题栏中输入标题文本"<h1>网格化布局</h1>"。

```
<div data-role="header">
    <h1>网格化布局</h1>
</div>
```

第 3 步，清除内容容器及其包含的列表视图容器，选择"插入"|"Div"命令，打开"插入 Div"对话框，设置"插入"选项为"在标签结束之前"，然后在后面选择"<div id="page">"，在 Class 下拉列表框中选择"ui-grid-a"，插入一个两列版式的网格包含框，设置如图 21.5 所示。

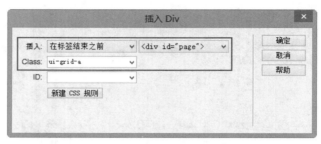

图 21.5　设计网格布局框

第 4 步，把光标置于<div class="ui-grid-a">标签内，选择"插入"|"Div"命令，打开"插入 Div"对话框，在 Class 下拉列表框中选择"ui-block-a"，设计第一列包含框，设置如图 21.6 所示。

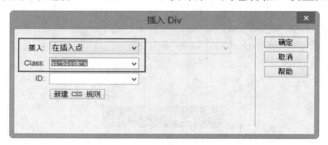

图 21.6　设计网格第一列包含框

第 5 步，把光标置于<div class="ui-grid-a">标签后面，选择"插入"|"Div"命令，打开"插入 Div"对话框，在 Class 下拉列表框中选择"ui-block-b"，设计第二列包含框，设置如图 21.7 所示。

图 21.7　设计网格第二列包含框

第 6 步，把光标分别置于第一列和第二列包含框中，选择"插入"|"图像"|"图像"命令，在包含框中分别插入图像 images/2.png 和 images/4.png。完成设计的两列网格布局代码如下。

```
<div data-role="page" id="page">
    <div data-role="header">
        <h1>网格化布局</h1>
    </div>
    <div class="ui-grid-a">
        <div class="ui-block-a"> <img src="images/2.png" alt=""/> </div>
```

```
      <div class="ui-block-b"> <img src="images/4.png" alt=""/> </div>
   </div>
</div>
```

第 7 步，在文档头部添加一个内部样式表，设计网格包含框内的所有图像宽度均为 100%，代码如下。

```
<style type="text/css">
.ui-grid-a img { width: 100%; }
</style>
```

第 8 步，以同样的方式再添加两行网格系统，设计两列版式，然后完成内容的设计，如图 21.8 所示。

```
15  <div data-role="page" id="page">
16     <div data-role="header">
17        <h1>网格化布局</h1>
18     </div>
19     <div class="ui-grid-a">
20        <div class="ui-block-a"> <img src="images/2.png" alt=""/> </div>
21        <div class="ui-block-b"> <img src="images/4.png" alt=""/> </div>
22     </div>
23     <div class="ui-grid-a">
24        <div class="ui-block-a"> <img src="images/1.png" alt=""/> </div>
25        <div class="ui-block-b"> <img src="images/3.png" alt=""/> </div>
26     </div>
27     <div class="ui-grid-a">
28        <div class="ui-block-a"> <img src="images/6.png" alt=""/> </div>
29        <div class="ui-block-b"> <img src="images/8.png" alt=""/> </div>
30     </div>
31     <div class="ui-grid-a">
32        <div class="ui-block-a"> <img src="images/5.png" alt=""/> </div>
33        <div class="ui-block-b"> <img src="images/7.png" alt=""/> </div>
34     </div>
35  </div>
```

图 21.8　设计多行网格系统

第 9 步，在头部位置添加如下元信息，定义视图宽度与设备屏幕宽度保持一致。

```
<meta name="viewport" content="width=device-
width,initial-scale=1" />
```

第 10 步，完成设计之后，在移动设备中预览该 index.html 页面，可以看到如图 21.9 所示的两列版式效果。

【示例 6】　在移动设备上，不推荐使用多列布局，但有时可能会需要把一些小的部件（如按钮、导航 Tab 等）排成一行。在下面的代码中，分别设置三列、四列和五列不同的网格布局版式，演示效果如图 21.10 所示。在标签的 Class 类样式中 ui-grid-b、ui-grid-c、ui-grid-d 分别用来定义三列、四列和五列网格系统，ui-bar 用于控制各子容器的间距，ui-bar-a、ui-bar-b、ui-bar-c 用于设置各子容器的主题样式。

图 21.9　设计两列版式效果

```
<body>
<div data-role="page" id="page">
   <div class="ui-grid-b">
      <div class="ui-block-a">
         <div class="ui-bar ui-bar-a">A</div>
      </div>
      <div class="ui-block-b">
         <div class="ui-bar ui-bar-a">B</div>
      </div>
```

```
        <div class="ui-block-c">
            <div class="ui-bar ui-bar-a">C</div>
        </div>
    </div>
    <div class="ui-grid-c">
        <div class="ui-block-a">
            <div class="ui-bar ui-bar-b">A</div>
        </div>
        <div class="ui-block-b">
            <div class="ui-bar ui-bar-b">B</div>
        </div>
        <div class="ui-block-c">
            <div class="ui-bar ui-bar-b">C</div>
        </div>
        <div class="ui-block-d">
            <div class="ui-bar ui-bar-b">D</div>
        </div>
    </div>
    <div class="ui-grid-d">
        <div class="ui-block-a">
            <div class="ui-bar ui-bar-c">A</div>
        </div>
        <div class="ui-block-b">
            <div class="ui-bar ui-bar-c">B</div>
        </div>
        <div class="ui-block-c">
            <div class="ui-bar ui-bar-c">C</div>
        </div>
        <div class="ui-block-d">
            <div class="ui-bar ui-bar-c">D</div>
        </div>
        <div class="ui-block-e">
            <div class="ui-bar ui-bar-c">E</div>
        </div>
    </div>
</div>
</body>
```

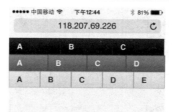

图 21.10 设计多列版式效果

21.2　设计折叠块

折叠块（折叠内容块）是指特定标记内的图文内容或表单可以被折叠起来。它通常由两部分组成：头部按钮和可折叠内容。当用户需要操作的时候，直接单击头部按钮即可展开或者折叠所包含的内容。

21.2.1　定义折叠块

由于移动设备的屏幕相对较小，字号通常也比较小，所以如果将内容全部展开，篇幅可能会很长，此时定位内容也需要手工不断翻屏，这将影响阅读体验。使用可折叠内容块，可以帮助用户很快定位到相关主题，展开可折叠内容块之后就可以直接阅读或执行相应操作。因此，使用可折叠内容块改善了阅读体验。

使用 jQuery Mobile 建立的可折叠内容块通常由如下 3 部分组成。

- 定义 data-role 属性为 collapsible 的 DOM 对象，用以标记折叠内容块的范围。
- 以标题标签定义可折叠内容块的标题。在可折叠内容块中，这个标题将呈现为一个用以控制展开或折叠的按钮。
- 可折叠内容块的内容。

结构代码如下：

```
<div data-role="collapsible">
    <h1>折叠按钮</h1>
    <p>折叠内容</p>
</div>
```

这里使用了 h1 标题。事实上，任何 h1 到 h6 级别的标题在第一行都将呈现为折叠内容块的头部按钮。通常，jQuery Mobile 界面呈现不会因为采用了低级别的标题（如 h6）而导致可折叠内容块中头部按钮的字体或字号发生改变。

例如，下面代码与上面代码的解析效果是一样的。

```
<div data-role="collapsible">
    <h6>折叠按钮</h6>
    <p>折叠内容</p>
</div>
```

【示例 7】　在可折叠内容块中，折叠按钮的左侧会有一个"+"号，表示该标题可以点开。在标题的下面放置需要折叠显示的内容，通常使用段落标签。当单击标题中的"+"号时，显示元素中的内容，标题左侧中"+"号变成"-"号；再次单击时，隐藏元素中的内容，标题左侧中"-"号变成"+"号，演示效果如图 21.11 所示。

（a）叠容器收缩　　　　　　　　　　（b）折叠容器展开

图 21.11　设计可折叠内容块

【操作步骤】

第 1 步，启动 Dreamweaver CC，选择"文件"|"新建"命令，打开"新建文档"对话框，在该对话框中选择"启动器模板"项，设置示例文件夹为"Mobile 起始页"，示例页为"jQuery Mobile（本地）"，设置文档类型为 HTML5，然后单击"创建"按钮，完成文档的创建操作。

第 2 步，按 Ctrl+S 快捷键，保存文档为 index.html。切换到代码视图，清除第 2、3、4 页容器结构，保留第一个 Page 容器，在页面容器的标题栏中输入标题文本"<h1>生活化折叠展板</h1>"。

```
<div data-role="header">
    <h1>生活化折叠展板</h1>
</div>
```

第 3 步，清除内容容器及其包含的列表视图容器，切换到代码视图，在标题栏下面输入如下代码，定义折叠面板容器。其中 data-role="collapsible"属性声明当前标签为折叠容器，在折叠容器中，标题标签作为折叠标题栏显示，不管标题级别，可以是任意级别的标题，可以在 h1～h6 之间选择，根据需求进行设置。然后使用段落标签定义折叠容器的内容区域。

```
<div data-role="collapsible">
    <h1>居家每日精选</h1>
    <p><img src="images/1.png" alt=""/></p>
</div>
```

提示：

在折叠容器中通过设置 data-collapsed 属性值，可以调整容器折叠的状态。该属性默认值为 true，表示标题下的内容是隐藏的，为收缩状态；如果将该属性值设置为 false，标题下的内容是显示的，为下拉状态。

第 4 步，在文档头部添加一个内部样式表，设计折叠容器内的所有图像宽度均为 100%，代码如下：

```
<style type="text/css">
#page img { width: 100%; }
</style>
```

设计折叠容器的代码如图 21.12 所示。

```
10    <style type="text/css">
11    #page img { width: 100%; }
12    </style>
13    </head>
14    <body>
15    <div data-role="page" id="page">
16        <div data-role="header">
17            <h1>生活化折叠展板</h1>
18        </div>
19        <div data-role="collapsible">
20            <h1>居家每日精选</h1>
21            <p><img src="images/1.png" alt=""/></p>
22        </div>
23    </div>
24    </body>
25    </html>
```

图 21.12　设计折叠容器的代码

第 5 步，在头部位置添加如下元信息，定义视图宽度与设备屏幕宽度保持一致。

```
<meta name="viewport" content="width=device-width,initial-scale=1" />
```

第 6 步，完成设计之后，在移动设备中预览该 index.html 页面，可以看到如图 21.11 所示的折叠版式效果。

21.2.2　定义嵌套折叠块

虽然每个可折叠内容块只能作用于一个内容块区域，但是它也可以通过级联方式包含其他可折叠内容块，这是一种树状信息组织。不过，由于通过树状方式组织内容要求移动设备浏览器显示界面足够宽，否则无法正常展现一级级的树状结构，所有树状结构在移动设备的界面呈现中并不方便。相比之下，使用嵌套的可折叠内容块既可以有效地以类似的方式组织内容的结构，也能在有限的显示空间中获得不错的用户体验。

📢 注意：

建议这种嵌套最多不超过 3 层，否则，用户体验和页面性能就变得比较差。

【示例 8】 新建一个 HTML5 页面，在内容区域中添加 3 个 data-role 属性值为 collapsible 的折叠块，分别以嵌套的方式进行组合。单击第一层标题时，显示第二层折叠块内容；单击第二层标题时，显示第三层折叠块内容。详细代码如下，预览效果如图 21.13 所示。

（a）折叠容器收缩

（b）折叠容器展开

图 21.13　嵌套折叠容器演示效果

```html
<!doctype html>
<html>
<head>
<meta charset="utf-8">
<meta name="viewport" content="width=device-width,initial-scale=1" />
<link href="jquery-mobile/jquery.mobile.theme-1.3.0.min.css" rel="stylesheet" type="text/css">
<link href="jquery-mobile/jquery.mobile.structure-1.3.0.min.css" rel="stylesheet" type="text/css">
<script src="jquery-mobile/jquery-1.8.3.min.js" type="text/javascript"></script>
<script src="jquery-mobile/jquery.mobile-1.3.0.min.js" type="text/javascript">
</script>
</head>
<body>
<div data-role="page" id="page">
    <div data-role="header">
        <h1>折叠嵌套</h1>
    </div>
    <div data-role="collapsible">
        <h1>一级折叠面板</h1>
        <p>家用电器</p>
        <div data-role="collapsible">
```

```
            <h2>二级折叠面板</h2>
            <p>大家电</p>
            <div data-role="collapsible">
                <h3>三级折叠面板</h3>
                <p>平板电视/空调/冰箱/洗衣机/家庭影院/DVD/迷你音响/烟机/灶具/热水器/消毒柜/
洗碗机/酒柜/冷柜/家电配件</p>
            </div>
        </div>
    </div>
</div>
</body>
</html>
```

🔊 **提示:**

在实现具有嵌套关系的可折叠内容块时,需要注意两个问题:

➥ 外层嵌套可折叠内容块和内部可折叠内容块最好使用不同的主题风格,以便使用者分辨不同的可折叠内容块级别。

➥ 各层可折叠内容块通过声明 data-content-theme 属性定义内容区域的显示风格,这样的设置能在可折叠内容块的内容边界处出现一个边框线。这个边框线相对明显地分割了各级嵌套内容,方便用户阅读内容块区域的内容。

21.2.3 设置属性

可折叠内容块可以通过定义 DOM 容器属性实现常用的设置,而不需要开发 JavaScript 脚本进行设计,例如界面样式、内容块样式和标题文字等。具体说明如下。

➥ data-collapsed

设置为折叠状态或展开状态,其默认值为 true,表示折叠状态。如果其值为 false,则为展开状态。例如:

```
<div data-role="collapsible" data-collapsed="true">
```

下面代码设置为折叠状态:

```
<div data-role="collapsible" data-collapsed="false">
```

➥ data-mini

jQuery Mobile 1.1.0 开始支持这个属性,用于设置内容区域表单组件呈现为标准尺寸或者压缩尺寸。其默认值为 false,表示以标准尺寸呈现。如果将其值设置为 true,则表单元素呈现为压缩尺寸。例如:

```
<div data-role="collapsible" data-mini="true">
```

➥ data-iconpos

设置可折叠内容块标题的图标位置,具体可选值如下。

➥ left:图标位于左侧,为默认值。

➥ right:图标位于右侧。

➥ top:图标位于上方。

➥ bottom:图标位于下方。

➥ notext:理论上说,此种情况下文字会被隐藏而只显示图标。

例如,下面代码设置图标在右侧显示,效果如图 21.14 所示。

图 21.14 设计折叠按钮在右侧

```
<div data-role="collapsible" data-iconpos="right">
```

➥ data-theme

设置可折叠内容块的主题风格，数值为 a～z。

➥ data-content-theme

设置可折叠内容块内部区域的主题风格，数值为 a～z。

扫一扫，看视频

21.2.4 设置选项

通过可折叠内容块的选项设置，用户可以在初始化过程中通过 JavaScript 对可折叠内容块进行样式定制，具体说明如下。

➥ collapsed：设置默认状态为折叠状态或展开状态，其默认值为 true，表示可折叠内容块的默认状态为折叠状态；如果将其值设置为 false，则为展开状态。例如：

```
//初始化指定的折叠选项
$( ".selector" ).collapsible({ collapsed: false });
 // getter
var collapseCueText = $( ".selector" ).collapsible( "option", "collapsed" );
 // setter
$( ".selector" ).collapsible( "option", "collapsed", false );
```

➥ mini：设置内容区域表单组件呈现为标准尺寸或者压缩尺寸。jQuery Mobile 1.1.0 开始支持这个选项，其默认值为 false，表示以标准尺寸呈现。如果将其值设置为 true，则表单元素呈现为压缩尺寸。

➥ inset：设置类型。默认值为 true，如果设置该选项为 false，元素将呈现无角、全屏宽度的外观。如果可折叠容器的值是 false，可折叠的部分的值是从父折叠集继承。默认情况下折叠区域是有插图的外观（两头有圆角等）。若要让它们呈现全屏宽度、无角的造型，这个选项可以通过在 HTML 中添加 data-inset="false" 属性来设置。

```
//初始化指定的选项
$( ".selector" ).collapsible({ inset: false });
// getter
var collapseCueText = $( ".selector" ).collapsible( "option", "inset" );
// setter
$( ".selector" ).collapsible( "option", "inset", false );
```

➥ collapsedIcon：设置折叠图标。默认值为"plus"，即在折叠状态下，设置折叠头部标题的图标是"+"。这个也可以通过在 HTML 中添加 data-collapsed-icon="arrow-r"属性来设定图标为"向右的箭头"。例如：

```
//初始化指定的选项
$( ".selector" ).collapsible({ collapsedIcon: "arrow-r" });
// getter
var collapseCueText = $( ".selector" ).collapsible( "option", "collapsedIcon" );
// setter
$( ".selector" ).collapsible( "option", "collapsedIcon", "arrow-r" );
```

➥ expandIcon：设置展开图标。默认值为"minus"，即在展开状态下，设置折叠头部标题的图标式"-"号。这个也可以通过在 HTML 中添加 data-expand-icon="arrow-d" 属性来设定图标为"向下的箭头"。例如：

```
//初始化指定的选项
$( ".selector" ).collapsible({ expandIcon: "arrow-d" });
// getter
var collapseCueText = $( ".selector" ).collapsible( "option", "expandIcon" );
// setter
$( ".selector" ).collapsible( "option", "expandIcon", "arrow-d" );
```

- iconpos：设置可折叠内容块标题图标的位置，主要有如下可选项。left，定义图标位于文字左侧，这是默认值；right，定义图标位于文字右侧；top，定义图标位于文字上方；bottom，定义图标位于文字下方；notext，定义无文字而只有图标。

- corners：设置圆角。默认值为 true，即边界半径是圆角的。若设置 false 则取消半径圆角，成为全屏的直角。这个也可以通过在 HTML 中添加 data-corners="false" 属性来实现。例如：

```
$( ".selector" ).collapsible({ corners: false });
// getter
var collapseCueText = $( ".selector" ).collapsible( "option", "corners" );
// setter
$( ".selector" ).collapsible( "option", "corners", false );
```

- theme：设置可折叠内容块的主题风格，数值为 a～z。

- contentTheme：设置可折叠内容块内部区域的主题风格，数值为 a～z。注意，这个选项值和属性 data-content-theme 的命名风格略有差别。

- collapseCueText：折叠操作的提示文字，其默认值为 click to collapse contents（单击以折叠内容块）。例如：

```
//初始化指定的折叠提示信息
$( ".selector" ).collapsible({ collapseCueText: " collapse with a click" });
// getter
var collapseCueText = $( ".selector" ).collapsible( "option", "collapseCueText" );
// setter
$( ".selector" ).collapsible( "option", "collapseCueText", " collapse with a click" );
```

- expandCueText：展开操作的提示文字，其默认值为 expand with a click（单击以展开内容块）。例如：

```
//初始化指定的展开提示信息
$( ".selector" ).collapsible({ expandCueText: " expand with a click" });
// getter
var collapseCueText = $( ".selector" ).collapsible( "option", "expandCueText" );
// setter
$( ".selector" ).collapsible( "option", "expandCueText", " expand with a click" );
```

- heading：设置显示的标题定义，其默认值为 h1、h2、h3、h4、h5、h6、legend。如果该选项被设置，而在可折叠内容块中没有标记呈现的标题，则可折叠内容块不会呈现。

- initSelector：设置选择器，以选择可以被可折叠内容块渲染的 DOM 容器。

如果 jQuery Mobile 程序在初始化的时候指定了 initSelector 选择器所调取的属性，而在 data-role="collapsible" 的 DOM 容器却没有声明相应 CSS 属性的定义，则这个可折叠内容块将不会被渲染。

【示例 9】 本示例设置 initSelector 选项为.mycollapsible，所以只有设置这个 CSS 的 class 属性值的 DOM 容器，才可以被渲染成可折叠内容块。第一个可折叠内容块的 DOM 容器中的内容在界面中被呈现为可折叠内容块的样子。而第二个可折叠内容块因为没有设置 class 为.mycollapsible，所以没有被渲染成可折叠内容块的样子，演示效果如图 21.15 所示。

图 21.15 自定义折叠块

```
<!doctype html>
<html>
<head>
<meta charset="utf-8">
```

```
<meta name="viewport" content="width=device-width,initial-scale=1" />
<link href="jquery-mobile/jquery.mobile.theme-1.3.0.min.css" rel="stylesheet" type=
"text/css">
<link href="jquery-mobile/jquery.mobile.structure-1.3.0.min.css" rel="stylesheet"
type="text/css">
<script src="jquery-mobile/jquery-1.8.3.min.js" type="text/javascript"></script>
<script>
$( document ).on( "mobileinit", function() {
    $.mobile.collapsible.prototype.options.initSelector = ".mycollapsible";
});
</script>
<script src="jquery-mobile/jquery.mobile-1.3.0.min.js" type="text/javascript">
</script>
</head>
<body>
<div data-role="page" id="page">
    <div data-role="header">
        <h1>设置选项</h1>
    </div>
    <div data-role="collapsible" class="mycollapsible">
        <h1>折叠按钮</h1>
        <p>折叠内容</p>
    </div>
    <div data-role="collapsible">
        <h1>折叠按钮</h1>
        <p>折叠内容</p>
    </div>
</div>
</body>
</html>
```

📢 提示：

使用可折叠内容块的 heading 选项时，需要用户比较谨慎，因为只有被声明为可折叠内容块标题的内容才会成为标题，而其他文字则会按照系统默认定义的呈现方式进行呈现。

【示例 10】 本示例中可折叠内容块中有两个标题，按照通常情况，第一个标题将会被作为标题显示，但是如果 heading 选项所对应的 CSS 属性被设置在第二个标题上，所以第二个标题的内容被作为可折叠内容块的标题被呈现出来，演示效果如图 21.16 所示。

```
<!doctype html>
<html>
<head>
<meta charset="utf-8">
<meta name="viewport" content="width=device-width,initial-scale=1" />
<link href="jquery-mobile/jquery.mobile.theme-1.3.0.min.css" rel="stylesheet"
type="text/css">
<link href="jquery-mobile/jquery.mobile.structure-1.3.0.min.css" rel="stylesheet"
type="text/css">
<script src="jquery-mobile/jquery-1.8.3.min.js" type="text/javascript"></script>
<script>
$( document ).on( "mobileinit", function() {
    $.mobile.collapsible.prototype.options.heading = ".header";
});
</script>
<script src="jquery-mobile/jquery.mobile-1.3.0.min.js" type="text/javascript">
</script>
```

```
</head>
<body>
<div data-role="page" id="page">
    <div data-role="header">
        <h1>设置选项</h1>
    </div>
    <div data-role="collapsible" class="mycollapsible">
        <h1>一级标题</h1>
        <h2 class="header">二级标题</h2>
        <p>折叠内容</p>
    </div>
</div>
</body>
</html>
```

通常，在可折叠内容块中没有声明 heading 选项的情况下，应该是第一个标题标签所包含的内容被呈现为可折叠内容块的标题，而不应该是第二个。但是对前面代码进行初始化的时候，声明特定 class 属性的内容才可以用作标题，所以第一个<h1>标签的内容没有呈现为标题，而在它之后的<h2 class="header">所包含的内容成了这个可折叠内容块的标题。

图 21.16　自定义折叠标题块

21.2.5　设置事件

可折叠内容块的事件用以响应操作行为，常用的事件主要包括 3 种，说明如下。

- ❯ create：可折叠内容块被创建时触发。
- ❯ collapse：可折叠内容块被折叠时触发。
- ❯ expand：可折叠内容块被展开时触发。

只要打开包含有可折叠内容块的页面时，折叠或展开事件就会被触发一次。这个事件触发发生在可折叠内容块生成的时候，事件的触发也与是否手工展开或者折叠没有直接关系。所以，在进行可折叠内容块的事件绑定时，需要注意绑定程序的位置。

【示例 11】　本示例设计一个简单折叠块，然后为其绑定折叠和展开事件响应，并弹出提示框提示当前操作，演示效果如图 21.17 所示。

```
<!doctype html>
<html>
<head>
<meta charset="utf-8">
<meta name="viewport" content="width=device-width,initial-scale=1" />
<link href="jquery-mobile/jquery.mobile.theme-1.3.0.min.css" rel="stylesheet"
type="text/css">
<link href="jquery-mobile/jquery.mobile.structure-1.3.0.min.css" rel="stylesheet" type=
"text/css">
<script src="jquery-mobile/jquery-1.8.3.min.js" type="text/javascript"></script>
<script src="jquery-mobile/jquery.mobile-1.3.0.min.js" type="text/javascript">
</script>
<script>
$(document).ready(function(e){
    $(document).delegate(".mycollapsible", "expand", function(){
        alert('内容被展开');
    });
    $(document).delegate(".mycollapsible", "collapse", function(){
        alert('内容被折叠');
```

```
    });
});
</script>
<style type="text/css"></style>
</head>
<body>
<div data-role="page" id="page">
    <div data-role="header">
        <h1>设置事件</h1>
    </div>
    <div data-role="collapsible" class="mycollapsible">
        <h1>折叠按钮</h1>
        <p>折叠内容</p>
    </div>
</div>
</body>
</html>
```

展开   折叠

图 21.17 绑定折叠块事件

21.3 设计折叠组

折叠块可以编组，只需要在一个 data-role 属性为 collapsible-set 的容器中添加多个折叠块，从而形成一个组。在折叠组中只有一个折叠块是打开的，类似于单选按钮组，当打开别的折叠块时，其他折叠块自动收缩，效果如图 21.18 所示。

（a）默认状态   （b）折叠其他选项

图 21.18 设计折叠组

【操作步骤】

第 1 步，启动 Dreamweaver CC，选择"文件"|"新建"命令，打开"新建文档"对话框，在该对话框中选择"启动器模板"项，设置示例文件夹为"Mobile 起始页"，示例页为"jQuery Mobile（本地）"，设置文档类型为 HTML5，然后单击"创建"按钮，完成文档的创建操作。

第 2 步，按 Ctrl+S 快捷键，保存文档为 index.html。切换到代码视图，清除第 2、3、4 页容器结构，保留第一个 Page 容器，在页面容器的标题栏中输入标题文本"<h1>网址导航</h1>"。

```
<div data-role="header">
    <h1>网址导航</h1>
</div>
```

第 3 步，清除内容容器及其包含的列表视图容器，切换到代码视图，在标题栏下面输入如下代码，定义折叠组容器。其中 data-role="collapsible-set" 属性声明当前标签为折叠组容器。

```
<div data-role="collapsible-set">
</div>
```

第 4 步，在折叠组容器中插入四个折叠容器，代码如下。其中在第一个折叠容器中定义 data-collapsed="false" 属性，设置第一个折叠容器默认为展开状态。

```
<div data-role="collapsible-set">
    <div data-role="collapsible" data-collapsed="false">
        <h1>视频</h1>
        <p><a href="#">优酷网</a></p>
        <p><a href="#">奇艺高清</a></p>
        <p><a href="#">搜狐视频</a></p>
    </div>
    <div data-role="collapsible">
        <h1>新闻</h1>
        <p><a href="#">CNTV</a></p>
        <p><a href="#">环球网</a></p>
        <p><a href="#">路透中文网</a></p>
    </div>
    <div data-role="collapsible">
        <h1>邮箱</h1>
        <p><a href="#">163 邮箱</a></p>
        <p><a href="#">126 邮箱</a></p>
        <p><a href="#">阿里云邮箱</a></p>
    </div>
    <div data-role="collapsible">
        <h1>网购</h1>
        <p><a href="#">淘宝网</a></p>
        <p><a href="#">京东商城</a></p>
        <p><a href="#">亚马逊</a></p>
    </div>
</div>
```

第 5 步，在头部位置添加如下元信息，定义视图宽度与设备屏幕宽度保持一致。

```
<meta name="viewport" content="width=device-width,initial-scale=1" />
```

第 6 步，完成设计之后，在移动设备中预览该 index.html 页面，可以看到如图 21.18 所示的折叠组版式效果。

🔊 **提示：**

折叠组中所有的折叠块在默认状态下都是收缩的，如果想在默认状态下使某个折叠区块为下拉状态，只要将该折叠区块的 data-collapsed 属性值设置为 false。例如，在本实例中，将标题为"视频"的折叠块的 data-collapsed 属性值设置为 false。但是由于同处在一个折叠组内，这种下拉状态在同一时间只允许有一个。

21.4 实 战 案 例

下面将通过几个案例练习如何在项目应用中实现多样的移动页面布局。

21.4.1 设计课程表

分栏布局在仅需要限定宽度而对高度没有特殊要求的情况下是很有优势的，本节设计了一个课程表，体验这种分栏布局的优势。

本例为显示星期的栏目和显示课程的栏目设置了不同颜色的主题，以区分它们，其他地方基本上就按照默认的样式进行，示例演示效果如图 21.19 所示，生成的课程表整齐，接近原生界面。

本示例完整代码如下：

图 21.19 设计课程表

```html
<!doctype html>
<html>
<head>
<meta charset="utf-8">
<meta name="viewport" content="width=device-width,initial-scale=1" />
<link href="jquery-mobile/jquery.mobile.theme-1.3.0.min.css" rel="stylesheet" type=
"text/css">
<link href="jquery-mobile/jquery.mobile.structure-1.3.0.min.css" rel="stylesheet"
type="text/css">
<script src="jquery-mobile/jquery-1.8.3.min.js" type="text/javascript"></script>
<script src="jquery-mobile/jquery.mobile-1.3.0.min.js" type="text/javascript">
</script>
</head>
<body>
<div data-role="page">
    <div data-role="header">
        <h1>课程表</h1>
    </div>
    <div data-role="content">
        <div class="ui-grid-d">
            <div class="ui-block-a"><div class="ui-bar ui-bar-a" style="height:
30px">
                <h1>周一</h1>
            </div></div>
            <div class="ui-block-b"><div class="ui-bar ui-bar-a" style="height:
30px">
                <h1>周二</h1>
            </div></div>
            <div class="ui-block-c"><div class="ui-bar ui-bar-a" style="height:
30px">
                <h1>周三</h1>
            </div></div>
            <div class="ui-block-d"><div class="ui-bar ui-bar-a" style="height:
30px">
                <h1>周四</h1>
            </div></div>
```

473

```
            <div class="ui-block-e"><div class="ui-bar ui-bar-a" style="height:
30px">
               <h1>周五</h1>
        </div></div>
        <div class="ui-block-a"><div class="ui-bar ui-bar-c">
            <h1>数学</h1></div></div>
        <div class="ui-block-b"><div class="ui-bar ui-bar-c">
            <h1>语文</h1></div></div>
        <div class="ui-block-c"><div class="ui-bar ui-bar-c">
            <h1>英语</h1></div></div>
        <div class="ui-block-d"><div class="ui-bar ui-bar-c">
            <h1>数学</h1></div></div>
        <div class="ui-block-e"><div class="ui-bar ui-bar-c">
            <h1>英语</h1></div></div>
        <div class="ui-block-a"><div class="ui-bar ui-bar-c">
            <h1>数学</h1></div></div>
        <div class="ui-block-b"><div class="ui-bar ui-bar-c">
            <h1>化学</h1></div></div>
        <div class="ui-block-c"><div class="ui-bar ui-bar-c">
            <h1>语文</h1></div></div>
        <div class="ui-block-d"><div class="ui-bar ui-bar-c">
            <h1>英语</h1></div></div>
        <div class="ui-block-e"><div class="ui-bar ui-bar-c">
            <h1>英语</h1></div></div>
        <div class="ui-block-a"><div class="ui-bar ui-bar-c">
            <h1>物理</h1></div></div>
        <div class="ui-block-b"><div class="ui-bar ui-bar-c">
            <h1>体育</h1></div></div>
        <div class="ui-block-c"><div class="ui-bar ui-bar-c">
            <h1>生物</h1></div></div>
        <div class="ui-block-d"><div class="ui-bar ui-bar-c">
            <h1>政治</h1></div></div>
        <div class="ui-block-e"><div class="ui-bar ui-bar-c">
            <h1>数学</h1></div></div>
        <div class="ui-block-a"><div class="ui-bar ui-bar-c">
            <h1>化学</h1></div></div>
        <div class="ui-block-b"><div class="ui-bar ui-bar-c">
            <h1>语文</h1></div></div>
        <div class="ui-block-c"><div class="ui-bar ui-bar-c">
            <h1>语文</h1></div></div>
        <div class="ui-block-d"><div class="ui-bar ui-bar-c">
            <h1>数学</h1></div></div>
        <div class="ui-block-e"><div class="ui-bar ui-bar-c">
            <h1>英语</h1></div></div>
      </div>
    </div>
</div>
</body>
</html>
```

本示例没有加入对于第几节课进行描述的栏目，因为一周正常情况有 5 天上课时间，但是在 jQuery Mobile 中默认最多只能分成 5 栏，这也是 jQuery Mobile 分栏的缺陷所在。

扫一扫，看视频

21.4.2 设计九宫格

九宫格是移动设备中常用的界面布局形式，利用 jQuery Mobile 网格技术打造一款具有九宫格布局的界面比较简单。本节示例展示了如何快速定制一个九宫格界面，演示效果如图 21.20 所示。

图 21.20 设计九宫格界面

本示例完整代码如下：

```
<!doctype html>
<html>
<head>
<meta charset="utf-8">
<meta name="viewport" content="width=device-width,initial-scale=1" />
<link href="jquery-mobile/jquery.mobile.theme-1.3.0.min.css" rel="stylesheet" type=
"text/css">
<link href="jquery-mobile/jquery.mobile.structure-1.3.0.min.css" rel="stylesheet" type=
"text/css">
<script src="jquery-mobile/jquery-1.8.3.min.js" type="text/javascript"></script>
<script src="jquery-mobile/jquery.mobile-1.3.0.min.js" type="text/javascript">
</script>
</head>
<body>
<div data-role="page">
    <div data-role="header" data-position="fixed">
        <a href="#">返回</a>
        <h1>九宫格界面</h1>
        <a href="#">设置</a>
    </div>
    <div data-role="content">
        <fieldset class="ui-grid-b">
            <div class="ui-block-a">
                <img src="images/1.png" width="100%" height="100%"/>
            </div>
            <div class="ui-block-b">
                <img src="images/2.png" width="100%" height="100%"/>
            </div>
            <div class="ui-block-c">
                <img src="images/3.png" width="100%" height="100%"/>
            </div>
            <div class="ui-block-a">
                <img src="images/4.png" width="100%" height="100%"/>
            </div>
            <div class="ui-block-b">
                <img src="images/5.png" width="100%" height="100%"/>
            </div>
            <div class="ui-block-c">
                <img src="images/6.png" width="100%" height="100%"/>
```

```
        </div>
        <div class="ui-block-a">
            <img src="images/7.png" width="100%" height="100%"/>
        </div>
        <div class="ui-block-b">
            <img src="images/8.png" width="100%" height="100%"/>
        </div>
        <div class="ui-block-c">
            <img src="images/9.png" width="100%" height="100%"/>
        </div>
    </fieldset>
  </div>
</div>
</body>
</html>
```

上面代码比较简单，没有什么复杂的内容，只是一个分栏布局。本例中由于每一个栏目仅仅包含一张图片，而每张图片的尺寸又都是一样的，因此没有必要通过设置栏目的高度来保证布局的完整。如果重置各个栏目之间的间距，可以通过在页面中重写 ui-block-a、ui-block-b 和 ui-block-c 样式的方法来改变它们之间的间距，也可以通过修改图片的空白区域来使图标变小。

21.4.3　设计通讯录

21.4.2 节的示例演示了使用<fieldset>标签分栏显示内容的方法，但是 jQuery Mobile 分栏布局的各个栏目的宽度都是平均分配的，这一点仍然限制了用户开发的自由。如果想在一行中插入不同宽度的内容，就需要通过 CSS 改变 jQuery Mobile 对原有控件的定义，以改变它们的外观。

本节示例设计了一款简单的手机通讯录，介绍如何利用 CSS 改变分栏布局的方法，示例效果如图 21.21 所示。

图 21.21　设计通讯录界面

本示例完整代码如下：

```
<!doctype html>
<html>
<head>
<meta charset="utf-8">
<meta name="viewport" content="width=device-width,initial-scale=1" />
<link href="jquery-mobile/jquery.mobile.theme-1.3.0.min.css" rel="stylesheet" type=
"text/css">
<link href="jquery-mobile/jquery.mobile.structure-1.3.0.min.css" rel="stylesheet" type=
"text/css">
<script src="jquery-mobile/jquery-1.8.3.min.js" type="text/javascript"></script>
<script  src="jquery-mobile/jquery.mobile-1.3.0.min.js"  type="text/javascript">
</script>
<style type="text/css">
.ui-grid-b .ui-block-a { width: 25%; }        /*定义第 1 栏宽度 */
.ui-grid-b .ui-block-b { width: 50%; }        /*定义第 2 栏宽度 */
.ui-grid-b .ui-block-c { width: 25%; }        /*定义第 3 栏宽度 */
.ui-bar-c { height: 60px; }                   /*定义每一栏高度固定为 60 像素 */
.ui-bar-c h1 {                                /*定义每一栏标题样式 */
    font-size: 20px;
    line-height: 26px;
```

```
}
</style>
</head>
<body>
<div data-role="page">
    <div data-role="content">
        <fieldset class="ui-grid-b">
            <div class="ui-block-a">
                <div class="ui-bar ui-bar-c"> <img src="images/1.jpg" height="100%"
/> </div>
            </div>
            <div class="ui-block-b">
                <div class="ui-bar ui-bar-c">
                    <h1>张三</h1>
                    <p>13522221111</p>
                </div>
            </div>
            <div class="ui-block-c">
                <div class="ui-bar ui-bar-c"> <img src="images/2.png" height="100%"
/> </div>
            </div>
            <div class="ui-block-a">
                <div class="ui-bar ui-bar-c"> <img src="images/2.jpg" height="100%"
/> </div>
            </div>
            <div class="ui-block-b">
                <div class="ui-bar ui-bar-c">
                    <h1>李四</h1>
                    <p>13522221112</p>
                </div>
            </div>
            <div class="ui-block-c">
                <div class="ui-bar ui-bar-c"> <img src="images/1.png" height="100%"
/> </div>
            </div>
            <div class="ui-block-a">
                <div class="ui-bar ui-bar-c"> <img src="images/3.jpg" height="100%"
/> </div>
            </div>
            <div class="ui-block-b">
                <div class="ui-bar ui-bar-c">
                    <h1>王五</h1>
                    <p>13522221113</p>
                </div>
            </div>
            <div class="ui-block-c">
                <div class="ui-bar ui-bar-c"> <img src="images/1.png" height="100%"
/> </div>
            </div>
        </fieldset>
    </div>
</div>
```

```
</body>
</html>
```

上面代码将每一行分成了 3 栏，这 3 栏所占的比例分别为 25%、50%和 25%，jQuery Mobile 通过读取 CSS 中 ui-block-a、ui-block-b 和 ui-block-c 三个样式对 div 的样式进行渲染，可以重写这三个样式，由于目前对于样式没有太多的要求，因此仅仅重写了宽度。

jQuery Mobile 的分栏有一个不是非常完善的地方，用户可以试着去掉内部样式表中.ui-bar-c { height: 60px; }样式，运行后的效果如图 21.22 所示。从图中可以清楚地看出，在没有设置高度的情况下，各栏目仅仅使自己的高度适应其中的内容而不考虑与相邻的元素高度匹配。因此在使用分栏布局时，如果不是在各栏目中使用相同的元素，一定要设置栏目的高度。

为了更好地呼应本节的主题，本例没有直接通过修改标签的 style 来设计样式，而是依旧采用修改 CSS 的方式来修改字体的样式。

图 21.22　高度不一的分栏布局效果

21.4.4　设计 QQ 好友列表

除分栏之外，还有一种更强大的方式，可以让用户在尽量小的空间内装下更多的内容，那就是折叠。说到折叠，一个经典的例子就是 QQ 上的好友列表，可以通过分组将好友分成不同的组，然后将所有的好友列表隐藏起来，只有当需要查找该组中的好友时才将它展开。

本节示例将利用 jQuery Mobile 的折叠组组件来实现一个类似 QQ 的可折叠好友列表，示例效果如图 21.23 所示。

图 21.23　设计可折叠的 QQ 好友列表

本示例完整代码如下：

```
<!doctype html>
<html>
<head>
<meta charset="utf-8">
<meta name="viewport" content="width=device-width,initial-scale=1" />
<link href="jquery-mobile/jquery.mobile.theme-1.3.0.min.css" rel="stylesheet" type=
"text/css">
<link href="jquery-mobile/jquery.mobile.structure-1.3.0.min.css" rel="stylesheet" type=
```

```
"text/css">
<script src="jquery-mobile/jquery-1.8.3.min.js" type="text/javascript"></script>
<script  src="jquery-mobile/jquery.mobile-1.3.0.min.js"  type="text/javascript">
</script>
<style type="text/css">
.ui-grid-a .ui-block-a { width: 25%; }              /*定义第 1 栏宽度 */
.ui-grid-a .ui-block-b { width: 75%; }              /*定义第 2 栏宽度 */
.ui-bar { height: 96px; }                           /*定义每一栏高度均为 96 像素 */
.ui-block-b .ui-bar-c h1 {                          /*定义每一栏字体样式 */
    font-size: 14px;
    line-height: 22px;
}
.ui-block-b .ui-bar-c p { line-height: 20px; }      /*定义字体行高 */
</style>
</head>
<body>
<div data-role="page">
    <div data-role="content">
        <div data-role="collapsible-set">
            <div data-role="collapsible" data-collapsed="false">
                <h3>同事</h3>
                <p>
                    <fieldset class="ui-grid-a">
                        <div class="ui-block-a">
                            <div  class="ui-bar  ui-bar-c">  <img  src="images/1.jpg"
width="100%" /> </div>
                        </div>
                        <div class="ui-block-b">
                            <div class="ui-bar ui-bar-c">
                                <h1>张三</h1>
                                <p>点燃艺术火花的，与其说是灵感，不如说是邪念。</p>
                            </div>
                        </div>
                        <div class="ui-block-a">
                            <div  class="ui-bar  ui-bar-c">  <img  src="images/2.jpg"
width="100%" /> </div>
                        </div>
                        <div class="ui-block-b">
                            <div class="ui-bar ui-bar-c">
                                <h1>李四</h1>
                                <p>世界上根本没有专属这回事——那只是你为你想得到的东西付出的
代价。</p>
                            </div>
                        </div>
                    </fieldset>
                </p>
            </div>
            <div data-role="collapsible" data-collapsed="true">
                <h3>好友</h3>
                <p>
                    <fieldset class="ui-grid-a">
                        <div class="ui-block-a">
```

```
                              <div  class="ui-bar  ui-bar-c">  <img  src="images/3.jpg"
width="100%" /> </div>
                          </div>
                      <div class="ui-block-b">
                          <div class="ui-bar ui-bar-c">
                              <h1>王五</h1>
                              <p>世界上唯一会随着时光的流逝而越变越美好的东西就是回忆。</p>
                          </div>
                      </div>
                  </fieldset>
              </p>
          </div>
      </div>
  </div>
</div>
</body>
</html>
```

单击视图上的"同事"或者"好友"，其中的内容就会自动展开，而另一栏中的内容则会自动折叠。虽然界面有一定的区别，但在功能上已经实现了类似 QQ 的好友列表。

内容区域主要是分栏布局的设置，以使好友列表保持为左侧头像、右侧好友名和个性签名的两栏式布局。其中<div data-role="collapsible-set">定义了该部分是可以折叠的，但并不是指此标签作为一个整体来折叠，而是将它作为一个容器。例如，"同事"或者"好友"两个列表都是可以折叠的，而它们都是被包裹在<div data-role="collapsible-set"></div>中，而<div data-role="collapsible" data-collapsed="true">标签内的内容才是作为最小单位被折叠的。

仅仅能折叠那也是不够的，因为当所有的内容都被折叠隐藏了，还需要一个标签来告诉用户被隐藏的内容是什么，这就需要为每一处折叠的内容做一个"标题"，这就是<h3>标签的作用所在。

data-collapsed 属性的值是不同的，如果将两组标签中的 data-collapsed 全部设置为 false，这是不允许的，即便如此也只有一组栏目是展开的，因为同一时刻只有一组内容可以被展开。

如果同时让这些折叠项全部都展开，可以去掉<div data-role="collapsible-set">标签，就会发现两个折叠项可以同时展开。这个道理很简单，因为 collapsible-set 并没有折叠内容的作用，它只是一个容器，具有有两个作用：

➤ 将折叠的栏目按组容纳在其中。

➤ 保证其中的内容同时仅有一项是被展开的。

用户也可以设置折叠图标及其位置，例如，定义第一个折叠图标为上下箭头，则代码如下：

```
<div data-role="collapsible" data-collapsed="false"
data-collapsed-icon="arrow- d"  data-expanded-icon=
"arrow-u">
```

定义第二个折叠图标的位置位于右侧，则代码如下：

```
<div data-role="collapsible" data-collapsed="true"
data-iconpos="right">
```

图演示效果如图 21.24 所示。

图 21.24　自定义折叠图标样式

扫一扫，看视频

21.4.5　设计 Metro 版式

Metro 是微软从纽约交通站牌中获得灵感而创造的一种简洁的界面，它的本意是以文字的形式承载更多的信息，这一点在 Windows XP 和 Windows 7 的设计上均有所体现。然而，真正让 Metro 界面被国内设计所关注，还是 Windows 8 中以色块为主的排版方式，以及 WP (Windows Phone)系列手机的主界面。

【示例 12】　本示例利用 jQuery Mobile 的分栏功能将每一行分为两部分，然后利用分栏时每一栏的高度恰好满足其中所填充内容高度这一特点，在其中放入一张大约是正方形的图片，这就形成了 Metro 的布局。在实际使用时还可以再通过修改每一栏所占的比例来调整色块所排列的位置。示例代码如下，演示效果如图 21.25 所示。

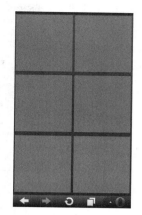

图 21.25　自定义 Metro 版式效果

```
<!doctype html>
<html>
<head>
<meta charset="utf-8">
<meta name="viewport" content="width=device-width,initial-scale=1" />
<link href="jquery-mobile/jquery.mobile.theme-1.3.0.min.css" rel="stylesheet" type=
"text/css">
<link href="jquery-mobile/jquery.mobile.structure-1.3.0.min.css" rel="stylesheet"
type="text/css">
<script src="jquery-mobile/jquery-1.8.3.min.js" type="text/javascript"></script>
<script src="jquery-mobile/jquery.mobile-1.3.0.min.js" type="text/javascript">
</script>
<style type="text/css">
.ui-grid-a .ui-block-a, .ui-grid-a .ui-block-b { margin: 1%;width: 48%;}
</style>
</head>
<body>
<div data-role="page" data-theme="a">
    <fieldset class="ui-grid-a">
        <div class="ui-block-a"> <img src="images/metro.png" width="100%" height=
"100%"/> </div>
        <div class="ui-block-b"> <img src="images/metro.png" width="100%" height=
"100%"/> </div>
        <div class="ui-block-a"> <img src="images/metro.png" width="100%" height=
"100%"/> </div>
        <div class="ui-block-b"> <img src="images/metro.png" width="100%" height=
"100%"/> </div>
        <div class="ui-block-a"> <img src="images/metro.png" width="100%" height=
"100%"/> </div>
        <div class="ui-block-b"> <img src="images/metro.png" width="100%" height=
"100%"/> </div>
    </fieldset>
</div>
</body>
</html>
```

【示例 13】　示例 12 利用 jQuery Mobile 分栏实现 Metro 界面的效果，但是这种方法有极大的缺陷，即不能根据需要调整色块的高度。本示例使用 CSS 重新设计 Metro 界面，效果如图 21.26 所示。

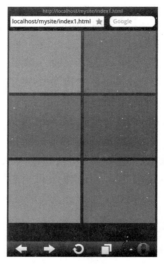

图 21.26　重定义 Metro 布局效果

示例完整代码如下：

```
<!doctype html>
<html>
<head>
<meta charset="utf-8">
<meta name="viewport" content="width=device-width,initial-scale=1" />
<link href="jquery-mobile/jquery.mobile.theme-1.3.0.min.css" rel="stylesheet" type=
"text/css">
<link href="jquery-mobile/jquery.mobile.structure-1.3.0.min.css" rel="stylesheet" type=
"text/css">
<script src="jquery-mobile/jquery-1.8.3.min.js" type="text/javascript"></script>
<script src="jquery-mobile/jquery.mobile-1.3.0.min.js" type="text/javascript">
</script>
<script>
$(document).ready(function(){
    $top_height=$("div[data-role=header]").height();          //获取头部栏的高度
    $bottom_height=$("div[data-role=footer]").height();       //获取底部栏的高度
    $body_height=$(window).height()-$top_height-$bottom_height;
    //获取屏幕减去头部栏和底部栏的高度
    //将获取的高度设置到页面中
    $body_height=$body_height-10;
    $body_height=$body_height+"px";
    $("div[data-role=metro_body]").width("100%").height($body_height);
});
</script>
<style type="text/css">
* {margin: 0px; padding: 0px;}                        /*消除页面默认的间隔效果*/
.metro_color1 { background-color: #ef9c00; }          /*设置第 1 个色块的颜色*/
.metro_color2 { background-color: #2ebf1b; }          /*设置第 2 个色块的颜色*/
.metro_color3 { background-color: #00aeef; }          /*设置第 3 个色块的颜色*/
.metro_color4 { background-color: #ed2b84; }          /*设置第 4 个色块的颜色*/
.metro_rec {width: 48%; height: 30%;float: left; margin: 1%;}  /*设置色块的宽度和高
```

```
度*/
</style>
</head>
<body>
<div data-role="page" data-theme="a">
    <div data-role="metro_body">
        <div class="metro_color1 metro_rec"> </div>          <!--第 1 个色块-->
        <div class="metro_color2 metro_rec"> </div>          <!--第 2 个色块-->
        <div class="metro_color3 metro_rec"> </div>          <!--第 3 个色块-->
        <div class="metro_color4 metro_rec"> </div>          <!--第 4 个色块-->
        <div class="metro_color1 metro_rec"> </div>          <!--第 5 个色块-->
        <div class="metro_color2 metro_rec"> </div>          <!--第 6 个色块-->
    </div>
</div>
</body>
</html>
```

本例在界面中设计了 4 种颜色来区分色块，并定义了每个色块的宽度为整个屏幕宽度的 48%、高度为外侧容器的 30%。然后通过 JavaScript 动态定义色块高度，先获得页面可用部分的高度（屏幕高度减去头部栏和尾部栏所占的部分），可以直接将这个高度设置为 6 个色块外部容器的高度，然后根据 CSS 的设置，每个色块再自动占据其中的 30%，这就保证了屏幕中的色块始终不会超出屏幕的范围，并且在底部留有一定的空隙。

第 22 章　设计工具栏

jQuery Mobile 提供了一整套标准的工具栏组件，在 Web 移动应用中只需为标签添加相应的属性，就可以直接使用，极大地提高了开发效率。工具栏包括页眉工具栏（页眉栏）、导航工具栏（导航栏）、页脚工具栏（页脚栏），它们分别置于视图窗口的页眉区、内容区或页脚区，并通过添加不同样式和设定属性，满足各种页面设计需求。

【学习重点】
- 定义工具栏。
- 设置工具栏显示模式。
- 设计页眉工具栏和页脚工具栏。
- 设计导航工具栏。
- 设置工具栏属性、选项、方法和事件。

22.1　使用工具栏

在 Web 移动开发中，工具栏是常用的一种界面容器，一些常用的页面元素会集成在其中，如标题、后退按钮或者某些常用的链接。

22.1.1　定义工具栏

在 jQuery Mobile 中，工具栏主要包括页眉工具栏和页脚工具栏。页脚工具栏方便单手触控操作，在很多移动应用中，常用功能都会放在这个工具栏中，页眉工具栏会作为页眉和导航功能使用。

定义页眉工具栏和页脚工具栏比较容易，具体方法如下：

- ↘　如果要实现页眉工具栏，只需在 div 容器中添加 data-role 属性值为 header 即可。
- ↘　如果要实现页脚工具栏，只需在 div 容器中添加 data-role 属性值为 footer 即可。

【示例 1】　在本示例代码中，页眉工具栏所在的 div 容器的 data-role 属性被设置为 header，页脚工具栏的 div 容器的 data-role 属性被设置为 footer，并且页眉工具栏和页脚工具栏都设置属性 data-position 为 fixed，演示效果如图 22.1 所示。

```
<!DOCTYPE html>
<html>
<head>
<meta charset="utf-8">
<title>jQuery Mobile Web 应用程序</title>
<link href="jquery-mobile/jquery.mobile.theme-1.3.0.min.css" rel="stylesheet" type=
"text/css"/>
<link href="jquery-mobile/jquery.mobile.structure-1.3.0.min.css" rel="stylesheet"
type="text/css"/>
<script src="jquery-mobile/jquery-1.8.3.min.js" type="text/javascript"></script>
<script src="jquery-mobile/jquery.mobile-1.3.0.min.js" type="text/javascript">
</script>
</head>
<body>
```

```
<div data-role="page" id="page">
  <div data-role="header" data-position="fixed">
    <h1>页眉工具栏</h1>
  </div>
  <div data-role="content">
    <img src="images/1.jpg" width="100%" />
  </div>
  <div data-role="footer" data-position="fixed">
    <h4>页脚工具栏</h4>
  </div>
</div>
</body>
</htm
```

扫一扫，看视频

22.1.2 定义显示模式

jQuery Mobile 工具栏包括两种显示模式：固定模式和内联模式。在默认情况下，工具栏不会被设为固定模式，而是以内联模式呈现在界面上。如果需要以固定模式呈现工具栏，则需要为工具栏添加 data-position="fixed"属性。

在固定模式的工具栏中，当用户轻击移动设备浏览器时，会显示或者隐藏工具栏，固定工具栏在浏览器屏幕中的位置也是固定的，页眉工具栏总是位于浏览器屏幕最上方，而页脚工具栏总是位于浏览器屏幕最下方，如图 22.1 所示。

在内联模式的工具栏中，页眉工具栏将出现在页面正文内容的上方，紧跟在正文之后的是页脚工具栏，并且随着正文内容的长短，工具栏的位置也会发生变化，效果如图 22.2 所示。

图 22.1 固定模式

图 22.2 内联模式

📢 提示：

> 如果工具栏被设置为固定模式，则每次轻击浏览器，工具栏就会被显示或者隐藏。如果工具栏是内联模式，则任何时候工具栏都会被呈现在页面中。

22.2 设计页眉栏

页眉工具栏是 Page 视图中第一个容器，位于视图顶部。页眉工具栏一般由标题和按钮组成，其中按钮可以使用后退按钮，也可以添加表单按钮，并可以通过设置相关属性控制按钮的相对位置。

22.2.1 定义页眉栏

页眉栏由标题文字和左右两侧的按钮构成，标题文字通常使用<h>标签定义，字数范围在1～6之间，常用<h1>标签，无论字数是多少，在同一个移动应用项目中都要保持一致。标题文字的左右两边可以分别放置一或两个按钮，用于标题中的导航操作。

【示例2】 本示例演示如何使用 Dreamweaver CC 快速定义页眉栏。

【操作步骤】

第1步，启动 Dreamweaver CC，选择"文件"|"新建"命令，打开"新建文档"对话框，在该对话框中选择"启动器模板"项，设置示例文件夹为"Mobile 起始页"，示例页为"jQuery Mobile（本地）"，设置文档类型为 HTML5，然后单击"创建"按钮，完成文档的创建操作，如图 22.3 所示。

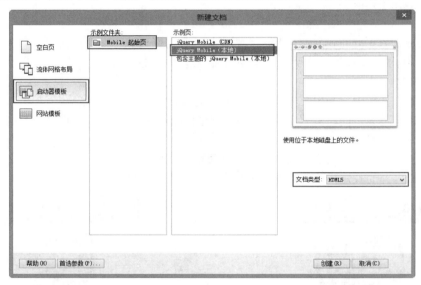

图 22.3　新建 jQuery Mobile 起始页

第2步，按 Ctrl+S 快捷键，保存文档为 index3.html。此时，Dreamweaver CC 会弹出对话框提示保存相关的框架文件，如图 22.4 所示。

图 22.4　复制相关文件

第3步，在编辑窗口中，可以看到 Dreamweaver CC 新建了包含 4 个页面的 HTML5 文档，其中第 1 个页面为导航列表页，第 2 页到第 4 页为具体的详细页视图。在站点中新建了 jquery-mobile 文件夹，包括了所有需要的相关技术文件和图标文件。

第 4 步，切换到代码视图，清除第 2、3、4 页容器结构，保留第 1 个页面（Page）容器，在容器中添加一个 data-role 属性为 header 的<div>标签，定义页眉栏结构。在页眉栏中添加一个<h1>标签，定义标题，标题文本设置为"标题栏文本"，如图 22.5 所示。

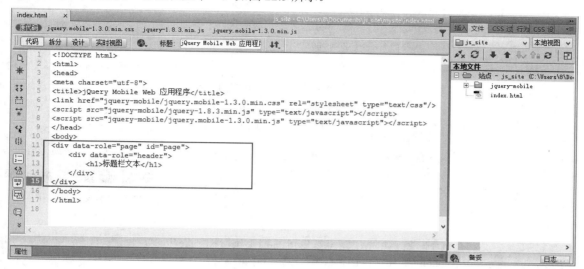

图 22.5　定义页眉栏结构

📢 提示：

每个视图容器中只能够有一个页眉栏，通过添加一个 Page 容器的<div>标签，在容器中添加一个 data-role 属性，设置属性值为"header"，然后就可以在页眉栏中添加标题、按钮或者标题文本了。标题文本一般应包含在标题标签中。

第 5 步，在头部位置添加如下代码，定义视图宽度与设备屏幕宽度保持一致。

```
<meta name="viewport" content="width=device-width,initial-scale=1" />
```

【示例3】　由于移动设备的浏览器分辨率不尽相同，如果尺寸过小，而页眉栏的标题内容又很长时，jQuery Mobile 会自动调整需要显示的标题内容，隐藏的内容以"…"的形式显示在页眉栏中，如图 22.6 所示。

```
<div data-role="page" id="page">
    <div data-role="header">
        <h1>标题栏文本长度过长</h1>
    </div>
</div>
```

图 22.6　定义页眉栏

【示例4】　页眉栏默认的主题样式为"a"，如果要修改主题样式，只需要在页眉栏标签中添加 data-theme 属性，设置对应的主题样式值即可。例如，设置 data-theme 属性值为"b"，代码如下，预览效果如图 22.7 所示。

```
<div data-role="page" id="page">
    <div data-role="header" data-theme="b">
        <h1>标题栏文本长度过长</h1>
    </div>
</div>
```

提示：

关于 jQuery Mobile 更多主题内容，请参阅后面章节的详细介绍。

技巧：

为了方便交互，在页面切换后 jQuery Mobile 会在标题左侧自动生成一个后退按钮，这样可以简化开发难度，但是有些时候因为应用的需求而不需要这个后退按钮，可以在页眉工具栏上添加 data-backbtn="false" 属性阻止后退按钮的自动创建。

【示例5】 页眉工具栏的左侧和右侧分别可以放置一个按钮，在阻止自动生成的后退按钮后，就可以在后退按钮的位置自定义按钮了。

```
<div data-role="header" data-position="inline" data-backbtn="false" >
    <a href="index.html" data-icon="delete">Cancel</a>
    <h1>标题</h1>
    <a href="index.html" data-icon="check">Save</a>
</div>
```

图 22.7　定义页眉栏主题效果

提示：

如果需要自定义默认的后退按钮中的文本，可以用 data-back-btn-text="previous" 属性来实现，或者通过扩展的方式实现：$.mobile.page.prototype.options.backBtnText = "previous"。

注意：

如果没有使用标准的结构创建页眉栏，那么 jQuery Mobile 将不会自动生成默认的按钮。

扫一扫，看视频

22.2.2　定义导航按钮

在页眉栏中可以手动编写代码添加按钮，按钮标签可以为任意元素。由于页眉栏空间的局限性，所添加按钮都是内联类型。

【示例6】 新建 HTML5 文档，在页面中添加两个 Page 视图容器，ID 值分别为"a"、"b"。在两个容器的页眉栏中分别添加两个按钮，左侧为"上一张"按钮，右侧为"下一张"按钮，单击第一个容器的"下一张"按钮时，切换到第二个容器；单击第二个容器的"上一张"按钮时，又返回到第一个容器，演示效果如图 22.8 所示。

（a）初始预览效果

（b）下一张显示效果

图 22.8　导航按钮演示效果

【操作步骤】

第 1 步，启动 Dreamweaver CC，选择"文件"|"新建"命令，打开"新建文档"对话框，在该对话框中选择"启动器模板"项，设置示例文件夹为"Mobile 起始页"，示例页为"jQuery Mobile（本地）"，设置文档类型为 HTML5，然后单击"创建"按钮，完成文档的创建操作。

第 2 步，按 Ctrl+S 快捷键，保存文档为 index.html。此时，Dreamweaver CC 会弹出对话框提示保存相关的框架文件。

第 3 步，切换到代码视图，清除第 3、4 页容器结构，保留第 1、2 个 Page 容器，修改第一个容器的 ID 值为 a，第二个容器的 ID 值为 b，同时添加两个容器中页眉栏和内容栏中所有的内容，删除页脚栏，代码如下。

```
<div data-role="page" id="a">
    <div data-role="header"></div>
    <div data-role="content"></div>
</div>
<div data-role="page" id="b">
    <div data-role="header"></div>
    <div data-role="content"></div>
</div>
```

第 4 步，为页眉栏添加 data-position 属性，设置属性值为"inline"。然后在页眉栏中添加标题和按钮，代码如下。使用 data-position="inline"定义页眉栏行内显示，使用 data-icon 属性定义按钮显示在页眉栏指向箭头，其值为"arrow-l"表示向左，"arrow-r"表示向右。

```
<div data-role="page" id="a">
    <div data-role="header" data-position="inline">
        <a href="#" data-icon="arrow-l">上一张</a>
        <h1>秀秀</h1>
        <a href="#b" data-icon="arrow-r">下一张</a>
    </div>
</div>
<div data-role="page" id="b">
    <div data-role="header" data-position="inline">
        <a href="#a" data-icon="arrow-l">上一张</a>
        <h1>嘟嘟</h1>
        <a href="#" data-icon="arrow-r">下一张</a>
    </div>
</div>
```

第 5 步，添加内容栏，在内容栏中插入图像，定义类样式 w100，设计宽度为 100%显示，然后为每个内容栏中插入的图像应用 w100 类样式，设置如图 22.9 所示。

```
<head>
<style type="text/css">
.w100 {
    width:100%;
}
</style>
</head>
<body>
<div data-role="page" id="a">
    <div data-role="header" data-position="inline">…</div>
    <div data-role="content">
        <img src="images/1.jpg" class="w100" />
```

```
      </div>
   </div>
   <div data-role="page" id="b">
      <div data-role="header" data-position="inline">…</div>
      <div data-role="content">
         <img src="images/2.jpg" class="w100" />
      </div>
   </div>
</body>
```

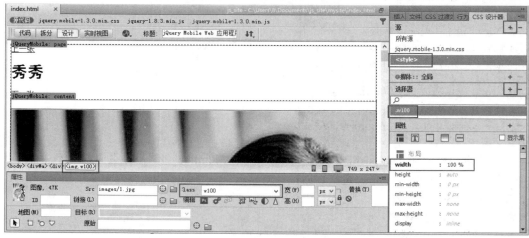

图 22.9　在内容栏插入图像并应用 w100 类样式

第 6 步，在头部位置添加如下元信息，定义视图宽度与设备屏幕宽度保持一致。

```
<meta name="viewport" content="width=device-width,initial-scale=1" />
```

第 7 步，最后，在移动设备中预览该首页，可以看到图 22.8（a）所示的效果，单击"下一张"按钮，即可显示下一张视图，显示效果如图 22.8（b）图所示。单击"上一张"按钮，将返回显示。

📢 提示：

在页眉栏中通过添加 inline 属性进行定位。使用这种定位模式，无须编写其他 JavaScript 或 CSS 代码，可以确保页眉栏在更多的移动浏览器中显示。

页眉栏中的<a>是首个标签，默认位置是在标题的左侧，默认按钮个数只有一个。当在标题左侧添加两个链接按钮时，左侧链接按钮会按排列顺序保留第一个，第二个按钮会自动放置在标题的右侧。因此，在页眉栏中放置链接按钮时，鉴于内容长度的限制，尽量在页眉栏的左右两侧分别放置一个链接按钮。

给 Page 视图容器添加 data-add-back-btn 属性，可以在页眉栏的左侧增加一个默认名为 Back 的后退按钮。此外，还可以通过修改 Page 视图容器的 data-back-btn-text 属性值，设置后退按钮中显示的文字。

【示例 7】　新建 HTML5 文档，启动 Dreamweaver CC，选择"文件"|"新建"命令，打开"新建文档"对话框，在该对话框中选择"启动器模板"项，设置示例文件夹为"Mobile 起始页"，示例页为"jQuery Mobile（本地）"，设置文档类型为 HTML5，然后单击"创建"按钮，完成文档的创建操作。按 Ctrl+S 快捷键，保存文档为 index1.html。

切换到代码视图，清除第 1 页列表视图容器结构，保留第 2、3、4 个 Page 容器，修改页眉栏和内容栏文字，分别用于显示"首页"、"第二页"、"尾页"内容。设计当切换到"下一页"时，页眉栏的

"后退"按钮文字为默认值 Back，切换到尾页时，页眉栏的后退按钮文字为"上一页"，演示效果如图22.10 所示。

（a）首页效果　　　　　　　　　（b）第二页效果　　　　　　　　　（c）尾页效果

图 22.10　定义页眉栏返回按钮

示例完整代码如下：

```html
<!DOCTYPE html>
<html>
<head>
<meta charset="utf-8">
<title>jQuery Mobile Web 应用程序</title>
<meta name="viewport" content="width=device-width,initial-scale=1" />
<link href="jquery-mobile/jquery.mobile-1.3.0.min.css" rel="stylesheet" type=
"text/css"/>
<script src="jquery-mobile/jquery-1.8.3.min.js" type="text/javascript"></script>
<script src="jquery-mobile/jquery.mobile-1.3.0.min.js" type="text/javascript">
</script>
</head>
<body>
<div data-role="page" id="page2" data-add-back-btn="true">
    <div data-role="header">
        <h1>首页标题</h1>
    </div>
    <div data-role="content">
        <p><a href="#page3">下一页</a></p>
    </div>
</div>
<div data-role="page" id="page3" data-add-back-btn="true">
    <div data-role="header">
        <h1>第二页标题</h1>
    </div>
    <div data-role="content">
        <p><a href="#page4">尾页</a></p>
    </div>
</div>
<div data-role="page" id="page4" data-add-back-btn="true" data-back-btn-text="上
一页">
```

```
    <div data-role="header">
        <h1>尾页标题</h1>
    </div>
    <div data-role="content">
        <p><a href="#page2">首页</a></p>
    </div>
</div>
</body>
</html>
```

在上面的代码中，首先将 Page 容器标签的 data-add-back-btn 属性设置为 true，表示切换到该容器时，页眉栏显示默认的 Back 按钮。然后，在 Page 容器标签中添加另一个 data-back-btn-text 属性，用来显示后退按钮上的文字内容，可以根据需要进行手动修改。

📖 技巧：

可以编写 JavaScript 代码进行设置，在 HTML 页的<head>标签中，加入如下 JavaScript 代码：

```
$.mobile.page.prototype.options.backBtnText = "后退";
```

由于该代码是一个全局性的属性设置，因此，页面中所有添加 data-add-back-btn 属性的 Page 容器，其页眉栏中后退按钮的文字内容都为以上代码设置的值，即"后退"。如果需要修改，可以在页面中找到对应的 Page 容器，添加 data-back-btn-text 属性进行单独设置。

如果浏览的当前页面并没有可以后退的页面，那么即使在页面的 Page 容器中添加了 data-add-back-btn 属性，也不会出现后退按钮。

扫一扫，看视频

22.2.3　定义按钮位置

在页眉栏中，如果只放置一个链接按钮，其默认最终显示都会放在标题的左侧。如果想改变位置，需要为<a>标签添加 ui-btn-left 或 ui-btn-right 类样式，前者表示按钮居标题左侧（默认值），后者表示居标题右侧。

【示例 8】　针对示例 6，对页眉栏中"上一张""下一张"两个按钮位置进行设定。在第一个 Page 容器中，仅显示"下一张"按钮，设置显示在页眉栏右侧。切换到第二个 Page 容器中时，只显示"上一张"按钮，并显示在左侧，预览效果如图 22.11 所示。

（a）页眉栏按钮居右显示　　　　　　　　　　（b）页眉栏按钮居左显示

图 22.11　定义页眉栏按钮显示位置效果

修改后的结构代码如下：

```
<div data-role="page" id="a">
    <div data-role="header" data-position="inline">
        <h1>秀秀</h1>
        <a href="#b" data-icon="arrow-r" class="ui-btn-right">下一张</a>
    </div>
    <div data-role="content">
        <img src="images/1.jpg" class="w100" />
    </div>
</div>
<div data-role="page" id="b">
    <div data-role="header" data-position="inline">
        <a href="#a" data-icon="arrow-l" class="ui-btn-left">上一张</a>
        <h1>嘟嘟</h1>
    </div>
    <div data-role="content">
        <img src="images/2.jpg" class="w100" />
    </div>
</div>
```

📢 提示：

ui-btn-left 和 ui-btn-right 两个类常用来设置页眉栏中标题两侧的按钮位置，该类别在只有一个按钮并且想放置在标题右侧时非常有用。另外，通常情况下，需要将该链接按钮的 data-add-back-btn 属性值设置为 false，以确保在 Page 容器切换时不会出现后退按钮，影响标题左侧按钮的显示效果。

22.3　设计导航栏

使用 data-role="navbar"属性可以定义导航栏，导航栏可以位于视图任意位置。导航栏容器一般最多可以放置 5 个导航按钮，超出的按钮自动显示在下一行，导航栏中的按钮可以引用系统的图标，也可以自定义图标。

22.3.1　定义导航栏

导航栏一般位于页视图的页眉栏或者页脚栏。在导航容器内，通过列表结构定义导航项目，如果需要设置某导航项目为激活状态，只需在该标签添加 ui-btn-active 类样式即可。

扫一扫，看视频

【示例9】　新建 HTML5 文档，在页眉栏添加一个导航栏，在其中创建 3 个导航按钮，分别在按钮上显示"采集""画板""推荐用户"文本，并将第一个按钮设置为选中状态，示例演示效果如图 22.12 所示。

【操作步骤】

第 1 步，启动 Dreamweaver CC，选择"文件"|"新建"命令，打开"新建文档"对话框，在该对话框中选择"启动器模板"项，设置示例文件夹为"Mobile 起始页"，示例页为"jQuery Mobile（本地）"，设置文档类型为 HTML5，然后单击"创建"按钮，完成文档的创建操作。

图 22.12　定义导航栏

第 2 步，按 Ctrl+S 快捷键，保存文档为 index.html。然后根据 Dreamweaver CC 提示保存相关的框架文件。

第 3 步，切换到代码视图，清除第 2、3、4 页容器结构，保留第 1 个 Page 容器，然后在页眉栏输入下面代码，定义导航栏结构。

```
<div data-role="navbar">
  <ul>
      <li><a href="page2.html">采集</a></li>
      <li><a href="page3.html">画板</a></li>
      <li><a href="page4.html">推荐用户</a></li>
  </ul>
</div>
```

第 4 步，选中第一个超链接标签，然后在属性面板中设置"类"为 ui-btn-active，激活第一个导航按钮，设置如图 22.13 所示。

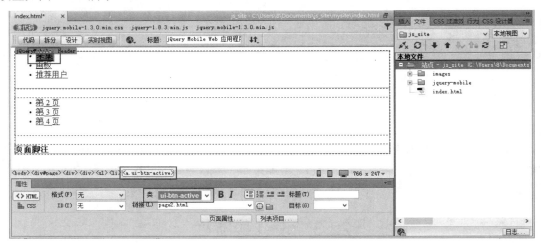

图 22.13　定义激活按钮类样式

第 5 步，删除内容容器中的列表视图结构（<ul data-role="listview">），选择"插入"|"图像"|"图像"命令，插入图像 images/1.jpg，清除自动定义的 width 和 height 属性后，为当前图像定义一个类样式，设计其宽度为 100%显示，设置如图 22.14 所示。

图 22.14　插入并定义图像类样式

第 6 步，在头部位置添加如下元信息，定义视图宽度与设备屏幕宽度保持一致。

```
<meta name="viewport" content="width=device-width,initial-scale=1" />
```

第 7 步，在移动设备中预览该首页，可以看到如图 22.12 所示的导航按钮效果。

本实例将一个简单的导航栏容器通过嵌套的方式放置在页眉栏容器中，形成顶部导航栏的页面效果。在导航栏的内部容器中，每个导航按钮的宽度都是一致的，因此，每增加一个按钮，都会将原先按钮的宽度按照等比例的方式进行均分。即如果原来有 2 个按钮，它们每个的宽度为浏览器宽度的 1/2，再增加 1 个按钮时，每个按钮的宽度又变为 1/3，依此类推。当导航栏中按钮的数量超过 5 个时，将自动换行显示。

📢 提示：

> 导航容器是一个可以每行容纳最多 5 个按钮的按钮组控件，可以使用一个拥有 data-role="navbar" 属性的\<div\>标签来包裹这些按钮。在默认的按钮上添加 class="ui-btn-active"，如果按钮的数量超过 5 个，导航容器会自动以合适的数量分配成多行显示。

为了实现在移动设备上的无缝客户体验，jQuery Mobile 默认采用 Ajax 方式载入一个目的链接页面。因此，当在浏览器中单击一个链接打开一个新的页面时，jQuery Mobile 接收这个链接，通过 Ajax 方式请求链接页面，并把请求得到的内容注入到当前页面的 DOM 里。

这样的结果就是用户交互始终保存在同一个页面中。新页面中的内容也会轻松地显示在这个页面里。这种平滑的客户体验相比于传统打开一个新的页面并等待数秒的方式要好很多。当一个新的页面作为新的 data-role="page" 插入到主页面时，主页面会有效地缓存取到的内容。使得当要访问一个页面时页面能够尽快显示出来。这个工作过程听起来难以置信的复杂，但是作为开发人员，我们大部分不需要了解其中工作的具体细节。如果不想采用 Ajax 技术加载页面，而以原生的页面加载方式打开一个链接页面，只需要在打开的链接上添加属性 rel="external"属性即可。

除了将导航栏放置在头部外，也可以将它放置在底部，形成页脚导航栏。在头部导航栏中，页眉栏容器可以保留标题和按钮，只需要将导航栏容器以嵌套的方式放置在页眉栏即可。下面通过一个简单的实例介绍在页眉栏同时设计标题、按钮和导航栏组件。

【示例 10】 以示例 9 为基础，另存 index.html 为 index1.html，在页眉栏中添加一个标题，命名为"花瓣"，设置导航栏中第一个按钮为空链接，第二个按钮为内部链接"#page3"，第三个按钮为内部链接"#page4"，代码如下：

```
<div data-role="header">
    <h1>花瓣</h1>
    <div  data-role="navbar">
      <ul>
          <li><a href="#page"  class="ui-btn-active">采集</a></li>
          <li><a href="#page3">画板</a></li>
          <li><a href="#page4">推荐用户</a></li>
      </ul>
    </div>
</div>
```

然后，复制第一个页视图容器结构，定义两个新的页视图容器，分别命名 ID 值为"page3"和"page4"，调整导航栏的激活按钮，使其与对应页视图按钮相一致。最后，修改内容栏显示图像，定义第 2 个视图显示图像为 images/2.jpg，第 3 个视图显示图像为 images/3.jpg，编辑的代码如下：

```
<div data-role="page" id="page3">
    <div data-role="header">
        <h1>花瓣</h1>
        <div  data-role="navbar">
          <ul>
              <li><a href="#page">采集</a></li>
```

```
        <li><a href="#page3" class="ui-btn-active">画板</a></li>
        <li><a href="#page4">推荐用户</a></li>
      </ul>
    </div>
  </div>
  <div data-role="content">
      <img src="images/2.jpg" class="w100" />
  </div>
  <div data-role="footer">
    <h4>页面脚注</h4>
  </div>
</div>
<div data-role="page" id="page4">
  <div data-role="header">
    <h1>花瓣</h1>
    <div data-role="navbar">
      <ul>
        <li><a href="#page">采集</a></li>
        <li><a href="#page3">画板</a></li>
        <li><a href="#page4" class="ui-btn-active">推荐用户</a></li>
      </ul>
    </div>
  </div>
  <div data-role="content">
      <img src="images/3.jpg" class="w100" />
  </div>
  <div data-role="footer">
    <h4>页面脚注</h4>
  </div>
</div>
```

最后，在移动设备中预览该首页，可以看到如图 22.15 所示的导航效果。当单击不同的导航按钮时，会自动切换到对应的视图页面。

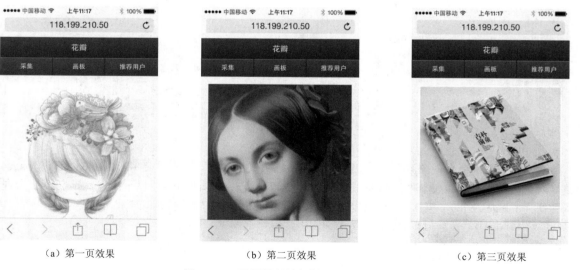

（a）第一页效果　　　　　　　　（b）第二页效果　　　　　　　　（c）第三页效果

图 22.15　页眉栏和导航栏同时显示效果

在实际开发过程中，常常在页眉栏中嵌套导航栏，而不仅显示标题内容和左右两侧的按钮，特别是在导航栏中为选项按钮添加了图标时，相比只显示页面页眉栏中导航栏，用户体验和视觉效果都是不错的。

扫一扫，看视频

22.3.2 定义导航图标

在导航栏中，每个导航按钮一般通过<a>标签定义，如果要给导航栏中的导航按钮添加图标，只需要在对应的<a>标签中增加 data-icon 属性，并在 jQuery Mobile 自带图标集合中选择一个图标名作为该属性的值，图标名称和图标样式说明可参考第 21 章介绍。

【示例11】 针对示例 10，分别为导航栏每个按钮绑定一个图标，其中第一个按钮图标为信息图标，第二个按钮图标为警告图标，第三个按钮图标为车轮图标，代码如下，按钮图标预览效果如图 22.16 所示。

图 22.16 为导航栏按钮添加图标效果

```
<div data-role="page" id="page">
    <div data-role="header">
        <h1>花瓣</h1>
        <div  data-role="navbar">
            <ul>
                <li><a href="page2.html" data-icon="info" class="ui-btn-active">采集</a></li>
                <li><a href="page3.html" data-icon="alert">画板</a></li>
                <li><a href="page4.html" data-icon="gear">推荐用户</a></li>
            </ul>
        </div>
    </div>
    <div data-role="content">
        <img src="images/1.jpg" class="w100" />
    </div>
    <div data-role="footer">
        <h4>页面脚注</h4>
    </div>
</div>
```

在上面的代码中，首先给链接按钮添加 data-icon 属性，然后选择一个图标名。导航链接按钮上便添加了对应的图标。用户还可以手动控制图标在链接按钮中的位置和自定义按钮图标。

22.3.3 定义图标位置

在导航栏中，图标默认放置在按钮文字的上面，如果需要调整图标的位置，只需要在导航栏容器标签中添加 data-iconpos 属性，使用该属性可以统一控制整个导航栏容器中图标的位置。

【示例12】 data-iconpos 属性默认值为 top，表示图标在按钮文字的上面，还可以设置 left、right、bottom，分别表示图标在导航按钮文字的左边、右边和下面，效果如图 22.17 所示。

【操作步骤】

第 1 步，启动 Dreamweaver CC，选择"文件"|"新建"命令，打开"新

扫一扫，看视频

图 22.17 定义导航图标位置

建文档"对话框,在该对话框中选择"启动器模板"项,设置示例文件夹为"Mobile 起始页",示例页为"jQuery Mobile(本地)",设置文档类型为 HTML5,然后单击"创建"按钮,完成文档的创建操作。

第 2 步,按 Ctrl+S 快捷键,保存文档为 index.html。切换到代码视图,清除第 2、3、4 页容器结构,保留第一个 Page 容器,在容器中添加一个 data-role 属性为 header 的<div>标签,定义页眉栏结构。在页眉栏中添加一个导航结构。使用 data-role="navbar"属性定义导航栏容器,使用 data-iconpos="left"属性设置导航栏按钮图标位于按钮文字的左侧。然后,在导航栏中添加三个导航列表项目,定义三个按钮:第一个按钮图标为 data-icon="home",即显示为首页效果,并使用 ui-btn-active 类激活该按钮样式;第二个按钮图标为 data-icon="alert",即显示为警告效果;第三个按钮图标为 data-icon="info",即显示为信息效果。

```html
<div data-role="header">
    <div data-role="navbar" data-iconpos="left">
        <ul>
            <li><a href="#page2" data-icon="home" class="ui-btn-active">首页 </a></li>
            <li><a href="#page3" data-icon="alert">警告</a></li>
            <li><a href="#page4" data-icon="info">信息</a></li>
        </ul>
    </div>
</div>
```

第 3 步,清除内容容器内的列表视图容器,添加一个导航栏。使用 data-iconpos="right"属性设置导航栏按钮图标位于按钮文字的右侧。然后,在导航栏中添加三个导航列表项目,定义三个按钮:第一个按钮图标为 data-icon="home",即显示为首页效果;第二个按钮图标为 data-icon="alert",即显示为警告效果;第三个按钮图标为 data-icon="info",即显示为信息效果。最后,选择"插入"|"图像"|"图像"命令,在导航栏后面插入图像 images/1.jpg,定义一个类样式 w100,设置 width 为 100%,绑定类样式到图像标签上。

```html
<div data-role="content">
    <div data-role="navbar" data-iconpos="right">
        <ul>
            <li><a href="#page2" data-icon="home" class="ui-btn-active">首页 </a></li>
            <li><a href="#page3" data-icon="alert">警告</a></li>
            <li><a href="#page4" data-icon="info">信息</a></li>
        </ul>
    </div>
    <img src="images/1.jpg" class="w100" />
</div>
```

第 4 步,清除页脚工具栏内的标题信息,添加一个导航栏。使用 data-iconpos="bottom"属性设置导航栏按钮图标位于按钮文字的底部。然后,在导航栏中添加三个导航列表项目,定义三个按钮:第一个按钮图标为 data-icon="home",即显示为首页效果;第二个按钮图标为 data-icon="alert",即显示为警告效果;第三个按钮图标为 data-icon="info",即显示为信息效果。

```html
<div data-role="footer">
    <div data-role="navbar" data-iconpos="bottom">
        <ul>
            <li><a href="#page2" data-icon="home" class="ui-btn-active">首页 </a></li>
            <li><a href="#page3" data-icon="alert">警告</a></li>
            <li><a href="#page4" data-icon="info">信息</a></li>
        </ul>
```

```
    </div>
</div>
```

第 5 步，在头部位置添加如下元信息，定义视图宽度与设备屏幕宽度保持一致。

```
<meta name="viewport" content="width=device-width,initial-scale=1" />
```

第 6 步，完成设计之后，在移动设备中预览该 index.html 页面，可以看到图 22.17 所示的导航按钮效果。

📢 提示：

data-iconpos 是一个全局性的属性，该属性针对的是整个导航栏容器，而不是导航栏内某个导航链接按钮图标的位置。data-iconpos 针对的是整个导航栏内全部的链接按钮，改变导航栏按钮图标的位置。

扫一扫，看视频

22.3.4　自定义导航图标

用户可以根据开发需要自定义导航按钮的图标，实现的方法为：创建 CSS 类样式，自定义按钮图标，添加链接按钮的图标地址与显示位置，然后绑定到按钮标签上即可。

【示例 13】　本示例具体演示如何在视图中自定义导航图标，演示效果如图 22.18 所示。

（a）自定义导航按钮图标样式　　　（b）保留默认的按钮图标圆角阴影效果

图 22.18　示例效果

【操作步骤】

第 1 步，启动 Dreamweaver CC，选择"文件"|"新建"命令，打开"新建文档"对话框，在该对话框中选择"启动器模板"项，设置示例文件夹为"Mobile 起始页"，示例页为"jQuery Mobile（本地）"，设置文档类型为 HTML5，然后单击"创建"按钮，完成文档的创建操作。

第 2 步，按 Ctrl+S 快捷键，保存文档为 index.html。切换到代码视图，清除第 2、3、4 页容器结构，保留第一个 Page 容器，在容器中添加一个 data-role 属性为 header 的<div>标签，定义页眉栏结构。定义标题名称为"播放器"，在页眉栏中添加一个导航结构。使用 data-role="navbar"属性定义导航栏容器，使用 data-iconpos="left"属性设置导航栏按钮图标位于按钮文字的左侧。然后，在导航栏中添加三个导航列表项目，定义三个按钮，设置三个按钮图标为自定义 data-icon="custom"。

```
<div data-role="header">
    <h1>播放器</h1>
    <div  data-role="navbar" data-iconpos="left">
```

```
        <ul>
            <li><a href="#page1" data-icon="custom">播放</a></li>
            <li><a href="#page2" data-icon="custom">暂停</a></li>
            <li><a href="#page3" data-icon="custom">停止</a></li>
        </ul>
    </div>
</div>
```

第 3 步，清除内容容器内的列表视图容器，添加一个导航栏。使用 data-iconpos="top"属性设置导航栏按钮图标位于按钮文字的顶部。然后，在导航栏中添加四个导航列表项目，定义四个按钮，设置四个按钮图标为自定义 data-icon="custom"。

第 4 步，把光标置于内容容器尾部，选择"插入"|"图像"|"图像"命令，在内容容器内导航栏后面插入图像 images/1.png，定义一个类样式 w100，设置 width 为 100%，绑定类样式到图像标签上。

```
<div data-role="content">
    <div data-role="navbar" data-iconpos="top">
        <ul>
            <li><a href="#page4" data-icon="custom">开始</a></li>
            <li><a href="#page5" data-icon="custom">后退</a></li>
            <li><a href="#page6" data-icon="custom">前进</a></li>
            <li><a href="#page7" data-icon="custom">结束</a></li>
        </ul>
    </div>
    <img src="images/1.png" class="w100" />
</div>
```

第 5 步，自定义按钮图标。在文档头部位置使用<style type="text/css">标签定义内部样式表，定义一个类样式 play，在该类别下编写 ui-icon 类样式。ui-icon 类样式有两行代码：第一行通过 background 属性设置自定义图标的地址和显示方式；第二行通过 background-size 设置自定义图标显示的长度与宽度。

该类样式设计自定义按钮图标，居中显示，禁止重复平铺，定义背景图像宽度为 16 像素，高度为 16 像素。如果背景图像已经设置好了大小，也可以不声明背景图像大小。整个类样式代码如下：

```
.play .ui-icon {
    background: url(images/play.png) 50% 50% no-repeat;
    background-size: 16px 16px;
}
```

其中 play 是自定义类样式，ui-icon 是 jQuery Mobile 框架内部类样式，用来设置导航按钮的图标样式。重写 ui-icon 类样式，只需要在前面添加一个自定义类样式，然后把该类样式绑定到按钮标签<a>上面，代码如下。

```
<li><a href="#page1" data-icon="custom" class="play">播放</a></li>
```

第 6 步，以同样的方式定义 pause、stop、begin、back、forward、end，除了背景图像 URL 不同外，声明的样式代码基本相同，代码如下。最后，把这些类样式绑定到对应的按钮标签上，如图 22.19 所示。

```
.pause .ui-icon {
    background: url(images/pause.png) 50% 50% no-repeat;
    background-size: 16px 16px;
}
.stop .ui-icon {
    background: url(images/stop.png) 50% 50% no-repeat;
    background-size: 16px 16px;
```

```
}
.begin .ui-icon {
    background: url(images/begin.jpg) 50% 50% no-repeat;
    background-size: 16px 16px;
}
.back .ui-icon {
    background: url(images/back.jpg) 50% 50% no-repeat;
    background-size: 16px 16px;
}
.forward .ui-icon {
    background: url(images/forward.jpg) 50% 50% no-repeat;
    background-size: 16px 16px;
}
.end .ui-icon {
    background: url(images/end.jpg) 50% 50% no-repeat;
    background-size: 16px 16px;
}
```

```
50  <div data-role="page" id="page">
51      <div data-role="header">
52          <h1>播放器</h1>
53          <div  data-role="navbar" data-iconpos="left">
54              <ul>
55                  <li><a href="#page1" data-icon="custom" class="play">播放</a></li>
56                  <li><a href="#page2" data-icon="custom" class="pause">暂停</a></li>
57                  <li><a href="#page3" data-icon="custom" class="stop">停止</a></li>
58              </ul>
59          </div>
60      </div>
61      <div data-role="content">
62          <div  data-role="navbar" data-iconpos="top">
63              <ul>
64                  <li><a href="#page4" data-icon="custom" class="begin">开始</a></li>
65                  <li><a href="#page5" data-icon="custom" class="back">后退</a></li>
66                  <li><a href="#page6" data-icon="custom" class="forward">前进</a></li>
67                  <li><a href="#page7" data-icon="custom" class="end">结束</a></li>
68              </ul>
69          </div>
70          <img src="images/1.png" class="w100" />
71      </div>
72  </div>
```

图 22.19　为导航按钮绑定类样式

第 7 步，在文档头部的内部样式表中，重新自定义图标的基础样式，清除默认的阴影和圆角特效，代码如下，然后为导航栏容器绑定 custom 类样式，如图 22.20 所示。如果不清除默认的圆角阴影特效，则显示效果如图 22.18（b）所示。

```
.custom .ui-btn .ui-icon {
    box-shadow: none!important;
    -moz-box-shadow: none!important;
    -webkit-box-shadow: none!important;
    -webkit-border-radius: 0 !important;
    border-radius: 0 !important;
}
```

```
50   <div data-role="page" id="page">
51       <div data-role="header">
52           <h1>播放器</h1>
53           <div data-role="navbar" data-iconpos="left"  class="custom"
54               <ul>
55                   <li><a href="#page1" data-icon="custom" class="play">播放</a></li>
56                   <li><a href="#page2" data-icon="custom" class="pause">暂停</a></li>
57                   <li><a href="#page3" data-icon="custom" class="stop">停止</a></li>
58               </ul>
59           </div>
60       </div>
61       <div data-role="content">
62           <div data-role="navbar" data-iconpos="top"  class="custom"
63               <ul>
64                   <li><a href="#page4" data-icon="custom" class="begin">开始</a></li>
65                   <li><a href="#page5" data-icon="custom" class="back">后退</a></li>
66                   <li><a href="#page6" data-icon="custom" class="forward">前进</a></li>
67                   <li><a href="#page7" data-icon="custom" class="end">结束</a></li>
68               </ul>
69           </div>
70           <img src="images/1.png" class="w100" />
71       </div>
72   </div>
```

图 22.20 为导航容器绑定 custom 类样式

第 8 步，在头部位置添加如下元信息，定义视图宽度与设备屏幕宽度保持一致。
```
<meta name="viewport" content="width=device-width,initial-scale=1" />
```
第 9 步，完成设计之后，在移动设备中预览该 index.html 页面，可以看到图 22.18（a）所示的自定义导航按钮效果。

22.4 设计页脚栏

页脚工具栏和页眉工具栏的结构基本相同，只要把 data-role 属性值设置为"footer"即可。与页眉工具栏相比，页脚工具栏包含对象更自由，在页脚工具栏上只要添加一个 class="ui-bar"类样式，就可以将页脚变成一个工具条，可以不用设置任何样式就可以在其中添加整齐的按钮。

22.4.1 定义页脚栏

与页眉栏一样，在页脚栏中也可以嵌套导航按钮，jQuery Mobile 允许使用控件组容器包含多个按钮，以减少按钮间距（控件组容器通过 data-role 属性值为 controlgroup 定义），同时为控件组容器定义 data-type 属性，设置按钮组的排列方式，如值为 horizontal，表示容器中的按钮按水平顺序排列。

【示例 14】 本示例演示如何快速设计页脚栏，以及定义包含按钮组，效果如图 22.21 所示。

【操作步骤】

图 22.21 设计页脚栏按钮

第 1 步，启动 Dreamweaver CC，选择"文件"|"新建"命令，打开"新建文档"对话框，在该对话框中选择"启动器模板"项，设置示例文件夹为"Mobile 起始页"，示例页为"jQuery Mobile（本地）"，设置文档类型为 HTML5，然后单击"创建"按钮，完成文档的创建操作。

第 2 步，按 Ctrl+S 快捷键，保存文档为 index.html。切换到代码视图，清除第 2、3、4 页容器结构，保留第一个 Page 容器，在页面容器的页眉栏中输入标题文本"<h1>普吉岛</h1>"。
```
<div data-role="header">
```

```
    <h1>普吉岛</h1>
</div>
```

第 3 步，清除内容容器内的列表视图容器，选择"插入"|"图像"|"图像"命令，在内容容器内导航栏后面插入图像 images/1.png，定义一个类样式 w100，设置 width 为 100%，绑定类样式到图像标签上。

```
<div data-role="content">
    <img src="images/1.png" class="w100" />
</div>
```

第 4 步，在页脚栏设计一个控件组<div data-role="controlgroup">，定义 data-type="horizontal"属性，设计按钮组水平显示。然后在该容器中插入三个按钮超链接，使用 data-role="button"属性声明按钮效果，使用 data-icon="home"为第一个按钮添加图标，代码如下：

```
<div data-role="footer">
    <div data-role="controlgroup" data-type="horizontal">
        <a href="#" data-role="button" data-icon="home">首页</a>
        <a href="#" data-role="button">业务合作</a>
        <a href="#" data-role="button">媒体报道</a>
    </div>
</div>
```

第 5 步，在内部样式表中定义一个 center 类样式，设计对象内的内容居中显示，然后把该类样式绑定到<div data-role="controlgroup">标签上。

```
<style type="text/css">
.center {text-align:center;}
</style>

<div data-role="controlgroup" data-type="horizontal" class="center">
```

第 6 步，在头部位置添加如下元信息，定义视图宽度与设备屏幕宽度保持一致。

```
<meta name="viewport" content="width=device-width,initial-scale=1" />
```

第 7 步，完成设计之后，在移动设备中预览该 index.html 页面，可以看到图 22.21 所示的页脚栏按钮组效果。

【示例 15】　在本示例中，由于页脚栏中的按钮放置在<div data-role="controlgroup">容器中，所以按钮间没有任何空隙。如果想要给页脚栏中的按钮添加空隙，则不需要使用容器包裹，另外给页脚栏容器添加一个 ui-bar 类样式即可，代码如下，预览效果如图 22.22 所示。

```
<div data-role="footer" class="ui-bar">
    <a href="#" data-role="button" data-icon="home">首页</a>
    <a href="#" data-role="button">业务合作</a>
    <a href="#" data-role="button">媒体报道</a>
</div>
```

📖 技巧：

使用 data-id 属性可以让多个页面使用相同的页脚。

22.4.2　嵌入表单

除了在页脚栏中添加按钮组外，常会在页脚栏中添加表单对象，如下拉列表、文本框、复选框和单选按钮等，为了确保表单对象在页脚栏的正常显示，应该为页脚栏容器定义 ui-bar 类样式，为表单对象之间设计一定的间距，

图 22.22　设计不嵌套按钮组容器效果

扫一扫，看视频

同时还设置 data-position 属性值为 inline，以统一表单对象的显示位置。

【示例 16】　本示例演示在页脚栏中插入一个下拉菜单，为用户提供服务导航功能，演示效果如图 22.23 所示。

【操作步骤】

第 1 步，启动 Dreamweaver CC，选择"文件"|"新建"命令，打开"新建文档"对话框，在该对话框中选择"启动器模板"项，设置示例文件夹为"Mobile 起始页"，示例页为"jQuery Mobile（本地）"，设置文档类型为 HTML5，然后单击"创建"按钮，完成文档的创建操作。

第 2 步，按 Ctrl+S 快捷键，保存文档为 index.html。切换到代码视图，清除第 2、3、4 页容器结构，保留第一个 Page 容器，在页面容器的页眉栏中输入标题文本"<h1>衣服精品选</h1>"。

```
<div data-role="header">
    <h1>衣服精品选</h1>
</div>
```

图 22.23　设计表单

第 3 步，清除内容容器内的列表视图容器，选择"插入"|"图像"|"图像"命令，在内容容器内导航栏后面插入图像 images/1.png，定义一个类样式 w100，设置 width 为 100%，绑定类样式到图像标签上。

```
<div data-role="content">
    <img src="images/1.png" class="w100" />
</div>
```

第 4 步，在页脚栏中清除默认的文本信息，然后选择"插入"|"表单"|"选择"命令，在页脚栏中插入一个选择框：

```
<div data-role="footer">
<select></select>
</div>
```

第 5 步，选中<select>标签，在属性面板中设置 Name 为 daohang，然后单击"列表值"按钮，打开"列表值"对话框，单击加号按钮 ，添加选项列表，设置如图 22.24 所示，添加完毕单击"确定"按钮，完成列表项目的添加，最后在属性面板的 Selected 列表框中单击选中"达人搭配"选项，设置该项为默认选中项目。添加的代码如下：

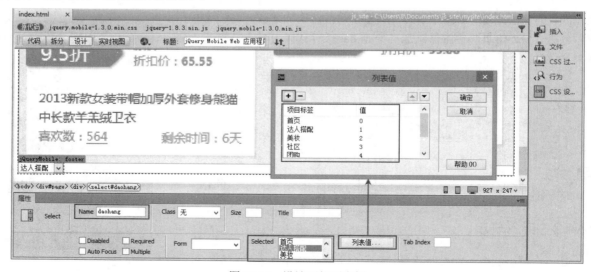

图 22.24　设计下拉列表框

```
<div data-role="footer">
```

```
<select name="daohang" id="daohang">
    <option value="0">首页</option>
    <option value="1" selected>达人搭配</option>
    <option value="2">美妆</option>
    <option value="3">社区</option>
    <option value="4">团购</option>
    <option value="4">海购</option>
</select>
</div>
```

第6步，把光标置于下拉列表框前面，选择"插入"|"表单"|"标签"命令，在列表框前面插入一个标签，在其中输入标签文本"服务导航"，然后在属性面板中设置For下拉列表的值为daohang，绑定当前标签对象到下拉列表框上，设置如图22.25所示。

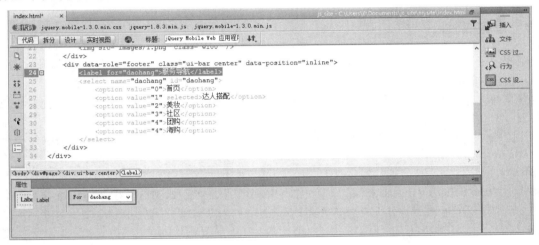

图22.25 插入标签并绑定到下拉列表框上

第7步，在"CSS设计器"面板中新添加一个center类样式，设置水平居中显示。然后选中<div data-role="footer">标签，在属性面板中单击Class下拉列表框，从中选择"应用多个样式类"选项，打开"多类选区"对话框，从本文档所有类中勾选ui-bar和center，设置如图22.26所示。

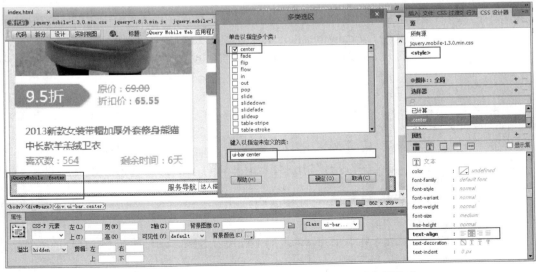

图22.26 为页脚栏容器绑定ui-bar和center两个类样式

第 8 步，在头部位置添加如下元信息，定义视图宽度与设备屏幕宽度保持一致。

```
<meta name="viewport" content="width=device-width,initial-scale=1" />
```

第 9 步，完成设计之后，在移动设备中预览该 index.html 页面，可以看到图 22.23 所示的页脚栏下拉菜单效果。移动终端与 PC 端的浏览器在显示表单对象时，存在一些细微的区别。例如，在 PC 端的浏览器中是以下拉列表框的形式展示，而在移动终端则是以弹出框的形式展示全部的列表内容。

22.5　设置工具栏

用户可以将页眉或页脚工具栏设置为固定工具栏，固定工具栏可以通过设置属性和选项来设定呈现形式，也可以通过方法和事件进行交互操作，下面介绍其包含的属性、选项、方法和事件。

22.5.1　设置属性

扫一扫，看视频

使用固定工具栏的属性，可以设定固定工具栏的呈现或操作效果。常用的固定工具栏属性说明如下。

➥ data-visible-on-page-show

设置页面被加载时，是否显示固定工具栏。默认为 true，自动呈现固定工具栏；当设置为 false 时，则隐藏固定工具栏。例如：

```
<div data-role="footer" data-position="fixed" data-visible-on-page-show="false"> ···
</div>
```

🔊 提示：

> 如果设置 data-visible-on-page-show 属性，通常会一块设置页眉工具栏和页脚工具栏，否则每次轻击屏幕，一个工具栏被隐藏而另一个则被打开。

➥ data-disable-page-zoom

设置页面是否允许缩放。默认为 true，不允许对页面进行缩放；设置为 false 时，则允许对页面进行缩放。例如：

```
<div data-role="footer" data-position="fixed" data-disable-page-zoom="false"> ···
</div>
```

➥ data-transition

设置工具栏切换方式。默认为幻灯片方式 slide；设置为 fade 时，为淡入淡出效果；设置为 none 时，为无动画效果。在一些操作系统上，data-transition 并不如预期那样显示。例如：

```
<div data-role="footer" data-position="fixed" data-transition="slide">···</div>
```

➥ data-fullscreen

设置以全屏方式显示固定工具栏。例如：

```
<div data-role="footer" data-position="fixed" data-fullscreen ="false">···</div>
```

➥ data-tap-toggle

设置屏幕轻击之后是否隐藏与显示固定工具栏。默认为 true，轻击或用鼠标单击屏幕时，显示或隐藏固定工具栏；设置为 false 时，当轻击或者用鼠标单击屏幕时，固定工具栏始终不变。如果之前显示，则始终显示，反之亦然。例如：

```
<div data-role="footer" data-position="fixed" data-tap-toggle="false">···</div>
```

➥ data-update-page-padding

设置固定工具栏的页面填充。默认值为 true；如果设置为 false，则可能在方向切换或其他尺寸调整中不会更新页面填充尺寸。

扫一扫，看视频

22.5.2 设置选项

选项用于通过 JavaScript 脚本对固定工具栏进行设定。大多数固定工具栏选项和属性的使用类似，选项与属性的对照说明如下。

- visibleOnPageShow：对照属性 data-visible-on-page-show，设置页面被加载时，是否显示固定工具栏。
- disablePageZoom：对照属性 data-disable-page-zoom，设置页面是否允许缩放。
- transition：对照属性 data-transition，设置工具栏切换方式。
- fullscreen：对照属性 data-fullscreen，设置以全屏方式显示固定工具栏。
- tapToggle：对照属性 data-tap-toggle，设置屏幕轻击之后是否隐藏与显示固定工具栏。
- updatePagePadding：对照属性 data-update-page-padding，设置固定工具栏的页面填充。

除去上述与固定工具栏属性功能接近的选项之外，固定工具栏还有一些选项没有对应的属性，使用过程中需要通过 JavaScript 对其进行控制，具体说明如下。

- tapToggleBlacklist：如果轻击在特定 CSS 样式之上，则不会隐藏或展开固定工具栏。默认值为"a, .ui-header-fixed, . ui-footer-fixed"。

【示例 17】 下面这段代码用于实现轻击在 input 对象上，不会隐藏或展开固定工具栏。

```
$(".headerToolbar").fixedtoolbar({
    tapToggleBlacklist: "a, input, .ui-header-fixed, .ui-footer-fixed"
});
```

- hideDuringFocus：如果焦点落在特定 DOM 对象上，则自动隐藏固定工具栏，默认值为"input, select, textarea"。

【示例 18】 下面这段代码实现焦点落在 input 上时自动隐藏固定工具栏。

```
$(".headerToolbar").fixedtoolbar({
    hideDuringFocus:"input"
});
```

- supportBlacklist：反馈是否支持黑名单的布尔数值。
- initSelector：自定义 CSS 样式名称，用以声明固定工具栏。默认值为":jgmData(position='fixed')"，表示在包含有 data-role 属性值为 header 或者 footer 的容器中声明属性 data-position 为 fixed，则这个容器为固定工具栏。

22.5.3 设置方法和事件

扫一扫，看视频

JavaScript 可以通过方法对固定工具栏进行展开、隐藏和销毁等操作，具体说明如下。

- show：打开指定的固定工具栏。例如，$("#footerToolbar").fixedtoolbar('show');。
- hide：隐藏指定的固定工具栏。例如，$("#footerToolbar").fixedtoolbar('hide');。
- toggle：切换固定工具栏的显示或隐藏状态。例如，$("#footerToolbar").fixedtoolbar('toggle');。
- updatePagePadding：更新页面填充。例如，$("#footerToolbar").fixedtoolbar('updatePagePadding');。
- destroy：恢复固定工具栏元素到初始状态。注意，这里不是销毁或者删除。例如，$("#footer Toolbar").fixedtoolbar('destory');。

🔊 注意：

> 只有页面的内容高度超过屏幕高度时，固定工具栏的这些方法的使用效果才会表现出来，否则固定工具栏将始终出现在浏览器上，而不会消失。

【示例 19】 本示例演示了固定工具栏的使用方法，包括显示、隐藏、状态切换、更新填充、恢复到初始状态等操作，演示效果如图 22.27 所示。

```html
<!DOCTYPE html>
<html>
<head>
<meta charset="utf-8">
<title>jQuery Mobile Web 应用程序</title>
<link href="jquery-mobile/jquery.mobile.theme-1.3.0.min.css" rel="stylesheet" type=
"text/css"/>
<link href="jquery-mobile/jquery.mobile.structure-1.3.0.min.css" rel="stylesheet"
type="text/css"/>
<script src="jquery-mobile/jquery-1.22.3.min.js" type="text/javascript"> </script>
<script src="jquery-mobile/jquery.mobile-1.3.0.min.js" type="text/javascript">
</script>
<script type="text/javascript">
$(document).ready(function(e){
    $("#footerToolbar").fixedtoolbar({  //扩展黑名单
        tapToggleBlacklist:"a, button, input, select, textarea,.ui-header-fixed,.
ui-footer-fixed"
    });
});
function btnShowToolbar(){                    //打开页脚的固定工具栏
    $("#footerToolbar").fixedtoolbar('show');
}
function btnHideToolbar(){                    //隐藏页脚的固定工具栏
    $("#footerToolbar").fixedtoolbar('hide');
}
function btnToggleToolbar(){                  //切换页脚的固定工具栏显示状态
    $("#footerToolbar").fixedtoolbar('toggle');
}
function btnUpdatePagePaddingToolbar(){//更新页脚工具栏填充区域
    $("#footerToolbar").fixedtoolbar('updatePagePadding');
}
function btnDestoryToolbar(){                 //恢复页脚工具栏的初始状态
    $("#footerToolbar").fixedtoolbar('destory');
}
</script>
<style type="text/css"></style>
</head>
<body>
<section id="MainPage" data-role="page" data-title="导航工具栏">
    <div data-role="header" data-position="fixed">
        <h1>固定工具栏方法</h1>
    </div>
    <div data-role="content">
        <p>通过自定义方法对固定工具栏执行操作。</p>
            <button onClick="btnShowToolbar();">Show 方法</button>
            <button onClick="btnHideToolbar();">Hide 方法</button>
            <button onClick="btnToggleToolbar();">Toggle 方法</button>
            <button onClick="btnUpdatePagePaddingToolbar();">UpdatePagePadding 方法
</button>
            <button onClick="btnDestoryToolbar();">Destory 方法</button>
```

```
    </div>
    <div data-role="footer" id="footerToolbar" data-position="fixed">
        <h2>页脚工具栏</h2>
    </div>
</section>
</body>
</html>
```

在上面的代码中，各个固定工具栏方法是通过按钮来触发的，而按钮并不在固定工具栏 tapToggleBlacklist 选项默认设定的范围之中，这也就意味着每次触碰按钮时，除了执行固定工具栏方法外，还会触发固定工具栏的显示或者隐藏。为此，在程序中特别对 tapToggleBlacklist 进行扩展，将按钮、输入框、选择框和文本框等元素也添加到黑名单中，以保证应用正确执行。

图 22.27　使用固定工具栏方法

◀)) 提示：

当建立固定工具栏的时候，会触发 create 事件。

22.6　实　战　案　例

本章介绍了如何使用工具栏，下面通过两个案例介绍如何灵活使用这些 jQuery Mobile 组件。

22.6.1　设计播放器界面

本案例使用一组内联按钮设计一个简单播放器的控制面板。实现功能：选取页面中的一行，使其中并排放置 4 个大小相同的按钮，分别显示为播放、暂停、前进和后退。案例演示效果如图 22.28 所示。

除了操作面板之外，本例利用按钮的分组功能设计了一个简单的音乐内容面板，其中包括正在播放的音乐名称、作者来源等消息。界面偏上部分的音乐内容面板，简单地将 4 个按钮分在了一组，在这一组按钮的外面包了一个 div 标签，其中将属性 data-role 设置为 controlgroup。在页面中可以清楚地看到 4 个按钮被紧紧地链接在了一起，最外侧加上了圆弧，看上去非常大气。

界面下面是操作面板，依然是将 4 个按钮分在一组，不同的是这次要给外面的 div 标签多设置一组属性 data-type="horizontal'，将排列方式设置成横向。

当然，用户也可以给某个按钮设置主题，例如，为"播放"键加上不同的颜色，使之更加醒目，更易于用户操作。

图 22.28　设计播放器界面

案例完整代码如下所示：

```
<!doctype html>
<html>
<head>
<meta charset="utf-8">
<meta name="viewport" content="width=device-width,initial-scale=1" />
<link    href="jquery-mobile/jquery.mobile.theme-1.3.0.min.css"    rel="stylesheet"
type="text/css">
```

```
<link href="jquery-mobile/jquery.mobile.structure-1.3.0.min.css" rel="stylesheet"
type="text/css">
<script src="jquery-mobile/jquery-1.8.3.min.js" type="text/javascript"></script>
<script src="jquery-mobile/jquery.mobile-1.3.0.min.js" type="text/javascript">
</script>
</head>
<body>
<div data-role="page" data-theme="a">
    <div data-role="header">
        <a href="#">返回</a>
        <h1>音乐播放器</h1>
    </div>
    <div data-role="content">
        <div data-role="controlgroup">
            <a href="#" data-role="button">《想念你》 </a>
            <a href="#" data-role="button">
                <img src="images/1.jpg" style="width:100%;"/>
            </a>
            <a href="#" data-role="button">李健</a>
        </div>
        <div data-role="controlgroup" data-type="horizontal" data-mini="true">
            <a href="#" data-role="button">前进</a>
            <a href="#" data-role="button">播放</a>
            <a href="#" data-role="button">暂停</a>
            <a href="#" data-role="button">后退</a>
        </div>
    </div>
    <div data-role="footer">
        <h1>暂无歌词</h1>
    </div>
</div>
</body>
</html>
```

22.6.2 设计 QWER 键盘界面

扫一扫，看视频

在 jQuery Mobile 布局中，控件大多都是单独占据页面中的一行，按钮自然也不例外，但是仍然有一些方法能够让多个按钮组成一行。本例使用 data-inline="true"属性定义按钮行内显示，通过多个按钮设计一个简单的 QWER 键盘界面，效果如图 22.29 所示。

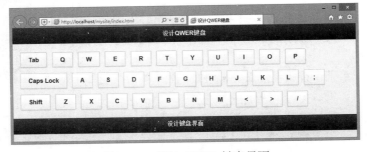

图 22.29 设计 QWER 键盘界面

案例完整代码如下：
```
<!doctype html>
<html>
```

```
<head>
<meta charset="utf-8">
<meta name="viewport" content="width=device-width,initial-scale=1" />
<link  href="jquery-mobile/jquery.mobile.theme-1.3.0.min.css"  rel="stylesheet"
type="text/css">
<link  href="jquery-mobile/jquery.mobile.structure-1.3.0.min.css"  rel="stylesheet"
type="text/css">
<script src="jquery-mobile/jquery-1.8.3.min.js" type="text/javascript"></script>
<script  src="jquery-mobile/jquery.mobile-1.3.0.min.js"  type="text/javascript">
</script>
</head>
<body>
<div data-role="page">
    <div data-role="header">
        <h1>设计 QWER 键盘</h1>
    </div>
    <div data-role="content">
        <a href="#" data-role="button" data-corners="false" data-inline="true">Tab
</a>
        <a href="#" data-role="button" data-corners="false" data-inline="true">Q
</a>
        <a href="#" data-role="button" data-corners="false" data-inline="true">W
</a>
        <a href="#" data-role="button" data-corners="false" data-inline="true">E
</a>
        <a href="#" data-role="button" data-corners="false" data-inline="true">R
</a>
        <a href="#" data-role="button" data-corners="false" data-inline="true">T
</a>
        <a href="#" data-role="button" data-corners="false" data-inline="true">Y
</a>
        <a href="#" data-role="button" data-corners="false" data-inline="true">U
</a>
        <a href="#" data-role="button" data-corners="false" data-inline="true">I
</a>
        <a href="#" data-role="button" data-corners="false" data-inline="true">O
</a>
        <a href="#" data-role="button" data-corners="false" data-inline="true">P
</a>
        <br/>
        <a href="#" data-role="button" data-corners="false" data-inline="true">Caps
Lock</a>
        <a href="#" data-role="button" data-corners="false" data-inline="true">A
</a>
        <a href="#" data-role="button" data-corners="false" data-inline="true">S
</a>
        <a href="#" data-role="button" data-corners="false" data-inline="true">D
</a>
        <a href="#" data-role="button" data-corners="false" data-inline="true">F
</a>
        <a href="#" data-role="button" data-corners="false" data-inline="true">G
</a>
        <a href="#" data-role="button" data-corners="false" data-inline="true">H
</a>
```

```
         <a href="#" data-role="button" data-corners="false" data-inline="true">J
</a>
         <a href="#" data-role="button" data-corners="false" data-inline="true">K
</a>
         <a href="#" data-role="button" data-corners="false" data-inline="true">L
</a>
         <a href="#" data-role="button" data-corners="false" data-inline="true">;
</a>
         <br/>
         <a href="#" data-role="button" data-corners="false" data-inline="true">
Shift</a>
         <a href="#" data-role="button" data-corners="false" data-inline="true">Z
</a>
         <a href="#" data-role="button" data-corners="false" data-inline="true">X
</a>
         <a href="#" data-role="button" data-corners="false" data-inline="true">C
</a>
         <a href="#" data-role="button" data-corners="false" data-inline="true">V
</a>
         <a href="#" data-role="button" data-corners="false" data-inline="true">B
</a>
         <a href="#" data-role="button" data-corners="false" data-inline="true">N
</a>
         <a href="#" data-role="button" data-corners="false" data-inline="true">M
</a>
         <a href="#" data-role="button" data-corners="false" data-inline="true"><
</a>
         <a href="#" data-role="button" data-corners="false" data-inline="true">>
</a>
         <a href="#" data-role="button" data-corners="false" data-inline="true">/
</a>
      </div>
      <div data-role="footer">
         <h1>设计键盘界面</h1>
      </div>
   </div>
</body>
</html>
```

  属性 data-inline="true"可以使按钮的宽度变得仅包含按钮中标题的内容，而不是占据整整一行，但是这样也会带来一个缺点，就是 jQuery Mobile 中的元素将不知道该在何处换行，本例使用
标签强制按钮换行显示。另外，在使用了该属性之后，按钮将不再适应屏幕的宽度，可以看到图 22.29 右侧还有一定的空白，这是因为页面的宽度超出了按钮宽度的总和。而当页面宽度不足以包含按钮宽度时，则会出现混乱结果。这是因为在使用了属性 data-inline="true"之后，每个按钮已经将本身的宽度压缩到了最小，这时如果还要显示全部内容就只好自动换行了。

  在按钮中同时加入属性 data-corners="false"，定义按钮显示为方形，这样键盘按键显得更加好看、逼真。但是，不要在标题栏中使用这种方形的按钮，那样效果会很难看，但在页面中的方形按钮还是很漂亮的。

📢 提示：

  使用 jQuery Mobile 中的分栏布局功能要比这种方式好得多，但是由于分栏布局只能产生规整的布局，所以在实际使用时还要根据实际情况来决定具体使用哪种方案比较合适。

第 23 章　实战开发：企业移动宣传项目

本章将以企业移动宣传项目讲解使用 jQuery Mobile 进行实际开发的一般方法，本例主要为某童装企业设计的手机版企业宣传项目，借助该项目帮助用户进一步熟悉 jQuery Mobile 中布局的设计，以及如何将按钮和导航这些基础控件应用到实战中。本章所涉及的知识点大多在前面介绍过，如果遇到不懂的地方请及时返回复习。

【学习重点】
- jQuery Mobile 界面设计的方法。
- 利用 jQuery Mobile 开发应用的流程。
- 结合 jQuery Mobile 和 JavaScript 设计界面效果。

23.1　案　例　分　析

扫一扫，看视频

小猪班纳是一家集研发、生产、销售于一体，专营"小猪班纳"等品牌童装的现代化服饰企业。小猪班纳的产品定位于 0～15 岁的儿童，产品体现了"时尚、运动、休闲、健康、活力"的品牌风格，公司以自营连锁结合特许加盟的经营模式，成为国内童装知名品牌。

在 2013 年，移动开发最火的时候，我们受企业委托，开发一款用于企业宣传为主要目的的 App，就是将企业基本信息放到手机上。技术上没什么难度，但是在设计上当时还是费了一番苦心的。

首先来分析如何进行设计，拿到企业的基本资料之后，还没来得及翻看。最先的想法是既然是企业宣传，最重要的还是先来介绍一下企业概况，以及企业资讯等信息，这样第一个模块就明确下来了。

第二个模块自然要讲企业产品之类的内容，简单翻阅了一下资料，发现这两个模块已经差不多可以涵盖企业宣传的大多数内容了。但是，一款应用要么只有一个模块，要么就有多个模块，只有两个模块不是很好看。于是决定再为它添加一些模块，于是又加入品牌和潮流等模块。

最后，再加一点童装图片，设计一个图片流，这样功能就大体规划好了。总之，这款应用分为 4 个模块，分别是"品牌解读""潮流班纳""班纳资讯"和"客服中心"。

23.2　界　面　设　计

扫一扫，看视频

经过前面的分析可以发现，该项目的内容非常简单，就是一款简单的图文显示类的 APP。不过，即便是这样简单的内容也需要认真设计，方能显示出企业形象。

初稿设计时，沿用官网主界面设计风格，效果如图 23.1 所示。

上方放置企业 Logo，下方平行排列多个导航按钮，虽然很粗糙但是非常简洁，界面看上去比较大方，但是在移动端试用之后，发现体验不是很好，带有很强的桌面设计痕迹。

最后，重新设计了新的主界面，效果如图 23.2 所示。新界面相比原界面好看了许多，上方和下方比较协调，上面部分是导航条，顶部的导航条可以放一些栏目名称，底部的导航条则以 Tab 选项卡的方式作为真正的导航来使用。

图 23.1　初稿主界面设计效果

图 23.2　主界面设计效果

页面内容顶部的图片是用来展示企业形象的，下面 4 个色块分别用来作为 4 个模块启动的按钮。最好上下两部分是成比例的，如上面的大图占了页面的一半，则 4 个色块又占了另一半。

接下来是内容页的设计，原本的想法是直接用一排按钮排下来，不过现在看来不是很合适，因为跟主界面不是很协调，于是就继续采用这种 Metro 界面，只是省略了上方的大图。

打开之后会需要一个显示文章的界面，这就更简单了，可直接把页面上的内容全部去掉，就是颜色比较讲究一点而已。

至于产品展示部分，可以采用图片流的形式，借助 PhotoSwipe 插件，这样就可以方便又完美地实现图片浏览的效果。

23.3　框架设计

扫一扫，看视频

本款应用的目的是企业宣传，因此在设计时主要侧重图文展示，将企业基本资料和信息真实地复制在项目中，而没有必要加入许多交互的操作，因此本项目实际上就是实现几个静态的 HTML5 页面。即使这样，也要讲究先后顺序，避免做无用功。

经过分析，在这款应用中，几乎每个页面都要用到相同的页眉栏和页脚栏，因此最好能先把它实现出来。为了提高开发速度，可以直接使用前面给出的示例，不过要稍微做一下修改。

按照原本的需求应该再设计 4 个图标，本例这里将它省略掉了，仅仅使用了 4 个默认的图标来代替。基本框架代码如下：

```
<!doctype html>
<html>
<head>
<meta charset="utf-8">
<meta name="viewport" content="width=device-width,initial-scale=1" />
<link href="jquery-mobile/jquery.mobile.theme-1.3.0.min.css" rel="stylesheet" type=
"text/css">
<link href="jquery-mobile/jquery.mobile.structure-1.3.0.min.css" rel="stylesheet" type=
"text/css">
```

```
<script src="jquery-mobile/jquery-1.8.3.min.js" type="text/javascript"></script>
<script src="jquery-mobile/jquery.mobile-1.3.0.min.js" type="text/javascript">
</script>
</head>
<body>
<div data-role="page">
    <div data-role="header" data-position="fixed">
        <h1>小猪班纳</h1>
    </div>
    <div data-role="content" >
        <!--内容区域-->
    </div>
    <div data-role="footer" data-position="fixed">
        <div data-role="navbar">
            <ul>
                <li><a id="pin" href="pin.html" data-icon="custom">品牌解读</a></li>
                <li><a id="chao" href="chao.html" data-icon="custom">潮流班纳</a>
</li>
                <li><a id="zix" href="zix.html" data-icon="custom">班纳资讯</a></li>
                <li><a id="kefu" href="kefu.html" data-icon="custom">客服中心</a>
</li>
            </ul>
        </div>
    </div>
</div>
</body>
</html>
```

框架运行效果如图 23.3 所示。

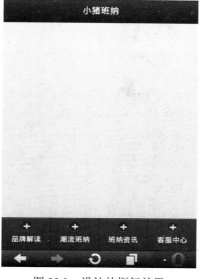

图 23.3 设计的框架效果

根据主框架，将快速设计几个静态页面，包含相关模块需要的内容。

23.4　制　作　主　页

本节将利用 jQuery Mobile 设计主页的界面布局，定义主界中每个模块的相对显示位置。

【操作步骤】

第 1 步，新建 HTML5 文档，保存为 index.html。先在页面中插入一个单页视图。

```
<div data-role="page">
    <div data-role="header">
        <h1>标题</h1>
    </div>
    <div data-role="content">内容</div>
    <div data-role="footer">
        <h4>脚注</h4>
    </div>
</div>
```

第 2 步，定义结构。本页面布局非常简单，考虑到图片和色块需要占满整个屏幕，这里舍弃了 jQuery Mobile 默认的 data-role="content"部分。将原有的 content 部分分为两栏，分别是上方的大图和下方的 4 个色块。具体代码如下：

```
<div data-role="page">
    <div data-role="header" data-position="fixed">
        <h1>小猪班纳</h1>
    </div>
    <div data-role="main_pic">
        <img src="images/top.png" width="100%" height="100%"/>
    </div>
    <div data-role="metro_body">
        <div class="metro_color1 metro_rec">
            <img src="images/icon_1.png" width="100%" height="100%"/>
        </div>
        <div class="metro_color2 metro_rec">
            <img src="images/icon_2.png" width="100%" height="100%"/>
        </div>
        <div class="metro_color3 metro_rec">
            <img src="images/icon_3.png" width="100%" height="100%"/>
        </div>
        <div class="metro_color4 metro_rec">
            <img src="images/icon_4.png" width="100%" height="100%"/>
        </div>
    </div>
    <div data-role="footer" data-position="fixed">
        <div data-role="navbar">
            <ul>
                <li><a id="pin" href="pin.html" data-icon="custom">品牌解读</a></li>
                <li><a id="chao" href="chao.html" data-icon="custom">潮流班纳</a></li>
                <li><a id="zix" href="zix.html" data-icon="custom">班纳资讯</a></li>
```

```
                    <li><a id="kefu" href="kefu.html" data-icon="custom">客服中心</a>
</li>
                </ul>
            </div>
        </div>
</div>
```

第 3 步，定义脚本。设计图片和色块两部分基本上各占一半的面积，宽度直接设置为 100%，高度则需要经过简单的计算。主要控制脚本如下：

```
<script>
$(document).ready(function(){
    $top_height=$("div[data-role=header]").height();        //获取头部区域高度
    $bottom_height=$("div[data-role=footer]").height();      //获取脚注区域高度
    $body_height=$(window).height()-$top_height-$bottom_height;//计算内容区高度
    $pic_height=$body_height/2;
    $pic_height=$pic_height+"px";                    //定义图片区显示高度为内容区的一半
    $("div[data-role=main_pic]").width("100%").height($pic_height);
    $body_height=$body_height/2-15;
    $body_height=$body_height+"px";                  //定义色块区域显示高度为内容区的一半
    $("div[data-role=metro_body]").width("100%").height($body_height);//定义色块
                                                      //高度和宽度为100%
});
</script>
```

设计思路：使用 jQuery 获得页面的宽度和高度，然后将它分为两段，宽度可以在 CSS 中直接利用百分比给出，重点在于获取页面元素的高度。为了保证色块的总高度不会超出页面的范围，应先获得页面的总高度，之后还要用页面的总高度减去页眉栏和页脚栏所占据的高度。

实现方法：

使用$("div[data-role=header]")获取页眉工具栏后，使用 height()方法获取工具栏的高度，然后利用同样的方法获取页脚栏的高度，最后用整个屏幕的高度减去它们，就得到了页面剩余可用部分的高度 $body_height。

经过简单计算就可以取得图片应该具有的高度，但是在 height()方法中所接收的参数应该是一个以 px 结尾的字符串，因此需要强制转换，然后连接为字符串。最后，由于已经限定了 div 容器的高度和宽度，因此可以直接将图片的高度和宽度设置为 100%。

下面部分的布局与图片大体一致，为了防止意外发生，如小数进位之后导致页面内容超出页面宽度，设计在原有高度的基础上减去了 15 个像素，以保证在任何屏幕中都可以正常显示。

第 4 步，定义内部样式。设计如下样式，用来控制色块颜色和布局方式。

```
<style type="text/css">
*{ margin:0px; padding:0px;}
.metro_color1{ background-color:#ef9c00;}                    /*定义色块*/
.metro_color2{ background-color:#2ebf1b;}
.metro_color3{ background-color:#00aeef;}                    /*定义色块*/
.metro_color4{ background-color:#ed2b84;}                    /*定义色块*/
.metro_rec{ width:48%; height:49%; float:left; margin:1%;} /*定义色块布局*/
</style>
```

考虑到 jQuery Mobile 默认样式的缘故，图片与页面边框仍有较大的距离，在去除<div data-role="content">后问题仍然存在，因此在样式表中定义默认内外边距均为 0。

第 5 步，主界面布局基本完成，但是现在还有一个问题，即界面不够友好，具体体现在下方的 4 个色块不明确，因此需要在色块上加入文字，如果直接使用 CSS 定义文字样式，效果不是很理想，且不支持文字上下居中显示。

虽然可以使用 jQuery 操作 CSS 的 line-height 属性，但使用起来太麻烦，本例计划以图片的形式来展示文字，让图片文字 100%显示，这种设计虽然会存在变形问题，但是在移动设备下，考虑到极端的正方形和长宽比超过 1:2 的屏幕几乎是不可能出现的，因此可以忽略这个问题，设计效果如图 23.4 所示。

图 23.4   制作主界面效果

第 6 步，为这四个色块所代表的二级模块添加跳转链接，代码如下。至此，整个主页面效果设计完成。

```
<div data-role="metro_body">
    <div class="metro_color1 metro_rec">
       <a href="pin.html"><img src="images/icon_1.png" width="100%" height="100%"/>
</a>
    </div>
    <div class="metro_color2 metro_rec">
       <a href="chao.html"><img src="images/icon_2.png" width="100%" height="100%"/>
</a>
    </div>
    <div class="metro_color3 metro_rec">
       <a href="zix.html"><img src="images/icon_3.png" width="100%" height="100%"/>
</a>
    </div>
    <div class="metro_color4 metro_rec">
       <a href="kefu.html"><img src="images/icon_4.png" width="100%" height="100%"/>
</a>
    </div>
</div>
```

扫一扫，看视频

23.5 制作二级栏目

二级栏目包括 4 个子模块，即新建的 4 个 HTML5 文件，保存为：pin.html（品牌解读）、chao.html（潮流班纳）、zix.html（班纳资讯）、kefu.html（客服中心）。

二级栏目依然继承主页设计风格，使用 Metro 风格的界面，这里给出一个大概的样式，效果如图 23.5 所示。

这部分比较简单，可以直接在 23.4 节的主页面基础上进行修改，为了保证界面的美观，在客服中心部分设计了 8 个子栏目。其他模块都保持主界面的设计风格，结构基本相同，JavaScript 和 CSS 样式不变，当然用户可以自行发挥，根据个人特色设计。

pin.html（品牌解读）

chao.html（潮流班纳）

zix.html（班纳资讯）

kefu.html（客服中心）

图 23.5　制作二级栏目效果

客服中心的内容主要来自于该企业官网内容，经过归类分解出以下几个栏目。

- ↘ 关于我们：有关企业的概况。
- ↘ 媒体报道：在公共新闻媒体中有关本企业的报道内容荟萃。
- ↘ 加盟招商：有关本企业在全国的加盟店和招商信息。
- ↘ 隐私条款：有关与客户和用户的隐私约定。
- ↘ 友情链接：同行或相关企业链接列表信息。
- ↘ 班纳招聘：有关本公司最新招聘人才信息。
- ↘ 用户反馈：定义一个反馈表单，与用户进行简单交互，接收用户的反馈意见。
- ↘ 联系方式：有关公司的各种联系方式，包括微信公众号、微博账户号，以及 QQ 客服号等。

根据上面所展示的信息就可以开始着手制作二级页面了，以客服中心模块为例，具体代码如下：

```
<!doctype html>
<html>
<head>
```

```
<meta charset="utf-8">
<meta name="viewport" content="width=device-width,initial-scale=1" />
<link href="jquery-mobile/jquery.mobile.theme-1.3.0.min.css" rel="stylesheet" type=
"text/css">
<link href="jquery-mobile/jquery.mobile.structure-1.3.0.min.css" rel="stylesheet" type=
"text/css">
<script src="jquery-mobile/jquery-1.8.3.min.js" type="text/javascript"></script>
<script src="jquery-mobile/jquery.mobile-1.3.0.min.js" type="text/javascript">
</script>
<script>
$(document).ready(function(){
    $top_height=$("div[data-role=header]").height();
    $bottom_height=$("div[data-role=footer]").height();
    $body_height=$(window).height()-$top_height-$bottom_height;
    $pic_height=$body_height/2;
    $pic_height=$pic_height+"px";
    $("div[data-role=main_pic]").width("100%").height($pic_height);
    $body_height=$body_height/2-15;
    $body_height=$body_height+"px";
    $("div[data-role=metro_body]").width("100%").height($body_height);
});
</script>
<style type="text/css">
*{ margin:0px; padding:0px;}
.metro_color1{ background-color:#ef9c00;}
.metro_color2{ background-color:#2ebf1b;}
.metro_color3{ background-color:#00aeef;}
.metro_color4{ background-color:#ed2b84;}
.metro_rec{ width:48%; height:49%; float:left; margin:1%;}
</style>
</head>
<body>
<div data-role="page">
    <div data-role="header" data-position="fixed">
        <h1>客服中心</h1>
    </div>
    <div data-role="main_pic">
        <img src="images/top.png" width="100%" height="100%"/>
    </div>
    <div data-role="metro_body">
        <div class="metro_color1 metro_rec">
            <a href="content.html"><img src="images/p1.png" width="100%" height=
"100%"/> </a>
        </div>
        <div class="metro_color2 metro_rec">
            <a href="#"><img src="images/p2.png" width="100%" height="100%"/></a>
        </div>
        <div class="metro_color3 metro_rec">
            <a href="#"><img src="images/p3.png" width="100%" height="100%"/></a>
        </div>
        <div class="metro_color4 metro_rec">
            <a href="#"><img src="images/p4.png" width="100%" height="100%"/></a>
```

```
        </div>
        <div class="metro_color1 metro_rec">
            <a href="#"><img src="images/p5.png" width="100%" height="100%"/></a>
        </div>
        <div class="metro_color2 metro_rec">
            <a href="#"><img src="images/p6.png" width="100%" height="100%"/></a>
        </div>
        <div class="metro_color3 metro_rec">
            <a href="#"><img src="images/p7.png" width="100%" height="100%"/></a>
        </div>
        <div class="metro_color4 metro_rec">
            <a href="#"><img src="images/p8.png" width="100%" height="100%"/></a>
        </div>
    </div>
    <div data-role="footer" data-position="fixed">
        <div data-role="navbar">
            <ul>
                <li><a id="index" href="index.html" data-icon="custom">首页</a></li>
                <li><a id="pin" href="pin.html" data-icon="custom">品牌解读</a></li>
                <li><a id="chao" href="chao.html" data-icon="custom">潮流班纳
</a></li>
                <li><a id="zix" href="zix.html" data-icon="custom">班纳资讯</a></li>
            </ul>
        </div>
    </div>
</div>
</body>
</html>
```

运行结果如图 23.6 所示。相信经过 23.4 节的介绍，用户已经可以理解上面的代码了。由于没有了太多变化，本节的例子反而更加简单。

图 23.6 制作的客服中心模块效果

◀》提示：

> 为了体现该页面来自对 23.4 节范例的修改痕迹，本例并没有对色块的颜色作出更改，用户可自定义配色表，根据自己喜欢的颜色进行设计。

23.6　制作详细页

本节将制作详细页页面，它需要实现的功能仅仅是在页面中展示出多行文字。下面是"关于我们"详细页面的制作过程。

【操作步骤】

第 1 步，新建 HTML5 文档，保存为 content.html，然后在页面中插入一个单页页面视图。

第 2 步，复制前面介绍的 JavaScript 脚本，用来控制页面模块显示宽度和高度。

第 3 步，在<div data-role="content">中输入图文详细信息，可以根据需要在内部样式表中定义正文显示样式，详细代码如下：

```
<!doctype html>
<html>
<head>
<meta charset="utf-8">
<title></title>
<meta name="viewport" content="width=device-width,initial-scale=1" />
<link href="jquery-mobile/jquery.mobile.theme-1.3.0.min.css" rel="stylesheet" type=
"text/css">
<link href="jquery-mobile/jquery.mobile.structure-1.3.0.min.css" rel="stylesheet" type=
"text/css">
<script src="jquery-mobile/jquery-1.8.3.min.js" type="text/javascript"></script>
<script src="jquery-mobile/jquery.mobile-1.3.0.min.js" type="text/javascript">
</script>
<script>
$(document).ready(function(){
    $top_height=$("div[data-role=header]").height();
    $bottom_height=$("div[data-role=footer]").height();
    $body_height=$(window).height()-$top_height-$bottom_height;
    $body_height=$body_height-10;
    $body_height=$body_height+"px";
    $("div[data-role=metro_body]").width("100%").height($body_height);
});
</script>
<style type="text/css">
[data-role="content"] h1 {font-size: 15px; text-align: center; margin: 1em auto;}
[data-role="content"] h4 {font-size: 13px; color: #666; text-indent: 2em;}
</style>
</head>
<body>
<div data-role="page" style="background-color:#666">
    <div data-role="header" data-position="fixed">
        <h1>关于我们</h1>
    </div>
    <div data-role="content">
        <div><img src="images/pig.jpg" width="100%" /></div>
```

```
        <h1>小猪班纳（小猪班纳童装品牌）</h1>
        <h4>东莞市小猪班纳服饰有限公司成立于 1995 年，是一家集研发、生产、销售于一体、专营"小
猪班纳"、"朋库一代"、"爱儿赫玛"、"丹迪"品牌童装的现代化服饰企业。小猪班纳的产品定位于 0-15
岁的儿童，"时尚、运动、休闲、健康、活力"是小猪班纳一贯坚持的品牌风格，公司以自营连锁结合特许加
盟的经营模式，至今已发展了 1500 多家连锁店，营销网络遍布全国 30 多个省、市、区及亚、欧、美洲等地
区。</h4>
    </div>
    <div data-role="footer" data-position="fixed">
        <div data-role="navbar">
            <ul>
                <li><a id="pin" href="pin.html" data-icon="custom">品牌解读</a></li>
                <li><a id="chao" href="chao.html" data-icon="custom">潮流班纳
</a></li>
                <li><a id="zix" href="zix.html" data-icon="custom">班纳资讯</a></li>
                <li><a id="kefu" href="kefu.html" data-icon="custom">客服中心
</a></li>
            </ul>
        </div>
    </div>
</div>
</body>
</html>
```

第 4 步，运行结果如图 23.7 所示，本页面只是在<div data-role="content">中加入了一个<h1>作为标题，剩下的就全都是内容，但是看上去依然非常精致。

图 23.7　制作详细页效果

第 5 步，在二级页面的"客服中心"中"关于我们"子模块中添加链接，链接到详细页面，代码如下：

```
<div class="metro_color1 metro_rec">
    <a href="content.html"><img src="images/p1.png" width="100%" height="100%"/>
</a>
</div>
```

23.7 小　　结

　　本章是第一个项目实例，内容比较简单，没有用到太多 jQuery Mobile 组件，这是因为 jQuery Mobile 只是一个轻量级的开发框架，还不足以完全应对多元化的开发需求，因此与其说是使用 jQuery Mobile 进行开发，倒不如说是使用 HTML5 更合适。但这并不意味着 jQuery Mobile 就没有用了，本章项目的框架依旧是使用 jQuery Mobile 进行开发。另外，框架是死的，利用框架的思想来引导开发才是学习 jQuery Mobile 的精髓所在。

第 24 章　实战开发：移动版记事本项目

移动 Web 应用的类型越来越多，用户对客户端存储的需求也越来越高，最简单的方法是使用 cookie，但是作为真正的客户端存储，cookie 存在很多缺陷。针对这种情况，HTML5 提出了更加理想的解决方案：如果存储复杂的数据，可以使用 Web Database，该方法可以像客户端程序一样使用 SQL；如果需要存储简单的 key/value（键值对）信息，可以使用 Web Storage。

本章将通过一个完整项目介绍记事本移动应用的开发，详细介绍在 jQuery Mobile 中使用 localStorage 对象开发移动项目的方法与技巧。为了加快开发速度，本章借助 Dreamweaver CC 可视化操作界面，快速完成 jQuery Mobile 界面设计，当然用户也可以手写代码完成整个项目开发。

【学习重点】
- 了解 Web Database 和 Web Storage。
- 能够在 jQuery Mobile 应用项目中使用 localStorage。
- 结合 jQuery Mobile 和 JavaScript 设计交互界面，实现数据存储。

扫一扫，看视频

24.1　项 目 分 析

整个记事本项目应用中，主要包括如下几个需求：

- ↘ 进入首页后，以列表的形式展示各类别记事数据的总量信息，单击某类别选项进入该类别的记事列表页。
- ↘ 在记事列表页中展示该类别下的全部记事标题内容，并增加根据记事标题进行搜索的功能。
- ↘ 如果单击记事列表页中的某记事标题，则进入记事详细页，在该页面中展示记事信息的标题和正文信息。在该页面添加一个"删除"按钮，用以删除该条记事信息。
- ↘ 如果在记事详细页中单击"修改"按钮，则进入修改记事页，在该页中可以编辑标题和正文信息。
- ↘ 无论在首页或记事列表页中，单击"记录"按钮，就可以进入添加记事页，在该页中可以添加一条新的记事信息。

记事本应用程序的定位目标是方便、快捷地记录和管理用户的记事数据。在总体设计时，重点把握操作简洁、流程简单、系统可拓展性强的原则。本示例的总体设计流程图如图 24.1 所示。

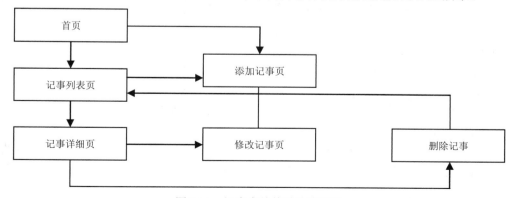

图 24.1　记事本总体设计流程图

图 24.1 列出了本案例应用程序的功能和操作流程。整个系统包含五大功能：分类列表页（首页）、记事列表页、记事详细页、修改记事页和添加记事页。当用户进入应用系统，首先进入 idnex.html 页面，浏览记事分类列表，然后选择记事分类，即可进入记事列表页面，在分类和记事列表页中都可以进入添加记事页，只有在记事列表页中才能进入记事详细页。在记事详细页中，进入修改记事页。最后，在完成添加或者修改记事的操作，返回相应类别的记事列表页。

24.2　框架设计

根据设计思路和设计流程，本案例灵活使用 jQuery Mobile 技术框架设计了 5 个功能页面，具体说明如下。

➥ 首页（index.html）

在本页面中，利用 HTML 本地存储技术，使用 Javascript 遍历 localStorage 对象，读取其保存的记事数据。在遍历过程中，以累加方式记录各类别下记事数据的总量，并通过<ul>列表显示类别名称和对应记事数据总量。当单击<ul>列表中某选项时，则进入该类别下的记事列表页（list.html）。

➥ 记事列表页（list.html）

本页将根据 localStorage 对象存储的记事类别，获取该类别名称下的记事数据，并通过列表的方式将记事标题信息显示在页面中。同时，将列表元素的 data-filter 属性值设置为 true，使该列表具有根据记事标题信息进行搜索的功能。当单击<ul>列表中某选项时，则进入该标题下的记事详细页（notedetail.html）。

➥ 记事详细页（notedetail.html）

在该页面中，根据 localStorage 对象存储的记事 ID 编号，获取对应的记事数据，并将记录的标题与内容显示在页面中。在该页面中当单击头部栏左侧"修改"按钮时，进入修改记事页。单击头部栏右侧"删除"按钮时，弹出询问对话框，单击"确定"按钮后，将删除该条记事数据。

➥ 修改记事页（editnote.html）

在该页面中，以文本框的方式显示某条记事数据的类别、标题和内容，用户可以对这三项内容进行修改。修改后，单击页眉栏（标题栏）右侧"保存"按钮，便完成了该条记事数据的修改。

➥ 添加记事页（addnote.html）

在分类列表页或记事列表页中，当单击页眉栏右侧"写日记"按钮时，进入添加记事页。在该页面中，用户可以选择记事的类别，输入记事标题、内容，然后单击该页面中的页眉栏右侧"保存'按钮，便完成了一条新记事数据的添加。

24.3　技术准备

HTML5 的 Web Storage 提供了两种在客户端存储数据的方法，简单说明如下。

➥ localStorage

localStorage 是一种没有时间限制的数据存储方式，可以将数据保存在客户端的硬盘或其他存储器上。localStorage 用于持久化的本地存储，除非主动删除数据，否则数据是永远不会过期的。

➥ sessionStorage

sessionStorage 用于本地存储一个会话（session）中的数据，这些数据只有在同一个会话中的页面才能访问并且当会话结束后数据也随之销毁。因此 sessionStorage 不是一种持久化的本地存储，仅仅是会话级别的存储。

扫一扫，看视频

总之，localStorage 可以永久保存数据，而 sessionStorage 只能暂时保存数据，这是两者之间的重要区别，在具体使用时应该注意。

24.3.1　兼容性检查

在 Web Storage API 中，特定域名下的 Storage 数据库可以直接通过 window 对象访问。因此首先确定用户的浏览器是否支持 Web Storage 就非常重要。在编写代码时，只要检测 window.localStorage 和 window.sessionStorage 是否存在即可，详细代码如下：

```
function checkStorageSupport() {
    if(window.sessionStorage) {
        alert('当前浏览器支持sessionStorage');
    } else {
        alert('当前浏览器不支持sessionStorage');
    }
    if(window.localStorage) {
        alert('当前浏览器支持localStorage');
    } else {
        alert('当前浏览器不支持localStorage');
    }
}
```

许多浏览器不支持从文件系统直接访问文件式的 sessionStorage。所以，在上机测试代码之前，应当确保是从 Web 服务器上获取页面。例如，可以通过本地虚拟服务器发出页面请求：

```
http://localhost/test.html
```

对于很多 API 来说，特定的浏览器可能只支持其部分功能，但是因为 Web Storage API 非常小。所以它已经得到了相当广泛的支持。不过出于安全考虑，即使浏览器本身支持 Web Storage，用户仍然可自行选择是否将其关闭。

➘ sessionStorage 测试

测试方法：打开页面 A，在页面 A 中写入当前的 session 数据，然后通过页面 A 中的链接或按钮进入页面 B，如果页面 B 中能够访问到页面 A 中的数据则说明浏览器将当前情况的页面 A、B 视为同一个 session，测试结果如表 24.1 所示。

表 24.1　sessionStorage 兼容性测试

浏　览　器	执行的运算	target="_blank"	window.open	ctrl + click	跨　域　访　问
IE	是	是	是	是	否
Firefox	是	是	是	否（null）	否
Chrome	是	是	是	否（undefined）	否
Safari	是	否	是	否（undefined）	否
Opera	是	否	否	否（undefined）	否

上面主要针对 sessionStorage 的一些特性进行了测试，测试的重点在于各个浏览器对于 session 的定义以及跨域情况。从表 24.1 中可以看出，处于安全性考虑所有浏览器下 session 数据都是不允许跨域访问的，包括跨子域也是不允许的。其他方面在主流浏览器中的实现较为一致。

API 测试方法包括 setItem(key,value)、removeItem(key)、getItem(key)、clear()、key(index)，属性包括 length、remainingSpace(非标准)。不过存储数据时可以简单地使用 localStorage.key=value 的方式。

标准中定义的接口在各个浏览器中都已实现，此外 IE 下还新增了一个非标准的 remainingSpace 属性，用于获取存储空间中剩余的空间。结果如表 24.2 所示。

表 24.2 API 测 试

浏 览 器	setItem	removeItem	getItem	clear	key	length	remainingSpace
IE	是	是	是	是	是	是	是
Firefox	是	是	是	是	是	是	否
Chrome	是	是	是	是	是	是	否
Safari	是	是	是	是	是	是	否
Opera	是	是	是	是	是	是	否

此外关于 setItem(key,value) 方法中的 value 类型，理论上可以是任意类型，不过实际上浏览器会调用 value 的 toString 方法来获取其字符串值并存储到本地，因此如果是自定义的类型则需要自己定义有意义的 toString 方法。

Web Storage 标准事件为 onstorage，当存储空间中的数据发生变化时触发。此外，IE 自定义了一个 onstoragecommit 事件，当数据写入的时候触发。onstorage 事件中的事件对象应该支持以下属性。

- key：被改变的键。
- oldValue：被改变键的旧值。
- newValue：被改变键的新值。
- url：被改变键的文档地址。
- storageArea：影响存储对象。

对于这一标准的实现，Webkit 内核的浏览器（Chrome、Safari）以及 Opera 是完全遵循标准的，IE 则只实现了 url，Firefox 下则均未实现，具体结果如表 24.3 所示。

表 24.3 onStorage 事件对象属性测试

浏 览 器	key	oldValue	newValue	url	storageArea
IE	无	无	无	有	无
Firefox	无	无	无	无	无
Chrome	有	有	有	有	有
Safari	有	有	有	有	有
Opera	有	有	有	有	有

此外，不同的浏览器事件注册的方式以及对象也不一致，其中 IE 和 Firefox 在 document 对象上注册，Chrome5 和 Opera 在 window 对象上注册，而 Safari 在 body 对象上注册。Firefox 必须使用 document.addEventListener 注册，否则无效。

24.3.2 读写数据

下面介绍如何使用 sessionStorage 设置和获取网页中的简单数据。设置数据值很简单，具体用法如下：

`window.sessionStorage.setItem('myFirstKey','myFirstValue');`

使用上面的存储访问语句时，需要注意三点：

- 实现 Web Storage 的对象是 window 对象的子对象，因此 window.sessionStorage 包含了开发人员需要调用的函数。
- setItem 方法需要一个字符串类型的键和一个字符串类型的值，来作为参数。虽然 Web Storage 支持传递非字符数据，但是目前浏览器可能还不支持其他数据类型。

⮕　调用的结果是将字符串 myFirstKey 设置到 sessionStorage 中，这些数据随后可以通过键 myFirstKey 获取。

获取数据需要调用 getItem 函数。例如，如果把下面的声明语句添加到前面的示例中：

```
alert(window.sessionStorage.getItem('myFirstKey'));
```

浏览器将弹出提示对话框，显示文本 myFirstValue。可以看出，便用 Web Storage 设置和获取数据非常简单。不过，访问 Storage 对象还有更简单的方法。可以使用点语法设置数据，使用这种方法，可完全避免调用 setItem 和 getItem，而只是根据键值的配对关系，直接在 sessionStorage 对象上设置和获取数据。使用这种方法设置数据调用代码可以改写为：

```
window.sessionStorage.myFirstKey = 'myFirstValue';
```

同样，获取数据的代码可以改写为：

```
alert(window.sessionStorage.myFirstKey);
```

JavaScript 允许开发人员设置和获取几乎任何对象的属性，那么为什么还要引入 sessionStorage 对象。其实，二者之间最大的不同在于作用域。只要网页是同源的（包括规则、主机和端口），基于相同的键，都能够在其他网页中获得设置在 sessionStorage 上的数据。在对同一页面后续多次加载的情况下也是如此。大部分开发者对页面重新加载时经常会丢失脚本数据，但通过 Web Storage 保存的数据不再如此，重新加载页面后这些数据仍然还在。

有时候，一个应用程序会用到多个标签页或窗口中的数据，或多个视图共享的数据。在这种情况下，比较恰当的做法是使用 HTML5 Web Storage 的另一种实现方式 localStorage。localStorage 与 sessionStorage 用法相同，唯一的区别是访问它们的名称不同，分别是通过 localStorage 和 sessionStorage 对象来访问。二者在行为上的差异主要是数据的保存时长及它们的共享方式。

localStorage 数据的生命周期要比浏览器和窗口的生命周期长，同时被同源的多个窗口或者标签页共享；而 sessionStorage 数据的生命周期只在构建它们的窗口或者标签页中可见，数据被保存到存储它的窗口或者标签页关闭时。

24.3.3　使用 Web Storage

扫一扫，看视频

在使用 sessionStorage 或 localStorage 对象的文档中，可以通过 window 对象来获取它们。除了名字和数据的生命周期外，它们的功能完全相同。具体说明如下。

使用 length 属性获取目前 Storage 对象中存储的键值对的数量。注意，Storage 对象是同源的，这意味着 Storage 对象的长度只反映同源情况下的长度。

key(index)方法允许获取一个指定位置的键。一般而言，最有用的情况是遍历特定 Storage 对象的所有键。键的索引从零开始，即第一个键的索引是 0，最后一个键的索引是 index（ length-1）。获取到键后，就可以用它来获取其相应的数据。除非键本身或者在它前面的键被删除，否则其索引值会在给定 Storage 对象的生命周期内一直保留。

getItem(key)函数是根据给定的键返回相应数据的一种方式，另一种方式是将 Storage 对象当做数组，而将键作为数组的索引。在这种情况下，如果 Storag 中不存在指定键，则返回 null。

与 getItem(key)函数类似，setItem(key, value)函数能够将数据存入指定键对应的位置。如果值已存在，则替换原值。需要注意的是，设置数据可能会出错。如果用户已关闭了网站的存储，或者存储已达到其最大容量，那么此时设置数据将会抛出错误。因此，在需要设置数据的场合，务必保证应用程序能够处理此类异常。

removeItem(key)函数的作用是删除数据项，如果数据存储在键参数下，则调用此函数会将相应的数据项剔除。如果键参数没有对应数据，则不执行任何操作。提示，与某些数据集或数据框架不同，删除数据项时不会将原有数据作为结果返回。在删除操作前请确保已经存储相应数据的副本。

clear()函数能删除存储列表中的所有数据。空的 Storage 对象调用 clear()方法也是安全的，此时调用不执行任何操作。

24.3.4　Web Storage 事件监测

　　某些复杂情况下，多个网页、标签页或者 Worker 都需要访问存储的数据。此时，应用程序可能会在存储数据被修改后触发一系列操作。对于这种情况，Web Storage 内建了一套事件通知机制，它可以将数据更新通知发送给监听者。无论监听窗口本身是否存储过数据，与执行存储操作的窗口同源的每个窗口的 window 对象上都会触发 Web Storage 事件。添加如下事件监听器，即可接收同源窗口的 Storage 事件：

```
window.addEventListener("storage", displayStorageEvent, true);
```

　　其中事件类型参数是 storage，这样只要有同源的 Storage 事件发生（包括 SessionStorage 和 LocaLStorage 触发的事件），已注册的所有事件监听器作为事件处理程序就会接收到相应的 Storage 事件。

　　StorageEvent 对象是传入事件处理程序的第一个对象，它包含了与存储变化有关的所有必要信息。

　　key 属性包含了存储中被更新或删除的键。

　　oldValue 属性包含了更新前键对应的数据，newValue 属性包含更新后的数据。如果是新添加的数据，则 oldValue 属性值为 null，如果是被删除的数据，newValue 属性值为 null。

　　url 属性指向 Storage 事件发生的源。

　　storageArea 属性是一个引用。它指向值发生改变的 localStorage 或 sessionStorage 对象，如此一来，处理程序就可以方便地查询到 Storage 中的当前值，或基于其他 Storage 的改变而执行其他操作。

　　【示例】　下面代码是一个简单的事件处理程序，它以提示框的形式显示在当前页面上触发的 Storage 事件的详细信息。

```
function displayStorageEvent(e) {
    var logged = "key:" + e.key + ", newValue:" + e.newValue + ", oldValue:" + e.
oldValue + ", url:" + e.url + ", storageArea:" + e.storageArea;
    alert(logged);
}
window.addEventListener("storage", displayStorageEvent, true);
```

24.4　制 作 主 页

　　当用户进入本案例应用系统时，将首先进入系统首页（主页）。在该页面中，通过<ul>标签以列表视图的形式显示记事数据的全部类别名称，并将各类别记事数据的总数，显示在列表中对应类别的右侧，效果如图 24.2 所示。

图 24.2　首页设计效果

新建一个 HTML5 页面，在页面（Page）容器中添加一个<ul>列表标签，在列表中显示记事数据的分类名称与类别总数，单击该列表选项进入记事列表页。

【操作步骤】

第 1 步，启动 Dreamweaver CC，选择"文件"|"新建"命令，打开"新建文档"对话框。在该对话框中选择"空白页"项，设置页面类型为 HTML，设置文档类型为 HTML5，然后单击"创建"按钮，完成文档的创建操作。

第 2 步，按 Ctrl+S 快捷键，保存文档为 index.html。选择"插入"|"jQuery Mobile"|"页面"命令，打开"jQuery Mobile 文件"对话框，保留默认设置，单击"确定"按钮，完成在当前文档中插入视图页，设置如图 24.3 所示。

图 24.3　设置"jQuery Mobile 文件"对话框

第 3 步，关闭"jQuery Mobile 文件"对话框之后，打开"页面"对话框，在该对话框中设置页面的 ID 值为 index，同时设置页面视图包含标题栏和页脚栏，单击"确定"按钮，完成在当前 HTML5 文档中插入页面视图结构，设置如图 24.4 所示。

第 4 步，按 Ctrl+S 快捷键，保存当前文档 index.html。此时，Dreamweaver CC 会弹出对话框提示保存相关的框架文件。

此时，在编辑窗口中，可以看到 Dreamweaver CC 新建了一个页面，页面视图包含标题栏、内容框和页脚栏，同时在"文件"面板的列表中可以看到复制的相关库文件。

第 5 步，选中内容栏中的"内容"文本，清除内容栏内的文本，然后选择"插入"|"结构"|"项目列表"命令，在内容栏插入一个空项目列表结构。为<ul>标签定义 data-role="listview"属性，设计列表视图。

第 6 步，为标题栏和页脚栏添加 data-position="fixed"属性，定义标题栏和页脚栏固定在页面顶部和底部显示，同时修改标题栏标题为"飞鸽记事"。

第 7 步，选择"插入"|"jQuery Mobile"|"按钮"命令，打开"按钮"对话框，设置如图 24.5 所示，单击"确定"按钮，在标题栏右侧插入一个添加日记的按钮。

图 24.4　设置"页面"对话框

图 24.5　插入按钮

第 8 步，为添加日记按钮设置链接地址：href="addnote.html"，绑定类样式 ui-btn-right，让其显示在标题栏右侧。切换到代码视图，可以看到整个文档结构，代码如下。

```html
<div data-role="page" id="index">
    <div data-role="header" data-position="fixed" data-position="inline">
        <h2>飞鸽记事</h2>
            <a href="addnote.html" class="ui-btn-right" data-role="button" data-icon="plus">写日记</a> </div>
    <div data-role="content">
        <ul data-role="listview"></ul>
    </div>
    <div data-role="footer" data-position="fixed" >
        <h1>©2014 <a href="http://www.node.cn/" target="_blank">www.node. cn</a></h1>
    </div>
</div>
```

第 9 步，新建 JavaScript 文件，保存为 js/note.js，在其中编写如下代码：

```javascript
//Web 存储对象
var myNode = {
    author: 'node',
    version: '2.1',
    website: 'http://www.node.cn/'
}
myNode.utils = {
    setParam: function(name, value) {
        localStorage.setItem(name, value)
    },
    getParam: function(name) {
        return localStorage.getItem(name)
    }
}
//首页页面创建事件
$("#index").live("pagecreate", function() {
    var $listview = $(this).find('ul[data-role="listview"]');
    var $strKey = "";
    var $m = 0, $n = 0;
    var $strHTML = "";
    for (var intI = 0; intI < localStorage.length; intI++) {
        $strKey = localStorage.key(intI);
        if ($strKey.substring(0, 4) == "note") {
            var getData = JSON.parse(myNode.utils.getParam($strKey));
            if (getData.type == "a") {
                $m++;
            }
            if (getData.type == "b") {
                $n++;
            }
        }
    }
    var $sum = parseInt($m) + parseInt($n);
    $strHTML += '<li data-role="list-divider">目录<span class="ui-li-count">' + $sum + '</span></li>';
    $strHTML += '<li><a href="list.html" data-ajax="false" data-id="a" data-name="流水账">流水账<span class="ui-li-count">' + $m + '</span></li>';
    $strHTML += '<li><a href="list.html" data-ajax="false" data-id="b" data-name="心情日记">心情日记<span class="ui-li-count">' + $n + '</span></li>';
```

```
$listview.html($strHTML);
$listview.delegate('li a', 'click', function(e) {
    myNode.utils.setParam('link_type', $(this).data('id'))
    myNode.utils.setParam('type_name', $(this).data('name'))
})
})
```

在上面代码中，首先定义一个 myNode 对象，用来存储版权信息，同时为其定义一个子对象 utils，该对象包含两个方法：setParam()和 getParam()，其中 setParam()方法用来存储记事信息，而 getParam()方法用来从本地存储中读取已经写过的记事信息。

然后，为首页视图绑定 pagecreate 事件，在页面视图创建时执行其中代码。在视图创建事件回调函数中，先定义一些数值和元素变量，供后续代码的使用。由于全部的记事数据都保存在 localStorage 对象中，需要遍历全部的 localStorage 对象，根据键值中前 4 个字符为 note 的标准，筛选对象中保存的记事数据，并通过 JSON.parse()方法，将该数据字符内容转换成 JSON 格式对象，再根据该对象的类型值，将不同类型的记事数量进行累加，分别保存在变量$m 和$n 中。

最后，在页面列表<ul>标签中组织显示内容，并保存在变量$strHTML 中，调用列表<ul>标签的 html()方法，将内容赋值于页面列表<ul>标签中。使用 delegate()方法设置列表选项触发单击事件时需要执行的代码。

由于本系统的数据全部保存在用户本地的 localStorage 时象中，读取数据的速度很快，当将字符串内容赋值给列表<ul>标签时，已完成样式加载，无须再调用 refresh()方法。

第 10 步，在头部位置添加如下元信息，定义视图宽度与设备屏幕宽度保持一致。同时使用<script>标签加载 js/note.js 文件，代码如下。

```
<meta name="viewport" content="width=device-width,initial-scale=1" />
<script src="js/note.js" type="text/javascript" ></script>
```

第 11 步，完成设计之后，在移动设备中预览 index.html 页面，显示效果如图 24.1 所示。

24.5　制作列表页

用户在首页单击列表中某类别选项时，将类别名称写入 localStorage 对象的对应键值中，当从首页切换至记事列表页时，再将这个已保存的类别键值与整个 localStorage 对象保存的数据进行匹配，获取该类别键值对应的记事数据，并通过<ul>列表将数据内容显示在页面中，页面演示效果如图 24.6 所示。

图 24.6　列表页设计效果

新建一个 HTML5 页面,在 Page 容器中添加一个<ul>列表标签,在列表中显示指定类别下的记事数据,同时开放列表过滤搜索功能。

【操作步骤】

第 1 步,启动 Dreamweaver CC,选择"文件"|"新建"命令,打开"新建文档"对话框。在该对话框中选择"空白页"项,设置页面类型为 HTML,设置文档类型为 HTML5,然后单击"创建"按钮,完成文档的创建操作。

第 2 步,按 Ctrl+S 快捷键,保存文档为 list.html。选择"插入"|"jQuery Mobile"|"页面"命令,打开"jQuery Mobile 文件"对话框,保留默认设置,在当前文档中插入视图页。

第 3 步,单击"确定"按钮,关闭"jQuery Mobile 文件"对话框,然后打开"页面"对话框,在该对话框中设置页面的 ID 值为 list,同时设置页面视图包含标题栏和页脚栏,单击"确定"按钮,完成在当前 HTML5 文档中插入页面视图结构,设置如图 24.7 所示。

第 4 步,按 Ctrl+S 快捷键,保存当前文档 list.html。此时,Dreamweaver CC 会弹出对话框提示保存相关的框架文件。

第 5 步,选中内容栏中的"内容"文本,清除内容栏内的文本,然后选择"插入"|"结构"|"项目列表"命令,在内容栏插入一个空项目列表结构。为<ul>标签定义 data-role="listview"属性,设计列表视图。

为列表视图开启搜索功能,方法是在<ul>标签中添加 data-filter= "true"属性,然后定义 data-filter-placeholder="过滤项目..."属性,设置搜索框中显示的替代文本的提示信息。完成代码如下:

```
<div data-role="content">
   <ul data-role="listview" data-filter="true" data-filter-placeholder="过滤项
目..."></ul>
</div>
```

第 6 步,为标题栏和页脚栏添加 data-position="fixed"属性,定义标题栏和页脚栏固定在页面顶部和底部显示,同时修改标题栏标题为"记事列表"。选择"插入"|"图像"|"图像"命令,在标题栏标题标签中插入一个图标 images/node3.png,设置类样式为 class="h_icon"。

第 7 步,选择"插入"|"jQuery Mobile"|"按钮"命令,打开"按钮"对话框,设置如图 24.8 所示,单击"确定"按钮,在标题栏插入两个按钮。然后在代码中修改按钮的标签字符和属性,设置第一个按钮的字符为"返回",标签图标为 data-icon="back",链接地址为 href="index.html",第二个按钮的字符为"写日记",链接地址为"addnote.html",完整代码如下。

图 24.7 设置"页面"对话框

图 24.8 设置"按钮"对话框

```
<div data-role="header" data-position="fixed" data-position="inline">
   <h2><img src="images/node3.png" class="h_icon" alt="" /> 记事列表</h2>
    <a href="index.html" data-role="button" data-icon="back" data-inline= "true">
```

```
返回</a>
    <a href="addnote.html" data-role="button" data-icon="plus" data-inline= "true">
写日记</a>
</div>
```

第 8 步，打开 js/note.js 文档，在其中编写如下代码：

```
//列表页面创建事件
$("#list").live("pagecreate", function() {
    var $listview = $(this).find('ul[data-role="listview"]');
    var $strKey = "", $strHTML = "", $intSum = 0;
    var $strType = myNode.utils.getParam('link_type');
    var $strName = myNode.utils.getParam('type_name');
    for (var intI = 0; intI < localStorage.length; intI++) {
        $strKey = localStorage.key(intI);
        if ($strKey.substring(0, 4) == "note") {
            var getData = JSON.parse(myNode.utils.getParam($strKey));
            if (getData.type == $strType) {
                if(getData.date)
                    var date = new Date(getData.date);
                if(date)
                    var _date = date.getFullYear() + "-" + date.getMonth() + "-" +
date.getDate();
                else
                    var _date = "";
                $strHTML += '<li data-icon="false" data-ajax="false"><a href="notedetail.
html" data-id="' + getData.nid + '">' + getData.title + '<p class="ui-li-aside">'
+ _date + '</p></a></li>';
                $intSum++;
            }
        }
    }
    var strTitle = '<li data-role="list-divider">' + $strName + '<span class=
"ui-li-count">' + $intSum + '</span></li>';
    $listview.html(strTitle + $strHTML);
    $listview.delegate('li a', 'click', function(e) {
        myNode.utils.setParam('list_link_id', $(this).data('id'))
    })
})
```

在上面代码中，先定义一些字符和元素对象变量，并通过自定义函数的方法 getParam()获取传递的类别字符和名称，分别保存在变量$strType 和$strNamc 中。然后遍历整个 localStorage 对象筛选记事数据。在遍历过程中，将记事的字符数据转换成 JSON 对象，再根据对象的类别与保存的类别变量相比较，如果符合，则将该条记事的 ID 编号和标题信息追加到字符串变量$strHTML 中，并通过变量$intSum 累加该类别下的记事数据总量。

最后，将获取的数字变量$intSum 放入列表<ul>元素的分割项中，并将保存分割项内容的字符变量 strTitle 和保存列表项内容的字符变量$strHTML 组合，通过元素的 html()方法将组合后的内容赋值给列表对象。同时，使用 delegate()方法设置列表选项被单击时执行的代码。

第 9 步，在头部位置添加如下元信息，定义视图宽度与设备屏幕宽度保持一致。

```
<meta name="viewport" content="width=device-width,initial-scale=1" />
```

第 10 步，完成设计之后，在移动设备中预览 index.html 页面，然后单击记事分类项目，则会跳转到 list.html 页面，显示效果如图 24.6 所示。

24.6 制作详细页

当用户在记事列表页中单击某记事标题选项时，将该记事标题的 ID 编号通过 key/value 的方式保存在 localStorage 对象中。当进入记事详细页时，先调出保存的键值作为传回的记事数据 ID 值，并将该 ID 值作为键名获取对应的键值，然后将获取的键值字符串数据转成 JSON 对象，再将该对象的记事标题和内容显示在页面指定的元素中。页面演示效果如图 24.9 所示。

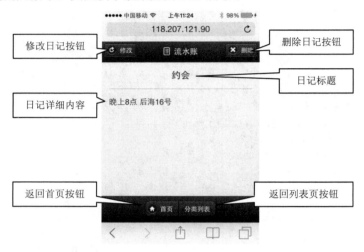

图 24.9　详细页设计效果

新建一个 HTML 页面，在 Page 容器的正文区域中添加一个<h3>和两个<p>标签，分别用于显示记事信息的标题和内容，单击标题栏左侧的"修改"按钮进入记事编辑页，单击标题栏右侧的"删除"按钮，可以删除当前的记事数据。

【操作步骤】

第 1 步，启动 Dreamweaver CC，选择"文件"|"新建"命令，打开"新建文档"对话框。在该对话框中选择"空白页"项，设置页面类型为 HTML，设置文档类型为 HTML5，然后单击"创建"按钮，完成文档的创建操作。

第 2 步，按 Ctrl+S 快捷键，保存文档为 notedetail.html。选择"插入"|"jQuery Mobile"|"页面"命令，打开"jQuery Mobile 文件"对话框，保留默认设置，在当前文档中插入视图页。

第 3 步，单击"确定"按钮，关闭"jQuery Mobile 文件"对话框，然后打开"页面"对话框，在该对话框中设置页面的 ID 值为 notedetail，同时设置页面视图包含标题栏和页脚栏，单击"确定"按钮，完成在当前 HTML5 文档中插入页面视图结构，设置如图 24.10 所示。

第 4 步，按 Ctrl+S 快捷键，保存当前文档 notedetail.html。此时，Dreamweaver CC 会弹出对话框提示保存相关的框架文件。

第 5 步，选中内容栏中的"内容"文本，清除内容栏内的文本，然后插入一个三级标题和两个段落文本，设置标题的 ID 值为 title，段落文本的 ID 值为 content，具体代码如下。

```
<div data-role="content">
   <h3 id="title"></h3>
   <p class="notep"></p>
   <p id="content"></p>
</div>
```

第 6 步，为标题栏和页脚栏添加 data-position="fixed"属性，定义标题栏和页脚栏固定在页面顶部和底部显示，同时删除标题栏标题字符，显示为空标题。

第 7 步，选择"插入"|"jQuery Mobile"|"按钮"命令，打开"按钮"对话框，设置如图 24.11 所示，单击"确定"按钮，在标题栏插入两个按钮。然后在代码中修改按钮的标签字符和属性，设置第一个按钮的字符为"修改"，标签图标为 data-icon="refresh"，链接地址为 href="editnote.html"，第二个按钮的字符为"删除"，链接地址为"#"，完整代码如下。

图 24.10　设置"页面"对话框

图 24.11　设置"按钮"对话框

```
<div data-role="header" data-position="fixed" data-position="inline">
  <h4></h4>
    <a href="editnote.html" data-ajax="false" data-role="button" data-icon= "refresh"
data-inline="true">修改</a>
    <a href="javascript:" id="alink_delete" data-role="button" data-icon="delete"
data-inline="true">删除</a>
</div>
```

第 8 步，以同样的方式在页脚栏插入两个按钮，然后在代码中修改按钮的标签字符和属性，设置第一个按钮的字符为"首页"，标签图标为 data-icon="home"，链接地址为 href="index.html"，第二个按钮的字符为"分类列表"，链接地址为"list.html"，完整代码如下。

```
<div data-role="footer" data-position="fixed" >
  <h1 data-role="controlgroup" data-type="horizontal">
    <a href="index.html" data-role="button" data-icon="home">首页</a>
    <a href="list.html" data-role="button">分类列表</a>
  </h1>
</div>
```

第 9 步，打开 js/note.js 文档，在其中编写如下代码：

```
//详细页面创建事件
$("#notedetail").live("pagecreate", function() {
  var $type = $(this).find('div[data-role="header"] h4');
  var $strId = myNode.utils.getParam('list_link_id');
  var $titile = $("#title");
  var $content = $("#content");
  var listData = JSON.parse(myNode.utils.getParam($strId));
  var strType = listData.type == "a" ? "流水账" : "心情日记";
  $type.html('<img src="images/node5.png" class="h_icon" alt=""/> ' + strType);
  $titile.html(listData.title);
  $content.html(listData.content);
  $(this).delegate('#alink_delete', 'click', function(e) {
    var yn = confirm("确定要删除吗？");
```

```
        if (yn) {
            localStorage.removeItem($strId);
            window.location.href = "list.html";
        }
    })
})
```

在上面代码中先定义一些变量，通过自定义方法 getParam()获取传递的某记事 ID 值，并保存在变量 $strId 中。然后将该变量作为键名，获取对应的键值字符串，并将键值字符串调用 JSON.parse()方法转换成 JSON 对象，在该对象中依次获取记事的标题和内容，显示在内容区域对应的标签中。

通过 delegate()方法添加单击事件，当单击"删除"按钮时触发记录删除操作。在该事件的回调函数中，先通过变量 yn 保存 confirm()函数返回的 true 或 false 值，如果为真，将根据记事数据的键名值使用 removeItem()方法，删除指定键名的全部对应键值，实现删除记事数据的功能，删除操作之后页面返回记事列表页。

第 10 步，在头部位置添加如下元信息，定义视图宽度与设备屏幕宽度保持一致。

```
<meta name="viewport" content="width=device-width,initial-scale=1" />
```

第 11 步，完成设计之后，在移动设备中预览记事列表页（list.html），然后单击某条记事项目，则会跳转到 notedetail.html 页面，显示效果如图 24.9 所示。

24.7 制作修改页

扫一扫，看视频

当在记事详细页中单击标题栏左侧的"修改"按钮时，进入修改记事页，在该页面中，可以修改某条记事数据的类、标题和内容信息，修改完成后返回记事详细页。页面演示效果如图 24.12 所示。

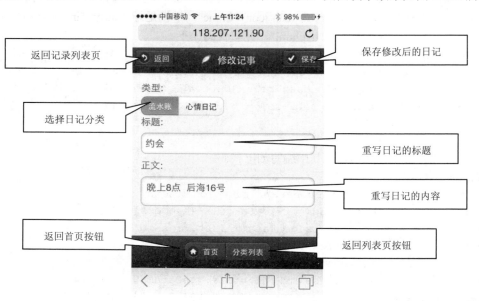

图 24.12　修改页设计效果

新建 HTML5 页面，在 Page 视图容器的正文区域中，通过水平式的单选按钮组显示记事数据的所属类别，一个文本框和一个文本区域框显示记事数据的标题和内容，用户可以重新选择所属类别、编辑标题和内容数据。单击"保存"按钮，则完成数据的修改操作，并返回列表页。

【操作步骤】

第 1 步，启动 Dreamweaver CC，选择"文件"|"新建"命令，打开"新建文档"对话框。在该对话框中选择"空白页"项，设置页面类型为 HTML，设置文档类型为 HTML5，然后单击"创建"按钮，完成文档的创建操作。

第 2 步，按 Ctrl+S 快捷键，保存文档为 editnote.html。选择"插入"|"jQuery Mobile"|"页面"命令，打开"jQuery Mobile 文件"对话框，保留默认设置，在当前文档中插入视图页。

第 3 步，单击"确定"按钮，关闭"jQuery Mobile 文件"对话框，然后打开"页面"对话框，在该对话框中设置页面的 ID 值为 editnote，同时设置页面视图包含标题栏和页脚栏，单击"确定"按钮，完成在当前 HTML5 文档中插入页面视图结构，设置如图 24.13 所示。

第 4 步，按 Ctrl+S 快捷键，保存当前文档 notedetail.html。此时，Dreamweaver CC 会弹出对话框提示保存相关的框架文件。

第 5 步，选中内容栏中的"内容"文本，清除内容栏内的文本。选择"插入"|"jQuery Mobile"|"单选按钮"命令，打开"单选按钮"对话框，设置名称为 rdo-type，设置单选按钮个数为 2，水平布局，设置如图 24.14 所示。

图 24.13 设置"页面"对话框

图 24.14 设置"单选按钮"对话框

第 6 步，单击"确定"按钮，在内容区域插入一个单选按钮组，为每个单选按钮设置 ID 值，修改单选按钮的标签，以及绑定属性值，并在该单选按钮中插入一个隐藏域，ID 为 hidtype，值为 a。完整代码如下：

```
<div data-role="fieldcontain">
    <fieldset data-role="controlgroup" data-type="horizontal" id="rdo-type" data-mini="true" >
        <legend for="rdo-type" >类型:</legend>
        <input type="radio" name="rdo-type" id="rdo-type-0" value="a" />
        <label for="rdo-type-0" id="lbl-type-0">流水账</label>
        <input type="radio" name="rdo-type" id="rdo-type-1" value="b" />
        <label for="rdo-type-1" id="lbl-type-1">心情日记</label>
        <input type="hidden" id="hidtype" value="a"/>
    </fieldset>
</div>
```

第 7 步，选择"插入"|"jQuery Mobile"|"文本"命令，在内容区域插入单行文本框，修改文本框的 ID 值，以及<label.>标签的 for 属性值，绑定标签和文本框，设置<label.>标签包含字符为"标题"，完成后的代码如下。

```
<div data-role="fieldcontain">
    <label for="txt-title">标题:</label>
    <input type="text" name="txt-title" id="txt-title" value=""  />
</div>
```

第 8 步，选择"插入"|"jQuery Mobile"|"文本区域"命令，在内容区域插入多行文本框，修改文本区域的 ID 值，以及<label.>标签的 for 属性值，绑定标签和文本区域，设置<label.>标签包含字符为"正文"，完成后的代码如下。

```
<div data-role="fieldcontain">
    <label for="txta-content">正文:</label>
    <textarea cols="40" rows="8" name="txta-content" id="txta-content"></textarea>
</div>
```

第 9 步，为标题栏和页脚栏添加 data-position="fixed"属性，定义标题栏和页脚栏固定在页面顶部和底部显示，同时修改标题栏标题为"修改记事"。选择"插入"|"图像"|"图像"命令，在标题栏标题标签中插入一个图标 images/node.png，设置类样式为 class="h_icon"。

第 10 步，选择"插入"|"jQuery Mobile"|"按钮"命令，打开"按钮"对话框，设置如图 24.15 所示，单击"确定"按钮，在标题栏插入两个按钮。然后在代码中修改按钮的标签字符和属性，设置第一个按钮的字符为"返回"，标签图标为 data-icon="back"，链接地址为 href="notedetail.html"，第二个按钮的字符为"保存"，链接地址为"javascript:"，完整代码如下。

图 24.15 设置"按钮"对话框

```
<div data-role="header" data-position="fixed" data-position="inline">
    <h2><img src="images/node.png" class="h_icon" alt=""/> 修改记事</h2>
    <a href="notedetail.html" data-ajax="false" data-role="button" data-icon=
"back" data-inline="true">返回</a>
    <a href="javascript:" data-role="button" data-icon="check" data-inline= "true">
保存</a>
</div>
```

第 11 步，打开 js/note.js 文档，在其中编写如下代码：

```
//修改页面创建事件
$("#editnote").live("pageshow", function() {
    var $strId = myNode.utils.getParam('list_link_id');
    var $header = $(this).find('div[data-role="header"]');
    var $rdotype = $("input[type='radio']");
    var $hidtype = $("#hidtype");
    var $txttitle = $("#txt-title");
    var $txtacontent = $("#txta-content");
    var editData = JSON.parse(myNode.utils.getParam($strId));
    $hidtype.val(editData.type);
    $txttitle.val(editData.title);
    $txtacontent.val(editData.content);
    if (editData.type == "a") {
        $("#lbl-type-0").removeClass("ui-radio-off").addClass("ui-radio-on
ui-btn-active");
    } else {
        $("#lbl-type-1").removeClass("ui-radio-off").addClass("ui-radio-on
ui-btn-active");
    }
    $rdotype.bind("change", function() {
```

```
            $hidtype.val(this.value);
        });
        $header.delegate('a', 'click', function(e) {
            if ($txttitle.val().length > 0 && $txtacontent.val().length > 0) {
                var strnid = $strId;
                var notedata = new Object;
                notedata.nid = strnid;
                notedata.type = $hidtype.val();
                notedata.title = $txttitle.val();
                notedata.content = $txtacontent.val();
                var jsonotedata = JSON.stringify(notedata);
                myNode.utils.setParam(strnid, jsonotedata);
                window.location.href = "list.html";
            }
        })
    })
```

在上面代码中先调用自定义的 **getParamO** 方法获取当前修改的记事数据 ID 编号，并保存在变量 **$strId** 中，然后将该变量值作为 localStorage 对象的键名，通过该键名获取对应的键值字符串，并将该字符串转换成 JSON 格式对象。在对象中，通过属性的方式获取记事数据的类、标题和正文信息，依次显示在页面指定的表单对象中。

当通过水平单选按钮组显示记事类型数据时，先将对象的类型值保存在 ID 属性值为 hidtype 的隐藏表单域中，再根据该值的内容，使用 removeClass()和 addClass()方法修改按钮组中单个按钮的样式，使整个按钮组的选中项与记事数据的类型一致。为单选按钮组绑定 change 事件，在该事件中，当修改默认类型时，ID 属性值为 hidtype 的隐藏表单域的值也随之发生变化，以确保记事类型修改后，该值可以实时保存。

最后，设置标题栏中右侧"保存"按钮 click 事件。在该事件中，先检测标题文本框和正文文本区域的字符长度是否大于 0，来检测标题和正文是否为空。当两者都不为空时，实例化一个新的 Object 对象，并将记事数据的信息作为该对象的属性值，保存在该对象中。然后，通过调用 JSON.stringify()方法将对象转换成 JSON 格式的文本字符串，使用自定义的 setParam()方法，将数据写入 localStorage 对象对应键名的键值中，最终实现记事数据更新的功能。

第 12 步，在头部位置添加如下元信息，定义视图宽度与设备屏幕宽度保持一致。

```
<meta name="viewport" content="width=device-width,initial-scale=1" />
```

第 13 步，完成设计之后，在移动设备中预览详细页面（notedetail.html），然后单击某条记事项目，则会跳转到 editnote.html 页面，显示效果如图 24.12 所示。

24.8 制作添加页

扫一扫，看视频

在首页或列表页中，单击标题栏右侧的"写日记"按钮后，将进入添加记事页，在该页面中，用户可以通过单选按钮组选择记事类型，在文本框中输入记事标题，在文本区域中输入记事内容，单击该页面标题栏右侧的"保存"按钮后，便把写入的日记信息保存起来，在系统中新增了一条记事数据。页面演示效果如图 24.16 所示。

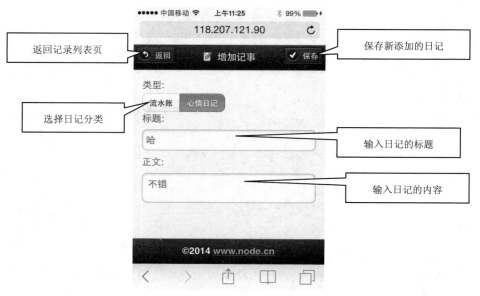

返回记录列表页

保存新添加的日记

选择日记分类

输入日记的标题

输入日记的内容

图 24.16　添加页设计效果

新建 HTML5 页面，在 Page 视图容器的正文区域中，插入水平单选按钮组用于选择记事类型，同时插入一个文本框和一个文本区域，分别用于输入记事标题和内容，当用户选择记事数据类型，同时输入记事数据标题和内容，单击"保存"按钮则完成数据的添加操作，将返同列表页。

【操作步骤】

第 1 步，启动 Dreamweaver CC，选择"文件"|"新建"命令，打开"新建文档"对话框。在该对话框中选择"空白页"项，设置页面类型为 HTML，设置文档类型为 HTML5，然后单击"创建"按钮，完成文档的创建操作。

第 2 步，按 Ctrl+S 快捷键，保存文档为 addnote.html。选择"插入"|"jQuery Mobile"|"页面"命令，打开"jQuery Mobile 文件"对话框，保留默认设置，在当前文档中插入视图页。

第 3 步，单击"确定"按钮，关闭"jQuery Mobile 文件"对话框，然后打开"页面"对话框，在该对话框中设置页面的 ID 值为 addnote，同时设置页面视图包含标题栏和页脚栏，单击"确定"按钮，完成在当前 HTML5 文档中插入页面视图结构，设置如图 24.17 所示。

第 4 步，按 Ctrl+S 快捷键，保存当前文档 addnote.html。此时，Dreamweaver CC 会弹出对话框提示保存相关的框架文件。

第 5 步，选中内容栏中的"内容"文本，清除内容栏内的文本。选择"插入"|"jQuery Mobile"|"单选按钮"命令，打开"单选按钮"对话框，设置名称为 rdo-type，设置单选按钮个数为 2，水平布局，设置如图 24.18 所示。

图 24.17　设置"页面"对话框

图 24.18　设置"单选按钮"对话框

第 6 步，单击"确定"按钮，在内容区域插入一个单选按钮组，为每个单选按钮设置 ID 值，修改单选按钮的标签，以及绑定属性值，并在该单选按钮中插入一个隐藏域，ID 为 hidtype，值为 a。完整代码如下：

```
<div data-role="fieldcontain">
    <fieldset data-role="controlgroup" data-type="horizontal" id="rdo-type" data-
mini="true" data-mini="true" >
        <legend for="rdo-type" >类型:</legend>
        <input type="radio" name="rdo-type" id="rdo-type-0" value="a" checked=
"checked" />
        <label for="rdo-type-0" id="lbl-type-0">流水账</label>
        <input type="radio" name="rdo-type" id="rdo-type-1" value="b" />
        <label for="rdo-type-1" id="lbl-type-1">心情日记</label>
        <input type="hidden" id="hidtype" value="a"/>
    </fieldset>
</div>
```

第 7 步，选择"插入"|"jQuery Mobile"|"文本"命令，在内容区域插入单行文本框，修改文本框的 ID 值，以及<label.>标签的 for 属性值，绑定标签和文本框，设置<label.>标签包含字符为"标题"，完成后的代码如下。

```
<div data-role="fieldcontain">
    <label for="txt-title">标题:</label>
    <input type="text" name="txt-title" id="txt-title" value=""  />
</div>
```

第 8 步，选择"插入"|"jQuery Mobile"|"文本区域"命令，在内容区域插入多行文本框，修改文本区域的 ID 值，以及<label.>标签的 for 属性值，绑定标签和文本区域，设置<label.>标签包含字符为"正文"，完成后的代码如下。

```
<div data-role="fieldcontain">
    <label for="txta-content">正文:</label>
    <textarea name="txta-content" id="txta-content"></textarea>
</div>
```

第 9 步，为标题栏和页脚栏添加 data-position="fixed"属性，定义标题栏和页脚栏固定在页面顶部和底部显示，同时修改标题栏标题为"增加记事"。选择"插入"|"图像"|"图像"命令，在标题栏标题标签中插入一个图标 images/write.png，设置类样式为 class="h_icon"。

第 10 步，选择"插入"|"jQuery Mobile"|"按钮"命令，打开"按钮"对话框，设置如图 24.19 所示，单击"确定"按钮，在标题栏插入两个按钮。然后在代码中修改按钮的标签字符和属性，设置第一个按钮的字符为"返回"，标签图标为 data-icon="back"，链接地址为 href="javascript:"，第二个按钮的字符为"保存"，链接地址为"javascript:"，完整代码如下。

图 24.19 设置"按钮"对话框

```
<div data-role="header" data-position="fixed" data-position="inline">
    <h2><img src="images/write.png" class="h_icon" alt=""/> 增加记事</h2>
    <a href="javascript:" data-ajax="false" data-role="button" data-icon="back"
data-inline="true">返回</a>
    <a href="javascript:" data-role="button" data-icon="check" data-inline= "true">
保存</a>
</div>
```

第 11 步，打开 js/note.js 文档，在其中编写如下代码：

```
//增加页面创建事件
$("#addnote").live("pagecreate", function() {
    var $header = $(this).find('div[data-role="header"]');
    var $rdotype = $("input[type='radio']");
    var $hidtype = $("#hidtype");
    var $txttitle = $("#txt-title");
    var $txtacontent = $("#txta-content");
    $rdotype.bind("change", function() {
        $hidtype.val(this.value);
    });
    $header.delegate('a', 'click', function(e) {
        if ($txttitle.val().length > 0 && $txtacontent.val().length > 0) {
            var strnid = "note_" + RetRndNum(3);
            var notedata = new Object;
            notedata.nid = strnid;
            notedata.type = $hidtype.val();
            notedata.title = $txttitle.val();
            notedata.content = $txtacontent.val();
            notedata.date = new Date().valueOf();
            var jsonotedata = JSON.stringify(notedata);
            myNode.utils.setParam(strnid, jsonotedata);
            window.location.href = "list.html";
        }
    });
    function RetRndNum(n) {
        var strRnd = "";
        for (var intI = 0; intI < n; intI++) {
            strRnd += Math.floor(Math.random() * 10);
        }
        return strRnd;
    }
})
```

在上面代码中，先通过定义一些变量保存页面中的各元素对象，并设置单选按钮组的 change 事件。在该事件中，当单选按钮的选项发生变化时，保存选项值的隐藏型元素值也将随之变化。然后，使用 delegate()方法添加标题栏右侧"保存"按钮的单击事件。在该事件中，先检测标题文本框和内容文本域的内容是否为空，如果不为空，那么调用一个自定义的按长度生成的随机数，生成一个 3 位数的随机数字，并与 note 字符一起组成记事数据的 ID 编号保存在变量 strnid 中。最后，实例化一个新的 Object 对象，将记事数据的 ID 编号、类型、标题和正文内容都作为该对象的属性值赋值给对象，使用 JSON.stringify()方法将对象转换成 JSON 格式的文本字符串，通过自定义的 setParam()方法，保存在以记事数据的 ID 编号为键名的对应键值中，实现添加记事数据的功能。

第 12 步，在头部位置添加如下元信息，定义视图宽度与设备屏幕宽度保持一致。

```
<meta name="viewport" content="width=device-width,initial-scale=1" />
```

第 13 步，完成设计之后，在移动设备中首页（index.html）或记事列表页（list.html）中单击"写日记"按钮，则会跳转到 addnote.html 页面，显示效果如图 24.16 所示。

24.9 小 结

本章通过一个完整的移动记事本的开发，详细介绍了在 jQuery Mobile 框架中，如何使用 localStorage 实现数据的增加、删除、修改和查询。localStorage 对象是 HTML5 新增加的一个对象，用于在客户端保存用户的数据信息，它以 key/value 的方式进行数据的存取，并且该对象目前被绝大多数新版移动设备的浏览器所支持，因此，使用 localStorage 对象开发的项目也越来越多。